普通高等教育“十四五”规划教材

采矿概论

主　编　陈秋松
副主编　冯　岩　张钦礼

北　京
冶 金 工 业 出 版 社
2023

内 容 提 要

本书系统地介绍了采矿的基本原理、方法、安全与法律法规等。全书共分 5 篇，第 1 篇介绍了矿产资源与矿山地质基础；第 2 篇介绍了固体矿床地下开采；第 3 篇介绍了固体矿床露天开采；第 4 篇介绍了特殊矿产资源开采；第 5 篇介绍了矿山安全与法律法规。

本书可作为普通高等院校采矿专业教材、矿业学科非采矿专业选修课教材、国情教育教材和矿山企业在职人员培训教材，也可供其他相关人员学习参考。

图书在版编目(CIP)数据

采矿概论/陈秋松主编. —北京：冶金工业出版社，2023.9
普通高等教育“十四五”规划教材
ISBN 978-7-5024-9645-6

Ⅰ.①采…　Ⅱ.①陈…　Ⅲ.①矿山开采—高等学校—教材　Ⅳ.①TD80

中国国家版本馆 CIP 数据核字(2023)第 192869 号

采矿概论

出版发行　冶金工业出版社　　**电　话**　(010)64027926
地　址　北京市东城区嵩祝院北巷 39 号　　**邮　编**　100009
网　址　www.mip1953.com　　**电子信箱**　service@mip1953.com

责任编辑　杨　敏　美术编辑　吕欣童　版式设计　郑小利
责任校对　石　静　责任印制　窦　唯
北京捷迅佳彩印刷有限公司印刷
2023 年 9 月第 1 版，2023 年 9 月第 1 次印刷
787mm×1092mm　1/16；18.25 印张；441 千字；277 页
定价 49.00 元

投稿电话　(010)64027932　投稿信箱　tougao@cnmip.com.cn
营销中心电话　(010)64044283
冶金工业出版社天猫旗舰店　yjgycbs.tmall.com
(本书如有印装质量问题，本社营销中心负责退换)

前　言

矿产资源是国民经济发展必需的基础原材料，既是民生的“饭碗”，又是工业的“粮食”。数据显示，在人类所耗费的自然资源中，矿产资源占80%以上，地球上每人每年要耗费3t矿产资源。总体而言，自然界的矿产资源是有限的，矿产资源供给安全与否，能否满足人类社会发展的需求，这是任何时代都需要面对的问题。

随着全球产业结构调整和以高新技术为主要标志的战略性新兴产业的快速发展，世界以科技为核心的竞争，正在快速向支撑经济和高科技产业发展的关键原材料供应链扩展。由于矿产资源的不可再生性、储量耗竭性和供给稀缺性，大国博弈的核心逐渐会聚焦于对矿产资源及其控制权的争夺上。资源安全是国家总体安全的压舱石，是未来战略性新兴产业发展的关键，矿产资源绿色开发是保障资源安全的前提。因此，越来越多的企事业单位纷纷涉足矿业领域，促进了矿产资源开发行业新一轮的蓬勃发展。

矿产资源开发技术的高质量发展对采矿人员的知识储备和技术素养提出了更高的要求，在掌握采矿基本理论和专业技术的基础上，需要对采矿技术发展现状有全面的认识。现有主要的《采矿概论》教材已出版多年，新规范、新理论、新技术有待更新和总结。因此，中南大学立足采矿学科创新发展的角度规划编写了本书，在系统介绍采矿基本知识、基本技术、安全保护及法律法规的基础上，检索国内外采矿技术新动态、总结国内外采矿工程新经验，并结合教学和科研成果，以期为培养新时代的采矿专业人员提供服务，助力推动我国矿产资源开发的绿色、智能、高质量发展。

本书由中南大学陈秋松担任主编，冯岩、张钦礼担任副主编，具体编写分工为：陈秋松规划全书目录提纲并负责编写第1章~第7章，冯岩负责编写第8章~第13章，张钦礼负责编写第14章和全文审校。肖崇春、王道林、陶云波参与了本书的编写，袁昕懿、张超参与了插图的绘制。

本书在编写过程中，参考了有关书籍和文献资料，在此对相关作者表示感谢。

由于编者水平所限，书中难免有疏漏和不足之处，敬请同行专家及读者批评指正。

编　者
于中南大学
2023 年 6 月

目　　录

第2篇 固体矿床地下开采

第3篇　固体矿床露天开采

第5篇　矿山安全与法律法规

绪　　论

现代文明有三大支柱，即能源、材料和信息，而矿产资源则构成了能源和材料两大支柱的主体。矿产资源的勘探、开发和利用是国民经济重要基础产业。据统计，我国92%以上的一次能源、80%的工业原材料、70%以上的农业生产资料都来自于矿产资源。

我国矿产资源开发工业经过70多年的发展，已经形成了较完整的工业体系，奠定了雄厚的物质基础，相关的学科得到很大的发展。我国已成为矿产资源生产和消费主要国家之一，年矿产开采量近50亿吨，占世界的1/10。自2002年起我国十种有色金属年产量突破1000万吨，成为世界有色金属第一生产大国，2021年我国十种有色金属年产量达6454万吨；主要有色金属的消耗量在世界上名列前茅，如2021年中国铜、锌、锡消耗量分别为1388万吨、676万吨和17.5万吨，以55%、48%和45%的占有率位居世界第一位；煤炭储藏量、产量和消费量均位居世界第一位。矿业为我国创造年产值超3万亿元，提供了超2000万人的就业，矿产品出口年创汇超4000亿美元。矿产资源还为我国提供和创造出大量延伸、附加的就业机会和社会财富，已是我国社会经济发展和居民生存的重要组成部分。

工业化是一个国家、地区经济社会发展水平的综合体现，也是社会文明进步的重要标志。18世纪末的工业革命使人类开始步入工业文明，也揭开了人类大规模开发、利用矿产资源的新纪元。工业革命以来短短200年，科学技术的飞速进步、生产力的大幅提高和人类财富的快速积累，均是以矿产资源的大规模开采和创造性利用为基础的。国民经济的发展和人们生活水平的提高与矿产资源的开发和利用有着密切的关系，人均矿产品消耗水平已成为衡量一个国家发达程度及其居民生活水平的重要指标。发达国家经济发展的历程表明，工业化初期一般要消耗大量能源和各种矿物原料，这是由于工业化初期阶段对矿产品的大量需求同经济结构的转换有关：一是国民经济由农业为主转向以工业生产为主，即由以农业生产和以农产品原料加工制造为主转向以工业为主和以矿物原料的加工制造为主；二是在工业结构中一般以冶金、采矿等重要工业为主，这些部门都要消耗大量的能源和矿物原料，要求矿业有较快的发展以支持经济的持续增长。

一般而言，矿产资源对经济发展具有重要的推动作用，其消费强度和消费特征取决于一个国家所处的工业化阶段和社会经济发展水平。根据矿产资源消费生命周期理论，在工业化初期（人均GDP<1000美元），矿产资源消费强度快速增长；在工业化全面发展时期（人均GDP在1000~2000美元），矿产资源的消费强度继续增长，进入矿产资源的高消费阶段；在后工业化时期（人均GDP>2000美元），矿产资源消费强度呈下降趋势。这种由增长到成熟再到衰落的过程形成了矿产资源消费生命周期的倒“U”字形曲线。

根据我国长远发展规划目标，在21世纪中叶将达到中等发达国家的水平。根据矿产资源消费生命周期理论，在未来的50年中，我国社会与经济发展对矿产资源的消费强度将是各个发展时期最高的，而且在达到消费强度高峰后，降到较低水平是一个相对漫长的过程。因此，矿产资源仍然是我国重要的工业原料之一。保证矿产资源的充足供给，在未来相当长的一个时期是国民经济持续发展的重要条件之一。

与其他自然资源不同，矿产资源的生成需要上百万年、上千万年甚至上亿年的时间，相对于短暂的人类历史，可以说矿产资源是不可再生的。换言之，矿产资源不可能无限供应。矿产资源的不可再生性、储量耗竭性、供给稀缺性与人类对矿产资源需求的无限性的矛盾，造成矿产品价格持续攀升，越来越多的国有、个体、合资企业纷纷涉足矿产资源开发领域，促进了矿产资源开发行业的大发展。

A 采矿学解决的问题

矿产资源埋藏在地下，要转化为国民经济所需要的原料产品，必须通过一定的技术和手段，将其开发出来。自地表或地壳内开采矿产资源的过程称为采矿（ore mining），而有关采矿的技术和科学称为采矿学。采矿一般指金属或非金属矿床的开采，广义的采矿还包括煤和石油的开采及选矿，其实质是一种物料的选择性采集和搬运过程。采矿工业是一种重要的原料采掘工业，如金属矿石是冶金工业的主要原料，非金属矿石是化工原料和建筑材料，煤和石油是重要的能源。多数矿石需经选矿富集，方能作为工业原料。

采矿科学技术的基础涉及岩石破碎、松散物料运移、流体输送、矿山岩石力学和矿业系统工程等理论，需要运用数学、物理、力学、化学、地质学、系统科学、电子计算机等学科的最新成果。采矿工业在已基本达到的高度机械化基础上，通过改进采矿设备的设计、造型、材质、制造工艺、检验方法和维修制度等，将进一步提高其生产能力和设备利用率。同时矿井在提升、运输、排水、通风等许多环节将实现自动化和遥控。地下和露天矿都将实现计算机集中自动管理监控。有的国家已将机器人试用于井下回采工作面开采对人员损害较大的矿种。另一方面，随着人类对地下矿产的不断开采，开采品位由高到低，资源紧缺，被迫开发低品位矿产，选择适当的采矿和选矿方法，进行综合采选、综合利用，提高矿产资源的利用率和回采率，降低矿石的损失率和贫化率。采矿和选矿过程中生成的有毒气体、废水、废石和粉尘等物质以及噪声和振动等因素，对土地、大气和水质等造成危害，一直是人们关心的课题。各国研究环保问题中进一步提出了资源的长期利用问题，特别着眼于废渣、废石、废液的循环利用以及破坏后土地复用等，制定强有力的法律，采取有效措施保护矿山环境。

综上所述，采矿学要解决的问题包括：

（1）岩石破碎的理论和方法；

（2）采矿工艺及设计方法；

（3）为采矿创造基本条件的矿山开拓方法；

（4）提升、运输、排水、通风、充填、供（压）风等主要生产工艺和设计方法；

（5）矿山安全理论与技术；

（6）矿山生态修复技术；

（7）智能采矿基础理论与技术装备；

（8）其他与采矿有关的理论和技术。

B　采矿发展简史

人类采矿历史悠久，原始人类已能采集石料，打磨成生产工具，采集陶土供制陶，就是最早采矿的萌芽。从湖北大冶铜绿山古铜矿遗址出土有用于采掘、装载 、提升、排水、照明等的铜、铁、木、竹、石制的多种生产工具及陶器、铜锭、铜兵器等物，证实春秋时期已经使用了立井、斜井、平巷联合开拓，初步形成了地下开采系统。至西汉时期，开采系统已相当完善，此时在河北、山东、湖北等地的铁、铜、煤、砂金等矿都已开始开采。战国末期秦国蜀太守李冰在今四川省双流县境内开凿盐井，汲卤煮盐。明代以前主要有铁、铜、锡、铅、银、金、汞、锌的生产。17 世纪初，欧洲人将中国传入的黑火药用于采矿，用凿岩爆破落矿代替人工挖掘，这是采矿技术发展的一个里程碑。19 世纪末 20 世纪初，相继发明了矿用炸药、雷管、导爆索和凿岩设备，形成了近代爆破技术；电动机械铲、电机车和电力提升、通信、排水等设备的使用，形成了近代装运技术。20 世纪上半叶开始，采矿技术迅速发展，出现了硝酸铵炸药，使用了地下深孔爆破技术，各种矿山设备不断完善和大型化，逐步形成了适用于不同矿床条件的机械化采矿工艺，提出了矿山设计、矿床评价和矿山计划管理的科学方法，使采矿从技艺向工程科学发展。20 世纪 50 年代后，由于使用了潜孔钻机、牙轮钻机、自行凿岩台车等新型设备，采掘设备实现大型化、运输提升设备自动化，出现了无人驾驶机车；电子计算机技术用于矿山生产管理、规划设计和科学计算，开始用系统科学研究采矿问题，诞生了系统采矿工程学。20 世纪末，矿山生产开始建立自动控制系统，利用现代试验设备、测试技术和电子计算机，预测和解算某些实际问题。至 21 世纪 10 年代末期，随着“5G+工业互联网”与采矿行业深度融合，推动了矿山数字化、网络化、智能化发展。

C　本教材的构成

矿业高速发展对采矿专业技术人员的需求越来越大，不仅要依靠高校培养的采矿专业人才，还必须加大企业在职人员的专业培训。本教材的一个出发点即是满足在职人员采矿技术培训的需要。因此，本教材可以作为普通高校采矿专业新生专业概况教育教材、非采矿专业矿业学科的选修课教材、国情教育教材和矿山企业在职人员培训教材，也可供其他有关人员参考。

全书共分 5 篇，第 1 篇介绍了矿产资源与矿山地质基础，含第 1 章和第 2 章；第 2 篇介绍了固体矿床地下开采，含第 3 章~第 7 章；第 3 篇介绍了固体矿床露天开采，含第 8 章~第 11 章；第 4 篇介绍了特殊矿产资源开采，含第 12 章；第 5 篇介绍了矿山安全与法律法规，含第 13 章和第 14 章。

第1篇　矿产资源与矿山地质基础

1　矿产资源开发基本概念及发展趋势

1.1　矿产资源开发基本概念

1.1.1　矿产资源定义与分类

1.1.1.1　定义

矿产资源是指经过地质成矿作用，埋藏于地下或出露于地表，并具有开发利用价值的矿物或有用元素的集合体。它们以元素或化合物的集合体形式产出，绝大多数为固态，少数为液态或气态，习惯上称之为矿产。

根据美国地质调查局（U. S. Geological Survey）1976 年的定义，矿产资源（mineral resources）是指天然赋存于地球表面或地壳中，由地质作用所形成，呈固态（如各种金属矿物）、液态（如石油）或气态（如天然气）的具有当时经济价值或潜在经济价值的富集物。从地质研究程度来说，矿产资源不仅包括已发现的经工程控制的矿产，还包括目前虽然未发现，但经预测（或推断）是可能存在的矿产；从技术经济条件来说，矿产资源不仅包括在当前经济技术条件下可以利用的矿物质，还包括根据技术进步和经济发展，在可预见的将来能够利用的矿物质。

矿产资源定义中，应注意区分以下几个概念：

（1）矿物。矿物是天然的无机物质，有一定的化学成分，在通常情况下，因各种矿物内部分子构造不同，形成各种不同的几何外形，并具有不同的物理化学性质。矿物有单体者，如金刚石、石墨、自然金等，但大部分矿物都是两种或两种以上元素组成，如石英、黄铁矿、方铅矿、闪锌矿、辉铜矿等。

（2）矿石、矿体与矿床。凡是地壳中的矿物集合体，在当前技术经济水平条件下，能以工业规模从中提取国民经济所必需的金属或矿物产品的，称为矿石。矿石的聚集体叫矿体，而矿床是矿体的总称。对某一矿床而言，它可由一个矿体或若干个矿体所组成。

(3) 围岩。矿体周围的岩石称围岩。根据围岩与矿体的相对位置，有上盘与下盘围岩和顶板与底板围岩之分。凡位于倾斜至急倾斜矿体上方和下方的围岩，分别称之为上盘围岩和下盘围岩；凡位于水平或缓倾斜矿体顶部和底部的围岩，分别称之为顶板围岩和底板围岩。矿体周围的岩石，以及夹在矿体中的岩石（称之为夹石），不含有用成分或有用成分含量过少当前不具备开采条件的，统称为废石。

1.1.1.2 分类

根据《中华人民共和国矿产资源法实施细则》，按照矿产资源的可利用成分及其用途分类，矿产资源可分为金属、非金属、能源和水气矿产四大类。

A 金属矿产资源

金属矿产是国民经济、国民日常生活及国防工业、尖端技术和高科技产业必不可缺少的基础材料和重要的战略物资。钢铁和有色金属的产量往往被认为是一个国家国力的体现，我国金属工业经过60多年的发展，已经形成了较完整的工业体系，奠定了雄厚的物质基础，已成为金属资源生产和消费主要国家之一。

根据金属元素特性和稀缺程度，金属矿产资源又可分为：

(1) 黑色金属，如铁、锰、铬、钒、钛等；

(2) 有色金属，如铜、铅、锌、铝土、镍、钨、镁、钴、锡、铋、钼、汞、锑等；

(3) 贵重金属，如金、银、铂、钯、铱、铑、钌、锇等；

(4) 稀有金属，如铌、钽、铍、锆、锶、铷、锂、铯等；

(5) 稀土金属，如钪、轻稀土（镧、铈、镨、钕、钷、钐、铕）等；

(6) 重稀土金属，如钆、铽、镝、钬、铒、铥、镱、镥、钇等；

(7) 分散元素金属，如锗、镓、铟、铊、铪、铼、镉、硒、碲等；

(8) 放射性金属，如铀、钍（也可归于能源类）等。

B 非金属矿产资源

非金属矿产资源系指那些除燃料矿产、金属矿产外，在当前技术经济条件下，可供工业提取非金属化学元素、化合物或可直接利用的岩石与矿物。此类矿产少数是利用化学元素、化合物，多数则是以其特有的物化技术性能利用整体矿物或岩石。由此，世界一些国家又称非金属矿产资源为“工业矿物与岩石”。

目前世界已工业利用的非金属矿产资源约250余种；年开采非金属矿产资源量在350亿吨以上；非金属矿物原料年总产值已达3000亿美元，大幅超过金属矿产值，其中欧美等发达国家非金属矿及其制品产值已经是金属矿的2~3倍。非金属矿产资源的开发利用水平已成为衡量一个国家经济综合发展水平的重要标志之一。中国是世界上已知非金属矿产资源品种比较齐全、资源比较丰富、质量比较优良的少数国家之一。迄今，中国已发现非金属矿产品95种，其中已探明有储量的矿产88种，非金属矿产品与制品如水泥、萤石、重晶石、滑石、菱镁矿、石墨等的产量多年来居世界之冠。

非金属矿产资源依据工业用途可分为：

(1) 冶金辅助原料矿产资源，如耐火黏土、菱镁矿、萤石等；

(2) 化工及化肥原料非金属矿产资源，如硫、磷、钾盐、硼、天然碱等；

(3) 特种非金属矿产资源，如压电水晶、冰洲石、光学萤石等；

(4) 建筑材料及其他非金属矿产资源，如水泥原料、陶瓷原料、饰面石材、石棉、滑石、宝石、玉石等。

C 能源类矿产资源

能源类矿产资源是指赋存于地表或者地下的，由地质作用形成的，呈固态、气态和液态的，具有提供现实意义或潜在意义能源价值的天然富集物，主要包括煤、石油、天然气、泥炭和油页岩等由地球历史上的有机物堆积转化而成的“化石燃料”。能源类矿产资源是国民经济和人民生活水平的重要保障，能源安全直接关系到一个国家的生存和发展。

中国已发现的能源矿产资源有 13 种，常见分类为：

（1）固态能源矿产：煤、石煤、油页岩、铀/钍（也可归为放射性金属）、油砂、天然沥青、可燃冰；

（2）液态能源矿产：石油；

（3）气态能源矿产：天然气、煤层气、页岩气；

（4）地热资源。

D 水气矿产

蕴含有某种水、气并经开发可被人们利用的矿产，称为水气矿产。中国已有 6 种水气矿产，地下水、矿泉水、二氧化碳气、硫化氢气、氦气、氡气。

1.1.2 矿产资源基本特征

《中华人民共和国矿产资源法实施细则》（以下简称《细则》）中共有 168 种矿产资源。2000 年国土资源部发布第 8 号公告，将辉长岩、辉石岩、正长岩列为新发现矿种。2011 年国土资源部发布第 30 号公告，将页岩气列为新发现矿种。2017 年国土资源部发布第 36 号公告，将天然气水合物（即可燃冰）列为新发现矿种。至此，我国的矿产资源达 173 种，其中金属矿产 59 种，非金属矿产 95 种，能源矿产 13 种，水气矿产 6 种。虽然不同矿种化学组成、开采技术条件、用途等各不相同，但都具有以下共同特性：

（1）有效性。矿产资源具有使用价值，能够产生社会效益和经济效益。

（2）有限、非再生性。矿产资源是在地球的几十亿年漫长历史过程中，经过各种地质作用后富集起来的，一旦被开采后，相对短暂的人类历史，绝大多数不可再生。换言之，矿产资源只能越用越少，特别是那些优质、易探、易采的矿床，其保有量已日渐减少。为保证矿业可持续发展，必须“开源与节流”并重，把节约放在首位，走资源节约型可持续发展之路。“开源”即扩大矿物原料来源，包括：加大深部、边远靶区的勘探力度；提高资源开发技术水平，回收低品位的矿量；寻找替代资源等。“节流”即千方百计地改善利用矿产资源的技术水平，使有限的矿产资源得到最大限度的合理利用。包括：改进、改革采矿方法，提高选矿、冶炼的工艺技术水平，努力探索综合回收、综合利用的新方法、新工艺、新技术，搞好尾矿的综合利用，变废为宝等物尽其用的各种途径，使矿产资源非正常人为损失减少至最低限度，以适应现代化建设对矿产品日益增长的需求。

（3）时空分布不均匀性。矿产资源分布的不均衡性是地质成矿规律造成的。某一地区可能富产某一种或某几种矿产，但其他矿种相对缺乏，甚至缺失。例如，59 种金属矿产中，有 19 种矿产的 75%储量集中在 5 个国家；石油主要集中在海湾地区；煤炭储量大国主要是中国、美国和前苏联地区；中国的钨、锑储量占世界总储量的一半以上，而稀土资源占世界总储量的 90%以上。

（4）投资高风险性。矿产资源赋存隐蔽，成分复杂多变。在自然界中，绝无雷同的矿床，因而矿产勘探过程中，必然伴随着不断地探索、研究，并总有不同程度的投资风险存在。勘探难度大、成本高、效果差，投资风险高，是一般工业企业不可比拟的。矿产资源的开发需要一个较长的周期，从矿山设计、基建、投产至达产，一般都需要几年的时间。在此过程中，矿产品价格的变化，可能使原预测投资回报率受到影响。

（5）矿产资源开发的环境破坏性。矿产资源是地球自然环境系统中的组成部分，矿产资源的开发必然导致对环境的破坏，造成影响范围内的地表下沉、地下水位下降、土地资源破坏、森林资源锐减、生物资源减少。而矿产资源开发过程中排出的废水、废气、废料，也会造成不同程度的环境污染。因此，矿产资源评估过程中，应充分考虑到这一因素。

（6）资源储量的动态性。矿产资源储量是一个动态变化的经济和技术概念。从技术层面而言，勘探力度的加强、勘探技术的提高、综合利用水平的进步，会使资源储量增加，而资源开发利用会消耗储量；从经济层面而言，开采成本的降低和矿产品价格的升高，会使原来被认为无开采价值的储量，逐渐成为可供人类以工业规模开发利用的储量。

（7）多组分共生性。由于不少成矿元素地球化学性质的近似性和地壳构造运动与成矿活动的复杂多期性，自然界中单一组分的矿床很少，绝大多数矿床具有多种可利用组分共生和伴生在一起的特点。例如我国最大的镍铜矿山——金川有色金属集团公司，除主产金属镍和铜外，还伴生钴、硫以及金、银、铂、粑、锇、铱、钌、铑等多种有用元素。

（8）质量差异性。同一矿种不同矿山，甚至同一矿山不同矿体之间，矿石品位高低不一，资源质量差异巨大。影响资源质量的因素众多，主要包括：

1）地质因素。包括矿床地质特征、成矿环境、矿体空间形态、产状、厚度及结构特征等。

2）地质工作程度。尤其是生产勘探程度、矿石取样研究程度等。

3）开采技术因素。主要指矿床开采方式、采矿方法、机械化水平、管理水平等。

4）矿石加工因素。主要指矿石进入选厂后的破碎和选矿工艺流程的技术水平。

1.1.3　固体矿床工业性质

对某一具体矿床进行评估时，首先应了解该矿床的工业性质，以对该矿床的开发利用难易程度做出科学的判断。固体矿床主要工业性质如下所述。

1.1.3.1　物化、力学性质

（1）硬度。硬度即矿岩的坚硬程度，也就是抵抗工具侵入的能力，主要取决于矿岩的组成，如颗粒硬度、形状、大小、晶体结构以及颗粒间的胶结物性质等。硬度愈大，凿岩愈困难。矿岩的硬度，不仅影响矿岩的破碎方法和凿岩设备的选择，而且影响开采成本等经济指标。

（2）坚固性。坚固性也是一种抵抗外力的能力，但它所指的外力是机械破碎、爆破等综合作用下的一种合成力。坚固性的大小一般用相当于普氏硬度系数的矿岩坚固系数（f）表示，该系数实际表示矿岩极限抗压强度、凿岩速度、炸药消耗量等值的平均值，但由于各参数量纲的不同，因此求其平均值难度较大，一般采用下式来简化求取：

$$f = \frac{R}{100} \tag{1-1}$$

式中 R——矿岩极限抗压强度，kg/cm^2。

（3）稳固性。稳固性即矿岩允许暴露面积的大小和暴露时间的长短。影响矿岩稳固性的因素十分复杂，不仅与矿岩本身地质条件（包括工程地质和水文地质）有关，而且与开采工艺和工程布置关系密切。稳固性是影响开采技术经济指标和作业安全性的重要因素。矿床一般按稳固程度分为：

1）极不稳固的：不允许有任何暴露面积，矿床一经揭露，即行垮落；

2）不稳固的：允许有较小的不支护暴露面积，一般在 $50m^2$ 以内；

3）中等稳固的：允许不支护暴露面积为 $50 \sim 200m^2$；

4）稳固的：不支护暴露面积为 $200 \sim 800m^2$；

5）极稳固的：不支护暴露面积 $800m^2$ 以上。

由于矿岩稳固性不仅取决于暴露面积，而且与暴露空间形状、暴露时间有关，因此，上述分类中允许不支护暴露面积仅是一个参考值。

（4）结块性。高硫矿石、黏土类矿石崩落后，在遇水和受压并经过一段时间，可能会重新黏结在一起，这一性质称为结块性。矿石结块性会对采下矿石的放矿、运输和提升造成困难。

（5）氧化性。硫化矿石在水和空气的作用下，发生氧化反应转变为氧化矿石的性质，称为氧化性。矿石氧化会降低选矿回收指标。

（6）自燃性。煤、硫化矿石、含碳矸石等在适当的环境中，与空气接触发生氧化而产生热，当产生的热量大于向周围介质散发的热量时，该物质的温度自行升高。升高的温度反过来又加快了氧化的速度，如此循环，当物质的温度达到其燃点后，就引起着火自燃。矿石自燃不仅造成了资源的浪费，而且恶化了工作面环境。

（7）含水性。矿岩吸收和保持水分的性能称含水性。含水性会影响矿石的放矿、运输和提升作业。

（8）碎胀性。矿岩破碎后，碎块之间的大量孔隙使其体积增大的现象，称为碎胀性。破碎后体积与原矿岩体积之比，称为碎胀系数（或松散系数）。

1.1.3.2 埋藏要素

矿床埋藏要素是指矿床在地壳中的走向长度、埋藏深度、延伸深度、形状、倾角、厚度等几何因素。

A 埋藏深度和延伸深度

矿体的埋藏深度是从地表至矿体上部边界的垂直距离，而延伸深度是指矿体上下边界之间的垂直距离（见图 1-1）。

B 矿体形状

由于成矿环境和成矿作用的不同，矿体形状千差万别，主要有层状、脉状、块状、透镜状、网状、巢状等（见图 1-2）。

C 矿体倾角

根据矿体倾角，矿体可分为以下几类：

（1）水平和微倾斜矿体。矿体倾角小于 5°。

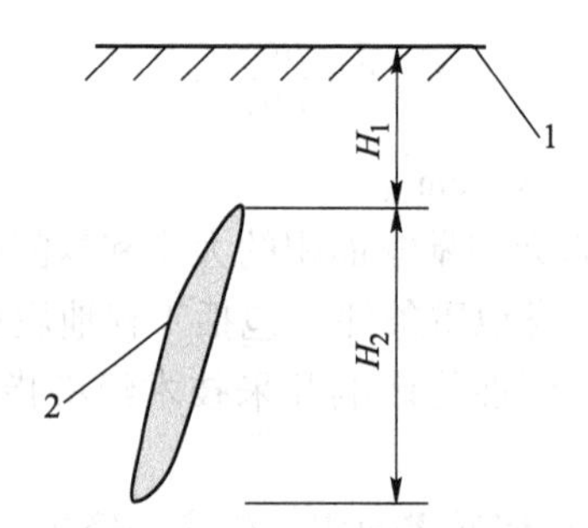

图1-1　矿体的埋藏深度和延伸深度

1—地表；2—矿体；H_1—埋藏深度；H_2—延伸深度

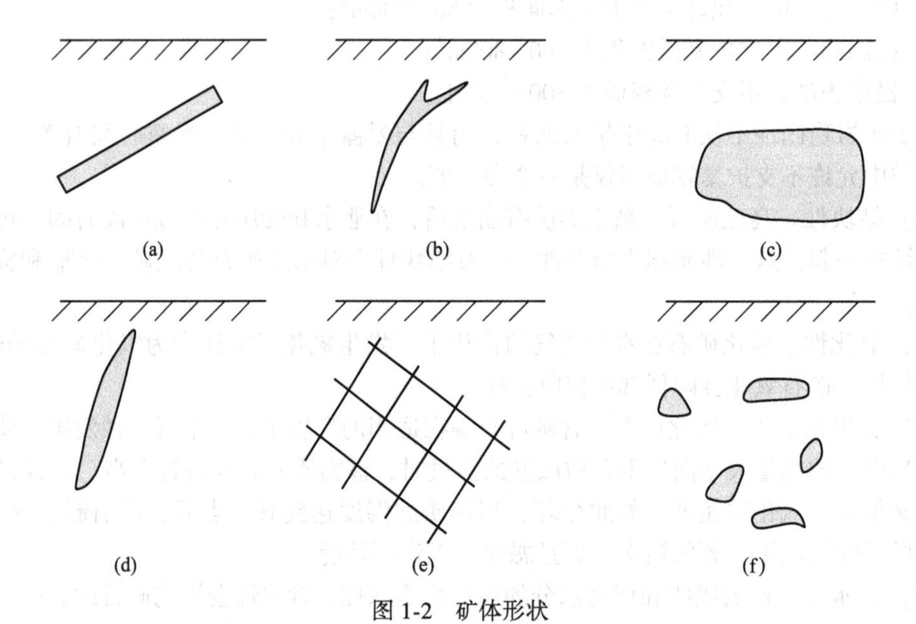

图1-2　矿体形状

（a）层状矿床；（b）脉状矿床；（c）块状矿床；（d）透镜状矿床；（e）网状矿床；（f）巢状矿床

（2）缓倾斜矿体。矿体倾角为5°~30°。

（3）倾斜矿体。矿体倾角为30°~55°。

（4）急倾斜矿体。矿体倾角大于55°。

D　矿体厚度

矿体厚度是指矿体上下盘之间的垂直距离或水平距离，前者称为垂直厚度或真厚度，后者称为水平厚度。除急倾斜矿体常用水平厚度来表示外，其他矿体多用垂直厚度。由于矿体形状不规则，因此厚度又有最大厚度、最小厚度和平均厚度之分。垂直厚度与水平厚度和矿体倾角有如下关系（见图1-3）：

$$H_v = H_1 \sin\alpha \tag{1-2}$$

式中　H_v——矿体垂直厚度；

H_1——矿体水平厚度；

α——矿体倾角。

矿体按厚度可分为5类：

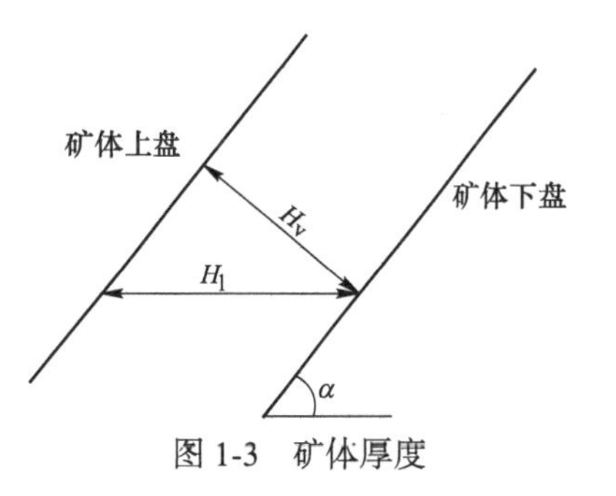

图 1-3 矿体厚度

（1）极薄矿体。矿体平均厚度小于 0.8m。

（2）薄矿体。矿体厚度为 0.8~5.0m。

（3）中厚矿体。矿体厚度为 5.0~15.0m。

（4）厚矿体。矿体厚度为 15.0~50.0m。

（5）极厚矿体。矿体厚度大于 50.0m。

矿体厚度对开拓系统和采矿方法选择影响较大，薄矿体只能采用浅孔落矿，中厚及厚大 矿体则适宜选用中深孔或深孔崩矿，以便提高开采效率。如同倾角分类界限只能作为参考一 样，厚度的分类界限也不是固定不变的，上述界限标准仅供参考。

1.1.4 矿产资源储量及矿床工业指标

1.1.4.1 资源储量

矿产资源领域有两个非常重要的概念，即资源与储量。由于矿产资源/储量分类是定量评价矿产资源的基本准则，它既是矿产资源/储量估算、资源预测和国家资源统计、交易与管理的统一标准，又是国家制定经济和资源政策及建设计划、设计、生产的依据，因此各国都对矿产资源/储量分类给予了高度重视。

虽然各国都是基于地质可靠性和经济可能性对资源与储量进行定义和区分，但具体分类标准各不相同。我国于 1999 年 12 月 1 日起实施的国家标准《固体矿产资源/储量分类》（GB/T 17766—1999）是我国固体矿产第一个可与国际接轨的真正统一的分类标准，该标准目前已被《固体矿产资源储量分类》（GB/T 17766—2020）替代。

A 分类依据

（1）考虑地质可靠程度，按照转换因素的确定程度由低到高，储量可分为可信储量和证实储量。

1）可信储量：经过预可行性研究、可行性研究或与之相当的技术经济评价，基于控制资源量估算的储量；或某些转换因素尚存在不确定性时，基于探明资源量而估算的储量。

2）证实储量：经过预可行性研究、可行性研究或与之相当的技术经济评价，基于探明资源量而估算的储量。

（2）资源量按可靠程度由低到高可分为推断资源量、探明资源量、控制资源量，对应普查、详查、勘探三个勘探阶段。

1）推断资源量：经稀疏取样工程圈定并估算的资源量，以及控制资源量或探明资源量外推部分；矿体的空间分布形态、产状和连续性是合理推测的；其数量、品位或质量是基于有限的取样工程和信息数据来估算的，地质可靠程度较低。

2）探明资源量：在系统取样工程基础上经加密工程圈定并估算的资源量；矿体的空间分布、形态、产状和连续性已确定；其数量、品位或质量是基于充足的取样工程和详尽的信息数据来估算的，地质可靠程度高。

3）控制资源量：经系统取样工程圈定并估算的资源量；矿体的空间分布、形态、产状和连续性已基本确定；其数量品位或质量是基于较多的取样工程和信息数据来估算的，地质可靠程度较高。

（3）根据可行性评价分为概略研究、预可行性研究和可行性研究三个阶段。

B 分类及编码

依据矿产勘查阶段和可行性评价及其结果、地质可靠程度和经济意义，并参考美国等西方国家及联合国分类标准，中国将矿产资源分为三大类（储量、基础储量、资源量）16种类型。

（1）储量是指探明资源量和（或）控制资源量中可经济采出的部分，是经过预可行性研究、可行性研究或与之相当的技术经济评价，充分考虑了可能的矿石损失和贫化，合理使用转换因素后估算的，满足开采的技术可行性和经济合理性。

（2）基础储量是查明矿产资源的一部分，是经详查、勘探所控制的、探明的并通过可行性研究、预可行性研究认为属于经济的、边际经济的部分，用未扣除设计、采矿损失的数量表达。

（3）资源量是指经矿产资源勘查查明并经概略研究，预期可经济开采的固体矿产资源，其数量、品位或质量是依据地质信息、地质认识及相关技术要求而估算的。

资源/储量16种类型、编码及其含义见表1-1。

表1-1 中国固体矿产资源分类与编码表

大类	类 型	编码	含 义
储量	可采储量	111	探明的、经可行性研究的、经济的基础储量的可采部分
	预可采储量	121	探明的、经预可行性研究的、经济的基础储量的可采部分
	预可采储量	122	控制的、经预可行性研究的、经济的基础储量的可采部分
基础储量	探明的（可研）经济基础储量	111b	探明的、经可行性研究的、经济的基础储量
	探明的（预可研）经济基础储量	121b	探明的、经预可行性研究的、经济的基础储量
	控制的经济基础储量	122b	控制的、经预可行性研究的、经济的基础储量
	探明的（可研）边际经济基础储量	2M11	探明的、经可行性研究的、边际经济的基础储量
	探明的（预可研）边际经济基础储量	2M21	探明的、经预可行性研究的、边际经济的基础储量
	控制的边际经济基础储量	2M22	控制的、经预可行性研究的、边际经济的基础储量
资源量	探明的（可研）次边际经济资源量	2S11	探明的、经可行性研究的、次边际经济的资源量
	探明的（预可研）次边际经济资源量	2S21	探明的、经预可行性研究的、次边际经济的资源量
	控制的次边际经济资源量	2S22	控制的、经预可行性研究的、次边际经济的资源量
	探明的内蕴经济资源量	331	探明的、经概略（可行性）研究的、内蕴经济的资源量
	控制的内蕴经济资源量	332	控制的、经概略（可行性）研究的、内蕴经济的资源量
	推断的内蕴经济资源量	333	推断的、经概略（可行性）研究的、内蕴经济的资源量
	预测资源量	334?	潜在矿产资源

注：表中编码，第1位表示经济意义，即1表示经济的，2M表示边际经济的，2S表示次边际经济的，3表示内蕴经济的；第2位表示可行性评价阶段，即1表示可行性研究，2表示预可行性研究，3表示概略研究；第3位表示地质可靠程度，即1表示探明的，2表示控制的，3表示推断的，4表示预测的。其他符号：?表示经济意义未定的，b表示未扣除设计、采矿损失的可采储量。

1.1.4.2 矿床工业指标

用以衡量某种地质体是否可以作为矿床、矿体或矿石的指标，或用以划分矿石类型及品级的指标，均称为矿床工业指标。常用的矿床工业指标包括：

（1）矿石品位。金属和大部分非金属矿石品级（industrial ore sorting），一般用矿石品位来表征。品位是指矿石中有用成分的含量，一般用质量分数（%）表示，贵重金属则用 g/t 或 ppm(10^{-6}) 表示。有开采利用价值的矿产资源，其品位必须高于边界品位（圈定矿体时对单个样品有用组分含量的最低要求）和最低工业品位（在当前技术经济条件下，矿物的采收价值等于全部成本，即采矿利润率为零时的品位），而且有害成分含量必须低于有害杂质最大允许含量（对产品质量和加工过程起不良影响的组分允许的最大平均含量）。

（2）最小可采厚度。最小可采厚度是在技术可行和经济合理的前提下，为最大限度利用矿产资源，根据矿区内矿体赋存条件和采矿工艺的技术水平而决定的一项工业指标，亦简称可采厚度，用真厚度衡量。

（3）夹石剔除厚度。夹石剔除厚度亦称最大允许夹石厚度，是开采时难以剔除，圈定矿体时允许夹在矿体中间合并开采的非工业矿石（夹石）的最大真厚度或应予剔除的最小厚度。厚度大于或等于夹石剔除厚度的夹石，应予剔除，反之，则合并于矿体中连续采样估算储量。

（4）最低工业米百分值。对一些厚度小于最低可采厚度，但品位较富的矿体或块段，可采用最低工业品位与最低可采厚度的乘积，即最低工业米百分值作为衡量矿体在单工程及其所代表地段是否具有工业开采价值的指标。最低工业米百分值，简称米百分值或米百分率，也表示为米克/吨值。高于这个指标的单层矿体，其储量仍列为目前能利用（表内）储量。最低工业米百分值指标实际上是利用矿体开采时高贫化率为代价，换取资源的回收利用。

1.1.5 矿山生产能力、矿石损失率与贫化率

（1）矿山生产能力及矿山服务年限。生产能力是指矿山企业在正常生产情况下，在一定时间内所能开采或处理矿石的能力，一般用万吨/a 或 t/a 来表示。矿山生产能力是矿床开发的重要技术经济指标之一，决定着矿山企业的基建工程、基建投资、主要设备类型和数量、技术建筑物和其他建筑物的规模与类型、辅助车间和选冶车间的规模、人员数量和配置等。矿山生产能力的确定主要取决于国民经济需要、矿床储量、资源前景、矿床地质与开采技术条件、矿床勘探程度、矿山服务年限、基建投资和产品成本等因素。

矿山服务年限是矿山维持正常生产状态的时间，在矿山生产能力、矿床储量、采矿损失率和回收率等因素确定后，也即相应确定。

矿山生产能力和服务年限是密切相关的，为在保证矿山合理的经济效益的同时，保持可持续发展，矿山企业必须具有一定的服务年限，因此矿山生产能力既不能过小，也不能无限扩大，应与矿山合适的服务年限相适应。

（2）矿石损失率。矿床开采过程中由于各种因素（如地质构造、开采技术条件、采矿方法及生产管理等）的综合影响难免会造成部分工业矿石的丢失。采矿过程中损失的矿石量与计算范围内工业矿石量的百分比称为矿石损失率，而实际采出并进入选矿流程的矿石量与计算范围内工业矿石量的百分比则称为矿石回收率。很明显，矿石回收率=1-矿石损失率。

（3）矿石贫化率。由于采矿、运输过程中，围岩和夹石的混入或富矿的丢失，使采出

矿石品位低于计算范围内工业矿石品位的现象称为矿石贫化，工业矿石品位降低的百分数称为矿石贫化率。

1.2　中国矿产资源概况

1.2.1　金属矿产资源

1.2.1.1　黑色金属

A　铁矿

中国铁矿主要集中在辽宁、四川、河北三省，保有铁矿石储量占全国总保有铁矿石储量的近一半，已经形成的主要原料基地包括：

(1) 长江中下游铁矿原料基地；
(2) 鞍山-本溪和抚顺铁矿原料基地；
(3) 冀东-北京铁矿原料基地；
(4) 攀枝花-西昌铁矿原料基地；
(5) 包头-白云鄂博铁矿区；
(6) 五台-岚县铁矿区；
(7) 鲁中铁矿区；
(8) 河北宣化-赤城铁矿区；
(9) 太行山铁矿区；
(10) 酒泉镜铁山铁矿区；
(11) 吉林通化铁矿区；
(12) 江西新余-萍乡、吉安-永新铁矿区；
(13) 湘东、田湖铁矿区。

除此之外，还有滇中、闽南、水城等12个规模比较小的铁矿区，为地方钢铁企业提供铁矿原料。

铁矿成因类型以分布于东北、华北地区的变质-沉积磁铁矿为最重要。该类型铁矿含铁量虽低（35%左右），但储量大，约占全国总储量的一半，且可选性能良好，经选矿后可以获得含铁65%以上的精矿。从成矿时代看，自元古宙至新生代均有铁矿形成，但以元古宙力量重要。

B　锰矿

湖南和广西是我国重要的锰矿原料基地，产量占全国锰矿总产量的近50%，其次为辽宁、广东、云南、四川、贵州等省。我国锰矿储量比较集中的地区有8个：

(1) 桂西南地区；
(2) 湘、黔、川三角地区；
(3) 贵州遵义地区；
(4) 辽宁朝阳地区；
(5) 滇东南地区；
(6) 湘中地区；

（7）湖南永州-道县地区；

（8）陕西汉中-大巴山地区。

以上地区保有锰矿储量占全国总保有储量的80%以上。

矿床成因类型以沉积型锰矿为主，如广西下雷锰矿、贵州遵义锰矿、湖南湘潭锰矿、辽宁瓦房子锰矿、江西乐平锰矿等；其次为火山-沉积矿床，如新疆莫托沙拉铁锰矿床；受变质矿床，如四川虎牙锰矿等；热液改造锰矿床，如湖南玛璃山锰矿；表生锰矿床，如广西钦州锰矿。

锰矿形成时代为元古宙至第四纪，其中以震旦纪和泥盆组为最重要。

C　铬矿

铬铁矿主要分布在西藏，其次为内蒙古、新疆和甘肃，4省区保有储量占全国铬铁矿总保有储量的85%左右。

中国铬矿床是典型的与超基性岩有关的岩浆型矿床，绝大多数属蛇绿岩型，矿床赋存于蛇绿岩带中。

铬铁矿形成时代以中、新生代为主。

D　钛矿

我国探明的钛资源分布在21个省（自治区、直辖市），主要产区为四川，次有河北、海南、广东、湖北、广西、云南、陕西、山西等省区。

钛矿矿床类型主要为岩浆型钒钛磁铁矿，其次为砂矿。

原生钛矿成矿时代主要为古生代，砂钛矿则主要于新生代形成。

E　钒矿

中国钒矿资源较多，总保有储量位居世界前列。钒矿分布较广，在19个省区有探明储量，四川储量居全国之首，占总储量的49%；湖南、安徽、广西、湖北、甘肃等省区次之。

钒矿主要产于岩浆岩型钒钛磁铁矿床之中，作为伴生矿产出。钒钛磁铁矿主要分布于四川攀枝花-西昌地区，黑色页岩型钒矿主要分布于湘、鄂、皖、赣一带。

钒矿成矿时代主要为古生代，其他地质时代也有少量钒矿产出。

1.2.1.2　有色金属

A　铜矿

在我国分布广泛，除北京、天津、重庆、台湾、香港、澳门外其他省、市、自治区均有铜矿床发现，其中，云南、内蒙古、安徽、山西、甘肃、江西铜矿分布最为集中，目前我国已形成了以矿山为主体的七大铜业生产基地：江西铜基地、云南铜基地、白银铜基地、东北铜基地、铜陵铜基地、大冶铜基地和中条山铜基地。

矿床类型以斑岩型铜矿最为重要，如江西德兴特大型斑岩铜矿和西藏玉龙大型斑岩铜矿；其次为铜镍硫化物矿床（如甘肃自家嘴子铜镍矿）、夕卡岩型铜矿（如湖北铜绿山铜矿、安徽铜官山铜矿）、火山岩型铜矿（如甘肃白银厂铜矿等）、沉积岩中层状铜矿（如山西中条山铜矿、云南东川式铜矿）、陆相砂岩型铜矿以及少量热液脉状铜矿等。

铜矿形成时代跨越太古宙至第三纪，但主要集中在中生代和元古宙。

B　铅锌矿

全国27个省、区、市发现并勘查了铅锌资源，但从富集程度和保有储量来看，主要集中于6个省区，即云南、内蒙古、甘肃、广东、湖南和广西，6省区占全国铅锌合计储量的65%左右。

矿床类型主要包括：

(1) 与花岗岩有关的花岗岩型（广东连平）、夕卡岩型（湖南水口山）、斑岩型（云南姚安）矿床；

(2) 与海相火山有关的矿床（青海锡铁山）；

(3) 产于陆相火山岩中的矿床（江西冷水坑和浙江五部铅锌矿）；

(4) 产于海相碳酸盐（广东凡口）、泥岩-碎屑岩系中的铅锌矿（甘肃西成铅锌矿）；

(5) 产于海相或陆相砂岩和砾岩中的铅锌矿（云南金顶）等。

铅锌矿成矿时代以古生代为主。

C　铝土矿

中国铝土矿主要分布在山西、贵州、河南和广西4个省区，其储量合计占全国总储量的90%以上。

铝土矿的矿床类型主要为古风化壳型矿床和红土型铝土矿床，以前者为最重要。

铝土矿成矿时代主要是石炭纪和二叠纪。

D　镍矿

我国镍矿主要分布在西北、西南和东北地区，甘肃储量最多，其次是新疆、云南、吉林、湖北和四川。

镍矿矿床类型主要为岩浆熔离矿床和风化壳硅酸盐镍矿床两个大类。

镍矿成矿时代比较分散，从前寒武纪到新生代皆有镍矿产出。

E　钴矿

全国24个省（自治区）均有钴矿资源，但以甘肃、山东、云南、河北、青海、山西等省资源最为丰富，以上六省储量之和占全国总储量的70%，其余30%的储量分布在新疆、四川、湖北、西藏、海南、安徽等省（自治区）。

矿床类型有岩浆型、热液型、沉积型、风化壳型4类。以岩浆型硫化铜镍钴矿和夕卡岩铁铜钴矿为主，占总储量65%以上；其次为火山沉积与火山碎屑沉积型钴矿，约占总储量17%。

钴矿成矿时代以元古宙和中生代为主，古生代和新生代次之。

F　钨矿

在全国已探明钨矿储量的21个省、自治区、直辖市中，湖南和江西最为丰富，其次为河南、广西、福建、广东、云南，7省合计占全国钨保有储量的90%以上。主要钨矿区有：湖南柿竹园钨矿，江西西华山、大吉山、盘古山、归美山、漂塘等钨矿，广东莲花山钨矿，福建行洛坑钨矿，甘肃塔儿沟钨矿，河南三道庄铝钨矿等。

钨矿床类型以层控叠加矿床和壳源改造花岗岩型矿床为最重要，壳幔源同熔花岗（闪长）岩型矿床、层控再造型矿床和表生型钨矿床次之。

钨矿成矿时代，最早为早古生代，晚古生代较少，中生代形成钨矿最多，新生代钨矿则属罕见。

G　锡矿

主要集中在云南、广西、湖南、广东、内蒙古、江西6省区，其合计保有储量占全国总保有储量的98%左右。

锡矿矿床类型主要包括：与花岗岩类有关的矿床；与中、酸性火山-潜火山岩有关的矿床；与沉积再造变质作用有关的矿床和沉积-热液再造型矿床。以花岗岩矿床最为重要，云南个旧和广西大厂等世界级超大型锡矿皆属此类，这两个锡矿储量占全国锡总储量的33%。

成矿时代比较广泛，以中生代锡矿为最重要，前寒武纪次之。

H 钼矿

资源据前3名的省份依次为河南（占全国钼矿总储量的30%左右）、陕西和吉林，3省保有储量占全国总保有储量的一半以上，另外储量较多的省区还有山东、河北、江西、辽宁和内蒙古。陕西金堆城、辽宁杨家杖子、河南栾川是我国三个重要的钼业基地。

矿床类型以斑岩型钼矿和斑岩-夕卡岩型钼矿为主。

除少数钼矿形成于晚古生代和新生代之外，绝大多数钼矿床均形成于中生代，为燕山期构造岩浆活动的产物。

I 汞矿

贵州储量最多，占全国汞储量的近40%，其次为陕西和四川，3省储量占全国的75%左右，广东、湖南、青海、甘肃和云南也有一定的汞矿资源分布。著名汞矿有贵州万山汞矿、务川汞矿、丹寨汞矿、铜仁汞矿以及湖南的新晃汞矿等。

汞矿矿床类型分为碳酸盐岩型、碎屑岩型和岩浆型3种，其中碳酸盐岩型占主要地位，拥有汞储量90%以上。

大多数汞矿床产于中、下寒武纪地层之中。

J 锑矿

储量以广西为首，其次为湖南、云南、贵州和甘肃，5省区合计储量占全国锑矿总储量的85%左右。

锑矿矿床类型有碳酸盐岩型、碎屑岩型、浅变质岩型、海相火山岩型、陆相火山岩型、岩浆期后型和外生堆积型7类，以碳酸盐岩型锑矿为最重要。世界著名的湖南锡矿山锑矿和广西大厂锡、锑多金属矿皆属此类型。

锑矿改造成矿的时代主要集中在中生代的燕山期。

1.2.1.3 其他金属

A 铂族矿床

铂矿和钯矿主要分布在甘肃，分别占全国铂矿与钯矿的90%以上，其次是河北；铂钯矿主要在云南（占全国的65%），其次是四川（占全国的26%）；其他几种铂族金属（如铑、铱、锇、钌）的分布也主要在甘肃、云南和黑龙江。

铂族金属矿产矿床类型主要为岩浆熔离铜镍铂钯矿床、热液再造铂矿床和砂铂矿床。

铂族矿成矿时代主要为古元古代和古生代。

B 金矿

我国金矿分布广泛，山东、河南、陕西、河北4省保有储量约占全国岩金储量的46%以上，山东省岩金储量接近全国岩金总储量的1/4，居全国第1位，其他储量超过百吨的省区还有辽宁、吉林、湖北、贵州和云南；砂金主要分布于黑龙江，其次为四川，两省合计几乎占全国砂金保有储量的一半。

金矿成矿时代的跨度很大，从太古宙到第四纪都有金矿形成，但主要是前寒武纪，其次为中生代和新生代。

C　银矿

保有储量最多的是江西，其次是云南、广东、内蒙古、广西、湖北、甘肃，以上7个省区储量合计占全国总保有储量的60%以上。单独的银矿很少，大多数与铜、铅、锌等有色金属矿产共生或伴生在一起。我国重要的银矿区有江西贵溪冷水坑、广东凡口、湖北竹山、辽宁凤城、吉林四平、陕西柞水、甘肃白银、河南桐柏银矿等。

矿床类型有火山-沉积型、沉积型、变质型、侵入岩型、沉积改造型等几种，以火山-沉积型和变质型为最重要。

银矿成矿时代较分散，但以中生代形成的银矿最多。

D　锂矿

主要分布在4个省区，即四川、江西、湖南和新疆，4省区合计占98%以上，其中青海盐湖锂储量占80%以上。

锂矿生成时代以中生代和晚古生代为主。

E　铍矿

分布在14个省区，主要为新疆、内蒙古、四川、云南，该4省区合计占全国总储量的90%左右，其次为江西、甘肃、湖南、广东、河南、福建、浙江、广西、黑龙江、河北等10个省区，合计占10%左右。绿柱石矿物储量，主要分布在新疆和四川，两省区合计占90%以上，其次为甘肃、云南、陕西和福建。

铍矿生成时代以中生代和晚古生代为主。

F　铌矿

分布在15个省区，主要为内蒙古和湖北，2省区合计占95%以上，其次为广东、江西、陕西、四川、湖南、广西、福建，以及新疆、云南、河南、甘肃、山东、浙江等。砂矿储量广东占99%以上，其次是江苏、湖南；褐钇铌矿储量主要分布在湖南、广西、广东和云南。

铌矿生成时代以中生代和晚古生代为主。

G　钽矿

分布在13个省区，主要为江西、内蒙古和广东，3省区合计占70%以上，其次为湖南、广西、四川、福建、湖北、新疆、河南、辽宁、黑龙江、山东等。

钽矿生成时代以中生代和晚古生代为主。

H　锶矿

青海省储量最多，占全国总保有储量的近50%，其次是陕西、湖北、云南、四川和江苏。

锶矿矿床类型主要有沉积型、沉积改造型和火山热液型。

锶矿成矿时代以新生代为主，中生代次之。

I　稀土

我国稀土矿产资源分布广泛，目前已探明有储量的矿区分布于17个省区，其中内蒙古占全国稀土总储量的95%以上，贵州、湖北、江西和广东也有一定储量。

J 锗矿

分布在11个省区，其中广东、云南、吉林、山西、四川、广西和贵州等省区的储量占全国锗总储量的96%。

K 镓矿

分布在21个省区，主要集中在山西、吉林、河南、贵州、广西和江西等省区。

L 铟矿

分布在15个省区，主要集中在云南、广西、内蒙古、青海和广东。

M 铊矿

分布在云南、广东、甘肃、湖北、广西、辽宁、湖南等7个省区，其中云南占全国铊总储量的94%左右。

N 硒矿

分布在18个省区，主要集中在甘肃，其次为黑龙江、广东、青海、湖北和四川等省区。

O 碲矿

分布于15个省区，储量主要集中在江西（占全国碲总储量的40%）、广东（40%）和甘肃（10%）。

P 铼矿

分布于9个省区，储量主要集中在陕西（占全国铼总储量的近45%）、黑龙江和河南。

Q 镉矿

分布于24个省区，储量主要集中在云南（占全国镉总储量的45%以上）、广西、四川和广东。

1.2.2 非金属矿产资源

A 菱镁矿

中国是世界上菱镁矿资源最为丰富的国家。探明储量的矿区27处，分布于9个省区，以辽宁菱镁矿储量最为丰富，占全国的85.6%；山东、西藏、新疆、甘肃次之。

矿床类型以沉积变质-热液交代型为最重要，如辽宁海城、营口等地菱镁矿产地和山东掖县菱镁矿产地等。

中国菱镁矿主要形成于前震旦纪和震旦纪，少数矿床形成于古生代和中新生代。

B 萤石

已探明储量的矿区有230处，分布于全国25个省区。以湖南萤石最多，占全国总储量38.9%；内蒙古、浙江次之，分别占16.7%和16.6%。我国主要萤石矿区有浙江武义、湖南柿竹园、河北江安、江西德安、内蒙古苏莫查干敖包、贵州大厂等。

矿床类型以热液充填型、沉积改造型为主。

萤石矿主要形成于古生代和中生代，以中生代燕山期为最重要。

C 耐火黏土

探明储量的矿区有327处，分布于全国各地。以山西耐火黏土矿最多，占全国总储量的27.9%；其次为河南、河北、内蒙古、湖北、吉林等省区。

按成因矿床可分沉积型（如山西太湖石、河北赵各庄、河南巩县、山东淄博耐火黏土矿等）和风化残余型（如广东飞天燕耐火黏土矿）两大类型，以沉积型为主，储量占95%以上。

耐火黏土主要成矿期为古生代，中生代、新生代次之。

D 硫矿

主要为硫铁矿，其次为其他矿产中的伴生硫铁矿和自然硫。已探明储量的矿区760多处。硫铁矿以四川省为最丰富。伴生硫储量江西（德兴铜矿和永平铜矿等）第一。自然硫主要产于山东泰安地区。广东云浮硫铁矿、内蒙古炭窑口、安徽新桥、山西阳泉、甘肃白银厂等矿区均为重要的硫铁矿区。

矿床类型有沉积型、沉积变质型、火山岩型、夕卡岩型和热液型几种。以沉积型（占全国总储量41%）和沉积变质型（占全国总储量19%）为主。

硫矿成矿时代主要为古生代，其次为前寒武纪和中生代，新生代也有大型自然硫矿床形成。

E 重晶石

贵州省重晶石保有储量占全国的34%，湖南、广西、甘肃、陕西等省（区）次之。以上5省区储量占全国的80%。

矿床类型以沉积型为主（如贵州天柱、湖南贡溪、广西板必、湖北柳林重晶石矿等），占总储量的60%。此外，还有火山-沉积型（如甘肃镜铁山伴生重晶石矿）、热液型（广西象州县潘村）和残积型（广东水岭矿）。

重晶石成矿时代以古生代为主，震旦纪及中一新生代也有重晶石矿形成。

F 盐矿

中国盐矿资源相当丰富，除海水中盐资源外，矿盐资源在全国17个省区都有产出，但以青海省为最多，占全国的80%；四川（成都盆地、南充盆地等）、云南、湖北（应城盐矿）、江西（樟树盐矿、周田盐矿）等省次之。

盐矿可分岩盐、现代湖盐和地下卤水盐3种类型，以现代湖盐为主，如柴达木盆地的现代盐湖。

盐矿形成时代主要为中、新生代。

G 钾盐

中国是钾盐矿产资源贫乏的国家，仅在6个省区有少量钾盐产出。探明储量的矿区有28处。我国钾盐主要产于青海察尔汗盐湖，其储量占全国的97%；云南勐野井也有产出。

钾盐矿床类型以现代盐湖钾盐为主，中生代沉积型钾盐矿和含钾卤水不占重要地位。

H 磷矿

中国磷矿资源比较丰富，全国26个省区有磷矿产出，以湖北、云南为多，分别占22%和21%；贵州、湖南次之。以上4省合计占全国储量的71%。我国重要磷矿床有云南昆阳磷矿、贵州开阳磷矿、湖北王集磷矿、湖南浏阳磷矿、四川金河磷矿、江苏锦屏磷矿等。

磷矿矿床类型以沉积磷块岩型为主，储量约占80%；内主磷灰石矿床、沉积变质型磷矿床次之；鸟粪型磷矿探明储量极少。

磷矿成矿时代主要为震旦纪和早寒武世，前震旦纪、古生代也有磷矿产出。

I 金刚石

中国金刚石矿资源比较贫乏，全国只有4个省产有金刚石矿，其中辽宁储量约占全国的52%；山东蒙阴金刚石矿田次之，占44.5%。

我国金刚石矿以原生矿为主，砂矿（湖南沅江流域、山东沂沭河流域等地砂矿）次之。

金刚石矿成矿时代以古生代和中生代燕山期为主，第四纪砂矿亦具一定的工业意义。

J 石墨

中国石墨矿资源相当丰富，全国20个省区有石墨矿产出，其中黑龙江省最多，储量占全国的64.1%，四川和山东石墨矿也较丰富。

石墨矿床类型有区域变质型（黑龙江柳毛、内蒙古黄土窑、山东南墅、四川攀枝花扎壁石墨矿等）、接触变质型（如湖南鲁塘、广东连平石墨矿等）和岩浆热液型（新疆奇台苏吉泉矿等）3种，以区域变质型为最重要，不仅矿床规模大、储量多，而且质量好。

石墨矿成矿时代有太古宙、元古宙、古生代和中生代，以元古宙石墨矿为最重要。

K 滑石

中国滑石矿资源比较丰富，全国15个省区有滑石矿产出，其中以江西滑石矿最多，占全国的30%；辽宁、山东、青海、广西等省区次之。

滑石矿矿床类型主要有碳酸盐岩型（如辽宁海域、山东掖县等产地）和岩浆热液交代型（如江西于都、山东海阳等产地），以碳酸盐岩型为最重要，占全国储量的55%。

滑石矿成矿时代主要为前寒武纪，古生代、中生代次之。

L 石棉

青海石棉矿最多，储量占全国的64.3%；四川、陕西次之。主要石棉矿产地有四川石棉、青海茫崖和陕西宁强等石棉矿区。

我国石棉矿床的成因类型主要有超基性岩型和碳酸盐岩型两类，前者规模大，储量占全国的93%。

石棉矿成矿时代有前寒武纪、古生代和中生代，以古生代成矿为最重要。

M 云母

中国云母矿资源丰富，新疆块云母最多，储量占全国的64%；四川、内蒙古、青海、西藏等地也有较多的云母产出。主要云母矿区有新疆阿勒泰、四川丹巴、内蒙古土贯乌拉云母矿等。

云母矿的矿床类型主要有花岗伟晶岩型、镁夕卡岩型和接触交代型3种。以花岗伟晶岩型为最重要，其储量占全国的95%以上。

云母矿主要形成于太古宙、元古宙和古生代，中生代以后形成较少。

N 石膏

山东石膏矿储量占全国的65%；内蒙古、青海、湖南次之。主要石膏矿区有内蒙古鄂托克旗、湖北应城、吉林浑江、江苏南京、山东大汶口、广西钦州、山西太原、宁夏中卫石膏矿等。

石膏矿以沉积型矿床为主，储量占全国90%以上。

石膏矿在各地质时代均有产出，以早白垩纪和第三纪沉积型石膏矿为最重要。

O　高岭土

中国高岭土矿资源丰富，在全国 21 个省区 208 个矿区探明有高岭土矿，广东、陕西储量分别占全国的 30. 8%和 26. 7%；福建、广西、江西探明储量也较多；香港特别行政区亦有高岭土矿产地。我国主要高岭土矿区有广东茂名、福建龙岩、江西贵溪、江苏吴县和湖南醴陵等。

矿床类型有风化壳型、热液蚀变型和沉积型 3 种，以风化壳型矿床为最重要，如广东、福建的高岭土矿区。

高岭土矿成矿时代主要为新生代和中生代后期，晚古生代也有矿床形成。

P　膨润土

广西、新疆，内蒙古为主要产区，储量分别占全国的 26. 1%、13. 9%和 8. 5%。主要膨润土矿区有河北宣化、浙江余杭、河北隆化、辽宁黑山、辽宁建平、浙江临安、甘肃金昌、新疆布克塞尔。

矿床类型可分沉积型、热液型和残积型 3 种，以沉积（含火山沉积）型为最重要，储量占全国储量的 70%以上。

膨润土成矿时代主要为中、新生代，在晚古生代也有少量矿床形成。

1. 2. 3　能源类矿产资源

A　石油

中国石油虽有一定的资源量和储量，但远远不能满足国民经济发展的需要，中国已成为重要的石油输入国。中国陆上石油主要分布在松辽、渤海湾、塔里木、准格尔和鄂尔多斯等地，储量占全国陆上石油总储量的 87%以上；海上石油以渤海为主，占全国海上石油储量的近一半。

我国含油气盆地主要为陆相沉积，储层物性以中低渗透为主（低渗透往往伴随着低产能与低丰度）。

中国石油资源生成时代分布特点是时代愈新资源量愈大，如新生代石油资源量占一半以上，其次为中生代、晚古生代、早古生代及前寒武纪。

B　天然气

中国天然气资源主要分布在鄂尔多斯、四川、塔里木、东海、莺歌海等地，其储量占全国的 60%以上。

天然气资源主要是油型气，其次为煤成气资源。生化气主要分布于柴达木盆地，其次为南方的一些小盆地。

天然气资源生成时代主要是在第三纪、石炭纪和奥陶纪，其他各时代中的资源量大体呈均等的势态。

C　煤炭

中国是煤炭资源大国，在全国 34 个省级行政区划中，除上海市、香港特别行政区外，都有不同质量和数量的煤炭资源赋存；全国 63%的县级行政区划里都分布有煤炭资源。煤炭保有储量超过千亿吨的有山西、内蒙古和陕西；超百亿吨的有新疆、贵州、宁夏、安徽、云南、河南、山东、黑龙江、河北、甘肃。以上 13 个省（自治区）煤炭保有储量占全国的 96%。

我国具有工业价值的煤炭资源主要赋存在晚古生代的早石炭世到新生代的第三纪。

D 油页岩

我国油页岩的分布比较广泛，但勘探程度较低，探明储量较多的省份是吉林、辽宁和广东，内蒙古、山东、山西、吉林和黑龙江等省区有较高的预测储量。

油页岩的时代较新，从老至新为石炭纪、二叠纪、三叠纪、侏罗纪、白垩纪及第三纪。

E 铀矿

中国铀矿资源比较缺乏，在世界上排位比较靠后。江西、湖南、广东、广西4省区资源占探明工业储量的74%。

已探明的铀矿床，以花岗岩型、火山岩型、砂岩型、碳硅泥岩型为主。矿石以中低品位为主，0.05%~0.3%品位的矿石量占总资源量的绝大部分。矿石组分相对简单，主要为单铀型矿石。

中国铀矿成矿时期以中新生代为主，并主要集中在87~45Ma。

1.2.4 中国矿产资源特点

与世界金属矿产资源相比，中国金属矿产资源有以下几个明显的特点：

(1) 大宗矿产数量相对不足，用量小的稀有、稀土金属矿产资源丰富。我国大宗矿产，如铁、锰、铝土矿、铬、铜等，储量相对较少，在世界上的排名比较靠后。稀有、稀土金属资源丰富，在世界上占有绝对的优势，如钨矿保有储量是国外钨矿总储量的3倍左右，锑矿保有储量占世界锑矿储量的40%以上。稀土金属资源更是丰富，仅内蒙古白云鄂博一个矿床的储量就相当于国外稀土总储量的4倍。

(2) 富矿少，贫矿多。我国铁矿石保有储量中，贫铁矿石占97.5%，含铁平均品位在55%左右能直接入炉的富铁矿储量只占2.5%，而形成一定开采规模、能单独开采的富铁矿就更少了。锰矿储量中，富锰矿（氧化锰矿含锰大于30%，碳酸锰矿含锰大于25%）储量只占6.4%。我国铜矿平均品位只有0.87%，品位大于1%的铜储量约占全国铜矿储量的36%，铝土矿的质量也比较差，加工困难、耗能大的一水硬铝石型矿石占全国总储量的98%以上。全国钼矿石平均含钼量大于0.2%的仅占总储量的3%。金矿出矿品位更是远低于世界平均水平。

(3) 多金属矿多，单一金属矿少。我国独特的地质环境导致形成大量多组分的综合性矿床。例如，具伴共生有益组分的铁矿石储量，约占全国总储量的1/3，伴共生有益组分有钒、钛、铜、铅、锌、锡、钨、钼、钴、镍、锑、金、银、镉、镓、铀、钍、硼、锗、硫、铬、稀土、铌、萤石、石膏、石灰石和煤等30余种。铅锌矿床大多数普遍共伴生有铜、铁、硫、银、金、锡、锑、钼、钨、汞、钴、镉、铟、镓、锗、硒、碲、钪等元素，尤其是银，许多矿床成了铅锌银矿或银铅锌矿，其储量占全国银储量的60%以上。73%的铜矿床为多金属矿。金矿总储量中，伴生金储量占了28%。钒储量92%以上赋存于共生矿和伴生矿中，其产量几乎全部来自钒钛磁铁矿和石煤伴生钒。钼作为单一矿产的矿床，其储量只占全国总储量的14%，作为主矿产还伴生有其他有用组分的矿床，其储量占全国总储量的64%，与铜、钨、锡等金属共伴生的钼储量占全国总储量的22%。

(4) 大型、超大型矿床少，中小型矿床多。虽然我国有一些世界有名的大型和超大型矿床，如：内蒙古白云鄂博稀土-铁-铌矿，是世界上最大的稀土矿；湖南柿竹园多金属矿，是世界上最大的钨-锑矿；广西大厂锡矿，是世界上最大的锡矿；辽宁海成锑矿，是世界上最大的单一锑矿。但总体来讲，世界水平的大型、超大型矿床还是比较缺乏，众多的是储量和生产能力有限的中小型矿床。

（5）储量向大型矿床集中。虽然我国大型矿床比例不大，但其保有储量占全国总保有储量的比例较高，换言之，我国金属矿产储量向大型矿床集中，大中型矿山在我国矿业开发中占有突出的地位。

（6）生成时代集中。

（7）矿床分布有明显的地域性。我国金属矿床具有明显的地域分布特性，形成了许多重要的金属成矿带和成矿区。这一地域性分布特点对于地质勘探非常重要。

1.3　采矿发展趋势

采矿工程涉及多门学科的交叉运用及协同创新。随着各交叉学科的迅速发展，许多能够促进矿业发展的新技术如雨后春笋般涌现出来，出现了智能化、信息化、绿色化开采的新理念。古德生院士在“2017矿业前沿与信息化智能化科技年会”上阐述了矿业的三大发展主题，指出深部开采是发展的前沿，绿色开发是发展的道路，智能采矿是发展的目标。蔡美峰院士也将深部开采、绿色开发和智能采矿定为未来采矿的三大趋势。

1.3.1　深部开采

1.3.1.1　深部开采现状

经过长期大规模开发，已探明的浅部矿产逐渐枯竭，开采条件极大恶化。大型露天矿在逐年减少，不少矿山已开采到临界深度，面临关闭或转向地下开采，占矿山总数90%的地下矿山，有2/5~3/5正陆续向深部开采过渡。矿山是否进入深部开采，有专家提议以岩爆发生频率明显增加来界定，也有专家建议以岩石应力达到某一高度值来界定，但是，因为“深部”是综合因素影响下的特殊开采环境，在实际工程中很难明确界定，到目前为止还没有一个能为大家所认同的界定“深部”的科学方法。在国际上，日本把深度定为600m，英国和波兰定为750m，德国定为900m，俄罗斯定为1000m，南非定为1500m，美国定为1550m。我国采用经验认同的方法，约定开采深度大于800~1000m时才进入深部开采。

据不完全统计，截至2019年，国外开采深度超过千米的地下金属矿山（深井矿山）有112座。在这112座深井矿山中，开采深度1000~1500m的58座，1500~2000m的25座，2000~2500m的13座，3000m及以上的16座（见表1-2）。其中，70%以上为金矿和铜矿，开采深度超过3000m的16座矿山有12座位于南非，全部为金矿，最深超过4000m。目前，我国开采深度达到或超过1000m的金属矿山已达16座（见表1-3），其中，河南灵宝崟鑫金矿达到1600m，云南会泽铅锌矿、六苴铜矿和吉林夹皮沟金矿达到1500m。在这16座矿山中，几乎全部为有色金属矿山和金矿，只有一座铁矿（弓长岭铁矿）。在未来的10年之内，我国1/3以上的地下金属矿山，开采深度将达到或者超过1000m，其中部分矿山开采深度可达到2000~3000m。按照现在的深部开采的发展速度，我国在较短时间内深井矿山数量就会达到世界第一。

表 1-2 全球开采深度 3000m 及以上的地下矿山

序号	矿 山 名 称	开采深度/m	矿石类型和储量	所在国家
1	Mponeng Gold Mine 姆波尼格金矿	4350	金（金属储量 426t，金品位 8g/t）	南非
2	Savuka Gold Mine 萨武卡金矿	4000	金（矿石储量 5.26×10^6t，年产黄金 1.52t）	南非
3	TauTona Anglo Gold 陶托那盎格鲁金矿	3900	金（控制资源量 229.8t，年产黄金 12.7t）	南非
4	Caritonville 卡里顿维尔金矿	3800	金，副产品铀、银和铱、锇贵重金属（年产金 47.89t，产氧化铀 213t）	南非
5	East Rand Proprietary Mines 东兰德专有矿业	3585	金（2008 年产金 2.25t，品位 1.14g/t）	南非
6	South Deep Gold Mine 南深部金矿	3500	金（探明金属储量 1216t，平均品位 7.06g/t）	南非
7	Kloof Gold Mine 克卢夫金矿	3500	金（累计矿石储量 3.04×10^8t，品位 9.1g/t）	南非
8	Driefontein Mine 德里霍特恩金矿	3400	金（矿石储量 9.460×10^7t，金品位 7.4g/t）	南非
9	Kusasalethu Mine Project，Far West Rand 远西兰德库萨萨力图矿	3276	金（剩余金属储量 305t，品位 5.35g/t）	南非
10	Champion Reef 钱皮恩里夫	3260	金（矿石产量 10^5t/a，矿石品位 7.12g/t）	印度
11	President Steyn Gold Mine 斯坦总统金矿	3200	金（矿石产量 3.961×10^6t/a，金品位 6.5g/t）	南非
12	Boksburg 博客斯堡金矿	3150	金（年处理矿石能力 3.96×10^6t）	南非
13	LaRonde-Mine 拉罗德金矿	3120	金（探矿石储量 3.560×10^7t，金品位 2.7g/t）	加拿大
14	Andina Copper Mine 安迪纳铜矿	3070	铜（矿石储量 1.9162×10^{10}t，铜品位 1.2g/t）	智利
15	Moab Khotsong 摩押金矿	3054	金（矿石储量 1.688×10^7t，品位 9.69g/t）	南非
16	Lucky Friday Mine 幸运星期五矿	3000	银、铅（2016 年产银 93.3t）	美国

表1-3 我国开采深度1000m及以上的地下矿山

序号	矿山名称	所在地区	开采深度/m	序号	矿山名称	所在地区	开采深度/m
1	崟鑫金矿	河南省灵宝市朱阳镇	1600	9	玲珑金矿	山东省烟台招远市玲珑镇	1150
2	会泽铅锌矿	云南省曲靖市会泽县	1500	10	冬瓜山铜矿	安徽省铜陵市狮子山区	1100
3	六苴铜矿	云南省大姚县六苴镇	1500	11	湘西金矿	湖南省怀化市沅陵县	1100
4	夹皮沟金矿	吉林省桦甸镇	1500	12	阿舍勒铜矿	新疆维吾尔自治区阿勒泰地区	1100
5	秦岭金矿	河南省灵宝市故县镇	1400	13	三山岛金矿	山东省莱州市	1050
6	红透山金矿	辽宁省抚顺市红透山镇	1300	14	金川二矿区	甘肃省金昌市	1000
7	文裕金矿	河南省灵宝市豫灵镇	1300	15	山东金洲矿业集团	山东威海乳山市	1000
8	潼关中金	陕西省潼关县桐峪镇	1200	16	弓长岭铁矿	辽宁省辽阳市弓长岭区	1000

1.3.1.2 深部开采关键问题

A 深部开采动力灾害（岩爆）预测与防控

金属矿山深部开采动力灾害包括岩爆、塌方、冒顶、突水等，以岩爆为重点。岩爆是在地应力的主导下发生的采矿动力灾害，是采矿开挖形成的扰动能量在围岩中聚集、演化和在围岩出现破裂等情况下突然释放的过程。地应力存在于地层中本处于自然平衡状态，开挖扰动引发地应力释放，形成“释放荷载”导致围岩变形和应力集中。当岩体中聚集的变形势能达到一定程度，在一定条件下突然释放产生冲击破坏，就形成了岩爆。岩爆研究历史已有大半个世纪，国内外学者提出了各种岩爆的理论和学说，但大多仍停留在探讨和经验阶段，至今没有形成对岩爆机理的准确认识和具有实用性的岩爆预测与防控技术。为了满足金属矿深部开采安全的要求，应在已有工作积累基础上，将岩爆研究重点从判据研究转移到预测与防控研究上来。岩爆发生应具备两个必要条件：一是采矿岩体必须具有贮存高应变能的能力，并且在发生破坏时具有较强冲击性；二是采场围岩必须有形成高应力集中和高应变能聚集的应力环境。因此，岩爆应避免开采过程中应力过于集中，减少扰动能量聚集。其次，采用防治结合的支护方式，包括提前应力解除爆破，改善围岩的物理力学性质，喷、锚、格栅、钢架加固围岩等措施。综上所述，目前在岩爆诱发机理和预测理论上的研究已经取得重要进展，但在岩爆实时监测和精准预报方面还缺乏可靠技术，准确的岩爆实时预报，特别是准确的岩爆短期和临震预报还难以做到。对此，应该在超前理论预测的基础上，除了采用传统的应力、位移、三维数字图像扫描（3GSM）、声波监测、微震监测等手段外，还需进一步研究新的探测技术和方法，精准监测深部开采过程中岩体能量聚集、演化、岩体破裂、损伤和能量动力释放的过程，为岩爆的实时预测预报提供可靠依据。

B 深井降温与热害治理

1920年巴西的莫劳约里赫金矿建立了世界上第一个矿井空调系统，标志着矿井降温技术的兴起。20世纪70年代后，矿井降温技术发展迅速并广泛应用。我国对矿井降温技术的研究开始于20世纪60年代，1964年淮南九龙岗矿第一次使用了矿井局部制冷系统。目前国内外常见的深井降温技术可分为非人工制冷降温技术和人工制冷降温技术两类。非人工制冷降温包含热源隔离、预冷岩层、填充采空区等多种方法，但应用最多的是矿井通风系统。通过改进通风方式、提高通风能力，可以起到明显的降温效果。若将风流预冷后送入井下，通风降温效果会更好，但缺陷在于降温成本较高、降温能力小，如果矿井热害严重，很难满足需求。人工制冷降温技术是目前金属矿山应用较为广泛的降温技术，主要有水冷却系统和冰冷却系统两类。非人工制冷和人工制冷技术均为被动降温。为了提高深井降温效率，应该着力发展主动降温技术，包括深井高温岩层隔热技术和深井地热开发技术。

C　深井提升技术

提升高度超过3000m或4000m后，有绳提升技术由于钢丝绳造成的大负荷、大惯量、大扭矩将是无法解决的问题。为此，必须研发无绳垂直提升技术，如直线电机驱动、磁悬浮驱动提升技术等。传统的箕斗、罐笼等提升方式，都是机械提升方式，除向无线直线电机驱动等无绳垂直提升技术发展外，欧盟国家前些年还曾试验开发水力提升技术。这种提升方式在井下对矿石进行粗选、破碎和磨矿，之后用泵扬送到地面选矿场，可大幅降低提升成本，实现废石不出坑便于井下充填，同时也减少了环境污染，为建立“无废矿山”创造条件。由于无需开挖竖井，不仅减少了井巷工程的投资和维护费用，而且提高了采矿工程的安全性。德国的普鲁萨格金属公司和瑞典基律纳铁矿是水力提升系统的先行者。进入超深开采之后，水力提升必须分多段提升才能完成，这也制约了水力提升的效率和提升高度，真正能够实现无高度限制是无线直线电机驱动垂直提升技术。无线直线电机驱动等无绳垂直提升技术，设备小、运动灵活、效率高、无提升高度的限制，是适合超深井提升的技术和设备。

D　传统采矿模式和开采方法与工艺的变革

为了适应深部开采应力环境条件、地质构造、岩体力学结构与特性的变化，特别是为了满足深部无人采矿作业需求，极大地提高采矿的效率、保证采矿工程的稳定和安全，对用于浅部的传统采矿模式、方法与工艺进行根本的变革是完全必要的，主要包括采矿开挖和支护加固两个方面。从长远出发，采用机械连续切割破岩取代传统爆破开采，具有重要意义。采用机械切割采矿的优越性在于：开采过程不需实施爆破，提高了围岩稳定性；不受爆破安全边界的限制，扩大了开采空间；机械切割提高了采矿准确性，使矿石贫化率降到最低。除机械连续切割破岩采矿方法以外，有研究价值的新型连续破岩切割采矿方法还有高压水射流破岩技术、激光破岩技术。随着采矿深度不断增加，特别在开采深度超过1500m或更深以后，在高地应力的作用下，地压活动会越来越剧烈，为了有效控制地压活动，保证采矿安全，充填法将是多数进入深部开采的地下矿山不得不采用的开采方法。全尾砂（似）膏体充填，可在低水泥耗量条件下获得高质量的充填体，能有效维护空区、控制岩爆，代表着充填技术的发展方向。

1.3.2　绿色开发

1.3.2.1　绿色开发内涵

20世纪是人类生产力发展最快的百年，也是人类对地球破坏最严重的百年，它动摇着人类生存的根基，迫使人类不得不重新审视走过的发展道路，为人类带来新的觉醒。1972~1987年，国际论坛发表了许多具有划时代意义的研究报告，如《增长的极限》《世界保护策略》《我们共同的未来》等。这些报告分析了资源和环境保护与可持续发展之间的相互依存关系，第一次明确提出了可持续发展的定义，即“可持续发展是既满足现代人类的需求、又不对后代人满足其需求的能力构成危害的发展”。从此，“可持续发展”成为人类普遍认同的道德规范，成为人类活动的整体效益准则。3次国际会议是人类转变传统的发展模式和生活方式、走可持续发展道路的里程碑。

矿业是最早兴起的工业，从18世纪中叶产业革命开始，就成为国家经济的基础产业，可谓居功至伟。但是，现代矿业的发展是把双刃剑，在为人类提供大量工业原料的同时，也给人类的生存环境带来了严重破坏：采矿活动破坏了大量的耕地和生产建设用地；诱发地质灾害，造成大量人员伤亡和经济损失；使矿区的水均衡系统遭受破坏，下游水质污染；开采废渣、废气排放，产生大气污染和酸雨；采矿破坏村庄和景观，引发的社会纠纷越来越大。

矿业是破坏环境的主要行业之一，我们必须正视这一现实。为了地球和人类，为了使矿业开发“既满足现代人类的需求、又不对后代人满足其需求的能力构成危害”，矿业工作者必须认真负起社会责任，彻底否定“大开采、低利用、高排放”的传统矿业发展模式，坚定地走矿区“绿色开发”的道路，否则，未来矿业将会陷入前所未有的麻烦和灾难。

何谓矿区“绿色开发”？把矿区的资源与环境作为一个整体，在充分回收、有效利用矿产资源的同时，协调地开发、利用和保护矿区的土地、水体、森林等各类资源，实现资源-经济-环境三者统一协调的开发过程，称为绿色开发。

“绿色开发”是可持续发展理念在矿业中的延伸。它阐明了矿床开采的发展模式，指明了矿业的发展道路。

矿区“绿色开发”就是在为国家建设提供大量的工业原料的同时，还要为人类自己的明天建设一个与自然结合良好的、具有生态良性循环的人居和生产环境。

1.3.2.2　绿色开发主要内容

A　矿区资源的绿色开发设计

矿产资源开发过程中，矿区生态环境不可避免会受到破坏，但其破坏程度是可预见的。由于矿区生态环境与矿山的开发设计和生产密切相关，所以，矿区环境保护与生态修复应由过去的“先破坏、后修复”的被动模式，转变为贯穿于矿区开发全过程的动态的、超前的主动发展模式。为此，传统的矿山设计应该转变为矿区资源绿色开发设计（包括矿床开采设计、矿区生态环境设计和矿山闭坑规划设计），使矿山在生产、流通和消费过程中，能更好地推行减量化、资源化和再利用。科技创新需求主要有：

（1）矿区资源绿色开发设计；

（2）经济-生态-环境统一的开采方法与采掘工艺；

（3）矿区循环经济园区规划设计；

（4）矿区各类资源的保护与利用规划；

（5）矿物资源综合利用与产品高值化。

B　固体废料产出最小化和资源化

在金属矿物的加工过程中，原料中的80%～98%被转化为废料。当前，我国金属矿山的废石、尾砂、废渣等固体废物堆存量已达180多亿吨，每年的采掘矿岩总量还以超过10

亿吨的速度在增长。因此，大力开发和推行废石、尾砂回填采空区的工艺技术，推行尾砂、废石延伸产品的规模化加工利用，有相当大的发展空间。

现代矿山的开拓系统与采掘工程设计在满足生产高度集中、工艺环节少和开采强度大的同时，要从源头上控制废石产出率，采用合理的采矿方法，降低矿石损失贫化，强化露天边坡的管理与控制，减少废石剥离量等，努力去实现废石产出最小化。科技创新需求主要有：

（1）矿山无废开采程度的可行性评价；

（2）开拓与采矿工程的废石产出最小化；

（3）废石、尾砂不出坑的工艺技术创新；

（4）深井全尾砂、废石胶结充填设备与工艺；

（5）矿区尾矿规模化综合利用技术。

C 矿产资源的充分开发与回收

矿产资源的主要特征是稀缺性、耗竭性和不可再生性，人类必须十分重视合理开发利用和保护矿产资源。当前，我国露天矿的采矿回收率为80%~90%，而地下矿只有50%~60%。我国金属矿床主要采用地下开采，并大量采用传统的两步骤回采模式，所留矿柱的矿量高达35%~45%，由于矿柱回收不及时，受到破坏，造成资源大量损失的情况必须根本改变。另外，崩落法的矿石损失也很大，要大力创新采矿技术。科技创新需求主要有：

（1）地下大型化智能化无轨采掘设备研制；

（2）地下金属矿山连续开采技术；

（3）两步骤回采所留矿柱的整体高效回收技术；

（4）特大型矿床深部开采综合技术；

（5）矿块自然崩落智能采矿技术。

D 矿产资源有价元素的综合利用

我国金属矿床的贫矿多、富矿少，多金属共生矿多、单一金属矿床少，因此，生产工艺复杂，流程长，采选回收率低（铁矿为65%~70%，有色行业为40%~75%）；废石和尾矿中大量有价元素的利用率也很低，铁矿约20%，有色金属矿为30%~35%（国外50%以上）。这表明我国资源回收利用的潜力还相当大。提高资源综合利用率是我国建设资源节约型、环境友好型社会的重要战略举措。科技创新需求主要有：

（1）复杂难处理矿的高效选别技术；

（2）高选择性低毒（无毒）选矿药剂；

（3）废石和尾矿中有价元素提取技术；

（4）高效、节能和大型化选矿设备研制；

（5）选矿在线检测与过程自动控制技术。

E 矿区水资源的保护、利用与水害防治

采矿过程中，矿岩被采动后所形成的导水裂隙可能破坏地下含水层，使含水层出现自然疏干过程，致使矿区地下水位发生变化，对地表的生态带来严重影响；在开采过程中，耗水过高，不仅浪费水资源，同时增大了污水排放量和水体污染负荷；水污染使水体丧失或降低了其使用功能，并造成水质性缺水，加剧水资源的短缺。所以，矿区水资源的保护与利用直接影响人类的健康、安全和生态环境，关系到矿业的发展。科技创新需求主要有：

（1）汞、镉、铅、铬、砷等污染水体的防治技术；

（2）区域、流域的水污染防治综合技术；

（3）废水处理与污水回用技术；

（4）不同开采环境的保水技术；

（5）矿山地下水污染控制与修复技术。

F 矿区生态环境建设与复垦

我国的采矿量越来越大，开采品位越来越低，废弃物量越来越大，而国家对生态环境保护的要求越来越高。当前，矿区生态环境建设严重滞后，矿山废弃土地的复垦率只有12%(发达国家高达70%~80%)，废弃物中残存大量硫化物氧化所产生的酸性水，夹带大量的重金属离子，严重污染水系和土地。采矿活动对环境的破坏程度可以预见，所以，人们就可以采取超前防治措施，对矿区生态系统的组成、结构和功能进行积极的调控、恢复和重建，同步开展生态环境修复，去实现整体协调、共生协调和发展协调。科技创新需求主要有：

（1）矿山重金属污染土地生物修复；

（2）尾矿坝、排土场灾害防治与生态恢复技术；

（3）高寒矿区沙地退化植被恢复技术；

（4）矿区环境容量评价标准与考核体系；

（5）矿区生态化建设程度的评价。

G 其他相关内容

国际潮流要求矿业走“绿色开发”的道路；现实国情迫使矿业走“绿色开发”道路；社会责任需要我们走“绿色开发”的道路。

1.3.3 智能采矿

1.3.3.1 智能采矿内涵

采矿技术进步起始于作业工具的机械化，发展于单台设备的自动化、独立系统的自动化，完成于整个矿山生产过程的自动化。从1892年以来，对不同采矿技术条件下劳动生产率的统计结果表明，从人工生产到全自动化生产演变过程中，全员人均劳动生产率从1000t/a增长到7500t/a。毋庸置疑，采矿工具与技术的变革是我国矿山企业升级转型的必经之路。用信息技术改造传统产业，是国家经济结构调整和转变经济增长方式的重要任务，智能采矿是21世纪矿业发展的重要方向和前瞻性目标。

在矿床开采中，以开采环境数字化、采掘装备智能化、生产过程遥控化、信息传输网络化和经营管理信息化为特质，以实现安全、高效、经济、环保为目标的采矿工艺过程，称为智能采矿。智能采矿是世界矿业正在生长发展的、富有知识经济时代特点的采矿模式，其科技内涵大致包括：

（1）矿床建模和矿区绿色开发规划与工程设计；

（2）金属矿山智能化采掘、装载、运输设备；

（3）与智能采矿设备相适应的采矿工艺技术；

（4）矿山通信、视频与数据采集的传输网络；

（5）矿山移动设备遥控与生产过程集中控制；

（6）生产辅助系统监测与设备运行智能控制；

（7）矿山生产计划组织与经营管理信息系统等。

智能采矿是21世纪矿业科技创新的重要方向，概括地说，其所追求的综合技术目标是：

（1）大型化智能化的遥控采矿装备和与其相适应的高效率采矿技术；

（2）矿山生产系统集中控制与生产组织经营管理的信息化和科学化。

1.3.3.2 数字采矿技术

数字采矿是由数字矿山概念延伸而来，是智能采矿的关键环节，主要是以计算机及其网络为手段，使矿山开采对象与开采工具的所有时空数据及其属性实现数字化存储、传输、表述和深加工，并应用于采矿各个生产环节与管理决策中，从而达到生产方案优化、管理高效和科学决策的目的。

A 数字采矿技术目标

数字采矿的目标是针对矿山资源与开采环境以及生产过程控制的全过程，采用先进的数字化与信息化技术，对矿山生产和管理进行控制，实现资源与开采环境数字化、生产过程数字化、信息传输网络化、生产管理与决策科学化，其具体体现在品位均衡、安全高效、绿色环保、管理科学。

（1）地质建模与储量计算通过计算机软件实现；

（2）开采规划、开采设计在地质模型基础上通过计算机辅助实现，并达到优化的目的；

（3）测量验收通过数字化工具和手段获取数据，通过信息化手段处理、传输与管理数据；

（4）计划编制、任务分解与生产组织管理通过数据库、互联网、移动互联网等技术进行；

（5）计量系统、监测监控与自动化系统数据实现数字化采集与存储、管理与应用。

B 数字采矿技术与方法

数字采矿技术与方法主要包括：矿山空间信息获取、处理与应用；矿山信息模型（mining information modeling，MIM）理论与技术；矿山地质建模与空间插值技术；基于空间数据的采矿系统工程理论与方法；矿山开采方式与参数优化方法；数字化采矿设计技术与方法；基于可视化技术的矿山生产计划编制技术；采矿模拟仿真与虚拟现实技术；矿山数字化采矿生产与安全管控技术等。

（1）矿山空间信息获取、处理与应用：通过利用水准仪、经纬仪、全站仪、GPS测量、雷达遥感测量以及三维激光扫描仪等装备与仪器，获取矿山空间数据；为了建模的准确性，需对采集的矿山空间数据进行有效处理，如坐标系与坐标的转换、数据预处理与误差处理；最后将处理后的数据用于矿山建模（地形模型、露天填挖模型、井巷模型与采空区模型）。

（2）矿山信息模型理论与技术：MIM是指在矿山资源开发相关对象数字化建模的基础上，通过对矿山全生命周期业务流程数字化再造，实现业务处理信息化及业务主体信息互联互通、协同作业。它是数字矿山建设与发展的新理念，包括数字模型、业务模型及方法模型三个方面的内容。其中：数字模型，即地理信息、地质与工程对象的几何和空间关系、资源数量与品质及其分布；业务模型，即矿山在全生命周期内建立和应用矿山数据进行资源勘探、开采设计、基建施工、开采过程管理等业务过程；方法模型，即指利用矿山信息模型支持矿山全生命周期信息共享的业务流程组织和控制过程。MIM 是一种指导矿山行业数字化与信息化建设的新理念。

（3）矿山地质建模与空间插值技术：该技术的核心是地质建模与插值，地质建模的地质数据一般通过钻探、坑探、槽探、物探、化探、工程勘探等手段获得，再将各种勘探手段获得的三维地质属性数据进行统计与分析，它是属性插值的前提；而空间数据插值方法有反距离加权插值法、双线性多项式插值法、趋势面插值法以及克里格插值法等；该技术主要用于空间属性的查询与分析、勘探辅助设计与成矿预测以及地质模型的展现等。

（4）基于空间数据的采矿系统工程理论与方法：系统工程理论主要包括矿山设计优化、矿山生产工艺优化与矿山生产管理优化；采矿系统工程的主要方法有多目标线性规划、神经网络、模糊数学、灰色理论、遗传算法、蚁群算法、支持向量机以及群集拟生态算法等。

（5）矿山开采方式与参数优化方法：主要包括露天矿开采三维可视化优化、地下矿开拓运输系统三维可视化优化、地下矿通风系统三维可视化优化以及矿山工程结构稳定性分析及参数优化。

（6）数字化采矿设计技术与方法：由露天矿开采设计、地下矿开拓系统设计和地下矿开采设计三部分组成。其中：露天矿开采设计有露天矿台阶设计、道路设计、排土场设计与台阶爆破设计；地下矿开拓系统设计主要包含主要开拓工程、辅助开拓工程与掘进爆破设计；地下矿开采设计主要包括三维环境采矿流程设计、采切工程设计、底部结构设计、回采爆破设计。

（7）基于可视化技术的矿山生产计划编制技术：一是露天矿采剥计划编制，按周期长短可分为中长期采剥顺序优化和短期采剥计划；二是地下矿采掘计划编制。

（8）采矿模拟仿真与虚拟现实技术：主要包括矿山虚拟环境生产系统自动化建模技术、矿山生产系统工况可视化模拟与仿真以及矿山虚拟现实技术。

（9）矿山数字化采矿生产与安全管控技术：该技术主要包括矿山数字通信与组网技术、露天矿可视化生产管控一体化系统与地下矿可视化生产管控一体化系统。

本章习题

1-1　简述矿产资源的定义。

1-2　矿产资源分为哪几类？

1-3　矿产资源有哪些共同特性？

1-4　什么是矿石损失率和贫化率？

1-5　简述中国矿产资源的特点。

2 矿山地质与勘查工作

2.1 地质作用与地质构造

2.1.1 地质作用

由于地球内部和太阳能量的作用，会使地表形态、地壳内部物质组成及结构构造等不断发生变化，如海枯石烂、沧海桑田、高山为谷、深谷为陵等，地质学把自然界引起种种变化的各种作用称为“地质作用”。根据地质作用动力来源的不同，可分为内动力地质作用和外动力地质作用。

2.1.1.1 内动力地质作用

内动力地质作用是指主要由地球内部能量引起的地质作用。它一般起源和发生于地球内部，但常常可以影响到地球的表层，如可以表现为火山作用、构造运动及地震等。内动力地质作用包括：

（1）岩浆作用。地下温度高达1000℃的液态岩浆，沿薄弱带上移或喷溢到地表的作用过程称为岩浆作用。

（2）沉积作用。沉积作用是指由水、风等各种应力搬运的物质，由于介质动能减小或条件发生改变以及在生物的作用下，在新的场所堆积下来的作用。

（3）变质作用。变质作用是指在地下特定的地质环境中，由于物理和化学条件的改变，使原来的岩石基本上在固体状态下发生物质成分与结构构造的变化，从而形成新的岩石的作用过程。

2.1.1.2 外动力地质作用

外动力地质作用是指大气、水和生物在太阳能、重力能的影响下产生的动力对地球表层所进行的各种作用，包括：

（1）风化作用。风化作用是指在地表或近地表的环境下，由于气温、大气、水及生物等因素作用，使地壳或岩石圈的岩石和矿物在原地遭到分解或破坏的过程。

（2）剥蚀作用。剥蚀作用是指各种地质应力（如风、水、冰川等）在作用过程中对地表岩石产生破坏并将它们搬离原地的作用。

（3）搬运作用。搬运作用是指经过风化、剥蚀作用剥离下来的产物，经过介质从一个地方搬运到另一个地方的过程。

（4）沉积作用。沉积作用是指由水、风等各种应力搬运的物质，由于介质动能减小或条件发生改变以及在生物的作用下，在新的场所堆积下来的作用。

2.1.2　地质构造

地壳受地球内力作用，导致组成地壳的岩层倾斜、弯曲和断裂的状态，称为地质构造，包括褶皱构造和断裂构造两大类。

2.1.2.1　褶皱构造

褶皱是由于岩石中原来近于平直的面受力而发生的弯曲变形，变成了曲面而表现出来的构造，如图2-1所示。

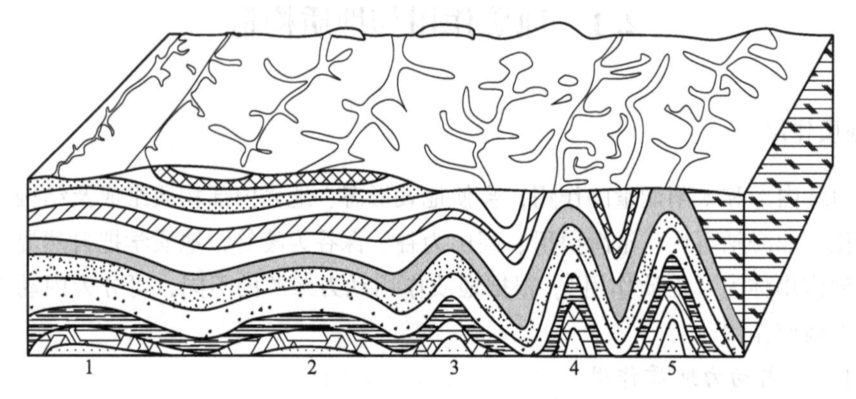

图2-1　褶皱构造
1，2—微弱褶皱；3~5—强烈褶皱

褶皱的形态虽然多种多样，但从单一褶皱面的弯曲看，基本形态有两种：背斜和向斜。如图2-2所示，背斜是指两侧褶皱面相背倾斜的上凸弯曲，向斜是指两侧褶皱面相对倾斜的下凹弯曲。从褶皱内地层时代而言，背斜核部地层较老，向翼部地层时代逐渐变新；向斜恰好相反。

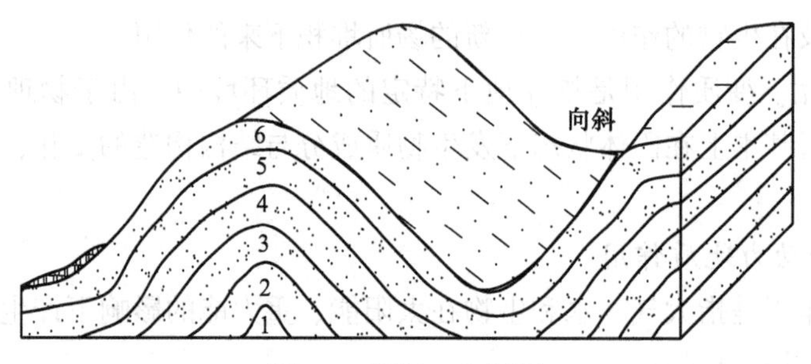

图2-2　背斜、向斜图
（背斜1~6代表地层从老到新）

2.1.2.2　断裂构造

断裂构造是由于岩层受力发生脆性破裂而产生的构造。它与褶皱构造的不同在于，褶皱构造岩层仅发生弯曲变形，连续性未受到破坏，而断裂构造岩层连续性受到破坏，岩层块沿破裂面发生位移。根据相邻岩块沿破裂面的位移量，又可分为节理和断层。

（1）断层。断层是岩体发生较明显位移的破裂带或破裂面。断层是地壳中广泛存在的地质构造，形态各异，规模不一。断层深度可达数千米，断层延伸最长可达数百千米甚至上千千米。根据断层上下盘沿断层面相对移动的方向分为正断层、逆断层和平移断层。

1）正断层。正断层指上盘沿断层面相对下降，下盘相对上升的断层。正断层一般是由于岩体受到水平张应力及重力作用，使上盘沿断层面向下错动而成，如图 2-3 所示。

2）逆断层。逆断层指上盘沿断层面相对上升，下盘相对下降的断层。逆断层一般是由于岩体受到水平方向强烈挤压力的作用，使上盘沿断面向上错动而成，如图 2-4 所示。

3）平移断层。平移断层指由于岩体受水平扭应力作用，使两盘沿断层面发生相对水平位移的断层，如图 2-5 所示。

（2）节理。节理是当岩层、岩体发生破裂，而破裂面两侧岩块没有发生显著位移时的断裂构造。它是野外常见的构造现象，一般成群、成族出现。

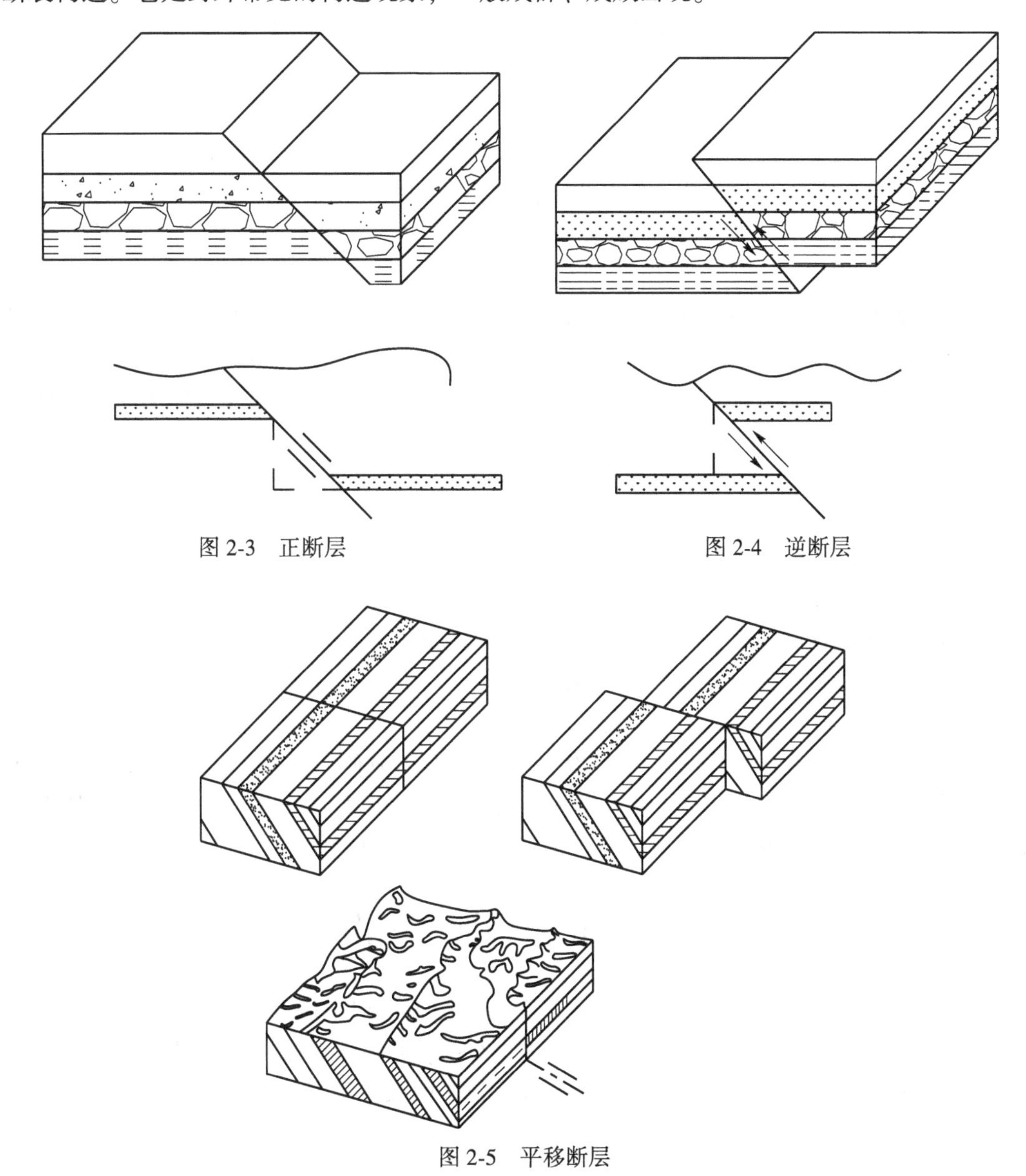

图 2-3 正断层

图 2-4 逆断层

图 2-5 平移断层

2.1.2.3 *岩层产状*

（1）走向：岩层面与水平面的交线方向；

（2）倾向：岩层垂直于走向的倾斜方向，即向下延伸的方向；

（3）倾角：岩层面与水平面的夹角。

2.1.3　成矿作用

成矿作用是指在地球的演化过程中，使分散存在的有用物质（化学元素、矿物、化合物）在一定的地质环境中富集而形成矿床的各种地质作用。成矿作用复杂多样，通常按成矿的地质环境、能量来源和作用方式划分为内生成矿作用、外生成矿作用和变质成矿作用，并相应地划分为内生矿床、外生矿床和变质矿床等 3 种基本成因类型 。研究成矿作用和矿床成因类型对认识矿床的地质特征和分布规律，指导矿产勘查和矿山开发有重要意义。

2.1.3.1　内生成矿作用

内生成矿作用主要由于地球内部能量包括热能、动能 、化学能等的作用，导致在地壳内部形成矿床的各种地质作用。按其含矿流体性质和物理化学条件不同，可分为：

（1）岩浆成矿作用。在岩浆的分异和结晶过程中，有用组分聚集成矿，形成岩浆矿床。

（2）伟晶成矿作用。富含挥发组分的熔浆，经过结晶分异和气液交代，使有用组分聚集形成伟晶岩矿床。

（3）接触交代成矿作用。在火成岩体与围岩接触带上，由于气液交代作用而形成接触交代矿床。

（4）热液成矿作用。在含矿热液活动过程中，使有用组分在一定的构造、岩石环境中富集，形成热液矿床。

2.1.3.2　外生成矿作用

外生成矿作用在地壳表层，主要在太阳能影响下，在岩石、水、大气和生物的相互作用过程中，使成矿物质聚集的各种地质作用。外生成矿作用可分为风化成矿作用（形成风化矿床）和沉积成矿作用（形成沉积矿床）。

2.1.3.3　变质成矿作用

变质成矿作用指在区域变质过程中发生的成矿作用或使原有矿床发生变质改造的作用，其所形成的矿床为变质矿床。就本质看，变质成矿作用是内生作用的一种，其特点是成矿物质的迁移、富集或改造基本上是在原有含矿岩系中进行的。

2.2　矿山工程地质工作

矿山地质工作是指从矿山基建、生产直至开采结束过程中所开展的一系列地质工作。这些工作是在找矿评价、地质勘探工作基础上进行的，是矿床开采中的基础工作之一。其主要职能是服务生产、管理生产、监督生产和延长矿山服务年限。

2.2.1　找矿

生产矿山找矿勘探的主要目的是在其深部、外部和外围寻找并探明新矿体或新矿床以至新矿种，增加新储量，为矿山制定长远规划，延长矿山服务年限或扩大生产能力提供接替资源。其主要任务是：以综合地质研究为基础，运用各种找矿方法进行成矿预测，确定成矿最有利地段；布置工程验证成矿预测目标，进行初步评价；对已知矿体的深部、边部和新发现的矿体进行生产时期的地质勘探。

生产矿山找矿方法包括物探法和化探法。

2.2.1.1 物探法

当矿体和围岩的物理性质在磁性、弹性、放射性、电性和密度等5个方面至少有一个方面存在差异，并且这个差异能被仪器测到时，可分别选用相应的磁性测量、地震测量、放射性测量、电法测量、重力测量等物探方法进行找矿。

2.2.1.2 化探法

化探法种类很多，不同的方法适用范围和作用各不相同。生产矿山常用的化探方法包括原生晕法、气体测量法等。

（1）原生晕法。通过采集新鲜岩石样品，了解原生晕分布特征，常用于Cu、Pb、Zn、Mo、Hg、Cr、Ni、Au、Ag、U、Sn、W等矿种的找矿。

（2）气体测量法，又称气晕法。通过对土壤中气体和空气系统取样，了解微量元素或化合物的气晕分布特征。Hg蒸气晕法常用于Au、Ag、Sb、Mo、Cu、W、U等矿种的找矿；SO_2和H_2S可寻找各种硫化矿物；惰性气体（如Rn气）可寻找U、Ra、Cu、K等矿种。

生产矿山化探方法找矿的具体步骤是：

（1）选择合适的指标元素。通过对生产矿山已揭露的矿体和围岩的系统取样化验，分析各种成矿元素和伴生元素的含量与变化规律及其同成矿之间的关系，选择可提供找矿线索的指标元素。

（2）确定背景值与异常下限值。背景值不是一个下限值，而是一个范围，通常都是用几何平均值或众数值或中位值作为背景值的估计值；异常下限值可根据实际情况确定为背景值的若干倍。

（3）查明分散晕特征以预测盲矿体的具体位置。

2.2.2 矿床勘探

2.2.2.1 矿床勘探与勘查基本概念

矿床勘探是在发现矿床之后，对被认为具有进一步工作价值的对象通过应用各种勘探技术手段和加密各种勘探工程的进一步揭露，对矿床可能的规模、形态、产状、质量以及开采的技术经济条件作出评价，从而为矿山开采设计提供依据的工作。

矿床勘查是指对矿产普查（找矿）与勘探的总称。包括区域地质调查、矿床普查、矿床详查、矿床勘探和开发勘探几个阶段。

地质勘探与前几个勘查阶段相比具有以下特点：

（1）勘探工作范围较有限，勘查程度更高，工程与工作量更大；

（2）所获储量与资料的可靠程度更高、更详细、更接近于实际，投资风险较小；

（3）所需勘探投资额大，时间长。

2.2.2.2 矿床勘探技术

勘探技术是指为完成矿床勘探任务所采用的各种工程和技术方法的总称。钻探和坑探

（包括探槽、浅井、平硐、斜井等）工程，两者合称探矿工程或勘探工程。矿床勘探技术方法有：地面地质工作，地面化探、地面物探及井中化探和钻井地球物理勘探等。

A　地面地质工作

地面地质工作分为地质测量和重砂测量。

（1）地质测量。地质测量是根据地质观察研究，将区域或矿区的各种地质现象客观地反映到相应的平面图或剖面图上的工作。其作用是了解成矿地质环境，为分析控矿因素和成矿规律及评价工作区不同地段的成矿远景提供最重要的基础地质资料。地质测量过程往往导致矿床的直接发现，是矿床勘探基本技术手段之一。

（2）重砂测量。重砂测量是以各种疏松沉积物中的自然重砂为主要研究对象，以解决与有用重砂矿物有关的矿产及地质问题为主要研究内容，以重砂取样为主要手段，以追寻砂矿和原生矿为主要目的的一种地质找矿方法。适用于重砂找矿的矿产有：

1）金属矿产——Pt、Cr、W、Sn、Bi、Hg、Au、Ti及部分Cu、Pb、Zn；

2）稀有和分散元素矿产——Li、Be、Nb、Ta、Zr、Se、Y；

3）非金属矿产——金刚石、黄玉、重晶石、萤石、刚玉等的原生矿和部分砂矿床。

B　地面化探

地面化探方法有岩石地球化学测量、土壤地球化学测量、河流底沉积物地球化学测量、水化学测量、生物地球化学测量、气体地理化学测量。近几年出现了一些新的勘查技术手段，如同位素地球化学找矿法、气液包体找矿法、径迹刻蚀找矿法、地电化学找矿法等。

C　地面物探

地面物探方法主要有磁法、电法、重力测量、放射性测量、地震勘探等。

D　井中化探

在钻孔中同时进行岩石地球化学采样，已受到普遍的重视。它不仅是建立已知矿床原生晕模式、了解矿体蚀变带特征的基础，而且是预测和评价深部盲矿体十分重要的依据。经验表明，它是矿区外围和深部盲矿预测找矿行之有效的一种重要勘查手段。

E　钻井地球物理勘探

钻井地球物理勘探是20世纪50年代提出和发展起来的一种技术手段，在煤田和油田勘查中应用较为成熟，通常简称“物探”。广义的钻井物探可分成三大类：

（1）测定钻孔之间或附近矿体在钻孔中所产生物理场的方法，主要有充电法、多频感应电磁法、自然电场法、激发极化法、磁法、电磁波法、压电法、声波法等。

（2）测定井壁及其附近岩、矿石物理性质的方法，如磁化率测井、密度测井及电阻率测井等。

（3）测定钻孔所见矿体的矿物成分及大致含量的方法，如接触极化曲线法、核测井技术等。

前者称作井中物探；后两者称为地球物理测井。

2.2.3　生产勘探和地质管理

2.2.3.1　生产勘探

生产勘探是指在矿山投产后的生产时期，紧密结合矿山采矿生产的阶段开拓、矿块采准、切割与回采作业的程序，直接为采矿生产服务，并具有一定超前期的连续不断的勘探工作。生产勘探采用的主要技术手段有槽（井）探、钻探和坑探3大类。

（1）槽探一般用于揭露埋深小于5m的矿体露头或剥离露天采场工作平盘上的人工堆积物；井探一般用于揭露埋深大于5m的矿体，多用于勘探砂矿及风化堆积矿床。

（2）钻探是采用地质钻机进行各种深埋矿体的勘探工作。

（3）地下采矿时，坑探是重要的勘探手段，但单纯靠坑道勘探不能取得最佳效果，一般与坑内钻探相配合。

生产勘探工程总体布置应尽量与已形成的总体工程系统保持一致，并与采掘工程系统相结合，即坚持探采结合的原则。

2.2.3.2 地质管理

（1）矿产储量管理。矿石储量管理的目的是通过经常总结分析储量的增减与级别变动情况，确定生产勘探的方针与任务，为矿山的长远发展与采掘计划编制提供可靠的地质储量。具体内容包括：编制全面反映矿产资源数量、质量、开采技术条件和利用情况的矿产储量表；确定和检查矿产储量的保有程度；划分三级矿量（开拓矿量、采准矿量和备采矿量），检查三级矿量的保有指标。

（2）矿石质量管理。矿石质量管理属于矿山全面质量管理的重要组成部分，是为了充分合理地利用矿山宝贵的矿产资源，减少矿石损失并保证矿产品质量，满足使用部门对矿石质量的要求而开展的一项经常性工作。具体内容包括：按照矿石质量指标要求，编制完善的矿石质量计划，进行矿石质量预测；加强矿石损失与贫化指标的管理，做好矿石质量均衡工作（根据入选品位要求合理配矿）；加强生产现场全过程的矿石质量检查与管理，以减少矿石质量的波动，保证矿山按计划持续、稳定、均衡地生产，提高矿山的总体效益。

2.2.4 地质调查

地质调查的目的是查明影响矿山工程建设和生产的地质条件，消除各种地质灾害，保证矿山生产安全。

2.2.4.1 水文地质调查

A 矿山水文地质工作

矿产资源开发中，矿山水文地质工作具有相当重要的地位。这不仅是由于地下水直接或间接地威胁矿山采掘作业的安全，影响矿山经济效益，而且在矿山排水疏干期间，还会改变矿山环境地质条件，对附近城乡的工农业生产与建设造成一定的影响。矿山开发阶段的水文地质工作因不同的开采方式和矿山水文地质条件的不同，其工作内容往往有很大的差异。但总的来说，水文地质条件一般的矿山，其工作内容是在原水文地质工作的基础上，设置必要的防治水措施，组织排水疏干和日常监测；对水文地质条件复杂的矿山，往往由于原探矿工程量和工作深度的限制，所取得的水文地质资料，难以满足矿山开发的需要，故应结合矿山的实际，在建设前期到生产初期进行补充（或专门性）水文地质勘探与试验，必要时，还应建立专业防治水队伍，进行防排水工作的研究、设计与施工工作。

B 水文地质调查内容

水文地质调查是在已有的矿床水文地质资料基础上，结合矿山建设和生产过程中出现的实际问题，进行的与岩土稳定性有关的水文条件调查与分析。主要内容包括：

（1）矿区内地下水的类型。包括按含水空隙条件的分类（孔隙水、裂隙水或岩溶水）和按埋藏条件的分类（上层滞水、潜水或承压水）。

（2）矿区水文地质结构类型。按含水体和隔水体所呈现的空间分布和组合形式以及含水体的水动力特征所划分的类型，包括统一含水体结构、层状含水体结构、脉状含水体结构和管道含水体结构。

（3）不同水文地质结构中的水动力特征。包括不同水文地质结构的补给、径流、排泄条件及富水特征，相互之间或与地表水体有无水利联系等。

（4）含水层、隔水层、矿体之间的相互关系。

（5）水文地质钻孔的封堵质量。

（6）坑道、露天采场涌水量及其变化规律。包括季节性变化和随着开采的进展涌水量和潜水位（或测压水位）的变化。

（7）排水疏干对地表沉降的影响程度。

（8）帷幕注浆堵水效果评价。

2.2.4.2　地质灾害调查

A　地质灾害及其分类

（1）地质灾害。地质灾害是诸多灾害中与地质环境或地质体的变化有关的一种灾害，主要是由于自然的和人为的地质作用，导致地质环境或地质体发生变化，当这种变化达到一定程度，其产生的后果给人类和社会造成危害的称之为地质灾害，如崩塌、滑坡、泥石流、地裂缝、地面沉降、地面塌陷、岩爆、坑道突水、突泥、突瓦斯、煤层自燃、黄土湿陷、岩土膨胀、砂土液化、土地冻融、水土流失、土地沙漠化及沼泽化、土壤盐碱化以及地震、火山、地热害等。

（2）地质灾害分类。

1）按成因分为由自然作用导致的自然地质灾害和由人为作用诱发的人为地质灾害。

2）按地质环境或地质体变化的速度分为突发性地质灾害与缓慢性地质灾害两大类：前者如崩塌、滑坡、泥石流等，即习惯上狭义地质灾害；后者如水土流失、土地沙漠化等，又称为环境地质灾害。

3）根据不同的地质作用引发的地质灾害，可分地球内部动力作用引发内动力地质灾害（如地震、火山、地热害等）和地球外部动力作用引发外动力地质灾害（如崩塌、滑坡、泥石流等）。

4）根据地质灾害发生区的地理或地貌特征，可分为山区地质灾害（如崩塌、滑坡、泥石流等）和平原地质灾害（如地面沉降等）。

B　矿山地质灾害

由矿山资源开发导致的地质灾害主要包括滑坡、崩塌、泥石流、地面塌陷、地裂缝、流砂和采空区等。

（1）滑坡是斜坡上的岩体或土体，在重力的作用下，沿一定的滑动面整体下滑的现象。露天边坡和露天排土场是滑坡地质灾害的多发地点。

（2）崩塌也叫崩落、垮塌或塌方，是陡坡上的岩体在重力作用下突然脱离母体崩落、滚动、堆积在坡脚或沟谷的地质现象。地下采矿形成的采空区是造成矿山崩塌的主要因素之一。

（3）泥石流是山区爆发的特殊洪流，含有泥砂、石块以至巨大的砾石，破坏力极强。山区矿山地下采矿形成的采空区、矿山尾矿库是重要的泥石流危险源。

（4）矿山地面塌陷、地裂缝主要是由于矿山岩溶或地下采矿形成的采空区而引起的地表变形和破坏。由于地面塌陷、地裂缝发生具有突然性，因此对塌陷区人民生命财产具有极强的破坏性。

（5）在矿床开采或其他挖掘工作中，有时会遇到饱水的砂土，当其被工程揭露时，可产生流动，称为流砂。流砂可以是以突然溃决形式发生，也可以是缓慢地发生。流砂的存在会造成井巷施工困难；流砂的溃决可掩埋矿井，危及工人生命安全，甚至引起地面塌陷。

（6）采空区是地下矿山最大的安全隐患之一。地下矿山采矿活动，不可避免地留下大量采空区，如果未进行及时处理，采空区规模越来越大，造成采空区顶板岩层突然垮落，产生强烈的冲击波，不仅危及井下作业安全，而且会导致地表塌陷、地裂缝等重大地质灾害。

C 矿山地质灾害调查

地质灾害调查，应在充分收集、利用已有资料的基础上进行。收集资料内容包括区域地质、环境地质、第四纪地质、水文地质、工程地质、气象水文、植被。

（1）崩塌地质调查。崩塌地质调查内容包括：

1）查明地形、地貌特征。陡坡和陡崖是产生崩塌的必要条件之一，因此要结合现场踏勘在地形地质图上圈画出陡坡地段。

2）查明不同岩性岩石的分布，尤其是抗风化能力强的坚硬岩石的分布。

3）查明地质构造特征。

4）调查本地区有无发生崩塌的历史。

5）调查本地区气候变化特征，包括有无暴雨及积雪解冻季节等。

6）调查本地区历史上地震的最大烈度和人工爆破的规模。

（2）滑坡地质调查。滑坡地质调查内容包括：

1）查明露天边坡、排土场倾角、平台宽度的几何要素。

2）查明边坡不同岩性岩石的分布，尤其是易于风化成黏土的软弱岩层的分布。

3）查明地质构造特征。

4）调查边坡中潜水的补给、排泄条件等。

5）调查本地区气候变化特征，包括有无暴雨及积雪解冻季节等。

6）调查本地区历史上地震的最大烈度和人工爆破的规模。

（3）泥石流地质调查。泥石流地质调查内容包括：

1）查明区域内的微地貌条件、汇水面积、沟谷发育情况及其纵横坡度和高度。

2）查明基岩松散土层分布位置及其与崩塌、滑坡等自然地质现象的关系；植被发育程度、水土流失情况等，从而预测可能被冲刷松散土石数量和可能发生泥石流的规模。

3）对泥石流流域进行大比例调查，查明松散碎屑岩石的风化、分布厚度、堆积速度以及湿度变化情况等；对泥石流流域斜坡和泥石流发源地的临界条件和岩土稳定性进行研究，从而推测泥石流可能发生的期限。

4）调查大气降水资料，包括有无暴雨和大量冰雪急剧溶化可能、高山湖泊与水库有无可能突然溃决等。

5）对尾矿库稳定性进行评价。

（4）地面塌陷、地裂缝、采空区地质调查。地面塌陷、地裂缝多是由于地下采空区引起的，调查内容包括：

1）查明采空区规模和形状，包括采空区体积、采空区范围投影面积、采空区形状、采空区连通情况（独立采空区或采空区群）、采空区高度及长度与宽度比。

2）查明采空区充水情况。

3）查明采空区周围矿石与岩石物理、力学性质，岩性的调查应特别注意岩石的脆性和可塑性。

4）查明采空区存在年限。

5）查明采空区规模变动情况，包括采空区处理方法和年处理量、年新增采空区数量及体积等。

6）调查采空区冒落情况，包括逐渐冒落或阶段性大冒落、地表是否塌陷和下沉、历史地压事故分析等。

7）采空区附近的抽水和排水情况及其对采空区稳定的影响。

本章习题

2-1　简述矿床勘探和勘察的概念。

2-2　地质作用包括哪些类型？

2-3　地质构造包括哪些类型？

2-4　生产矿山主要采用哪些找矿方法？

2-5　矿床勘探技术有哪些？

第2篇 固体矿床地下开采

3 矿岩破碎

凿岩是用凿岩机具在岩石中凿成炮眼，爆破则是利用在炮眼内装入的炸药瞬间释放出巨大能量破碎矿石和岩石。应用凿岩爆破的方法开采矿石，已有几百年的历史，1627年在匈牙利西利基亚上保罗夫的水平坑道掘进时，开始使用黑火药来破碎岩石。凿岩爆破法由于其操作方便，能量输出巨大，生产成本低，是固体矿床开采的传统和最主要的手段。随着科学技术的发展，高频电磁波、高压水射流和工程机械等破碎技术得以高速发展。

3.1 凿　　岩

3.1.1 凿岩机械

凿岩机是在矿岩中钻凿孔眼的主要工具。按照其动作原理和岩石破碎方式，可分为冲击式凿岩机、冲击-回转式凿岩机和回转冲击式凿岩机；按照其所使用动力的不同，可分为风动凿岩机（一般简称凿岩机或风钻）、液压凿岩机和电动凿岩机。现阶段的矿山企业主要使用风动凿岩机和液压凿岩机。

风动凿岩机是以压缩空气为动力的凿岩机械。按其安设与推进方式，可分为手持式、气腿式、向上式（伸缩式）、导轨式、潜孔式和牙轮式；按配气装置的特点，可分为有阀（活阀、控制阀）式和无阀式；按活塞冲击频率，可分为低频（冲击频率在2000次/min以下）、中频（2000~2500次/min）和高频（超过2500次/min）凿岩机，国产气腿式凿岩机一般为中、低频凿岩机，目前只有YTP-26等少数型号的凿岩机属于高频凿岩机；按回转结构，风动凿岩机可分内回转式和外回转式。

气腿式凿岩机、向上式凿岩机、导轨式凿岩机属于冲击-回转式凿岩机。气腿式凿岩机在工作过程中由气腿产生的分力支撑凿岩机本身质量和轴向推力，减轻了作业工人的体力消耗，在井巷掘进、采场回采和其他工程等得到广泛应用，如图3-1所示。凿岩机与气腿整体连接在同一轴线上的，称为向上式凿岩机，主要用于天井的掘进和采场回采，如图

3-2所示。导轨式凿岩机是由轨架（或台车）支撑凿岩机，并配有自动推进装置，其质量比较大，一般在35kg以上，属于大功率凿岩机，能钻凿孔径45mm以上、孔深在15m左右的中深孔。依据其转钎方式的不同，可分为内回转和外回转两类。图3-3所示为导轨式凿岩机与凿岩支架示意图，安装在导轨上的凿岩机可在不同位置钻凿不同仰、俯角的中深孔。

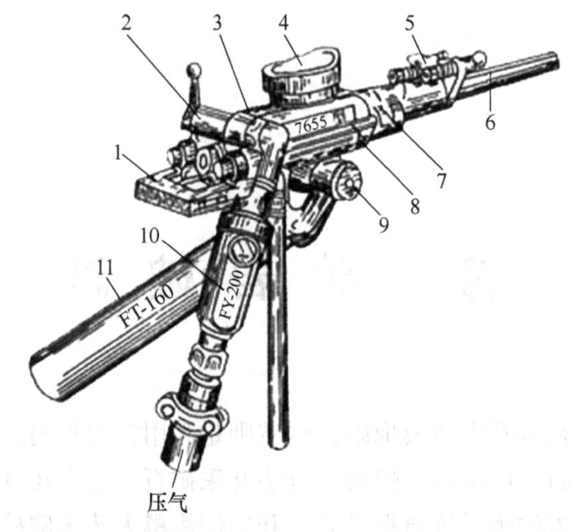

图3-1　气腿式凿岩机

1—手柄；2—柄体；3—气缸；4—消声罩；5—钎卡；6—钎杆；7—机头；8—连接螺栓；9—气腿连接轴；10—自动注油器；11—气腿

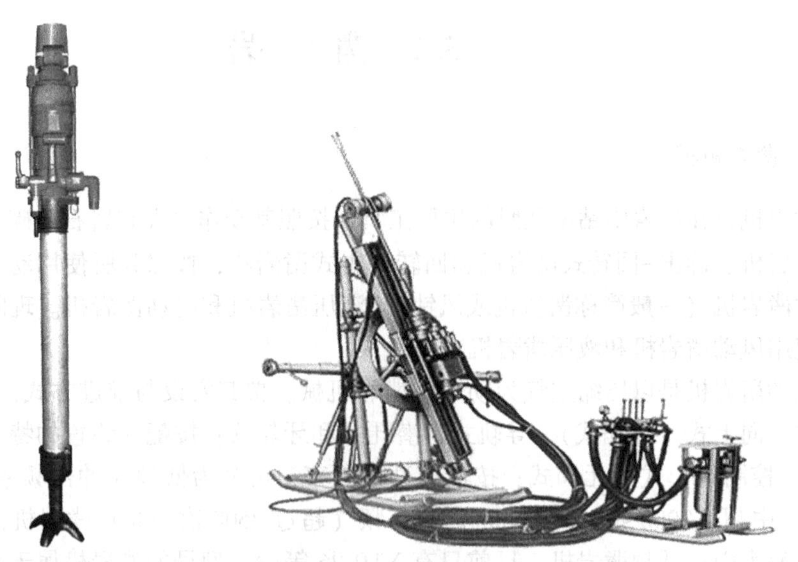

图3-2　向上式（伸缩式）凿岩机　　图3-3　导轨式凿岩机

潜孔钻机是为了不使活塞冲击钎杆的能量随炮孔加深和钎杆的加长而损耗而研制的一种凿岩设备，即在凿岩作业时，钻机的冲击部分（冲击器）深入孔内，在钻机推进机构的作用下，通过钻具给钻头施以一定的轴向压力，使钻头紧贴孔底岩石。常见的有井下潜孔钻和露天潜孔钻。近年来出现的简易潜孔钻在露天土石方工程中得到了广泛的应用。

井下潜孔钻机包括回转供风机构、推进调压机构、操纵机构和凿岩支柱（见图 3-4）等部分。回转机构是独立的外回转结构，功能是使钻具不断转动。冲击器是深入孔内冲击岩石的动力源。钻头在轴向压力作用和连续旋转的同时，间歇受到冲击器的冲击，对孔底岩石产生冲击-剪切破坏作用，产生的岩粉在经钻杆送至孔底的压缩空气和高压水的作用下，沿钻杆与孔壁之间的环形空隙不断排出。运用潜孔钻机凿岩，其钻孔速度不随孔深的增加而减少，基本上保持不变。

图 3-4 井下潜孔钻机

凿岩台车主要由凿岩机、钻臂（凿岩机的承托、定位和推进机构）、钢结构的车架、行走机构、其他必要的附属设备，以及根据工程需要添加的设备所组成（见图 3-5）。台车行走机构有轨道式、履带式、轮胎式及挖掘式四种，国产凿岩台车以轮胎式较多。凿岩台车多用于井下巷道掘进和采场回采，相比于其他井下凿岩设备具有机动灵活、效率高等优点，但其整体尺寸较大，适合于工作面较大的巷道及采场开挖。

图 3-5 凿岩台车

3.1.2 凿岩方式

在矿岩开采中，根据采矿作业的要求，广泛采用浅孔凿岩、中深孔凿岩和深孔钻凿岩等方式。

3.1.2.1 浅孔凿岩

浅孔凿岩一般指孔径小于 50mm、孔深在 5m 以内的炮孔。钻凿这种炮孔，主要是采用气腿式凿岩机、上向式凿岩机和凿岩台车：气腿式凿岩机，以 YT-28、YT-24 型凿岩机最具代表性，可根据需要钻凿水平、上斜或下斜炮孔；向上式凿岩机，又叫伸缩式凿岩机，以 YSP-45 型使用最普遍，机体与气腿在纵向轴线上连成整体，由气腿支承并作向上推进凿岩，专门用于钻凿与地面成 60°~90°角的向上炮孔；凿岩台车是由安装在车体上的液压凿岩机进行凿岩，整个钻孔程序由电脑控制，多用于钻凿水平和上斜炮孔。

浅孔凿岩，主要用于巷道掘进、薄矿体回采、天井掘进以及安装锚杆。其主要工具是钻杆和钎头。

（1）钻杆，又称钎子，是凿岩机的破岩工具，负责向岩石传递凿岩机的冲击作用和回转运动，破碎岩石。钻杆多用中空六角碳素合金钢制作，有死头钎子和活头钎子两种，前者钎头钎杆铸为一体（因而又称整体钎子），后者常用锥形连接。活头钎杆的钎头磨钝后，便于更换，使用普遍。

（2）钎头，直接破碎岩石，其形状和材质对凿岩速度影响很大。通常，钎头体用优质碳素工具钢、合金钢制作，刃部镶焊片状或柱状硬质合金，以提高使用寿命（见图3-6）。

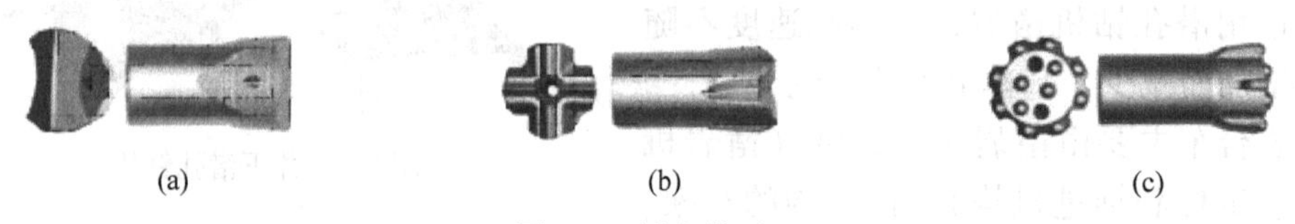

(a) (b) (c)

图3-6 钎头类型

（a）一字型钎头；（b）十字型钎头；（c）柱齿型钎头

3.1.2.2 中深孔凿岩

中深孔一般指孔径为50mm以上、孔深5~15m的炮孔。在地下开采中，为避免在井下开凿较大的凿岩硐室，满足换钎的需要，在有些采矿方法（如无底柱分段崩落法等）中，多采用接杆式凿岩法，即使用数根钎杆，随着凿岩加深，不断接长，直到达到设计的钻孔深度。

接杆式凿岩所用的钻头、钎杆、钎尾等都分开制作。每根钎杆长1.0m左右，两端车有内螺纹或外螺纹，用于钎杆连接。

接杆式钻凿中深孔，多使用导轨式凿岩机，图3-3所示为YG-40型导轨式凿岩机。安装在导轨上的凿岩机可在不同位置钻凿不同仰、俯角的中深孔。随着矿山机械化进程的加快，凿岩台车开始普及，如Siton-DL2，具有移动灵活、效率高的特点。

3.1.2.3 深孔凿岩

深孔是指孔径为50mm以上、孔深15m以上的炮孔。现阶段，井下深孔凿岩设备主要为潜孔钻机，是中硬以上岩石中钻凿大直径深孔的有效方法，除广泛用于钻凿地下采矿的落矿深孔、掘进天井和通风井的吊罐穿绳孔外，还用于露天矿穿孔。

地下深孔潜孔凿岩以QZJ-100B和YQ-100A型潜孔钻机使用较为广泛。为适应大孔径深孔崩矿的需要，我国已正式批量生产大直径（孔径100mm以上）、高风压地下潜孔钻机，且深孔偏斜率在1%以内。

3.2 爆　　破

3.2.1 炸药爆炸的基本理论

3.2.1.1 炸药的化学反应形式

在瞬间物质发生急剧物理或化学变化、放出大量的能量，伴随着声、光、热等现象，称为爆炸。一般将在爆炸前后物质的化学成分不发生改变，仅发生物态变化的爆炸现象称物理爆炸，如车胎爆炸、锅炉爆炸等；在爆炸前后，不仅发生物态的变化，而且物质的化学成分也发生改变的爆炸现象称为化学爆炸，如烟花爆炸、炸药爆炸等。反应过程必须高速进行，必须放出大量的热，必须生成大量的气体是发生化学爆炸的必备条件。某些物质的原子核发生裂变或聚变反应，在瞬间放出巨大的能量的爆炸现象称为核爆炸。

炸药是一种能在外部能量的作用下发生高速化学反应，生成大量的气体并放出大量的热的物质，是一种能将自身所贮存的能量在瞬间释放的物质。其成分中包括了爆炸反应所需的元素或基团，主要是碳、氢、氧、氮及其组成的基团。

根据化学爆炸反应的速度与传播性质，炸药的化学反应分为4种基本形式：

(1) 热分解。在一定温度下炸药能自行分解，其分解速度与温度有关（如硝铵炸药）。随着温度的升高反应速度加快，当温度升高到一定值时，热分解就会转化为燃烧，甚至转化为爆炸。不同的炸药产生热分解的温度、热分解的速度也不同。

(2) 燃烧。在火焰或其他热源的作用下，炸药可以缓慢燃烧（数毫米每秒，最大不超过数百厘米每秒）。其特点是：在压力和温度一定时，燃烧稳定，反应速度慢；当压力和温度超过一定值时，可以转化为爆炸。

(3) 爆炸。在足够的外部能量作用下，炸药以数百米每秒至数千米每秒的速度进行化学反应，能产生较大的压力，并伴随光、声音等现象。其特点是：不稳定性，爆炸反应的能量足够补充维持最高、稳定的反应速度，则转化为爆轰；能量不够补充则衰减为燃烧。

(4) 爆轰。炸药以最大的反应速度稳定地进行传播。其特点是具有稳定性，特定炸药在特定条件下其爆轰速度为常数。

3.2.1.2 炸药的起爆机理

炸药在一定外部能量的作用下发生爆炸，称为起爆。活化能理论认为，活化分子具有比一般分子更高的能量，炸药的爆炸反应只是在具有活化能量的活化分子相互碰撞才能发生。炸药起爆与否，取决于起爆能的大小与集中程度。能够起爆炸药的外部能量有热能、机械能、爆炸冲能。

(1) 热能。利用加热使炸药起爆，火焰、火星、电热都能使炸药起爆。热能起爆机理为炸药在热能作用下产生热分解，当温度和压力上升到一定程度，炸药热分解所释放出的热量大于热散失的热量，炸药就会发生爆炸。

(2) 机械能。利用机械能起爆炸药，机械能有撞击、摩擦、针刺等机械作用，起爆机理称为热点起爆。热点起爆机理为在机械能的作用下炸药内部某点产生的热来不及均匀分到全部炸药分子中，而是集中在炸药个别小点上。当这些小点上的温度达到炸药的爆发点时，炸药首先从这里发生爆炸，然后再扩展。在炸药中起聚热作用的物质有微小气泡、玻璃微球、塑料微球、微石英砂等。炸药中微小气泡等的绝热作用、炸药颗粒间的强烈摩擦、高黏性液体炸药的流动生热是热点形成原因；足够的温度（300~600℃）、足够的颗粒半径（$10^{-3}\sim10^{-5}$cm）、足够的作用时间（大于10^{-7}s）、足够的热量（大于$4.18\times10^{-8}\sim4.18\times10^{-10}$J）是热点扩展发展为爆炸的条件。

(3) 爆炸冲能。利用炸药爆炸产生的爆轰波、高温高压气体物流的动能，以及起爆药包爆炸所释放的能量，使另一些炸药起爆，是利用最广泛的起爆能。

3.2.1.3　炸药的爆轰理论

爆轰波是由于炸药爆炸而产生的一种特殊形式的冲击波。冲击波是指在介质中以超声速传播并能引起介质状态参数（如压力、温度、密度）发生突跃升高的一种特殊形式的压缩波（介质的状态参数增加，反之为稀疏波）。如雷击、强力火花放电、冲击、活塞在充满气体的长管中迅速运动、飞机在空中超音速飞行、炸药爆炸等。

图 3-7 所示为爆轰波结构示意图。在正常条件下，在外界冲击波的作用下，炸药中首先与冲击波接触部位受到冲击波的压缩作用而形成一个压缩区（0—1 区），在这区内压力、密度、温度都呈突然跃升状态，从而使区内炸药分子获高能量而活化；随着炸药分子的活化，由于分子间的碰撞作用加强而发生化学反应，即原来的压缩区（0—1 区）成为化学反应区（1—2 区）；化学反应区内炸药分子或离子（等离子）相互碰撞发生激烈的化学爆炸，生成大量的气体，释放出大量的能量；随着化学反应的完成，原来的化学反应区成为气体产物膨胀区（2—3 区）；化学反应区所释放出的能量，一部分补充冲击波在传播过程中的能量损耗，一部分在膨胀区消耗掉。在炸药中传播的冲击波能够获得化学反应区的能量补充，使之能够以稳定的速度传播。

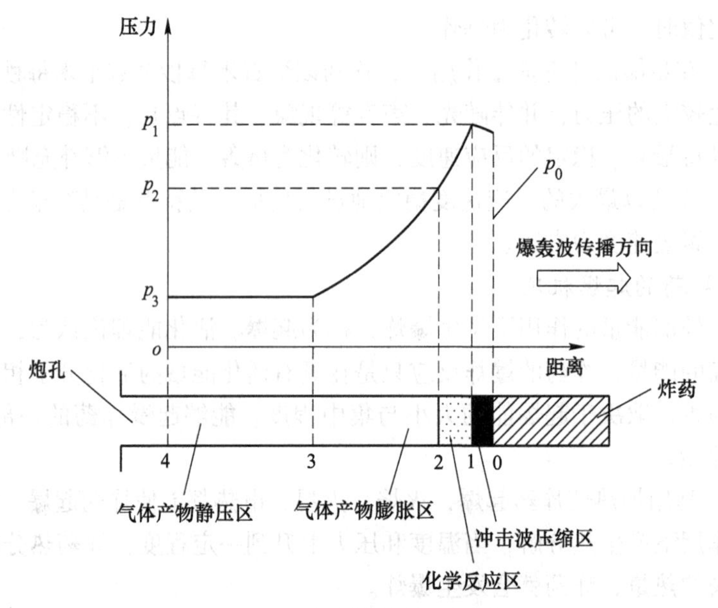

图 3-7　爆轰波结构示意图

爆轰波在炸药中传播时，在达到稳定爆轰之前，有一个不稳定的爆炸区，该区的长短取决于所施加的冲击波的波速与炸药特征爆速间的差值，差值愈大，该区愈长；在特定条件下，每一种炸药都有一个特征的、不变的爆速，它与起爆能的大小没有关系；每种炸药都存在一个最小的临界爆速，当波速低于此值，冲击波将衰减成声波而导致爆轰熄灭。

化学反应生成的高温高压气体产物会自反应区侧面向外扩散，在扩散的强大气流中，不仅有反应完全的爆轰气体产物，而且有来不及反应或反应不完全的炸药颗粒及其他中间产物。由于这些炸药颗粒的逸失，造成化学反应的能量损失，称为侧向扩散作用。侧向扩散现象愈严重炸药爆轰所释放的能量愈少，甚至导致爆轰中断。因此，炸药稳定爆轰的条件是炸药颗粒发生化学反应的时间要小于其被爆轰波驱散的时间；通过改变炸药的约束条件、药包直径等可以控制炸药的侧向扩散作用。

炸药起爆后能以最高爆速稳定传播，称为理想爆轰。在一定条件下炸药起爆后能以稳定的爆速传播，称为稳定爆轰，也称为非理想爆轰。

研究表明：随着药包直径的减小，炸药的爆速相应地减小，药包的直径减小到一定值后，继续缩小将导致炸药的爆轰完全中断，此时的药包直径称为临界直径。随着药包直径的增大，炸药的爆速相应地增大，药包的直径增大到一定值后，炸药的爆速趋于一定值，不再随着药包的直径增大而变化，此时的药包直径称为极限直径。药包直径与炸药爆速的关系，如图 3-8 所示。

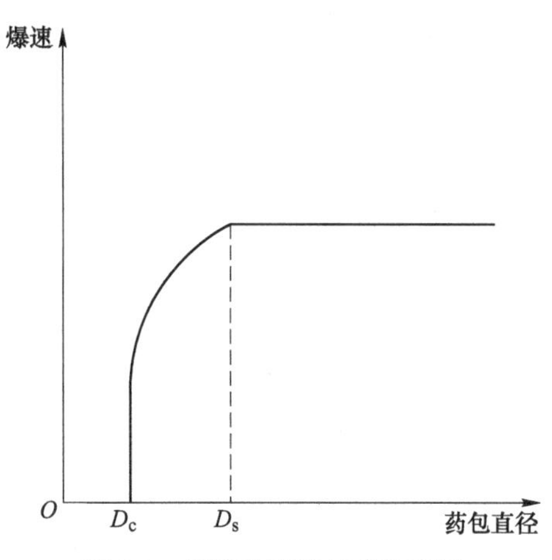

图 3-8 炸药的爆速与药包直径

D_c—临界直径；D_s—极限直径

单质炸药的爆速随装药密度的增大而增大，呈直线关系。混合炸药的爆速随装药密度的增大而增大，当密度增大到某一值时，随着密度的增加爆速反而下降，直到出现熄爆。炸药颗粒愈细，愈有利于稳定爆轰。

3.2.2 炸药的爆炸性能

3.2.2.1 敏感度

炸药在外部能量的作用下发生爆炸的难易程度称为敏感度，简称感度。炸药起爆所需的外部能量越小则炸药的感度越高，反之亦然。炸药在热能、冲击能和摩擦能的作用下发生爆炸的难易程度分别称为热感度、撞击感度和摩擦感度。

炸药爆炸所产生的爆轰波引起另一炸药发生爆炸的难易程度，叫爆轰感度。工程爆破中，用雷管、导爆索、起爆药包起爆炸药，就是利用爆轰波使炸药爆炸。

炸药的感度受炸药颗粒的物理状态与晶体形态、颗粒的大小、装药密度、温度、惰性杂质的掺入等因素的影响，其对炸药的加工、制造、贮存、运输和使用极为重要。感度过高，安全性差；感度过低，则需要很大的起爆能，给爆破作业带来不便。

3.2.2.2 爆速

爆轰波的传播速度叫爆速。炸药的爆速是衡量炸药质量的重要指标，一般为 2000～8000m/s。

3.2.2.3 氧平衡

炸药爆炸，实质上是炸药中的碳、氢等可燃元素分别与氧元素发生剧烈的氧化还原反应。爆炸反应所需氧依赖炸药自身提供（外界提供，供给速度不够），故将 1g 炸药爆炸生成碳、氢氧化物时所剩余的氧量，定义为炸药的氧平衡。炸药的氧平衡有零氧平衡（炸药中的氧含量恰够将碳、氢完全氧化）、正氧平衡（炸药中的氧含量足够将碳、氢完全氧化且有多余）和负氧平衡（炸药中的氧含量不足以将碳、氢完全氧化）3 种。只有当炸药中的碳、氢完全被氧化生成 CO_2 和 H_2O 时，其放出的热量才能达到最大值。炸药的氧平衡，是生产混合炸药确定配方的理论依据，也是确定炸药使用范围的重要原则。

炸药爆炸时产生的有毒有害气体主要有 CO、CO_2、NO、NO_2、N_2O_5、SO_2、H_2S，产生的主要原因有两种：一是炸药的正氧平衡值较大，多余的氧原子在高温高压环境中同氮原子结合生成氮氧化物，而正氧平衡值较大时，氧量不足导致 CO_2 容易被还原成 CO；二是炸药的爆轰反应往往是不完全的，使得有毒有害气体含量增加。

3.2.2.4 殉爆

一个药包爆炸时可引起与之相隔一定距离的另一药包爆炸的现象叫殉爆（见图 3-9）。炸药的殉爆，反映了炸药对爆轰波的敏感程度，其大小用殉爆距离（L）来表示。殉爆距离大，爆轰感度高，反之亦然。

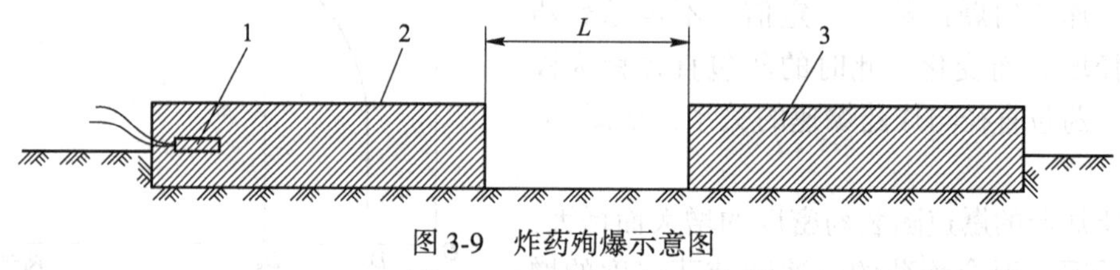

图 3-9 炸药殉爆示意图

1—雷管；2—主爆药包；3—从爆药包

3.2.2.5 爆力和猛度

爆力是炸药爆炸时作功的能力。爆力越大，破坏的介质量越多，一般来说，炸药的爆热、爆温高，生成的气体量多，其爆力就大。

炸药的猛度，是指炸药爆炸时击碎与其接触介质的能力。炸药的猛度越大，介质的破碎就越细，爆速高的炸药猛度也大。

3.2.3 工业炸药

工业炸药，按照炸药的组成成分，可分为单质炸药和混合炸药。组成单质炸药的各元素是以一定的化学结构存在于同一分子内，且分子中含有某些具有爆炸性质的基团，这些基团的化学键很容易在外界能量的作用下发生破裂而激发爆炸反应；混合炸药由两种及以上的分子组成。工业炸药一般是混合炸药。

3.2.3.1 工业炸药原材料

炸药的爆炸反应，其本质是一种反应速度极高，能释放大量能量的氧化还原反应。所以工业混合炸药至少就包括一种氧化剂和一种还原剂。炸药的氧化剂和还原剂大多是非爆炸性的或爆炸性较低的物质，因此其混合物对外界的能量作用反应比较迟钝。为了保证使用的可靠性和使用范围的广泛性，在混合物中还加入适当的敏化剂和其他添加剂。因此工业炸药的原料可以分为氧化剂、还原剂、敏化剂等。

A 氧化剂

爆炸反应中能够提供有效氧的物质即为氧化剂。能够提供有效氧，表明反应产物中含氧键的键能要大于原氧化剂中的含氧键的键能。工业炸药对氧化剂的要求是有效含氧量高、来源广泛、加工方便、安定性能好、感度适当，爆炸反应时放出的热量多、气体产物多。用于炸药中的氧化剂有：硝酸盐类，如硝酸铵、硝酸钠、硝酸钾、硝酸钙、硝酸铜、硝酸镁等；氯酸盐类，如氯酸钾、氯酸钠等；高氯酸盐类，如高氯酸钾、高氯酸铵、高氯酸钠、高氯酸钡等；金属氧化物类，如氧化铁、氧化铜等；液体氧化剂类，如硝酸、四硝基甲烷等。

（1）硝酸铵：常温常压下为白色无结晶水晶体，工业硝酸铵由于含有少量的铁的氧化物而略显淡黄色，极易溶于水，其水溶液略显酸性。工业炸药中常用粉状、粒状和多孔粒状。一般粉状硝酸铵密度为0.8～0.95g/cm^3，多孔粒状密度为0.75～0.85g/cm^3，熔点为169.6℃，吸湿性、结块性很强。硝酸铵与铅、镍、锌、铜、镉等容易发生化学反应，与铝、锡等不易反应，粘附于纸片、布、麻袋等纤维制品可以引起自燃。能与亚硝酸盐、氯酸盐、强酸发生反应，铬酸盐、重铬酸盐、氯化物、硫化物能促进其分解，在200℃以下的低温状态下其分解有自行加速的特征。硝酸铵为钝感弱爆炸性物质，在密度为0.75～1.1g/cm^{3}时爆速为1100～2700m/s，临界直径为100mm(钢管)，没有雷管感度，火焰感度很低，摩擦感度、撞击感度、枪击感度均为0。温度、水分含量、密度、晶形等对其爆炸性能影响很大。

（2）硝酸钠：自身没有爆炸性能，有效含氧量高，能明显降低硝酸铵的析晶点，无色透明的菱形晶体，工业品为白色或微带黄色，密度为2.26g/cm^3，熔点为308℃，380℃时开始分解，主要用于乳化炸药中。

（3）硝酸钾：硝酸钾有两种晶体形式，密度为2.11g/cm^3，熔点为333℃，400℃时开始分解，800℃时分解剧烈，吸湿性较硝酸铵和硝酸钠小。参与爆炸反应速度慢，生成气体量小，是制造黑火药的主要成分（70%～80%）。

（4）高氯酸盐：大多数的高氯酸盐都有爆炸性，且比硝酸盐强。但含高氯酸盐类炸药的安定性差，机械感度较高。高氯酸铵为白色晶体，通常有两种结晶形式，密度为1.95g/cm^3，熔点为333℃，150℃时开始分解，350℃时分解剧烈，380℃时呈爆炸性分解，受硫、金属粉和某些有机物的催化，具有吸湿性，长期存放会结块。

（5）氯酸盐：大多数无机氯酸盐都具有爆炸性，安定性差，机械感度和热感度高。

（6）金属氧化物：许多金属氧化物有多种氧化态，在低氧化态时可以结合氧，呈还原性，在高氧化态时可以放出氧，呈氧化性。应用高氧化态的金属氧化物的氧化性来氧化炸药中还原剂。

B 还原剂

工业炸药中的还原剂，又称可燃剂，一般需要满足热值高、来源广、使用方便、安全性好、对体系有明显敏化作用等要求。炸药中常用还原剂（可燃剂）有固体碳氢化合物、液体碳氢化合物、金属和合金等。

（1）固体碳氢化合物。固体碳氢化合物有：木质素类，如木粉、树皮粉、谷糠粉等；碳素类，如煤粉、木炭粉等；淀粉类，如木薯粉、地瓜粉等；纤维素类，如棉纤维，亚麻纤维等。它们共同特点是碳氢含量高、负氧平衡值大、密度小、孔隙多。其中木粉最为常见，干燥木粉密度约为0.4～0.6g/cm^3，堆积密度为0.17～0.24g/cm^3，在162℃炭化，275℃分解，600℃点燃。干燥木粉具有一定的吸湿能力。以松柏科木材的木粉为好，在炸药中为可燃剂、敏化剂、疏松剂。

（2）燃料油。燃料油包覆于硝酸铵颗粒表面，可改善硝酸铵的吸湿性和结块性，增大两者的接触面积和结合程度。在含水炸药中，燃料油借助表面活性剂的作用，均匀地分散在过饱和氧化剂液体的微团表面，防止硝酸铵固体析晶，可提高体系的稳定性、均匀性和敏感程度。对于以硝酸铵为主体的爆炸体系来说，燃料油的引入，足以使硝酸铵达到雷管起爆感度。应用最多的燃料油有柴油、石蜡、松香、沥青。

（3）铝粉。工业炸药中常用的铝粉一般是不同粒度的粒状和片状粉。铝与氧有较强的亲和性，可以直接发生强烈的放热反应；在室温下铝与水反应非常缓慢，超过60℃后反应显著加剧；铝与碱性溶液、盐酸溶液反应迅速，放出大量的气体，但与硝酸溶液的反应较缓慢；在常温下，铝与硝酸铵水溶液反应缓慢，但在高温下反应剧烈，并发生爆炸。铝粉加入炸药后，能提高炸药的爆炸性能，表现在提高炸药的感度、爆速和爆热。

C　敏化剂

选用某些活性物质或能使体系活性增强的物质，降低爆炸所需的外界能量的添加剂称为敏化剂。爆炸性敏化剂（大部分的单质炸药）和非爆炸性敏化剂（如气泡、固体、黏性敏化剂）是常见的敏化剂。

3.2.3.2　常见工业炸药

工业炸药几乎全部是混合炸药。为了改善混合炸药的爆炸性能，在配方中经常加入一些单质猛炸药。

A　单质炸药

（1）梯恩梯（TNT）。三硝基甲苯 $C_6H_2(NO_2)_3CH_3$，淡黄色晶体，吸湿性弱，不溶于水，热安定性好，在常温下不分解，180℃才显著分解。梯恩梯爆热4229kJ/kg，爆速6850m/s，爆力285～300mL，猛度19.9mm，机械感度较低。梯恩梯主要用作硝铵类炸药的敏化剂，单独使用是重要的军用炸药。

（2）黑索今（RDX）。又译为黑索金，环二亚甲基三硝胺 $(CH_2NNO_2)_3$，白色晶体，不吸湿，不溶于水。50℃以下长期贮存不分解；机械感度比梯恩梯高，当密度为1.66g/cm³时，其爆力为520mL，猛度16mm，爆速8300m/s。由于其爆力、猛度和爆速都很高，感度适当，常用做导爆索的药芯和雷管中的加强药。

（3）特屈儿。三硝基苯甲硝胺，$C_6H_2(NO_2)_3 \cdot NCH_3NO_2$，淡黄色晶体，难溶于水，易与硝酸铵强烈作用而释放热量导致自燃，热感度和机械感度均高，爆炸性能好，爆力475mL，猛度22mm。常作雷管的加强药。

（4）泰安（PETN）。季戊四醇四硝酸酯 $C(CH_2ONO_2)_4$，无色晶体，不溶于水。当密度为1.74g/cm³时，爆热为6225kJ/kg，爆炸威力高，爆速8400m/s，爆力500mL，猛度15mm。

（5）雷汞。雷汞 $Hg(CNO)_2$，白色或灰白色微细晶体，50℃以上自行分解，160～165℃发生爆炸，对撞击、摩擦、火花均极敏感，潮湿或压制后感度更低，易与铝发生化学反应。常作为雷管的起爆药（铜壳或纸壳）。

（6）氮化铅。氮化铅 $Pb(N_3)_2$，通常为白色针状晶体，热感度较雷汞低，但爆炸威力大，不因潮湿而失去爆炸能力，易与铜发生化学反应生成极敏感的氮化铜。

（7）二硝基重氮酚（DDNP）。二硝基重氮酚 $C_6H_2(NO_2)N_2O$，黄色或黄褐色晶体，安定性好，长期贮存于水中不降低其爆炸性能，干燥时在75℃开始分解，170～175℃时爆炸，撞击、摩擦感度比雷汞、氮化铅低，热感度介于两者之间。

B　硝铵炸药

硝铵类炸药是以硝酸铵为主要成分的混合炸药。硝酸铵的原料来源丰富、价格低廉、安全性好，所以多以它为主要原料制成混合炸药。

硝铵炸药分为煤矿、岩石、露天三类。前两类可用于井下，其特点是氧平衡值接近于零，有毒气体产生量受严格限制。煤矿硝铵炸药是供有瓦斯或煤尘爆炸危险的矿井使用的炸药；露天炸药以廉价为主，硝酸铵、木粉含量较高，梯恩梯含量较低；岩石硝铵炸药适用于井下无瓦斯、无煤尘爆炸危险的爆破作业；抗水型用于有水工作面。

（1）铵梯炸药。铵梯炸药是我国目前广泛使用的工业炸药，它由硝酸铵、梯恩梯、木粉3种成分组成。硝酸铵是主要成分，在炸药中为氧化剂；梯恩梯为敏化剂，用以改善炸药的爆炸性能，增加炸药的起爆感度，还兼可燃剂的作用；木粉在炸药中起疏松作用，使硝酸铵不易结成硬块，并平衡硝酸铵中多余的氧，起松散剂和可燃剂的作用。防水品种铵梯炸药还须加入少量防水剂，如石蜡、沥青等。煤矿许用炸药须加入适量的食盐作为消焰剂，以吸收热量、降低爆温，防止引起瓦斯爆炸。

（2）铵油炸药。铵油炸药的主要成分是硝酸铵，配以适量的柴油、木粉。由于该类炸药不含梯恩梯，因而加工简单方便，适合使用装药器装药，价格低。

粉状铵油炸药是按硝酸铵92%、轻柴油4%、木粉4%经轮辗机热混加工工艺制成，生产过程要求“干、细、匀”，炸药颗粒越细、含水率越低，其爆炸性能就越好。多孔粒状铵油炸药是多孔粒状硝酸铵和柴油的混合物，硝酸铵约占95%，柴油约占5%，一般选用10号轻柴油。冷混粉状铵油炸药一般按硝酸铵94.5%、柴油5.5%现场制备，多用于硐室爆破。为改善其爆轰性能，可添加一定量的木粉、松香以提高其爆轰感度；添加一定量的铝粉以提高威力；添加一定量的表面活性剂（如十一烷基磺酸钠）以利于其拌和均匀从而提高爆轰的稳定性；加少许明矾和氯代十八烷胺以降低吸湿结块性。这类炸药的不足之处是爆炸威力较低，比较钝感，易吸湿结块，贮存期短。

C　含水炸药

自1956年在加拿大诺布湖矿成功地进行了含水炸药爆破试验以后，各种含水炸药相继出现，浆状炸药、水胶炸药、乳化炸药是3种主要的含水炸药。

（1）浆状炸药。浆状炸药是以氧化剂水溶液、敏化剂和胶凝剂为基本成分的混合炸药。由于其抗水性能强、密度高、爆炸威力大、成本低，在露天深孔爆破中有广泛的应用。

浆状炸药的氧化剂为硝酸铵和硝酸钠，有时加入小量的硝酸钾，氧化剂是以饱和水溶液的方式参与生产工艺，这样使得氧化剂与还原剂能均匀混合、炸药颗粒间接触更好，增加炸药密度，改善炸药爆炸性能，增加炸药可塑性。但加水以后会使炸药感度降低，所以必须加入适量敏化剂。爆炸时水的汽化热的损失大，因此浆状炸药中水分含量以占炸药总量的10%~20%为宜。

用于浆状炸药敏化的敏化剂有：猛炸药敏化剂，如梯恩梯等；金属粉末敏化剂，如铝粉等；可燃物敏化剂，如柴油、煤粉、硫黄等；气泡敏化剂，如加入发泡剂亚硝酸钠通过化学反应形成敏化气泡。

胶凝剂在浆状炸药中起增稠作用，它包括胶结剂和交联剂。胶结剂使炸药中的各组分胶结在一起形成一个均匀整体，使炸药保持必需的理化性质和流变特性，并使它具有良好的抗水性和爆炸性能。目前常使用的胶结剂有槐豆胶、田菁胶、皂角和聚丙烯酰胺等。交联剂的作用是促使胶结剂分子中的基团互相结合，进一步联结成为巨型结构，提高炸药胶结效果和稠化程度。常用的交联剂有硼砂、重铬酸钾等。

除上述主要组分外，浆状炸药还常加入少量如尿素等安定剂，以防止炸药变质；加入表面活性剂，如十二烷基磺酸钠、十二烷基苯磺酸钠等，以控制硝酸铵的晶粒发育，保持炸药的塑性；加入乙二醇以提高浆状炸药的耐冻能力。

浆状炸药的优点是：炸药密度高，具有较好的可塑性，可以装入孔底并填满炮孔；抗水性强；使用安全性好。缺点是感度过低，一般露天矿用浆状炸药不能直接用8号雷管起爆，需用猛炸药制作的药包来起爆。

（2）水胶炸药。水胶炸药是在浆状炸药基础上发展起来的，与浆状炸药不同之处在于使用不同的敏化剂。水胶炸药使用水溶性的甲基胺硝酸盐作敏化剂，使得水胶炸药中氧化剂、还原剂、敏化剂间的耦合状况大为改善，从而获得更好的爆炸性能。这类炸药的爆轰感度较高，具有雷管感度。

甲基胺硝酸盐 $CH_3NH_2 \cdot HNO_3$，简称MANN，密度为1.42g/cm^3，比硝酸铵更易溶于水，不含水时可直接用雷管起爆。当温度不大于95℃时，浓度低于86%的甲基胺硝酸盐水溶液没有雷管感度。利用这种特性，可以采用低于86%的甲基胺硝酸盐水溶液来生产水胶炸药以保证安全。在水胶炸药中，甲基胺硝酸盐的含量为25%~45%，含量愈高炸药的威力愈大。

水胶炸药的优点是：爆速和起爆感度高，有雷管感度（8号），抗水性强，可塑性好，使用安全，炸药密度、爆炸性能可在较大范围内调节，适应性强。缺点是价格较高。

（3）乳化炸药。乳化炸药是继浆状炸药、水胶炸药之后发展起来的另一种含水炸药，广泛应用于露天和地下矿山的爆破工作。它由氧化剂水溶液、燃料油、乳化剂和敏化剂4种基本成分组成。氧化剂水溶液与燃料油在乳化剂的作用下经乳化而成的油包水型乳状体是具有爆炸性基质。

1）氧化剂水溶液以硝酸铵（65%左右）为主，添加少量的硝酸钠（15%）做辅助氧化剂，水的含量为8%~16%。

2）燃料油一般采用柴油、石蜡、凡士林等的混合物，其量要满足包裹水相的最小需要量，但因它又是炸药中的可燃剂，所以还要受到氧平衡的限制，其含量以2%~5%为佳。

3）乳化剂是制造乳化炸药的关键组分，用它来降低水、油表面张力，形成油包水型的乳状体，并使氧化剂与可燃剂高度耦合，用量在1%~2%。实践证明，采用SP-80(失水山梨醇单油酸脂）做乳化剂，效果较为理想。

4）在乳化炸药中加入化学发泡剂（如亚硝酸钠）或多孔微球（空心玻璃微珠、塑料微球、膨胀珍珠岩等），都能形成敏化气泡。这些气泡在爆炸冲能的作用下，形成热点，能提高炸药的爆轰感度，起到敏化剂的作用。

乳化炸药分为煤矿许用乳化炸药、岩石乳化炸药和露天乳化炸药3类。

乳化炸药的优点：密度可调，因而适用范围广；爆炸性能好，爆速达4000~5000m/s；猛度比2号岩石硝铵炸药高，达17~19mm；具有雷管感度（8号），爆力略低于铵油炸药。

3.2.4 起爆器材与起爆方法

引爆炸药、导爆索和继爆管的器材称为起爆器材。雷管是工程爆破的主要起爆器材，有电雷管、导爆管雷管、电子雷管等。此外，导爆索、导爆管、导火索、继爆管和起爆药柱（起爆弹）也是常用的起爆器材。

3.2.4.1 雷管

A 电雷管

电雷管是由电能转化成热能而引发爆炸的工业雷管，它是由雷管的基本体和电点火装置组成，分瞬发电雷管、毫秒、秒、半秒、1/4 秒延期电雷管和煤矿许用电雷管。

a 瞬发电雷管

瞬发电雷管是在电能的直接作用下，立即起爆的雷管，又称即发电雷管，是在雷管的基本体的基础上加上一个电点火装置组装而成（图 3-10）。

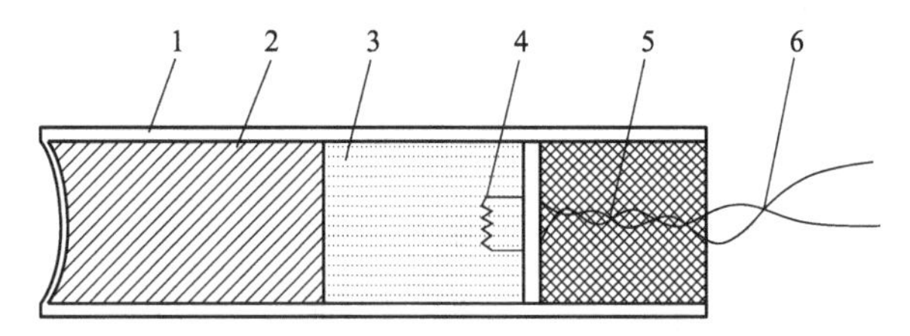

图 3-10 直插式瞬发电雷管基本体结构示意图

1—管壳；2—加强药；3—起爆药；4—点火头；5—塑料塞；6—脚线

电点火装置由两根绝缘脚线、塑料或塑胶封口塞、桥丝、点火药组成。电雷管的起爆是由脚线通以恒定的直流或交流电，使桥丝灼热引燃点火药，点火药燃烧后在其火焰热能作用下，使雷管起爆。脚线用来给桥丝输送电流，有铜和铁两种导线，外皮用塑料绝缘，要求具有一定的绝缘性和抗拉伸、抗曲扰和抗折断能力。脚线长度可根据用户需要而定制，一般多用 2m 长的脚线。每一发雷管都是由两根颜色不同的脚线组成，颜色的区分主要为方便使用和炮孔连线；桥丝，即电阻丝，通电后桥丝发热点燃引点火药。常用的桥丝有康铜丝和镍铬合金丝；点火药一般是由可燃剂和氧化剂组成的混合物，它涂抹在桥丝的周围呈球状。通电后桥丝发生的热量引燃点火药，由点火药燃烧的火焰直接引爆雷管的起爆药；封口塞的作用是固定脚线和封住管口，封口后还能对雷管起到防潮作用。

瞬发电雷管适用于露天及井下采矿、筑路、兴修水利等爆破工程中，用来起爆炸药、导爆索、导爆管等；在有瓦斯和煤尘爆炸危险的场所，必须采用煤矿许用瞬发电雷管。

b 毫秒延期电雷管

毫秒延期电雷管是段间隔为十几毫秒至数百毫秒的延期电雷管，是一种短延期电雷管。它是在电能直接作用下，引燃点火药，再引燃延期体，由延期体的火焰冲能而引发电雷管爆炸。

毫秒延期电雷管是在原瞬发电雷管的基础上加一个延期体作为延期时间装置，延期体装配在电引火装置和雷管起爆药之间，只要通电点火，它就可以根据延期时间来控制一组起爆雷管的起爆先后顺序，为各种爆破技术的应用提供了物质条件，如图 3-11 所示。

使用范围：用于微差分段爆破作业，起爆各种炸药，采用毫秒微差爆破技术可以减轻地震波，减少二次爆破，根据爆炸设计顺序，先爆的炮孔为后爆的炮孔提供了自由面，直接提高了爆破效率。在有瓦斯和煤尘爆炸危险的地方，必须使用煤矿许用电雷管。

毫秒延期电雷管的脚线也是由两根不同颜色的导线组成，但毫秒延期电雷管 1 段～10

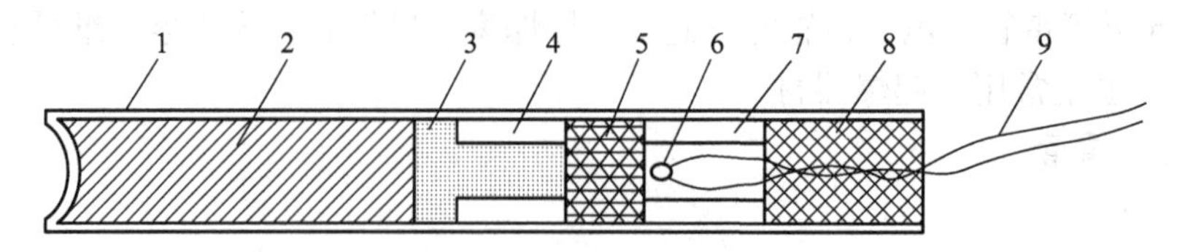

图 3-11　直插式毫秒延期电雷管基本体结构示意图

1—管壳；2—加强药；3—起爆药；4—加强帽；5—延期药；6—点火头；7—长内管；8—塑料塞；9—脚线

段的脚线颜色分别代表着不同的段别，11 段~20 段则在每发雷管上贴上相应的段别标签（实际生产中 1 段~5 段由颜色区分段别，其他段别贴上相应的段别标签）。毫秒延期电雷管的段别标志如表 3-1 所示，段别和秒量范围如表 3-2 所示。

表 3-1　毫秒延期电雷管的段别标志

段别	1	2	3	4	5	6	7	8	9	10
脚线	灰	灰	灰	灰	绿	绿	绿	黑	黑	黑
颜色	红	黄	蓝	白	红	黄	白	红	黄	白

表 3-2　毫秒延期电雷管的段别及秒量

段别	第 1 毫秒系列/ms	第 2 毫秒系列/ms	第 3 毫秒系列/ms	第 4 毫秒系列/ms
1	0	0	0	0
2	25	25	25	25
3	50	50	50	45
4	75	75	75	65
5	110	110	110	85
6	150		128	105
7	200		157	125
8	250		190	145
9	310		230	165
10	380		280	185
11	460		340	205
12	550		410	225
13	650		480	250
14	760		550	275
15	880		625	300
16	1020		700	330
17	1200		780	360
18	1400		860	395
19	1700		945	430
20	2000		1035	470

注：我国现阶段主要生产第 1 毫秒系列。

c 煤矿许用电雷管

煤矿许用电雷管又叫安全电雷管，它适用于有瓦斯、煤尘爆炸危险的井下。它的特点是起爆药部分加有一定的消焰剂，可避免使用时造成瓦斯爆炸。煤矿许用电雷管也分为煤矿许用瞬发电雷管和煤矿许用毫秒延期电雷管。其他性质与瞬发电雷管和毫秒延期电雷管相同，只是煤矿许用毫秒延期电雷管的延期时间不能超过130ms。

并非随便大小的电流和任意长短的通电时间都能引爆一发电雷管。如果通过的电流非常小，产生的热量就达不到点火药的发火点，这样即使再长的时间通入这个电流，雷管也不会爆炸。给电雷管通以恒定的直流电流，在一定的时间内（5min）不会引爆雷管的电流的最大值，称为电雷管的最大安全电流，它是电雷管对于电流的一个最重要的安全指标。我国规定最大安全电流为0.18A，就是说在5min内通0.18A以下的恒定直流电流，都不会引爆电雷管。

通过0.18A以下的恒定直流电流，电雷管是不会爆炸的，但随着电流逐渐增大，个别雷管就会率先引爆。当电流达到某一数值时，电雷管将99.99%点火，这个电流值称为电雷管的最低准爆电流。因此，最低准爆电流表示了电雷管对电流的敏感程度。我国规定最低准爆电流为0.45A，就是说通0.45A以上的恒定直流电流，就一定会引爆雷管。

在实际使用中，雷管的联接方法多种多样，使用雷管的数目也多少不一，因此，实际爆破时，若使用交流电，则通过电流不应小于2.5A，若使用直流电，则通过电流不应小于2A。大爆破使用的交流电不小于4A，直流电不小于2.5A。

电雷管是由电能作用而发生爆炸的一种雷管。与火雷管相比，它具有爆破作用的瞬间性和延时性。在爆破作业中，使用电雷管可远距离点火和一次起爆大量药包，使用安全、效率高，便于采用爆破新技术。

B 导爆管雷管

导爆管雷管是导爆管的爆轰波冲能激发而引发爆炸的一种工业雷管，利用导爆管的管道效应来传递爆轰波，从而引爆雷管，实现非电起爆。导爆管雷管分为瞬发导爆管雷管和延期导爆管雷管。

瞬发导爆管雷管是由雷管的基本体、卡口塞、导爆管三部分组成，雷管的基本体（图3-12）由管壳、加强帽、起爆药、加强药组成。延期导爆管雷管与瞬发导爆管雷管相比，多一个用于延时的延期体。

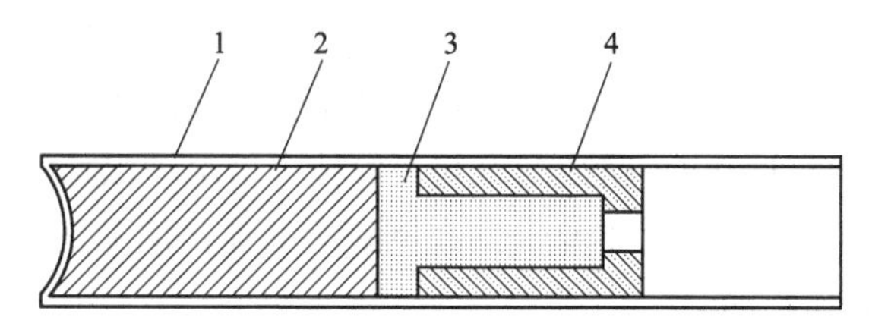

图3-12 雷管的基本体结构示意图

1—管壳；2—加强药；3—起爆药；4—加强帽

（1）管壳。管壳通常用金属材料（铜、铝、铁）、纸或硬塑料制成，须有一定的强度以保护管内的起爆药和加强药。管壳的一端插入连接导爆管，另一端以圆锥形或半球面形凹穴封闭，此封闭凹穴称为聚能穴。

（2）起爆药和加强药。起爆药具有良好的火焰感度，能在火焰的作用下发生爆轰，且能急剧增长到稳定爆轰。目前我国主要采用二硝基重氮酚（DDNP）做起爆药。加强药对火焰不敏感，它需要吸收起爆药的起爆能才能爆炸。由于共爆炸威力大，用加强药来提高雷管的起爆能力。雷管的起爆能力与加强药的爆炸性能（主要是爆力和猛度）、装药直径、装药密度、装药量等相关。目前我国主要采用黑索金（RDX）、特屈儿或黑索金-梯恩梯做加强药。

（3）加强帽。加强帽是一个中心带小孔的金属罩，常用铜皮冲压而成。其作用是：封闭雷管内的装药，减少起爆药的暴露面积，防止起爆药受潮，增强雷管的安全性，提高雷管的起爆能力。

导爆管雷管适用于露天及井下无瓦斯、矿尘爆炸危险的采矿、筑路、兴修水利等爆破工程。毫秒、半秒、秒延期导爆管雷管用于微差分段爆破作业，起爆各种炸药。

C　电子雷管

电子雷管，又称数码电子雷管、数码雷管或工业数码电子雷管，即采用电子控制模块对起爆过程进行控制的电雷管。电子雷管起爆系统基本上由三部分组成，即雷管、编码器和起爆器。电子雷管结构如图 3-13 所示。

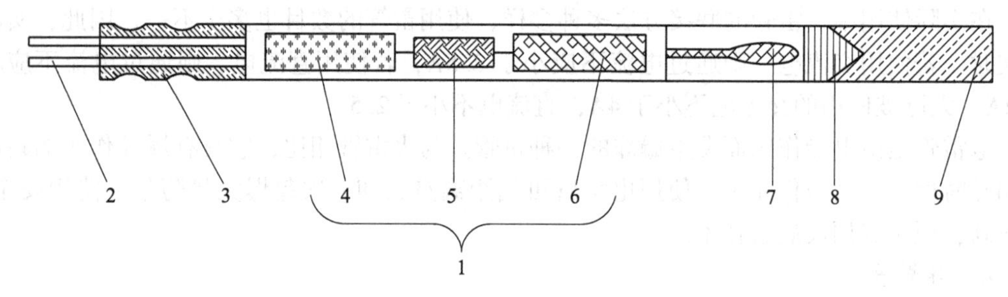

图 3-13　电子雷管基本结构示意图

1—电路板；2—雷管脚线；3—带皱塞；4—逻辑电容；5—集成电路处理器；
6—点火电容；7—引火头；8—起爆药；9—加强药

（1）编码器。编码器的功能，是在爆破现场对每发雷管设定所需的延期时间。具体操作方法是，首先将雷管脚线接到编码器上，编码器会立即读出对应该发雷管的 ID 码，然后，爆破技术员按设计要求，用编码器向该发雷管发送并设定所需的延期时间。爆区内每发雷管的对应数据将存储在编码器中。编码器首先记录雷管在起爆回路中的位置，然后是其 ID 码。在检测雷管 ID 码时，编码器还会对相邻雷管之间的连接、支路与起爆回路的连接、雷管的电子性能、雷管脚线短路或漏电与否等技术情况予以检测。对网路中每发雷管的这些检测工作只需 1s，如果雷管本身及其在网路中的连接情况正常，编码器就会提示操作员为该发雷管设定起爆延期时间。

（2）起爆器。PBS 电子起爆系统中的起爆器，控制整个爆破网路编程与触发起爆。起爆器的控制逻辑比编码器高一个级别，即起爆器能够触发编码器，但编码器不能触发起爆器，起爆网路编程与触发起爆所必须的程序命令设置在起爆器内。一只起爆器可以管理 8 只编码器，因此，目前的 PBS 电子起爆系统最多组成 1600 发雷管的起爆网路。每个编码器回路的最大长度为 2000m，起爆器与编码器之间的起爆线长 1000m。

3.2.4.2 其他起爆器材

A 导爆索

导爆索是以黑索金或泰安为药芯，以棉线、麻线或人造纤维等材料被覆而成，用以传递爆轰波或引爆炸药的一种爆破器材，属于索类起爆器材，外表为红色。产品类型有普通导爆索、安全导爆索、震源导爆索、油气井用导爆索。

(1) 普通导爆索是目前大量使用的爆破器材，适用于一般露天及无沼气、煤尘爆炸危险的场所，在爆破工程中起传爆和直接起爆炸药和塑料导爆管，包括棉线导爆索和塑料导爆索，具有一定的防水性能和耐热性能。装药密度为 1.2g/cm^3 左右，药量为 12~14g/m，外径为 5.7~6.2mm，爆速不低于 6500m/s。

(2) 安全导爆索可以在有瓦斯或矿尘爆炸危险的环境下爆破作业，结构与普通导爆索相似，不同的是在药芯中或包缠层中加了适量的消焰剂，用量为 2g/m。安全导爆索的爆速不低于 6000m/s，黑索金的药量为 12~14g/m。

(3) 震源导爆索指用于地震勘探的一种导爆索，包括棉线震源导爆索和塑料震源导爆索。

(4) 油气井用导爆索指在油气井中起引爆传爆作用的爆破器材。

B 导爆管

导爆管是用低密度聚乙烯树脂为管材，外径为 3mm，内径为 1.5mm。管内壁喷涂有一层高威力的黑索粉或奥克托金粉、铝粉和少量附加物的均匀混合物粉，药量为 14~16mg/m，管内能够传播爆炸冲击波，并通过管内传递的爆炸冲击波来引爆雷管。

导爆管传爆是依靠管内冲击波来传递能量的，若外界某种因素堵塞了软管中的空气通道，导爆管的稳定传爆便在此被中断；采用明火和撞击都不能引起导爆管爆炸，而在具有一定压力的空气强激波的作用下会引爆导爆管；导爆管在传爆过程中，携带的药量很少，不能直接起爆炸药，但能起爆雷管中的起爆药。

导爆管在贮存期间，需将端头烧熔封口，防止受潮、进水和尘粒，以便长期保存。

3.2.4.3 起爆方法

在工程爆破中，常用的起爆方法有电力起爆法、导爆索起爆法和导爆管起爆法。

A 电力起爆法

电力起爆法是利用电能使雷管爆炸，进而起爆炸药的起爆方法。它所需的器材有电雷管、导线和起爆电源。

进入电爆网路的电雷管事先须逐发检测电阻。测量电雷管的电阻，必须采用工作电流小于 30mA 的专用爆破电桥或爆破欧姆表，且电阻值应符合产品证书的规定。用于同一爆破网路的电雷管应为同厂、同批、同型号产品。康铜桥丝雷管的电阻值差不得超过 0.3Ω，镍铬桥丝雷管的电阻值差不得超过 0.8Ω。

电爆网路主线必须采用绝缘良好的导线专门敷设，不准利用铁轨、铁管、钢丝绳、水和大地作爆破线路。主线在联入网路前，各自两端应短路。起爆前，联接好整个爆破网路，待无关人员全部撤至安全地点之后，对总电阻进行最后导通检测，总电阻值应与实际计算值符合（允许误差±5%）。

电力起爆常用的起爆电源有干电池、蓄电池、起爆器、移动式发电机、照明电源和动力电源等。干电池和蓄电池只适用于炮孔数量不多的小规模爆破，采用串联起爆电路。起爆器可以一次起爆较多的炮孔，适宜串联网路，起爆数量应符合起爆器说明书要求，不可多于说明书规定的数量。大爆破的电源，可用移动式发电机、照明电或动力电源。用动力电或照明电作为起爆电源时，起爆开关必须安放在上锁的专用起爆箱内。起爆开关箱的钥匙和起爆器的钥匙，在整个爆破作业时间内，必须由爆破工作领导人或由他指定的爆破员严加保管，不得交给其他人。

《爆破安全规程》（GB 6722—2014）规定，电爆网路必须确保流经每发雷管的电流：一般爆破，交流电不小于2.5A，直流电不小于2A；大爆破，交流电不小于4A，直流电不小于2.5A。

电爆网路中的导线一般采用绝缘良好的铜线或铝线。在爆破网路中，按导线在电爆网路中位置和作用分为：端线、连接线、区域线和主线。端线，即雷管脚线的延长线，长度一般为2m，当孔深较大时，脚线不够长，须将它加长才能引出孔口或药室外；连接线用来连接相邻炮孔或药室的导线，一般用1~4mm^{2}的铜芯或铝芯塑料皮线或多股铜芯塑料皮软线；连接分区之间的导线称为区域线，当一爆破网路由几个分区组成时，连接各分区并与主线连接，多用铜芯或铝芯线，其断面积比连接线稍大的导线；主线是连接区域线与电源的导线，通常采用断面为16~150mm^{2}的铜芯或铝芯电缆，其断面大小根据通过电流大小确定。

电爆网路的连接形式，要根据爆破方法、爆破规模、工程的重要性、所选起爆电源及其起爆能力等进行选择，基本连接方式有串联、并联、串并联和并串联等。

a 串联电爆网路

串联电爆网路是将雷管的脚线或端线，依次联成一串，通电起爆时，电流连续流经网路中的每发雷管，这时网路的总电阻等于各部分导线电阻和全部雷管电阻之和，见图3-14。

电爆网路总电阻$R_{串}$为：

$$R_{串} = R_{线} + nr \tag{3-1}$$

电爆网路总电流$I_{串}$为：

$$I_{串} = U/R_{串} \tag{3-2}$$

通过每发雷管的电流i为：

$$i = I_{串} \tag{3-3}$$

式中 $R_{线}$——所有线路电阻，Ω；

n——串联雷管数，发；

r——每个雷管电阻，Ω；

U——起爆电源电压，V。

串联电爆网路是最简单的连接方式，其操作简单，联线迅速，不易联错；用仪表检查方便，容易发现网路中的故障；整个网路所需的总电流小，在小规模爆破中，被广泛应用。但由于串联的雷管数受电源电压限制，不能串联较多雷管。这种连接网路最适用于起爆器起爆。

b 并联电爆网路

并联电爆网路是将所有雷管的两根脚线或端线分别联接到两根起爆主线上，见图3-15。

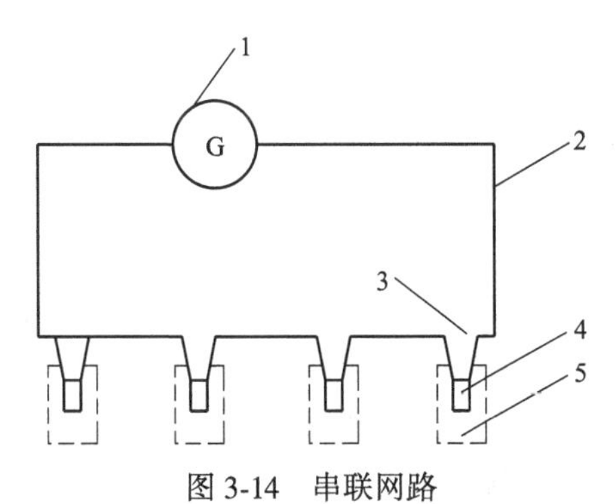

图 3-14 串联网路

1—电源；2—主线；3—脚线；4—电雷管；5—药室

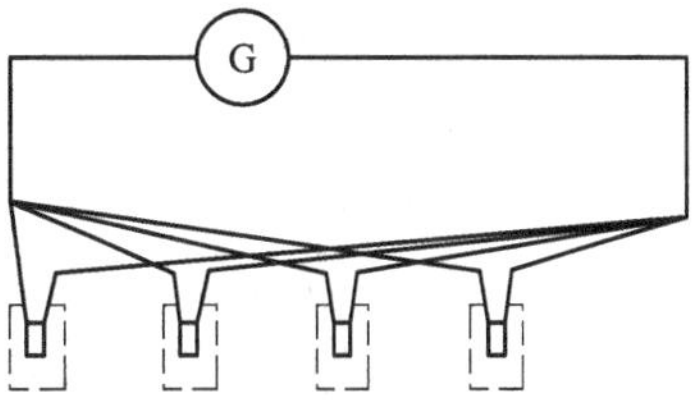

电爆网路总电阻 $R_{并}$ 为：

$$R_{并} = R_{线} + r/m \tag{3-4}$$

电爆网路总电流 $I_{并}$ 为：

$$I_{并} = U/R_{并} \tag{3-5}$$

通过每发雷管的电流 i 为：

$$i = I_{并}/m \tag{3-6}$$

图 3-15 并联网路

式中 m——并联雷管数，发。

并联电爆网路的优点是网路中每发雷管都能获得较大的电流，网路中敏感的雷管先爆炸后，其他雷管仍留在电路里，只要网路没有被拆断，其他未爆雷管一直有电流供给且电流逐渐增加，确保了网路电雷管的准爆性。并联网路所需的电流强度大，当雷管数量较多时，往往超过电源的容许能量，因此适宜选用容量大的照明电和动力电源，不宜用起爆器起爆并联网路。另外所选的导线电阻尽量小些，否则电源能量大部分消耗在爆破线路上。

c 混合联电爆网路

混合联就是先串联后并联或先并联后串联这两种基本形式，如图 3-16 所示。

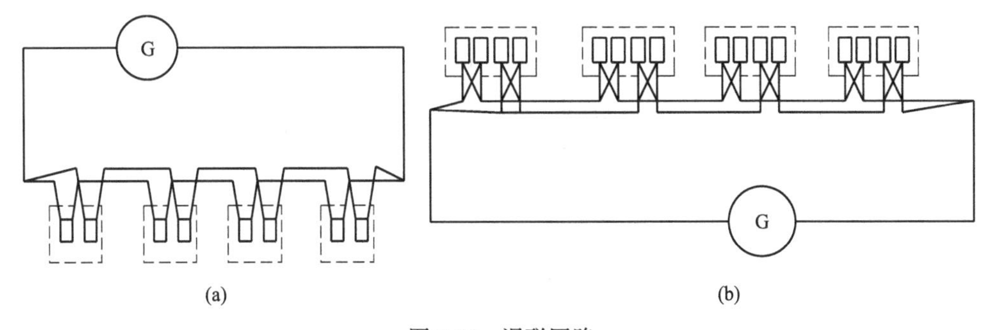

图 3-16 混联网路

(a) 串并联网路；(b) 并串联网路

电爆网路总电阻 R 为：

$$R = R_{线} + nr/m \tag{3-7}$$

电爆网路总电流 I 为：

$$I = U/R \tag{3-8}$$

通过每发雷管的电流 i 为：

$$i = I/m \tag{3-9}$$

式中　m——并联的支路数；

n——每支路串联的雷管数，发；

其他符号意义同前。

电力起爆法具有较安全、可靠、准确、高效等优点，在国内外仍占有较大比重。在大、中型爆破中，主要仍是用电力起爆。特别是在有瓦斯、矿尘爆炸的环境中，电力起爆是主要的起爆方法。但电力起爆容易受各种电信号的干扰而发生早爆，因此在有杂散电、静电、雷电、射频电、高压感应电的环境中，不能使用普通电雷管。

B　导爆索起爆法

用导爆索直接起爆炸药包的方法叫导爆索起爆法。先用雷管起爆导爆索，当导爆索的爆轰波传至炸药包时，将炸药引爆。在需要延时分段起爆的地方，将导爆索中接入继爆管，就能达到导爆索毫秒爆破的目的。起爆导爆索的雷管与导爆索捆扎端端头的距离应不小于15cm，雷管的聚能穴应朝向导爆索的传爆方向。

这种爆破法所需起爆材料有雷管、导爆索和继爆管等。

导爆索起爆网路有串联、簇并联、单向分段并联和双向分段并联等，实际应用中主要采用并联起爆网络。

(1) 簇并联网路。将各炮孔的导爆索连成一束或几束，再将它们连接到主导爆索上的联接网路，一般只用在炮孔较集中的场合。这种联接法，导爆索的消耗较大。

(2) 单向分段并联网路。单向分段并联网路也叫侧向并联或开口并联网路，是将各炮孔的导爆索按同一方向并联在支路导爆索上，再将各支路导爆索按同一方向并联在主导爆索上的联接网路（图3-17）。为实现毫秒爆破，可在网路上适当位置装上继爆管。这种网路连接简单，消耗导爆索也较少，且可实现大区微差爆破，因此适用于中小型爆破。

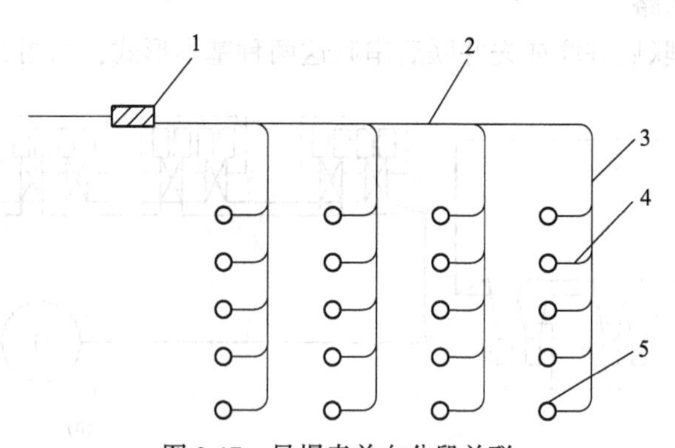

图3-17　导爆索单向分段并联

1—雷管；2—主导爆索；3—支导爆索；4—引爆索；5—炮孔

(3) 双向分段并联网路。双向分段并联网路又叫环形网路，其特点是由各炮孔的导爆索可同时接受从主导爆索或支导爆索传来的爆轰波，引爆孔内导爆索（图3-18）。这种网路起爆可靠性较高。若支导爆索或主导爆索有一段拒爆，爆轰波还能由另一方向传来。井下爆破时，为了克服冲击波破坏网路，往往采用这种联接方式。它的缺点是导爆索、继爆管消耗量增加，网路敷设、操作较复杂。

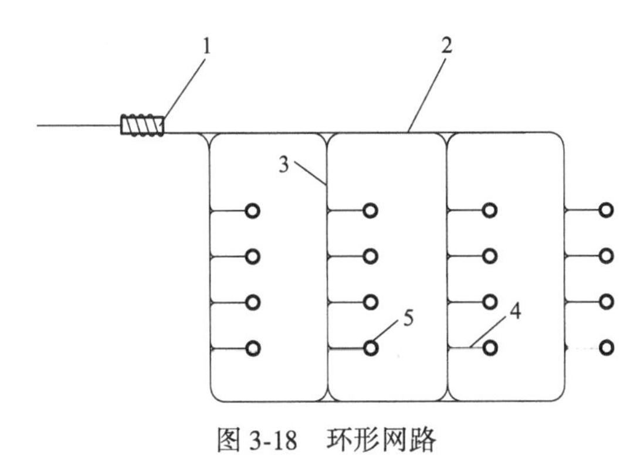

图 3-18 环形网路

1—雷管；2—主导爆索；3—支导爆索；4—引爆索；5—炮孔

C 导爆管起爆法

导爆管起爆法是利用导爆管传递冲击波引爆雷管进而起爆炸药的方法。导爆管起爆法从根本上减少了由于各种外来电的干扰造成早爆的爆破事故，起爆网路联接简单，不需复杂的电阻平衡和网路计算，但起爆网路的质量不能用仪表检查。起爆导爆管的雷管与导爆管捆扎端端头的距离应不小于 15cm。

a 起爆器材

导爆管起爆法所需材料有击发元件、传爆元件、连接装置、雷管等。

（1）击发元件。击发元件是用于击发导爆管的元件，其装置形式多种多样，击发枪、击发笔、高压电火花、电引火头、火雷管、电雷管、导爆索等都可作为导爆管的击发元件。

1）击发枪是靠冲击或弹簧压缩伸张的力量撞击火帽（或纸炮）产生激波击发导爆管。

2）击发笔是将击发器做成笔的形式，两个电极就如笔尖，起爆时把击发笔的笔尖插入导爆管孔内，充电后，一按起爆按钮使笔尖放电产生电火花，利用放电产生的激波击发导爆管。

3）高压电火花，其起爆原理与击发笔相同，它是靠电流充电、电容升压、两极间短距离放电来起爆导爆管。工程爆破常用容量较大、电压高（达 1800V 以上）的起爆器，通过电线进行远距离操作，实现起爆导爆管进而起爆整个导爆管网路。

4）电引火头是将电雷管的引火头塞进导爆管中心孔内，给电时，引火头发火，它产生的激波将导爆管击发。因引火头不好携带、易碎，防潮抗水能力差，故使用不多。

5）火雷管或电雷管起爆导爆管是靠雷管爆炸时产生的冲击波来起爆导爆管，一发雷管一次可起爆 20 根甚至上百根导爆管。捆绑时，把导爆管均匀分布在雷管圆周上，用胶布或细绳均可。若雷管为金属外壳时，先在雷管外壳上缠绕一层胶布再捆导爆管起爆更为可靠。

（2）传爆元件。传爆元件就是导爆管，它一头与击发元件联接，一头与联接装置联接。

（3）联接装置。联接装置形式多种多样，有联接块（图 3-19）、联接三通、四通（图 3-20）、多通或集束式联通管等（图 3-21），它是用来固定传爆雷管或传爆导爆管的装置，起着把传爆元件传来的冲击波传递给传爆雷管或导爆管直至起爆雷管的作用。

（4）雷管。起爆雷管一头与联接装置相连，另一头装入起爆药包内，用于起爆孔内药包。

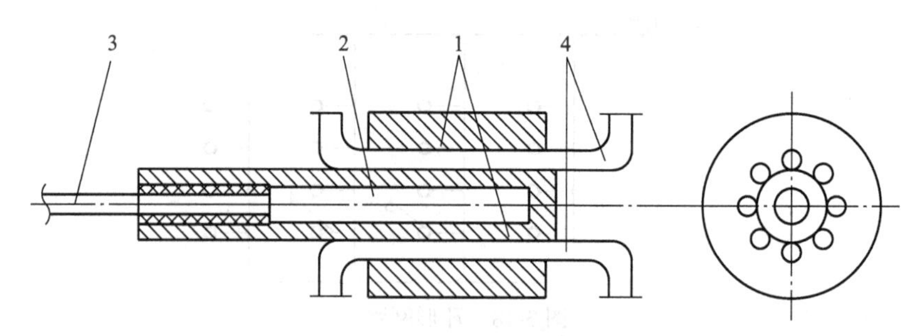

图3-19　联接块及导爆管联通装配图

1—塑料联接块主体；2—传爆雷管；3—主爆导爆管；4—被爆导爆管

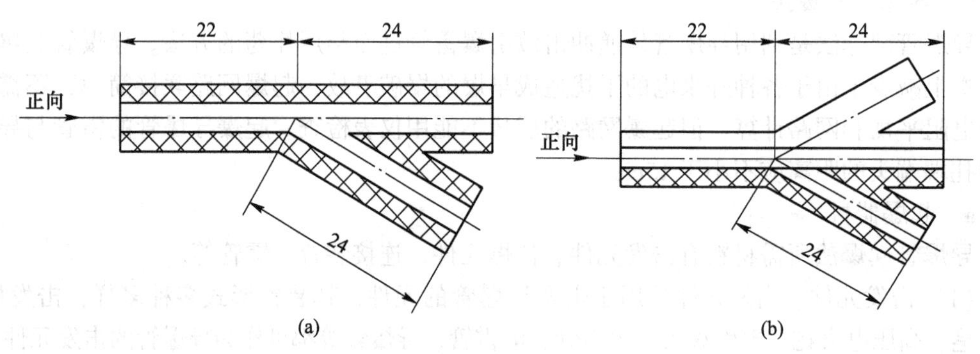

图3-20　三通、四通

（a）三通；（b）四通

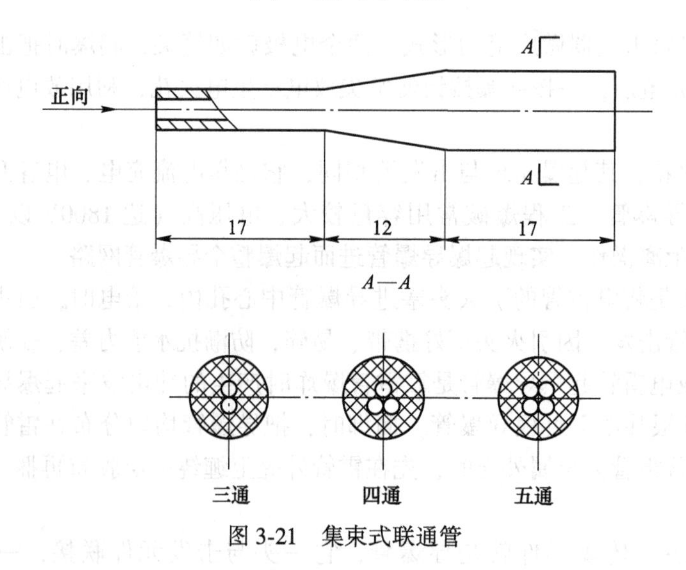

图3-21　集束式联通管

b　导爆管起爆网路

导爆管起爆网路有簇联、簇并联、簇串联等起爆网路。

（1）簇联。将炮孔导爆管集成一束与联接装置相联接的网路称簇联网路，也可将整束导爆管与一个雷管捆扎在一起。为了可靠引爆，规定一发雷管只引爆20根导爆管。这种网路联接适用于炮孔集中的小型爆破。当炮孔间隔较大时，消耗的导爆管较多。

（2）簇并联。把两组或两组以上的簇联再并联到一个联接装置上的联接网路叫作簇并联网路，如图 3-22 所示，其联接方法与簇联差不多。这种网路适用于炮孔集中的较大型爆破。

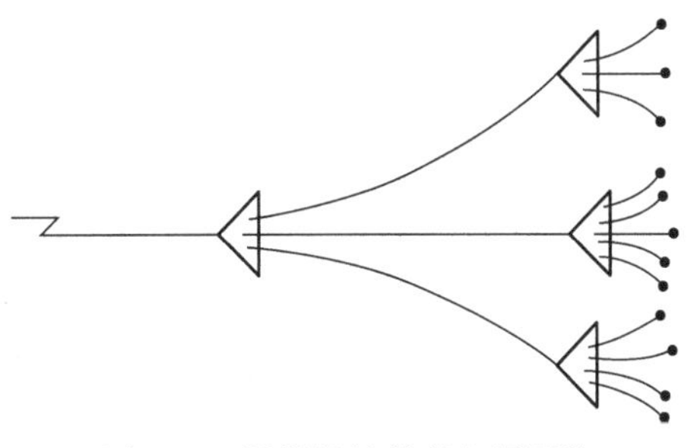
图 3-22 导爆管簇并联起爆网路

（3）簇串联。把几组簇联网路串联起来，即成为簇串联网路，如图 3-23 所示，其联接方法同前，只是将并联改为串联，也叫接力联接法，它适用于爆区长并能实现孔外多段微差起爆。这种接力式起爆，接力联接装置的传爆可靠性要求很高，因此，接力传爆装置通常需采用复式联接来保证传爆的可靠性。

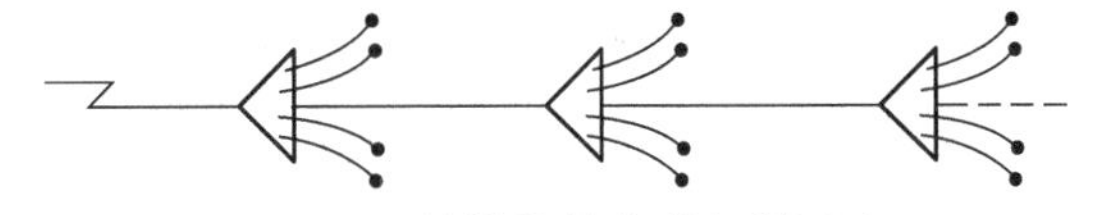
图 3-23 导爆管簇串联起爆网路

（4）混合联。混合联网路是把以上网路分别并联式串联起来，如图 3-24 所示。它适用于爆区又宽又长的大区爆破。

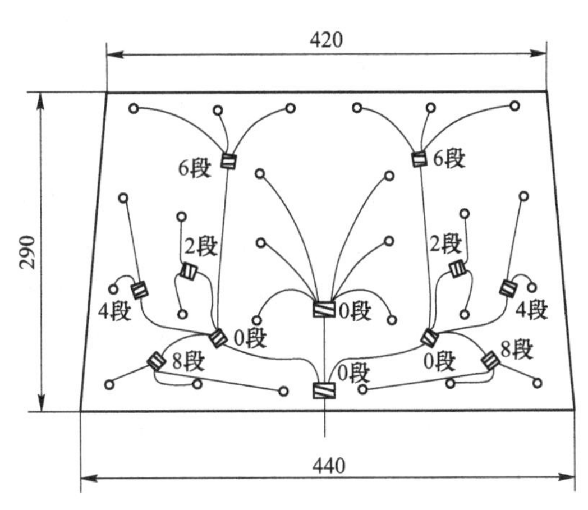

图 3-24 导爆管混合联起爆网路

3.2.5 矿岩的爆破破碎机理

3.2.5.1 爆破的内部作用机理

爆破作用只发生在介质内部的现象称为爆破的内部作用。根据介质的破坏特征，单个药包破坏的内部作用可在爆源周围形成压碎区、破裂区和震动区（图 3-25）。

（1）压碎区。药包爆炸时，直接与药包接触的矿岩，在极短的时间内，爆轰压力迅速上升到几万甚至几十万大气压，并在此瞬间急剧冲击药包周围的矿岩。对于大多数脆性的坚硬矿岩，则被压碎；对于可压缩性较大的岩石，则被压缩成压缩空洞，并在空洞表层形成坚实的压实层。因此，压碎区又叫压缩区。压碎区的半径很小，但由于介质遭到强烈粉碎，产生塑性变形或剪切破坏，消耗能量很大。因此，为了充分利用炸药能量，应尽量控

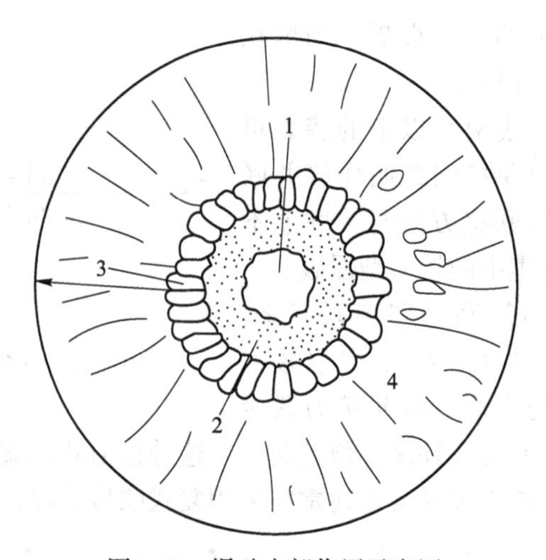

图 3-25　爆破内部作用示意图

1—装药空腔；2—压碎区；3—破裂区；4—震动区

制或减小压碎区的形成。

（2）破裂区。压碎区形成后，冲击波通过压碎区，继续向外层岩石传播，冲击波衰减为应力波，其强度已低于矿岩的抗压强度，所以不再产生压碎破坏，但仍可使压缩区外层的岩石遭到强烈的径向压缩，使岩石的质点产生径向位移和径向扩张及切向拉伸应变。如果这种拉伸应变超过了岩石的动抗拉强度，外围的岩石层就会产生径向裂隙。当切向拉应力小到低于岩石的动抗拉强度时，裂隙便停止向前发展。

另外，在冲击波扩大药室时，压力下降了的爆轰气体也同时作用在药室四周的岩石上，在药室四周的岩石中形成一个准静应力场。在应力波造成径向裂隙的期间或以后，爆轰气体开始膨胀并挤入这些裂隙中，导致径向裂隙向前延伸。只有当应力波和爆轰气体衰减到一定程度后才停止裂隙扩展；这样随着径向裂隙、环向裂隙和剪切裂隙的形成、扩展、贯通、纵横交错、内密外疏、内宽外细的裂隙网，将介质分割成大小不等的碎块，形成了破裂区，该区的半径比压碎区大。

（3）震动区。在破裂区以外的岩体中，炸药爆炸后产生的能量已消耗很多，应力波引起的应力状态和爆轰气体压力建立起的准静应力场均不足以使岩石破坏，只能引起岩石质点作弹性振动，直到弹性振动波的能量被岩石完全吸收为止，这个区域叫弹性震动区或地震区。

3.2.5.2　爆破漏斗

当单个药包在岩体中的埋置深度不大时，可以观察到自由面上出现了岩体开裂、鼓起或抛掷现象。这种情况下的爆破作用叫作爆破的外部作用，其特点是在自由面上形成了一个倒圆锥形爆坑，称为爆破漏斗，如图 3-26 所示。

爆破漏斗的几何要素包括：

（1）自由面：是指被爆破的介质与空气接触的面，又叫临空面。

（2）最小抵抗线：是指药包中心到自由面的最小距离。爆破时，最小抵抗线方向是岩石最容易破坏的方向，它是爆破作用和岩石抛掷的主导方向，如图 3-26 中的 W。

（3）爆破漏斗半径：是指形成倒锥形爆破漏斗的底圆半径，如图 3-26 中的 r。

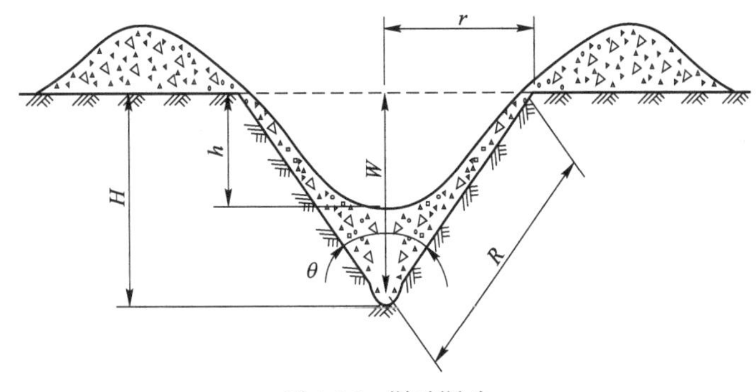

图 3-26 爆破漏斗

(4) 爆破漏斗破裂半径：又叫破裂半径，是指从药包中心到爆破漏斗底圆圆周上任一点的距离，如图 3-26 中的 R。

(5) 爆破漏斗深度：爆破漏斗顶点至自由面的最小距离叫爆破漏斗深度，如图 3-26 中的 H。

(6) 可见漏斗深度：爆破漏斗中碴堆表面最低点到自由面的最小距离叫爆破漏斗可见深度，如图 3-26 中的 h。

(7) 爆破漏斗张开角：即爆破漏斗的顶角，如图 3-26 中的 θ。

(8) 爆破作用指数：爆破漏斗底圆半径与最小抵抗线的比值称为爆破作用指数，用 n 表示，即：

$$n = r/W \tag{3-10}$$

爆破作用指数 n 在工程爆破中是一个极其重要的参数。其值的变化，直接影响到爆破漏斗的大小、岩石的破碎程度和抛掷效果。

根据爆破作用指数 n 值的不同，将爆破漏斗分为以下 4 种：

(1) 标准抛掷爆破漏斗。如图 3-27(a) 所示，当 $r=W$，即 $n=1$ 时，爆破漏斗为标准抛掷爆破漏斗，漏斗的张开角 $\theta=90°$。形成标准抛掷爆破漏斗的药包叫作标准抛掷爆破药包。

(2) 加强抛掷爆破漏斗。如图 3-27(b) 所示，当 $r>W$，即 $n>1$ 时，爆破漏斗为加强抛掷爆破漏斗，漏斗的张开角 $\theta>90°$。形成加强抛掷爆破漏斗的药包，叫作加强抛掷爆破药包。

(3) 减弱抛掷爆破漏斗。如图 3-27(c) 所示，当 $0.75<n<1$ 时，爆破漏斗为减弱抛掷爆破漏斗，漏斗的张开角 $\theta<90°$。形成减弱抛掷爆破漏斗的药包，叫作减弱抛掷爆破药包，减弱抛掷爆破漏斗又叫加强松动爆破漏斗。

(4) 松动爆破漏斗。如图 3-27(d) 所示，当 $0<n<0.75$ 时，爆破漏斗为松动爆破漏斗，这时爆破漏斗内的岩石只产生破裂、破碎而没有向外抛掷的现象。从外表看，没有明显的可见漏斗出现。

3.2.5.3 爆破破岩机理

爆破是当前破碎岩石的主要手段。对于岩石等脆性介质爆破破岩机理，有许多假设，按其基本观点，归纳起来有爆轰气体膨胀压力作用破坏论、应力波及反射拉伸破坏论、冲击波和爆轰气体膨胀压力共同作用破坏论三种。

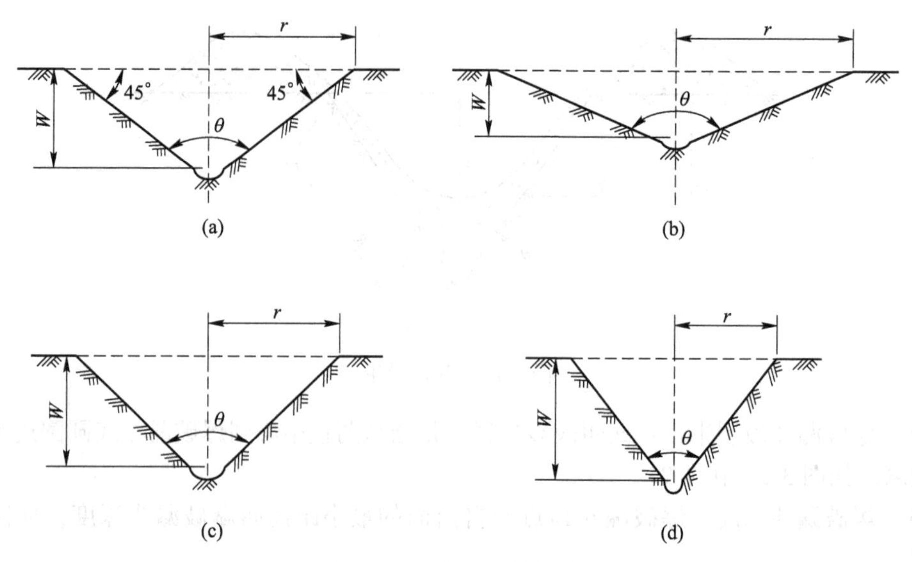

图3-27　几种爆破漏斗形式

（a）标准抛掷爆破漏斗；（b）加强抛掷爆破漏斗；（c）减弱抛掷爆破漏斗；（d）松动爆破漏斗

（1）爆轰气体膨胀压力作用破坏论。该理论认为炸药爆炸所引起脆性介质（岩石）的破坏，使其产生大量高温高压气体，它所产生的推力，作用在药包周围的岩壁上，引起岩石质点的径向位移，由于作用力的不等引起的径向位移，导致在岩石中形成剪切应力，当这种剪切应力超过岩石的极限抗剪强度时就会引起岩石破裂，当爆轰气体的膨胀推力足够大时，会引起自由面附近的岩石隆起、鼓开并沿径向推出。这种观点完全否认冲击波的动作用，不太符合实际。

（2）应力波反射拉伸破坏论。该理论认为药包爆炸时，强大的冲击波冲击和压缩周围岩石，在岩石中激发成强烈的压缩应力波，当传到自由面反射变成拉伸应力波，其强度超过岩石的极限抗拉强度时，从自由面开始向爆源方向产生拉伸片裂破坏作用。这种理论只从爆轰的动力学观点出发，而忽视了爆轰气体膨胀做功的静作用，因而也具有片面性。

（3）冲击波和爆轰气体膨胀压力共同作用破坏论。该理论认为爆破时，岩石的破坏是冲击波和爆轰气体膨胀压力共同作用的结果。但在解释岩石破碎的原因是谁起主导作用时仍存在不同的观点：一种观点认为冲击波在破碎岩石时不起主要作用，它只是在形成初始径向裂隙时起了先锋作用，但在大量破碎岩石时则主要依靠爆轰气体膨胀压力的推力作用和尖劈作用；另一种观点则认为爆破时岩石破碎谁起主要作用要取决于岩石的性质，即取决于岩石的波阻抗。对于高波阻抗的岩石，即致密坚韧的整体性岩石，它对爆炸应力波的传播性能好，波速大；对于低波阻松软而具有塑性的岩石，爆炸应力波传播的性能较差，波速较低，爆破时岩石的破坏主要依靠爆轰气体的膨胀压力；对于中等波阻抗的中等坚硬岩石，应力波和爆轰气体膨胀压力同样起重要作用。

3.2.6　爆破方法与爆破设计

3.2.6.1　井巷掘进爆破

井巷掘进爆破，是在地下岩体掘进垂直、水平和倾斜巷道的一个主要工序，其特点是只有一个狭小的爆破自由面，四周岩体的夹制性很强，爆破条件差。井巷掘进爆破的具体内容在第4章中介绍。

3.2.6.2 井下采场爆破

A 浅孔爆破

浅孔爆破崩矿药量分布较均匀，一般破碎程度较好而不需要进行二次破碎。浅孔爆破炮孔分水平孔和垂直（含倾斜）孔两种。炮孔水平布置，顶板比较平整，有利于顶板维护，但受工作面限制，一次施工炮孔数目有限，爆破效率较低；炮孔垂直布置优缺点恰好与水平布置相反。因此，矿石比较稳固可采用垂直布置，矿石稳固性较差时一般采用水平炮孔。

炮孔排列形式有平行排列和交错排列两类（图3-28）。

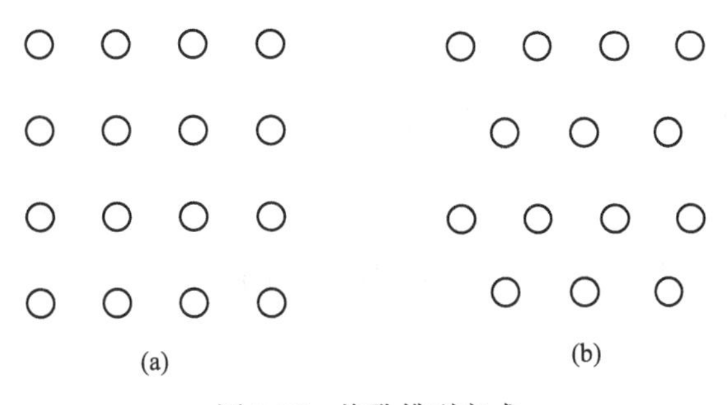

图3-28 炮孔排列方式
（a）平行排列；（b）交错排列

浅孔爆破通常采用32mm直径的药卷，炮孔直径 d 取38~42mm。最小抵抗线 W 和炮孔间距 a 可由下式求出：

$$W = (25 \sim 30)d \tag{3-11}$$

$$a = (1.0 \sim 1.5)W \tag{3-12}$$

一些金属矿山使用25~28mm的小直径药卷进行爆破（炮孔直径30~40mm），在控制采幅宽度和降低贫化损失等方面取得了比较显著的效果。

井下浅孔爆破的单位炸药消耗量（爆破单位矿岩所需的炸药量）同矿石性质、炸药性能、炮孔直径、炮孔深度以及采幅宽度等因素有关。一般来说，采幅愈窄、孔深愈大，单位炸药消耗量愈大。单位炸药消耗量根据经验数据可取表3-3所示参考值。

表3-3 井下炮孔崩矿单位炸药消耗量参考值

矿石坚固性系数	<8	8~10	10~15
单位炸药消耗量/$kg \cdot m^{-3}$	0.26~1.0	1.0~1.6	1.6~2.6

B 中深孔爆破

中深孔布置方式可分为平行中深孔和扇形中深孔两类，如图3-29所示。按炮孔的方向不同它们又可分为上向孔、下向孔和水平孔三类。

扇形深孔具有凿岩巷道掘进工程量小、深孔布置较灵活且凿岩设备移动次数少等优点，应用很广。但是，由于扇形深孔呈放射状布置、孔口间距小而孔底间距大，崩落矿石

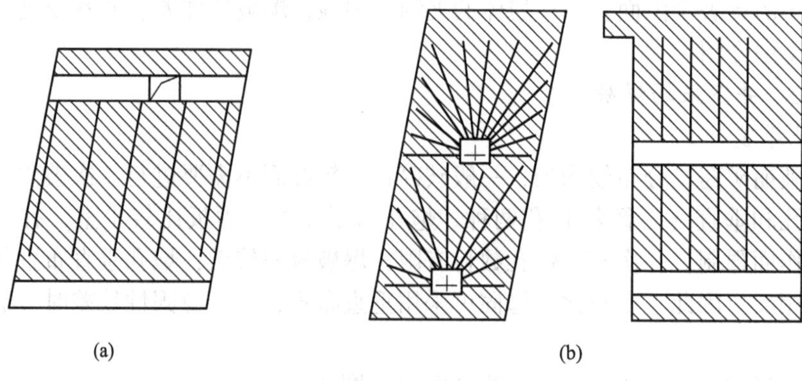

图3-29　中深孔布置
（a）平行中深孔；（b）扇形中深孔

块度没有平行深孔爆破均匀，深孔利用率也较低。所以在矿体形状规则和对矿石破碎程度有要求的场合，可采用平行深孔。

除此之外，还有一种由扇形孔发展演变的布孔形式——束状深孔，其特点是深孔在垂直面和水平面上的投影都呈扇形。束状深孔强化了扇形深孔的优缺点，通常只应用于矿柱回采和采空区处理工程。

中深孔爆破参数包括孔径、最小抵抗线、孔间距和单位炸药消耗量等。

（1）孔径。中深孔直径 d 主要取决于凿岩设备、炸药性能及岩石性质等。采用接杆法凿岩时孔径多为 55～65mm，潜孔凿岩时孔径为 90～110mm，牙轮钻时孔径为 165～200mm。

（2）最小抵抗线。可根据爆破一个中深孔崩碎范围需用的炸药量（单位体积炸药消耗量乘以该孔所负担的爆破方量）同该孔可能装入的药量相等的原则计算出最小抵抗线：

$$W = D \cdot \sqrt{\frac{7.85\Delta\tau}{mq}} \tag{3-13}$$

式中　D——炮孔直径，dm；

Δ——装药密度，kg/dm^3；

τ——深孔装药系数，一般取 0.7～0.8；

m——炮孔密集系数，$m = a/W$，对于平行深孔取 0.8～1.1，对于扇形深孔，孔口取 0.4～0.7，孔底取 1.1～1.5；

q——单位炸药消耗量，kg/m^3，主要由矿石性质、炸药性能和采幅宽度确定。

当单位炸药消耗量、炮孔密集系数、装药密度及装药系数等参数为定值时，最小抵抗线可根据孔径 d 由下式得出：

$$W = (25 \sim 35)d \tag{3-14}$$

（3）孔距。对于平行孔，孔距 a 是指同排相邻孔之间的距离；对于扇形孔，孔距可分为孔底垂距 a_1（较短的中深孔孔底到相邻孔的垂直距离）和药包顶端垂距 a_2（堵塞较长的中深孔装药端面至相邻中深孔的垂直距离。

平行中深孔可按最小抵抗线 W 进行布孔，扇形中深孔则应先由最小抵抗线定出排间距，然后逐排进行扇形分布设计。

C 井下爆破应注意的安全问题

井下爆破应特别加以注意的安全问题有危险距离的确定、早爆和拒爆事故的防止与处理、爆后炮烟中毒的防止等。

(1) 危险距离的确定。危险距离可包括爆破震动距离、空气冲击波距离和飞石距离几项。在地下较大规模的生产爆破中，空气冲击波的危险距离较远。强烈的空气冲击波在一定距离内可以摧毁设备、管线、构筑物、巷道支架等，并引起采空区顶板的冒落，还可能造成人员伤亡。随着传播距离增大，空气冲击波强度减弱，很快达到不会引起破坏的程度。根据实验，爆炸时的空气冲击波安全距离可由下式给出：

$$W = k\sqrt{Q} \tag{3-15}$$

式中 Q——炸药用量，kg；

k——影响系数，对于一般建筑物 $k=0.5\sim1$，对人员 $k=5\sim10$。

(2) 早爆和拒爆事故的防止与处理。在爆破施工中，爆破装药在正式起爆前的意外爆炸叫早爆。早爆事故发生的原因很多，如爆破器材质量不合格（导火索燃速不准），杂散电流、静电、雷电、射频电等的存在，以及高温或高硫矿区的炸药自燃起爆和误操作等。为了杜绝早爆事故，在器材使用上应尽量选用非电雷管。杂散电流的产生主要来自架线式电机车牵引网路的漏电（直流）及动力电路和照明电路的漏电（交流）。所以采用电雷管起爆方式时必须事先对爆区进行杂散电流测定，以掌握杂散电流的变化和分布规律。然后采取措施预防和消除杂散电流危害，在无法消除较大的杂散电流时采用非电起爆方法。静电产生主要来自炸药微粒在干燥环境下高速运动使输药管内产生静电积累。预防静电引起早爆事故的主要措施是采用半导体输药管，尽量减少静电产生并将可能产生的静电随时导入大地；采用抗静电雷管，用半导体塑料塞代替绝缘塞，裸露一根脚线使之与金属沟通，或采用纸壳或塑料壳。

爆破工程中，装药未能按设计要求起爆的现象叫拒爆。拒爆事故的原因很多，应在周密分析发生拒爆的原因后，采取妥善措施排除盲炮。

深孔爆破的爆破方法与设计可参照中深孔爆破。

3.2.7 矿山控制爆破

采用一般爆破方法破碎岩石往往出现爆区内破碎不均、爆区外损伤严重的局面，如使围岩（边坡）原有裂隙扩展或产生新裂隙而降低围岩（边坡）的稳定性；大块率和粉矿率过高，或出现超挖、欠挖；随着爆破规模增大而带来的爆破地震效应破坏等。针对上述问题，采取一定的措施合理利用炸药的爆炸能，以达到既满足工程的具体要求，又能将爆破造成的各种损害控制在规定范围内的爆破技术，称作控制爆破技术。

3.2.7.1 微差爆破

微差爆破又叫毫秒爆破，它是利用毫秒延时雷管实现几毫秒到几十毫秒间隔延期起爆的一种延期爆破。实施微差爆破可使爆破地震效应和空气冲击波以及飞石作用降低；增大一次爆破量而减少爆破次数；破碎块度均匀，大块率低；爆堆集中，有利于提高生产效率。

微差爆破的作用原理是：先起爆的炮孔相当于单孔漏斗爆破，漏斗形成后，漏斗体内生成很多贯通裂纹，漏斗体外也受应力场作用而有细小裂纹产生；当第二组微差间隔起爆后，已形成的漏斗及漏斗体外裂纹相当于新增加的自由面，所以后续炮孔的最小抵抗线和爆破作用方向发生变化，加强了入射波及反射拉伸波的破岩作用；前后相邻两组爆破应力波相互叠加也增加了应力波作用效果；破碎的岩块在抛掷过程中相互碰撞，利用动能产生补充破碎，并可使爆堆较为集中；由于相邻炮孔先后以毫秒间隔起爆，所产生的地震波能量在时间上和空间上比较分散，主震相位相互错开，减弱了地震效应。

微差间隔时间的确定可根据最小抵抗线由经验公式给出：

$$\Delta t = KW \tag{3-16}$$

式中　Δt——微差间隔时间，ms；

K——经验系数，在露天台阶爆破条件下，$K=2\sim5$。

一般矿山爆破工作中实际采用的微差间隔时间为 15~75ms，通常用 15~30ms。排间微差间隔可取长些，以保证破碎质量、改善爆堆挖掘条件以及减少飞石和后冲。控制微差间隔时间的方法有毫秒电雷管电爆网路、导爆索和继爆管起爆网路、非电导爆管和微差雷管起爆网路等，为了增加起爆段数和控制起爆间隔，有时也用微差起爆器实现孔外微差爆破。

3.2.7.2　挤压爆破

挤压爆破就是在爆区自由面前方人为预留矿石（岩碴），以提高炸药能量利用率和改善破碎质量的控制爆破方法。

挤压爆破的原理在于爆区自由面前方松散矿石的波阻抗大于空气波阻抗，因而反射波能量减小而透射波能量增大。增大的透射波可形成对这些松散矿石的补充破碎；虽然反射波能量小了，但由于自由面前面的松散介质的阻挡作用延长了高压爆炸气体产物膨胀做功的时间，有利于裂隙的发展和充分利用爆炸能量。

地下深孔挤压爆破常用于中厚和厚矿体崩落采矿中。挤压爆破的第一排孔的最小抵抗线比正常排距大些（一般大 20%~40%），以避开前次爆破后裂的影响，第一排孔的装药量也要相应增加 25%~30%。一次爆破厚度可适当增加，对于中厚矿体取 10~20m，厚矿体取 15~30m。多排微差挤压爆破的单位炸药消耗量比普通微差爆破要高，一般为 0.4~0.5kg/t，时间间隔也比普通爆破长 30%~60%，以便使前排孔爆破的岩石产生位移形成良好的空隙槽，为后排创造补偿空间，发挥挤压作用。挤压爆破的空间补偿系数一般仅需 10%~30%。

露天台阶挤压爆破，也称压碴爆破。其爆破参数取值除与地下挤压爆破存在类似趋势外，自由面前面堆积碎矿石的特性也是一个重要影响因素。压碴密度直接关系着弹性波在爆堆（压碴）中的传播速度，而压碴密度又与爆破块度、堆积形状和时间以及有无积水有关。通常情况下，爆堆的松散系数大时挤压效果好，炸药能量利用率高。为了获得较好的爆破效果可适当加大单位炸药消耗量。同样，爆堆厚度和高度对爆破质量也有一定影响。一般取爆堆厚度为 10~20m，若孔网参数小则压碴厚度取大值。爆堆厚度与台阶高度和铲装设备容积也有关系，在保证爆破效果的条件下应尽量减小压碴厚度。

3.2.7.3　光面爆破

光面爆破是能保证开挖面平整光滑而不受明显破坏的爆破技术。采取光面爆破技术通常可在新形成的岩壁上残留清晰可见的孔迹，使超挖量减少到 4%~6%，从而节省了装运、回填、支护等工程量和费用。光面爆破有效地保护了开挖面岩体的稳定性，由于爆破产生的裂隙很少，所以岩体承载能力不会下降。由光面爆破掘进的巷道通风阻力小，还可减少岩爆发生的危害。

光面爆破的机理是：在开挖工程的最终开挖面上布置密集的小直径炮眼，在这些孔中不耦合装药（药卷直径小于炮孔直径）或部分孔不装药，各孔同时起爆以使这些孔的连线破裂成平整的光面。当同时起爆光面孔时，由于不耦合装药，药包爆炸产生的压力经过空气间隙的缓冲后显著降低，已不足以在孔壁周围产生粉碎区，而仅在周边孔的连线方向形成贯通裂纹和需要崩落的岩石一侧产生破碎作用。周边孔之间贯通的裂纹即形成平整的破裂面（光面）。

为了获得良好的光面爆破效果，一般可选用低密度、低爆速、高体积威力的炸药，以减少炸药爆轰波的冲击作用而延长爆炸气体的膨胀作用时间。不同炸药产生的裂缝破坏范围不同，为了获得预期的光面爆破效果，应尽可能用小药卷炸药。药卷与炮孔之间的不耦合系数通常取1.1~3.0，其中1.5~2.5用得较多。光面爆破周边孔间距一般取孔径的10~20倍，节理裂隙发育的岩石取小值，整体性完好的岩石取大值。最小抵抗线一般取大于或等于孔距，炮孔密集系数 m 取0.8~1.0，硬岩取大值，软岩取小值。线装药密度，即单位长度炮孔装药量，软岩取70~120g/m，中硬岩取100~150g/m，硬岩取150~250g/m。光面爆破时周边孔应尽量考虑齐发起爆，以保证炮孔间裂隙的贯通和抑制其他方向的裂隙发育。周边孔的起爆间隔不宜超过100ms。除采取周边孔齐发爆破（多打眼少装药）外，还可采取密集空孔爆破和缓冲爆破等方法实现光面爆破，前者利用间隔空孔导向作用实现定向成缝，后者则利用向孔中充填缓冲材料（细砂）保护孔壁减缓爆炸冲击作用。

3.2.7.4 预裂爆破

预裂爆破是沿着预计开挖边界面人为制造一条裂缝，将需要保留的围岩与爆区分离开，有效地保护围岩、降低爆破地震危害的控制爆破方法。

沿着开挖边界钻凿的密集平行炮孔称作预裂孔，在主爆区开挖之间首先起爆预裂孔，由于采用小药卷不耦合装药，在该孔连线方向形成平整的预裂缝，裂缝宽度可达1~2cm。然后再起爆主爆炮孔组，就可降低主爆炮孔组的爆破地震效应，提高保留区岩石壁面的稳定性。

预裂缝形成的原理基本上与光面爆破中沿周边眼中心连线产生贯通裂缝形成破裂面的机理相似，所不同的是预裂孔是在最小抵抗线相当大的情况下提前于主爆孔起爆的。

预裂爆破参数设计简述如下：

（1）炮孔直径。炮孔直径可根据工程性质要求、设备条件等选取。一般孔径愈小，则孔痕率（预裂孔起爆后，残留半边孔痕的炮孔占总预裂孔的比率）愈高，而孔痕率的高低是反映预裂爆破效果的重要标志。国外及水工建筑中一般采用53~110mm孔径，在矿山中采用150~200mm孔径也获得了满意的效果。可以通过调整装药参数改善爆破效果。

（2）不耦合系数。不耦合系数，即药卷断面积与炮孔断面积的比例，可取2~5。在允许的线装药密度下，不耦合系数可随孔距的减少而适当增大。岩石抗压强度大应选用较小的不耦合系数。

（3）孔距。孔距一般取孔径的10~14倍，岩石较硬时取大值。

（4）线装药密度。线装药密度关系着能否既贯通邻孔裂缝又不损伤孔壁这个实质问题，与孔径和孔距有关，可参考表3-4取值。

表 3-4　预裂爆破参数表

孔径/mm	孔距/m	线装药密度/kg·m^{-1}	孔径/mm	孔距/m	线装药密度/kg·m^{-1}
40	0.30~0.50	0.12~0.38	100	1.0~1.8	0.7~1.4
60	0.45~0.60	0.12~0.38	125	1.2~2.1	0.9~1.7
80	0.70~1.50	0.4~1.0	150	1.5~2.5	1.1~2.0

3.3　非爆破岩开采技术

3.3.1　机械破岩

3.3.1.1　机械破岩机理和破岩刀具

机械破岩是最典型的非爆开采方法，通过机械冲击、切削或冲击-切削复合作用，使矿岩发生拉伸破坏或剪切破坏（图 3-30）。针对软岩塑性破坏特征，一般可采用切削破岩方式。截齿齿尖挤压岩体诱发的剪切应力和拉伸应力达到岩石极限抗剪强度或抗拉强度时岩石产生裂纹，进而裂纹扩展形成岩石碎块。针对中硬和中硬以上的岩石，根据其脆性大、不耐冲击的特点，可采用冲击或冲击-切削复合破岩方式，将传统的剪切碎岩变为冲击-切削碎岩，以提高破岩效率。根据以上机械破岩机理，地下非煤矿床可根据其矿岩具体力学特性选择合适的破岩方式，进而采用与之匹配的破岩装备。

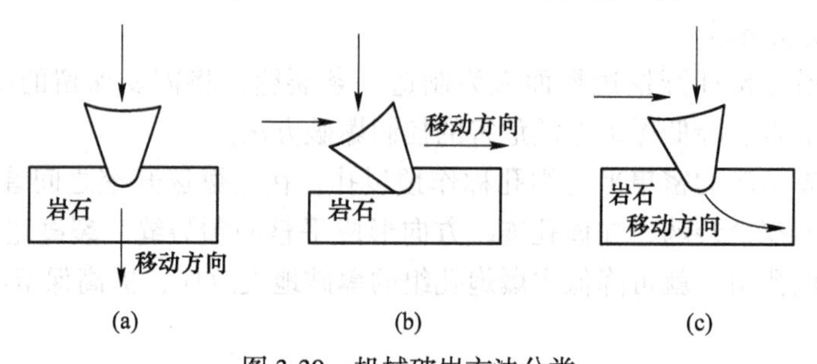

图 3-30　机械破岩方法分类
（a）冲击破岩；（b）切削破岩；（c）冲击-切削破岩

破岩刀具是将破岩装备的能量传递到岩石的重要工具，选择合适的破岩刀具对破岩效率及经济效益至关重要。根据破岩方式和用途，可将破岩刀具分为截割刀具、滚压刀具、冲击刀具。截割刀具是在岩石表面侵入然后进行切割，可以破碎单轴抗压强度低于120MPa 的岩石，但在高接触应力和高温下刀具极易磨损，适用于破碎低磨蚀性的岩石。其中，镐型截齿的刀柄是圆柱型，破岩过程中截齿可以在齿座中旋转从而可保证均匀磨损，与其他截割刀具相比使用寿命更长，可以用于破碎中度磨蚀性的岩石。滚压刀具是通过绕轴旋转，与岩石表面循环接触，可以破碎单轴抗压强度达到 250MPa 且具有高磨蚀性的极坚硬硬岩。冲击刀具通常与冲击（液压）破碎机一起使用，通过高频循环冲击岩石表面破碎岩石，一般适用于破碎单轴抗压强度低于 100MPa 的裂隙岩体。

3.3.1.2　机械破岩设备

（1）滚筒式采矿机（图 3-31）。滚筒式采矿机是最早由美国久益公司（Joy Manufacturing Co.）于1968年推出的机型，是广泛应用于综合机械化采矿工艺的核心装备，主要用于采煤和抗压强度小于60MPa、厚度大于2.0m的软矿岩采掘，平均台班落煤效率达90~320t，最高可达900t。破岩机构由滚筒刀头、电动机、减速器、悬臂升降机构组成。由于滚筒式采矿机通过滑靴安装于平直导轨上，因此一般适用于较为平整的缓倾斜工作面，要求矿体底板连续稳定，不能有较大起伏，且与刮板输送机、液压支架配套推进，设备群较为庞大，灵活性相对不足。

图3-31　滚筒式采矿机

（2）螺旋钻式连续采矿机（图3-32）。螺旋钻式连续采矿机破岩机构为周边镶有硬质合金齿的两个方向相反的螺旋体，前端装有大直径切削钻头，依借旋转体旋转，钻臂用机内绞车牵引，绕底盘中心左右弧形摆动和液压缸推进钻削矿岩。

图3-32　螺旋钻式连续采矿机

（3）悬臂式掘进机。悬臂式掘进机是取代凿岩爆破法掘进巷道的主要方法，既用于地下连续采矿，也用于平巷掘进，可切割抗压强度达100MPa的矿岩。按机重分为特轻型、轻型、中型、重型和超重型5类，参数范围如表3-5所示。

表3-5　悬臂式掘进机分类

技术参数	机型				
	特轻	轻	中	重	超重
适应工作最大坡度（绝对值）不小于/(°)	±16	±16	±16	±16	±16
可掘巷道断面/m^2	5~12	6~16	7~20	8~28	10~32
机重（不包括转载机）/t	≤20	≤25	≤50	≤80	>80

悬臂式掘进机按破岩刀头型式分为纵轴式（图 3-33）、横轴式（图 3-34）和冲击式 3 种，国内应用较多的是纵轴式。纵轴式掘进机刀头为圆锥台形，表面镶有硬质合金截齿，由电动机或液压马达、减速器串联传动，绕悬臂中心线旋转；主切削力侧向作用于矿岩上，在悬臂上下或左右运动配合下从工作面铣切下矿岩，落入底板的破碎矿岩由铲板星轮机构装到刮板输送机上，转运到后续运输设备内。工作中采用喷水降尘，也可配套除尘风机降尘。设备采用履带行走。

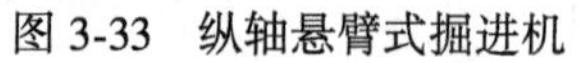

图 3-33　纵轴悬臂式掘进机

图 3-34　横轴悬臂式掘进机

（4）摆轮式连续采矿机。摆轮式连续采矿机是最早由美国罗宾斯公司（Robbins Co.）于 20 世纪 80 年代末推出的一种新型硬岩连续采矿机，适用于薄矿脉开采、厚矿体分层充填法和房柱法采矿、斜坡道和平巷掘进。破岩机构为一横轴旋转轮，周边装有滚刀，由水冷电动机经行量减速器驱动旋转，由两侧液压缸推动左右摆动，如图 3-35 所示。破碎的岩碴由摆轮周边的刮板集中到输送机上。整个机头坐在履带车上，顶部有稳定滚轮。

图 3-35　摆轮式连续采矿机

3.3.2　水力破岩

水力破岩主要包括水力压裂技术和水射流技术。

（1）水力压裂技术。水力压裂技术是利用地面的高压泵站以超过地层吸液能力的排量向封闭的钻孔中注入压裂液，使钻孔受到超过岩石抗拉强度与断裂韧性的高压使之出现裂缝，从而改变地层结构，形成裂缝网络系统的技术。水力压裂破岩机理主要包括裂缝起裂机理和裂缝延伸机理，其主要特征是微裂隙的形成、生长、交互，以及宏观破坏的出现和发展。水力压裂技术是一种高效的破岩方法，始见于1947年，主要用于非常规天然气开采，并逐渐在煤岩层增透、卸压控制等方向推广应用，目前也是硬岩非爆破岩的研究方向之一。

（2）水射流技术。水射流技术是以液态水或者夹杂球形钢材、陶瓷等材料的粒子流体为工作介质，通过增压设备加压到数百兆帕后通过特定形状的喷嘴，形成高速射流束，以高度集中的能量冲击、切割岩石的技术。水射流技术使用高压软管进行动力传输，钻头结构简单、小巧，转向容易、能量损失小，并且水射流在破岩过程中具有不产生火花、无粉尘、低振动、对切割对象适应性强等优点。该技术在19世纪中叶最先被开发用于金矿开采及土壤冲蚀，20世纪50年代，苏联和我国在煤矿用水射流进行落煤、运煤，实现水力采煤。之后，随着高压力泵源的研制以及射流介质、方式的改进，水射流破碎效率大幅提高，水射流技术已经在采矿、冶金、石油、建筑等领域得到了广泛应用。

水射流技术涉及流体、固体、气体和流固耦合，破岩机理存在以下理论：冲击应力波破碎理论、空化效应破碎理论、准静态弹性破碎理论、裂纹扩展破碎理论和渗流-损伤耦合破碎理论等。现有水射流钻进技术多采用组合射流、旋转射流、直旋混合射流等形式，由于组合射流钻头结构简单的特点，在超短半径转向钻孔方面更具优势。

高压水射流冲击破岩方式可以通过将高压水射流机构与机械化采矿设备有机集成（图3-36），实现同步连续作业，有利于提高工作效率，提升工艺集约化和智能化程度。

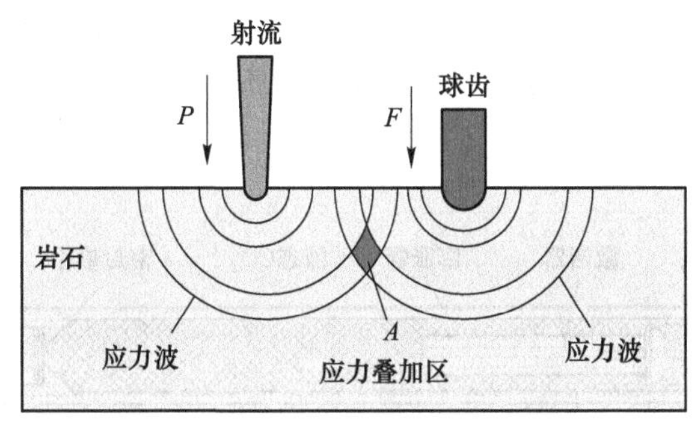

图3-36　水射流辅助机械破岩原理

3.3.3　CO_2 相变致裂破岩

CO_2 破岩技术是在英国CARDDOX公司于20世纪70年代提出的 CO_2 致裂破岩技术的基础上，经众多研究学者改进而来的一种非爆破岩技术，凭借其安全性与稳定性，被英国、德国等国家广泛应用于井下岩石破碎、提高煤矿块煤率、清理煤仓口堵塞等领域。20世纪末，随着钻井技术的快速发展，超临界 CO_2 射流凭借其环保、高效及安全等特点被美国、加拿大、澳大利亚等国广泛应用于非常规油田气开采、页岩储层改造等。在当前中国大力倡导绿色生产和全力实现“碳达峰”“碳中和”战略目标的时代背景下，如何对捕集的 CO_2 有效利用并循环回收是行业需要解决的关键重大技术难题。采用 CO_2 爆破致裂代替工业炸药爆破采矿，是行之有效的科学技术途径。因此可以预见，随着绿色发展理念不断深入人心，安全环保的 CO_2 相变致裂采矿技术将迎来新的更大发展机遇。

3.3.3.1 CO_2 相变致裂破岩机理

CO_2 在常温下是一种无色无味、不助燃、不可燃的气体，在不同的环境下，存在 3 种不同的相态，即气态、液态和固态，其临界温度为 31.1℃，临界点压力为 7.38MPa，CO_2 加压到 5.1 个大气压以上会以液态存在，此时其液化点为-56.55℃。除此之外，CO_2 还存在另一种特殊的相态，当压力高于临界压力且温度高于临界温度时，CO_2 进入超临界状态，此种状态下的 CO_2 是一种特殊的流体，具备类似气态的分子扩散性，同时其密度又接近于液态。正是由于 CO_2 的这种特殊性质，使其在相变破岩方面得到了成功应用。

CO_2 相变致裂破岩属于膨胀破岩。CO_2 相变破岩时，将液态 CO_2 密封于一高强度容器内，激发器激发后释放出大量热能使 CO_2 在密闭容器内呈现一种高能状态，当高能量状态的 CO_2 突破泄能头定压破裂片的封堵作用时，CO_2 快速发生液-气相变，体积迅速膨胀，形成高压气体从卸能头侧面出气口卸出，对周围岩石产生冲击和膨胀挤压作用，使岩石产生径向裂隙，随后 CO_2 气体侵入岩石裂隙，使裂隙进一步发育，从而破碎岩石。

3.3.3.2 CO_2 相变致裂破岩设备

二氧化碳致裂器主要分为充装设备、致裂装置和检验启动设备。

（1）充装设备。二氧化碳致裂器的充装设备是整个系统的初始部分，液态二氧化碳通过充装设备进入二氧化碳致裂器膨胀管内，该部分主要由旋头机、旋头架、过渡台、灌装机、灌装架等组成。

（2）致裂装置。二氧化碳致裂装置主要由膨胀管、激活器、充气头、泄能头及其他连接辅助组件组成，如图 3-37 所示。膨胀管为一根高强度钢管，内部充满液态二氧化碳；激活器由化学药剂组成，可通过电能激发释放大量热能，加热膨胀管内液态二氧化碳使之瞬间汽化；充气头用于充装二氧化碳；泄能头用于泄出液态二氧化碳汽化时产生的高压气体。

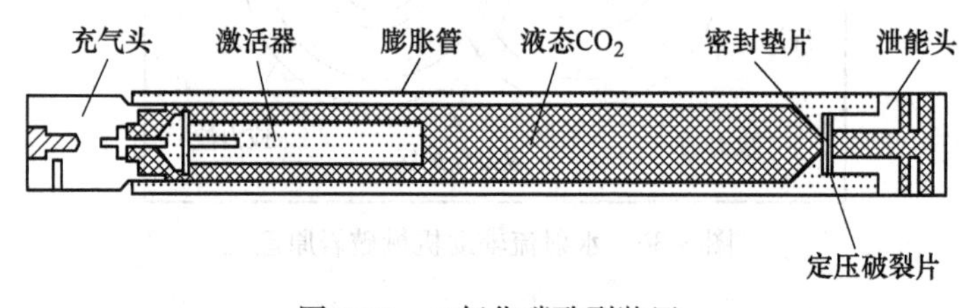

图 3-37 二氧化碳致裂装置

（3）检验启动设备。检验和启动是二氧化碳致裂器装孔并连接完毕后需要做的工作，启动设备为专门的起爆器，提供电流激发燃烧棒，进而激发整个系统。检验设备主要是利用万能表，由于二氧化碳致裂器不能进行分段起爆，因此二氧化碳致裂器通常进行串联，当多管同时起爆时，检查每根二氧化碳致裂器是否连接正常是保证正常起爆的关键步骤之一，主要是用万能表测量连线的燃烧棒电阻，每根二氧化碳致裂器燃烧棒的电阻为 1.7~3.7Ω，当总电阻符合要求时方可起爆。

3.3.4 其他破岩方式

3.3.4.1 激光破岩

激光破岩是通过高能激光束对岩石表面快速加热，导致局部岩石温度瞬间升高，产生局部热应力，由于矿物颗粒之间热膨胀系数、熔点不同，致使岩石内出现晶间断裂和晶内断裂，甚至可能诱导矿物颗粒由固态瞬间相变成熔融和气态，并形成高温等离子体，然后借助辅助气流或其他方式破碎岩石，是一种非接触式的物理破岩方法。激光破岩大致有以下 3 种破坏形式：在激光辐照产生的热应力大于岩石自身强度时，出现热裂解现象；在岩石受到的激光辐射温度高于其熔点时，发生熔融；在激光辐照岩石能量足够大时，岩石可能由固态直接相变为气态。

3.3.4.2 微波破岩

微波破岩是将微波作用于岩石上，将电磁场的能量传递给岩石，岩石介质分子由于反复的极化现象，在物体内部发生“内摩擦”，将电磁能转换为热能，使岩石温度升高，从而导致岩石在水分蒸发、内部分解、膨胀的共同作用下发生破坏。微波是一种波长为 0.001~1m，频率为 0.3~300GHz 的超高频电磁波。在微波照射作用下，岩石矿物自身的介电特性会消耗微波能量，并将该能量转化为热能，使介电特性较强的矿物在短时间内迅速升温，在岩石内部形成“热点”。

本章习题

3-1 简述凿岩方式分类及常见配套设备。
3-2 简述炸药化学反应的基本形式。
3-3 简述爆轰波和理想爆轰的概念。
3-4 炸药的爆炸性能有哪些评价指标？
3-5 工业炸药的主要原料有哪些？
3-6 根据起爆器材的不同，炸药的起爆方法分为哪些类型？
3-7 简述爆破漏斗的概念。
3-8 什么是浅孔爆破、中深孔爆破？
3-9 简述光面爆破的概念及机理。
3-10 简述机械破岩的概念。

4　井 巷 掘 进

为了勘探和开采矿床，在矿体或围岩中开掘的坑道，总称矿山井巷工程。从地面或地下开掘的垂直或倾斜坑道称为井筒，前者叫竖井，后者叫斜井。地表没有出口，在地下开掘的垂直和倾斜井筒分别称为盲竖井和盲斜井。从地面向地下开掘的水平坑道称为平硐或平窿，若平硐两端均直接与地面相通，则称为隧道。在矿体或围岩中开掘的水平坑道叫作平巷。地表没有出口的倾斜或垂直小断面坑道叫天井。长宽高尺寸相差不大的地下坑道叫作硐室。

矿山井巷工程是矿山维持正常回采作业所需的竖井、斜井（含斜坡道）、溜矿井、天井、隧道、平巷、各种地下硐室工程等的总称。井巷掘进即是上述井巷工程的施工过程，是矿山，特别是地下矿山最重要的生产工序之一。矿床开采、提升运输、供水排水、供气供电、采空区治理等矿山所有与采矿有关的活动，都要由井巷工程提供通路；由于井巷工程施工周期长、费用高，不能向采矿一样直接创造效益，因此在矿山也最容易被忽视，造成掘进落后于采矿，影响矿山正常作业循环。为保证矿山可持续、稳定发展，必须严格贯彻执行“采（矿）掘（进）并举，掘进先行”的采矿方针。

4.1　水平巷道掘进

水平巷道的断面形状，主要取决于围岩的稳固程度、支护形式和服务年限。金属矿山的巷道形状一般有矩形、梯形和拱形等，其断面尺寸则根据巷道用途、运输设备外形尺寸和安全间隙来决定，同时还要保证风速不超过安全规程的规定。例如服务年限不长的穿脉巷道（巷道长度方向垂直于矿体走向），采用木材支护时，断面形状可选用梯形（图4-1(a)），断面尺寸一般为（1.8～2.0）m×(2.1～2.3)m(《金属非金属矿山安全规程》(GB 16423—2020）规定，不得采用木材作为永久支护)；围岩不稳固或服务年限很长的主要运输巷道，一般采用混凝土支护或石材支护，其断面形状多为直墙拱形（图4-1(b)），断面尺寸更大。

为排除井下涌水和其他污水，设计巷道断面时应根据矿井生产时通过该巷道的排水量设计水沟。水沟通常布置在人行道一侧，并尽量少穿越运输线路。水沟断面有对称倒梯形（图4-1(a)）、半倒梯形（图4-1(b)）和矩形等形状。各种水沟断面尺寸应根据水沟的流量、坡度、支护材料和断面形状等因素确定。水沟应向水仓方向具有0.3%～0.5%的下向坡度，以利水流畅通。水沟应设混凝土盖板，盖板顶面应与道碴面平齐。

根据生产需要，巷道内需要敷设诸如压风管、排水管、供水管、充填管、动力电缆、照明和通信电缆等管线。管缆的布置要考虑安全和架设维修的方便，一般布置在人行道一侧，要安装牢固，不影响行人和运输作业。

水平巷道掘进，目前普遍采用凿岩爆破法。其主要工序包括：凿岩、爆破、岩石装运和支护；辅助工序包括：工作面通风、排水、接管道、照明、铺轨和测量等。主要工序按一定顺序依次进行的作业方式称为单行作业。单行作业各工序互不干扰，组织管理方便，但效率较低。几个主要工序在同一时间内平行进行的作业方式称为平行作业，其优缺点与单行作业恰好相反。从凿岩开始到装岩、铺轨和支护完毕，为一个掘进循环，巷道由此向前掘进了一段距离。

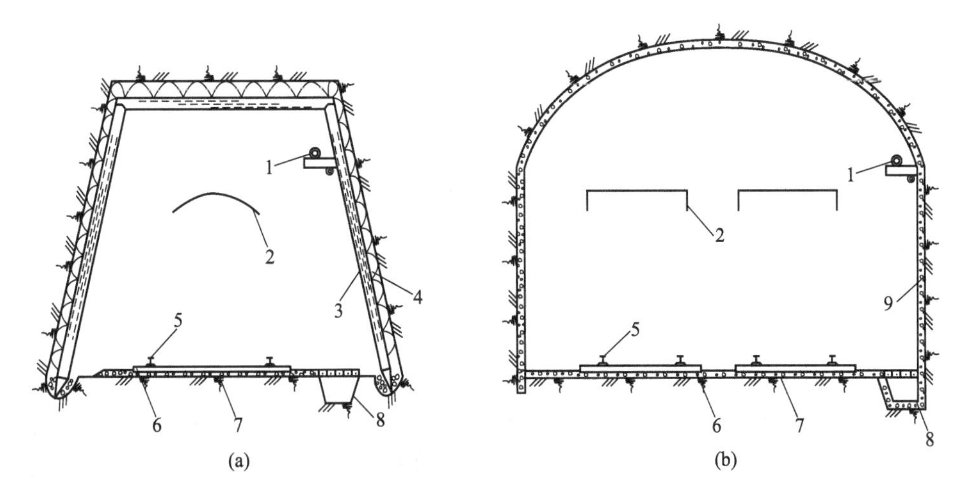

图 4-1 金属矿山水平巷道常用断面形状示意图

(a) 单轨梯形巷道；(b) 双轨拱形巷道

1—管缆；2—电机车架线；3—木支柱；4—片石；5—轨道；6—枕木；7—道碴；8—水沟；9—混凝土支护

4.1.1 凿岩爆破

巷道掘进中，破碎岩石是一项主要工序，也是掘进施工的第一道主要工序。破碎岩石主要采用凿岩爆破的方法，凿岩爆破约占一个掘进循环时间的40%～60%。凿岩爆破工作的好坏，对巷道掘进速度、规格质量、支护效果、掘进成本等都有较大的影响。

金属矿山平巷掘进中，常用的凿岩设备是气腿式风动凿岩机，如 YT-28、YT-24 等；凿岩工具多采用锥形连接的活头钎杆。为提高凿岩效率，降低工人劳动强度，一些大中型矿山在大断面平巷掘进中采用了凿岩台车。凿岩台车属无轨设备，如 Boomer 281、Boomer 282、Siton-DD2、Siton-DD3 等，具有独立行走装置，液压凿岩，凿岩速度大幅提高。

4.1.1.1 炮孔布置

巷道掘进的爆破工作是在只有一个自由面的狭小工作面进行的，俗称独头掘进。因此，要达到理想的爆破效果，必须将各种不同作用的炮眼合理地布置在相应位置上，使每个炮孔都能起到应有的爆破效果。

掘进工作面的炮孔，按其用途和位置可分为掏槽孔、辅助孔和周边孔（图 4-2）。掏槽孔的作用是形成掏槽作为第二自由面，以改善爆破条件，提高炮孔利用率；辅助孔的作用是扩大和延伸掏槽的范围；周边孔的作用是控制井巷断面规格形状。其爆破顺序必须是延期起爆，即先爆掏槽孔，然后起爆辅助孔，最后起爆周边孔。

(1) 掏槽孔。根据井巷断面形状规格、岩石性质和地质构造等条件，掏槽眼的排列形式可分为倾斜掏槽和垂直掏槽两大类。

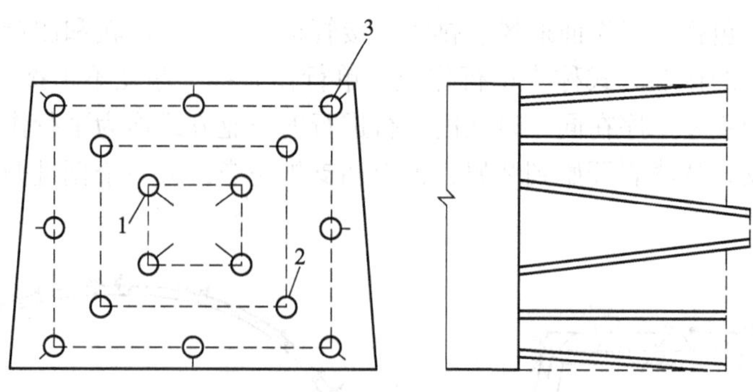

图4-2 平巷掘进的炮孔布置

1—掏槽孔；2—辅助孔；3—周边孔

1）倾斜掏槽的特点是掏槽孔与自由面斜交。在软岩或具有层理、节理、裂隙或软夹层的岩石中，可用单倾斜掏槽，其掏槽位置可视自然弱面存在的情况而定，掏槽孔倾斜角依岩石可爆性不同而定，一般取50°~70°。在中硬以上均质岩石、断面尺寸大于4m^{2}的井巷掘进中，可采取相向倾斜孔组成楔形掏槽（图4-3）。每对炮孔底部间距一般取10~20cm，孔口之间的距离取决于孔深及倾角的大小，掏槽孔同工作面的交角通常为60°~75°。楔形掏槽可分为垂直楔形掏槽和水平楔形掏槽两种，前者打孔比较方便，使用较广。对岩石特别难爆且断面尺寸又大或孔深超过2m时，可增加2~3对深度较小的初始掏槽孔，以形成双楔形掏槽。若将楔形掏槽的掏槽孔以同等角度向槽底集中，但各孔并不互相贯通，则形成锥形掏槽，通常可排成三角锥形和圆锥形等形式，后者适用于圆形断面井筒

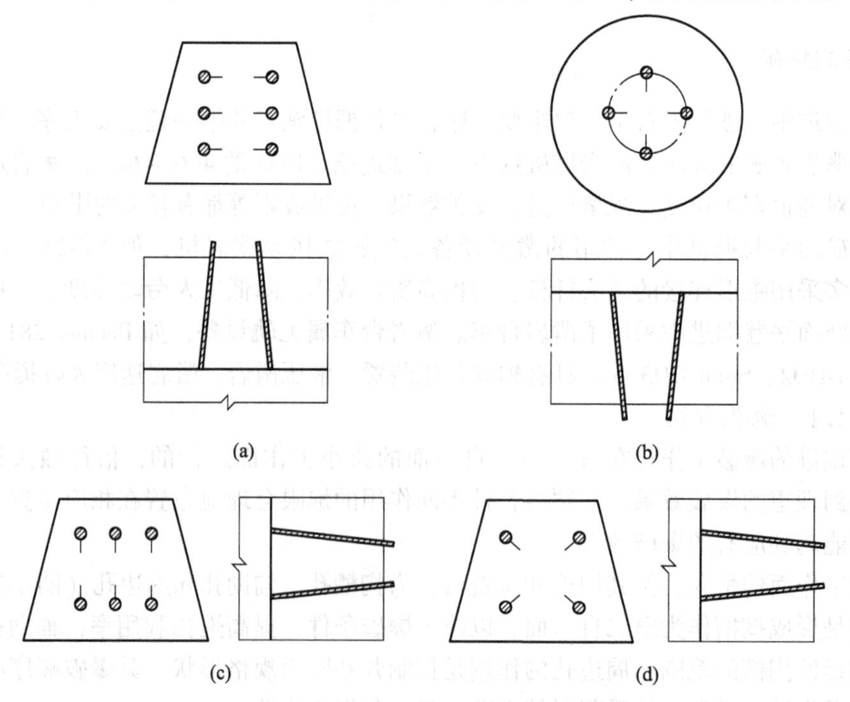

图4-3 倾斜掏槽的炮孔布置形式

（a）垂直楔形掏槽；（b）圆锥形掏槽；（c）水平楔形掏槽；（d）三角锥形掏槽

⊘—装药孔

掘进工作。倾斜掏槽的优点是所需掏槽孔数少且易抛出掏槽范围内的岩石，缺点是孔深受限于断面尺寸，石碴抛掷较远。

2）垂直掏槽的掏槽孔都垂直于工作面，其中有些炮孔为空孔，不装药。垂直掏槽的形式很多，常见的有缝形掏槽、桶形掏槽和螺旋掏槽（图4-4）。缝形掏槽也称平行龟裂掏槽，其布置特点是掏槽孔轴线处在一个平面内，空孔与装药孔相间布置，孔距8~15cm，爆后形成一条缝隙。桶形掏槽是应用最广的垂直掏槽形式之一，槽腔体积大，有利于辅助孔爆破；空孔直径可大于或等于装药孔直径，较大的空孔直径可形成较大的人工自由面；桶形掏槽完全没有向外抛碴作用，通常可将空孔打深并在孔底装一卷药，于全部掏槽孔爆破后起爆以抛出岩碴。螺旋掏槽是桶形掏槽的理想形式，空孔到各装药孔的距离依次取空孔直径的1~1.8倍、2~3.5倍、4~4.5倍和4~5.5倍。向上掘进天井时，采用桶形掏槽特别适合。

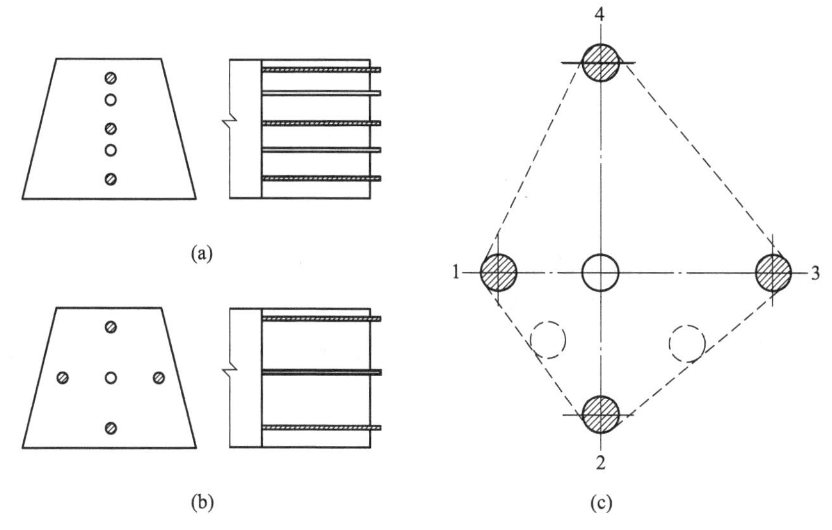

图4-4 垂直掏槽的炮孔布置形式
（a）缝形掏槽；（b）桶形掏槽；（c）螺旋掏槽
⊘—装药孔；○—空孔

（2）辅助孔。辅助孔又称崩落孔，是大量崩落岩石和继续扩大掏槽的炮孔。辅助孔要均匀布置在掏槽孔和周边孔之间，炮孔方向一般垂直于工作面。

（3）周边孔。周边孔是爆落巷道周边岩石，最后形成巷道断面设计轮廓的炮孔。为保证巷道成型规整，减少支护工程量，可采用光面爆破技术。

4.1.1.2 爆破器材

巷道掘进常用的炸药是铵梯炸药和铵油炸药，采用电子雷管、电雷管、火雷管或导爆管起爆。

4.1.1.3 爆破参数确定

单位炸药消耗量的确定可参考表4-1，结合工程类比和实际经验确定。确定单位炸药消耗量q后，再根据巷道断面面积和每循环进尺就可得到每循环应使用的炸药消耗总量：

$$Q = qSL\eta \tag{4-1}$$

式中 S——巷道掘进断面面积，m^2；

L——平均炮孔深度，m；

η——炮孔利用率，一般为80%~95%。

表4-1 平巷掘进单位炸药消耗量

掘进断面积/m²	单位炸药消耗量/kg·m⁻³				
	f=2~3	f=4~6	f=8~10	f=12~14	f=15~20
<4	1.23	1.77	2.48	2.96	3.36
4~6	1.05	1.50	2.15	2.64	2.93
6~8	0.89	1.28	1.89	2.33	2.59
8~10	0.78	1.12	1.69	2.04	2.32
10~12	0.72	1.01	1.51	1.90	2.10
12~15	0.66	0.92	1.36	1.78	1.97
15~20	0.64	0.90	1.31	1.67	1.85
>20	0.60	0.86	1.26	1.62	1.80

注：f为岩石普氏坚固性系数。

求得循环总药量后，再根据各炮眼在爆破中所起的作用及条件进行药量分配。其中掏槽眼最重要，而且爆破条件最差，应分配较多的药量，辅助眼药量次之，周边眼药量分配最少。

炮眼数目的确定主要同巷道断面、岩石性质、炸药性能等因素有关。一般是在保证合理的爆破效果的前提下尽可能减少眼数。

炮眼深度与掘进断面面积、掘进机械化程度及爆破技术水平有关。现有条件下单轨平巷的炮眼深度多为1.5~2.5m。

4.1.2 工作面通风

工作面通风的目的有两个方面：

(1) 把爆破产生的炮烟和大量粉尘，在短时间内排出工作面，以利装岩工作进行；

(2) 正常供给工作面新鲜空气，排出凿岩和装岩产生的粉尘及污浊空气，降低工作面温度，创造较好的工作环境。

由于巷道掘进是独头施工，难以形成贯穿风流，因此，一般采用局部扇风机（简称局扇）通风，爆破后通风时间一般不少于40min，人员才能进入工作面进行装岩工作。

4.1.2.1 通风方式

井巷掘进通风方式可分为压入式、抽出式和混合式3种，其中以混合式通风效果最佳。

(1) 压入式通风。如图4-5所示，局扇把新鲜空气经风筒压入工作面，污浊空气沿巷道流出。在通风过程中炮烟逐渐随风流排出，当巷道出口处的炮烟浓度下降到允许浓度时，即认为排烟过程结束，人员可进入工作面。压入式通风新鲜风流大，通风时间短，效果好，但容易发生污风循环。因此，局扇必须安装在新鲜风流流过的巷道内，与掘进巷道口的距离不得小于10m。

(2) 抽出式通风。如图4-6所示，新鲜空气由巷道进入工作面，污浊空气被局扇经风筒抽出，排入回风巷道。抽出式通风的优缺点与压入式通风相反。风筒的排风口必须设在主要巷道风流方向的下方，与掘进巷道口的距离不得小于10m。

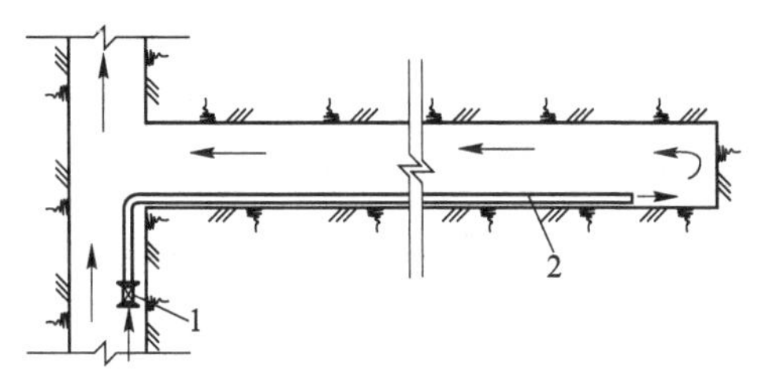

图 4-5　压入式通风
1—局扇；2—风筒

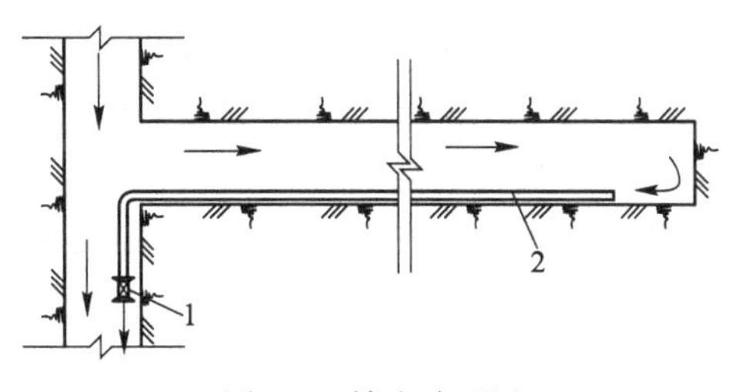

图 4-6　抽出式通风
1—局扇；2—风筒

(3) 混合式通风。如图 4-7 所示，混合式通风是压入式和抽出式通风方式的联合使用，同时具有两种通风方式的优点，适用于巷道很长条件下的通风。

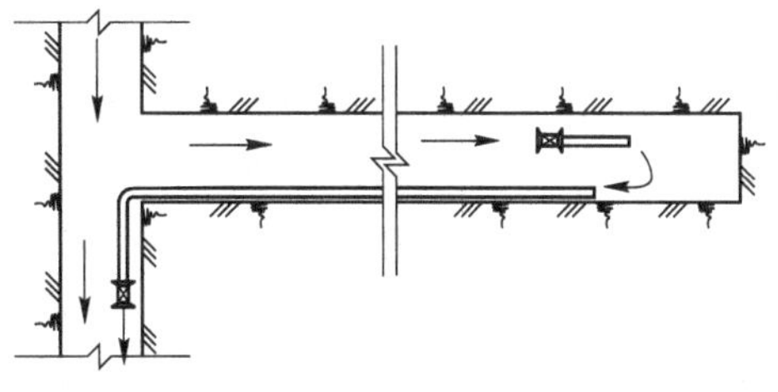

图 4-7　混合式通风

4.1.2.2　通风设施

金属矿井巷掘进通风设备有局部扇风机和风筒。

局扇要求体积小，效率高，噪声低，风压、风量可调。

风筒分刚性和柔性两大类。刚性风筒包括铁风筒、玻璃钢风筒等，坚固耐用，适用于各种通风方式，但笨重，接头多，储存、搬运、安装均不方便；常用的柔性风筒包括胶布风筒、软塑料风筒等。柔性风筒由于轻便、易安装、阻燃、安全可靠等优点，在巷道掘进中得到广泛应用，其缺点是易于划破，只能用于压入式通风。

4.1.3　岩石装运

把掘进工作面爆破下来的岩石装入矿车运出工作面，就是岩石的装运作业，亦称出渣，是一项比较繁重的工作，约占掘进循环时间的 40%~50%。

平巷掘进中使用较多的装载设备是铲斗式装岩机和矿车，如图 4-8 所示。装岩机有以压气作动力的，也有以电为动力的。当装岩机向前运动时，铲斗插入岩堆铲取岩石；铲满后提升铲斗并向后翻转，装入后面的矿车；然后下落铲斗，再次铲装。一辆矿车装满后移出，调入另一辆矿车继续装岩。

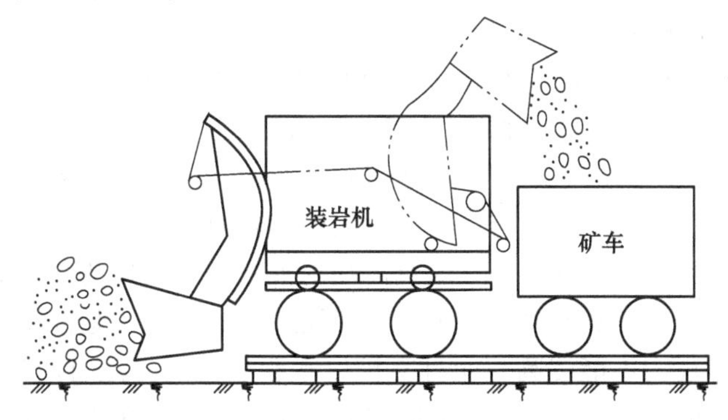

图 4-8　装岩机装岩过程示意图

由于调车相当麻烦和费时，近年来出现了一些解决平巷掘进调车问题的设备，如斗式装载机、梭式矿车等。前者是利用可以升降的和在矿车上前后运行的斗车，接受装岩机铲斗卸载的岩石，并将其送到预定的矿车上卸载，直至装完一次爆破下来的全部岩石；后者实际上是一部装有运输机的大容积矿车，通过运输机的移动，使矿车逐渐装满。

此外，采用轮胎式自行设备，如铲运机，完成装、卸、运的工作，可大幅提高装岩速度和效果。

4.1.4　巷道支护

岩体未开挖时，岩体中的应力处于原始平衡状态，岩石一般不会发生变形和移动。但巷道掘进后，岩体内原始应力平衡遭到破坏，巷道周围的岩石受力情况发生了变化，在受到扰动的应力重新达到新的平衡过程中，巷道周围的岩石会发生变形、破坏乃至冒落。为保证工作安全和生产的正常进行，除了围岩相当稳固不需特殊处理外，在围岩不稳固地段一般要采取一定的措施将巷道支护起来。

支护材料包括木材、金属材料、石材、混凝土、钢筋混凝土、砂浆等，水泥是广泛使用的胶凝材料。过去巷道支护大多是架设棚式支架与砌筑石材（或混凝土）整体式支架(图4-1)，现在喷锚支护在矿山得到了广泛的应用。

喷锚支护，是锚杆与喷射混凝土联合支护的简称，二者又可以单独使用，称为锚杆支护与喷浆支护。喷锚支护还可以与金属网联合进行支护。喷锚支护具有施工速度快、机械化程度高、成本低等优点。

4.1.4.1　锚杆支护

锚杆支护，就是向围岩中钻凿锚杆眼，然后将锚杆安设在锚杆眼内，将破碎岩体连接成一个整体，对围岩予以人工加固，从而维护巷道的稳固。图4-9为钢筋砂浆锚杆支护示意图，先在锚杆眼内注满水泥砂浆，然后插入钢筋，利用砂浆与钢筋、砂浆与孔壁的黏结力锚固岩层。在实际应用过程中，也可用废旧钢丝绳取代钢筋。其他锚杆还包括金属倒楔式锚杆、木锚杆、树脂锚杆、快硬水泥锚杆、管缝式锚杆、可伸缩锚杆等。

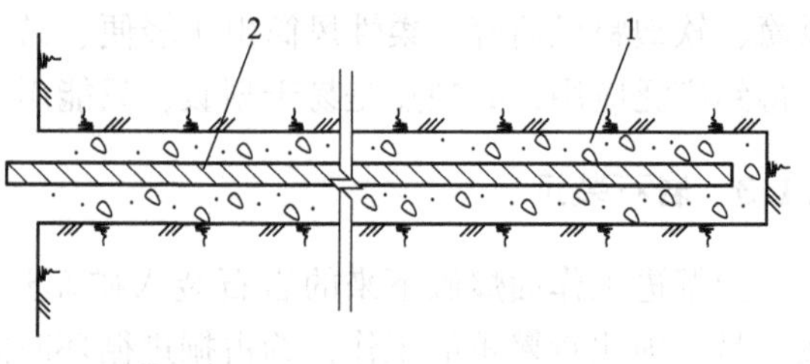

图4-9　钢筋砂浆锚杆
1—砂浆；2—钢筋

4.1.4.2　喷射混凝土支护

喷射混凝土支护是用喷浆机将混凝土混合物喷射在岩面上凝结硬化而成的一种支护。用干式喷射机喷射混凝土的流程如图4-10所示。先将砂、石过筛，按配合比和水泥一起送入搅拌机内搅拌，然后用矿车将拌合料运送到工作面，经上料机装入以压缩空气为动力的喷射机，再经输料管送到喷头处与水混合后喷敷在岩面上。

当岩体变形小、稳定性较好时，一般只需喷射混凝土，喷厚为50~150mm，不必打锚杆。当岩体变形较大时，混凝土喷层将不能有效地进行支护。实验证明，当喷层厚度超过150mm时，不但支护能力不能提高，而且支护成本明显提高，此时应选用喷锚联合支护。锚杆与其穿过的岩体形成承载加固拱，喷射混凝土层的作用则在于封闭围岩，防止风化剥落，和围岩结合在一起，对锚杆间的表面岩石起支护作用。

喷射混凝土能有效控制锚杆间的石块掉落，但其本身是脆性的，当岩石变形大时，易

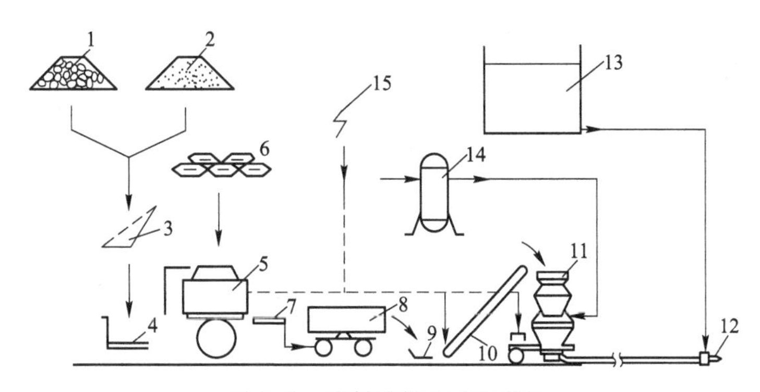

图 4-10 喷射混凝土工艺流程

1—石子；2—砂子；3，7—筛子；4—磅秤；5—搅拌机；6—水泥；8—运料小车；9—料盘；10—上料机；11—喷射机；12—喷嘴；13—水箱；14—风包；15—电源

开裂剥落。解决办法之一是在喷射混凝土中加入钢纤维，增加混凝土的抗弯强度和韧性。另外就是在喷射混凝土之前敷设金属网，喷浆后形成钢筋混凝土层，提高喷层的整体性，改善喷层的抗拉强度，这就是喷锚网联合支护，能有效地支护松散破碎的软弱岩层。金属网用钢筋直径一般为 6~12mm，钢筋间距一般为 200~400mm。

4.1.5 岩巷全断面掘进机

岩巷全断面掘进机是实现连续破岩、装岩、转载、临时支护、喷雾防尘等工序的一种联合机组。岩巷全断面掘进机机械化程度高，可连续作业，工序简单，施工速度快，施工巷道质量高，支护简单，工作安全，但构造复杂，成本高，对掘进巷道的岩石性质和长度均有一定要求。

岩巷全断面掘进机一般由移动部分和固定支撑推进两大部分组成，如图 4-11 所示。

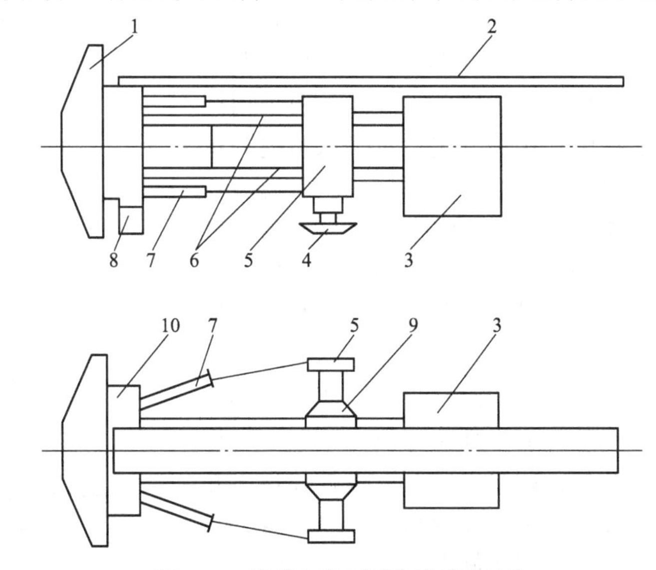

图 4-11 岩巷全断面掘进机基本结构

1—工作头；2—输送机；3—操纵室；4—后撑靴；5—水平支撑板；6—上、下大梁；7—推进油缸；8—前撑靴；9—水平支撑油缸；10—机架

其中主要包括破岩装置、行走推进装置、岩碴装运装置、驱动装置、动力供给装置、方向控制装置、除尘装置和锚杆安装装置等。

图4-12为岩巷全断面掘进机系统示意图。全断面掘进机已广泛应用于隧道等大断面工程掘进，在矿山平巷施工中也有应用，但应用较少。

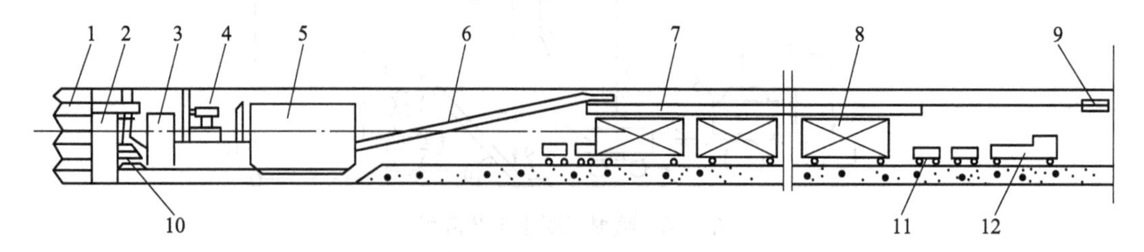

图4-12　岩巷全断面掘进机系统示意图

1—刀盘；2—机头架；3—水平支撑板；4—锚杆钻机；5—司机房；6—斜带式输送机；7—转载机；8—龙门架车；9—激光指向仪；10—环形支架机；11—矿车；12—环形电机车

4.2　竖井掘进

4.2.1　竖井井筒结构

竖井是地表或地下有一个出口的垂直井筒（后者称为盲竖井），是采用竖井开拓的大中型地下矿山最重要的咽喉工程，它承担着地表生产系统与井下生产系统或地下不同阶段生产系统之间连通的重任。一般而言，竖井位置一经确定，其他工程的相对位置也基本确定，难以更改，因此，竖井位置选择、施工质量等对矿山整体效益影响巨大。

虽然在少数产量不大、深度有限、服务年限小于15年的中小型矿山采用矩形断面竖井形式，但因矩形断面有效利用率低，因此，在绝大多数矿山竖井一般采用圆形断面。断面尺寸根据竖井用途确定，对于承担提升运输任务的主井（提升矿石）和副井（提升废石、人员、材料），其断面规格根据竖井内布置的提升运输设备、管线布置、救急通道（梯子间）、支护厚度等确定，净断面直径一般为4~8m；对于通风井，其断面尺寸根据所需通风量和风速确定。

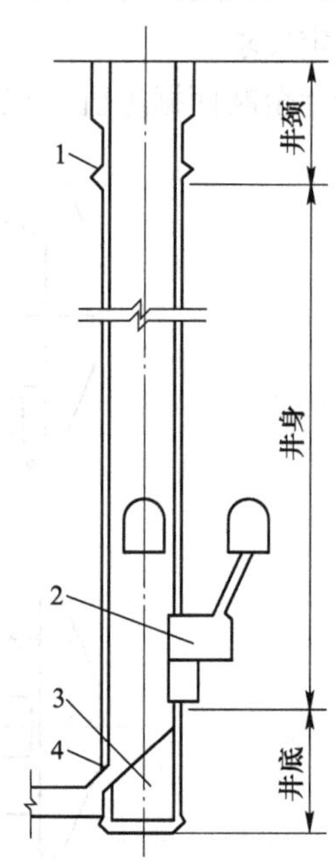

图4-13　井筒纵断面图

1—壁座；2—箕斗装载硐室；3—水窝；4—井筒接受仓

竖井自上而下可分为井颈、井身和井底3部分，如图4-13所示，根据需要在井筒适当部位还筑有壁座。靠近地表的一段井筒称作井颈，此段内常开有各种孔口。井颈部分由于处在松软表土层或风化岩层内，地压较大，又有地面构筑物和井颈上各种孔洞的影响，其井壁不仅需要加厚，而且通常需要配置钢筋。井颈以下至罐笼进出车水平或箕斗装车水平的井筒部分称作井身，井身是井筒的主要组成部分。井底的深度由提升过卷高度、井底装备要求高度和井底水窝深度决定。

4.2.2 竖井井筒装备

竖井井筒装备是指安设在井筒内的空间结构物，主要包括罐道、罐梁（和托架）、梯子间、管路间、电缆间、防过卷装置以及井口和井底金属支撑结构等。其中罐道和罐梁是井筒装备的主要组成部分，是保证提升容器安全运行的导向设施。井筒装备根据罐道结构的不同分为刚性装备（刚性罐道）和柔性装备（钢丝绳罐道）两种。

（1）罐道。罐道是提升容器在井筒内运行的导向装置，必须具有一定的强度和刚度，以减少提升容器的横向摆动。罐道有木质罐道、钢轨罐道、型钢组合罐道、整体轧制罐道、复合材料罐道和钢丝绳罐道等。其中钢丝绳罐道属柔性罐道，与其他刚性罐道相比，具有不需要罐梁、通风阻力小、安装方便、材料消耗少、提升容器运行平稳等优点，因此，得到广泛应用。

（2）罐梁。竖井装备采用刚性罐道时，在井筒内需安设罐梁以固定罐道。罐梁沿井筒全深每隔一定距离布置一层，一般都采用金属材料，如工字钢、型钢等。罐梁与井壁的固定方式有梁端埋入井壁和树脂锚杆固定两种，前者需要在井壁上预留或现凿梁窝；后者可以用树脂锚杆将梁支座直接固定在井壁上。

（3）其他隔间。当竖井作为矿山安全出口时，井筒内必须设置梯子间，梯子间两平台之间的垂直距离不得大于 8m，梯子斜度不得大于 80°。梯子间除作为安全出口外，还可利用它进行井筒检修和卡罐事故处理。管路间和电缆间安设有排水管、压风管、供水管和各种电缆。为了安装和检修方便，管路间和电缆间一般布置在靠近梯子间的一侧。

4.2.3 井筒表土施工

对于稳定表土层，竖井表土施工一般采用普通施工法；而对于不稳定表土层，则可采用特殊施工法或普通与特殊相结合的综合施工方法。

4.2.3.1 普通施工法

竖井表土普通施工主要可采用井圈背板普通施工法、吊挂井壁施工法和板桩法。

（1）井圈背板普通施工法。井圈背板普通施工法就是采用人工或抓岩机（土硬时可放小炮）出土，下掘一小段（空帮距不超过 1.2m），即用井圈、背板进行临时支护，掘进一长段（一般不超过 30m）后，再由下向上拆除井圈、背板，然后砌筑永久井壁。如此周而复始，直至基岩。这种方法适用于较稳定的土层。

（2）吊挂井壁施工法。吊挂井壁施工法是适用于稳定性较差的土层中的一种短段（段高一般 0.5~1.5m）掘砌施工方法。按土层条件，分别采用台阶式或分段小块，并配以超前小井降低水位。为防止井壁在混凝土尚未达到设计强度前失去自承能力，引起井壁拉裂或脱落，必须在井壁内设置钢筋，并与上段井壁吊挂。

（3）板桩法。板桩法的实质是：对于厚度不大的不稳定表土层，在开挖前，可先用人工或打桩机在工作面或地面沿井筒荒径（未支护前的井筒施工直径）依次打入一圈板桩，形成一个四周封闭的圆筒，用以支承井壁，并在其保护下进行表土层掘进。

4.2.3.2 特殊施工法

在不稳定土层中施工竖井井筒，必须采取特殊的施工方法，才能顺利掘进，如冻结法、钻井法、沉井法、注浆法和帷幕法等。目前以冻结法和钻井法为主。

（1）冻结法。冻结法凿井就是在井筒掘进之前，在井筒周围钻凿冻结孔，用人工制冷的方法将井筒周围的不稳定表土层和风化岩层冻结成一个封闭的冻结圈，以防止水或流砂涌入井筒并抵抗地压，然后在冻结圈的保护下掘砌井筒。待掘砌到预定深度后，停止冻结，进行拔管和充填工作。

（2）钻井法。钻井法凿井是利用钻井机将井筒全断面一次成井，或将井筒分次扩孔钻成。目前我国采用的多为转盘式钻井机（图4-14）。钻井法凿井主要工艺过程有井筒钻进、泥浆洗井护壁、下沉预制井壁和壁后注浆固井等。

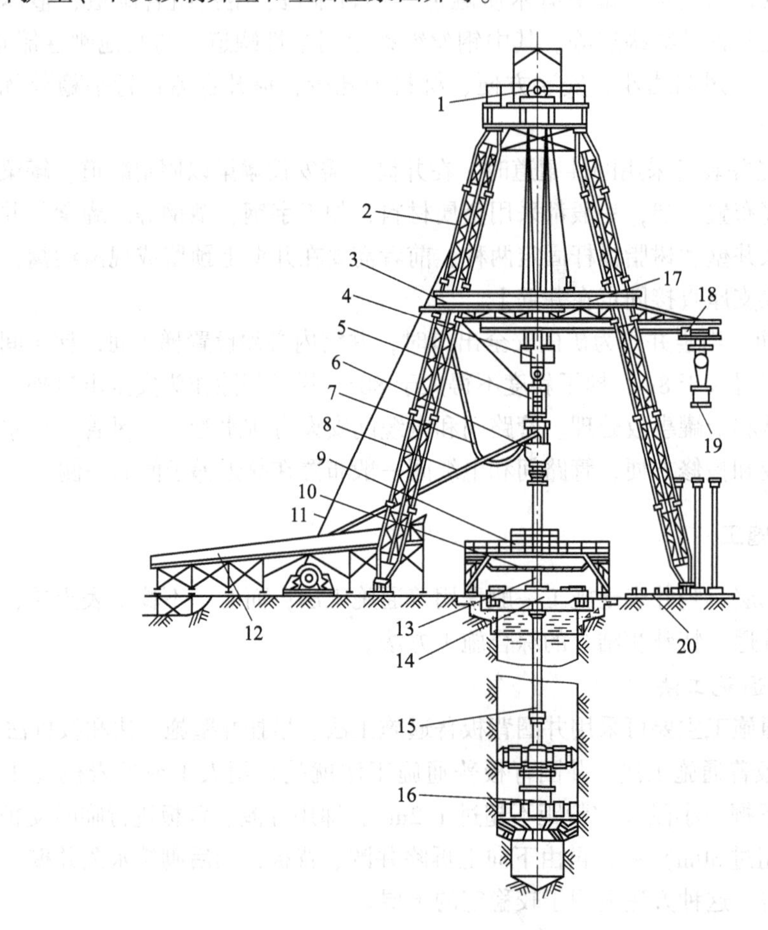

图4-14 钻井机及其工作全貌

1—天车；2—钻塔；3—吊挂车；4—游车；5—大钩；6—水龙头；7—进风管；8—排浆管；9—转盘；10—钻台；11—提升钢丝绳；12—排浆槽；13—主动钻杆；14—封口平车；15—钻杆；16—钻头；17—二层平台；18—钻杆行车；19—钻杆小吊车；20—钻杆仓

（3）沉井法。沉井法是属于超前支护类的一种特殊施工方法，其实质是在井筒设计位置上，预制好底部附有刃脚的一段井筒，在其掩护下，随着井内的掘进出土，井筒靠其自重克服其外壁与土层间的摩擦阻力和刃脚下部的正面阻力而不断下沉，在地面相应接长井壁，如此周而复始，直至沉到设计标高。

4.2.4 井筒基岩施工

竖井基岩施工是指在表土层或风化岩层以下井筒的施工，目前主要以凿岩爆破法施工为主。其主要工序包括凿岩爆破、装岩提升、井筒支护，另外还有通风、排水等辅助工序。竖井掘进系统如图 4-15 所示。

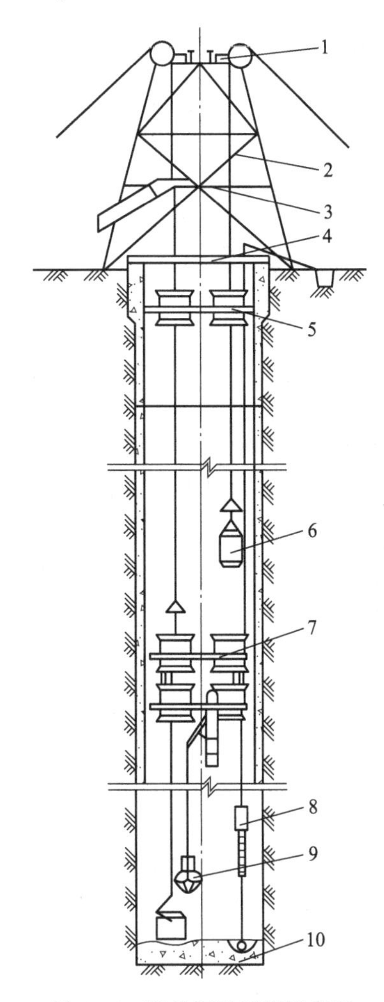

图 4-15 竖井掘进系统示意图

1—天轮平台；2—凿井井架；3—卸矸台；4—封口盘；5—固定盘；6—吊桶；7—吊盘；8—吊泵；9—抓岩机；10—掘进工作面

4.2.4.1 凿岩爆破

竖井基岩掘进中，凿岩爆破是一项主要工序，约占整个掘进循环时间的 20%～30%。凿岩爆破效果直接影响其他工序及井筒施工速度、工程成本等，必须予以足够的重视。

竖井基岩凿岩一般采用风动凿岩机，如 YT-23 轻型凿岩机和 YGZ-70 导轨式重型凿岩机。由于竖井施工中，工作面常有积水，因此，要求使用抗水炸药，如水胶炸药。圆形断面井筒中，炮孔多布置成同心圆形，如图 4-16 所示。

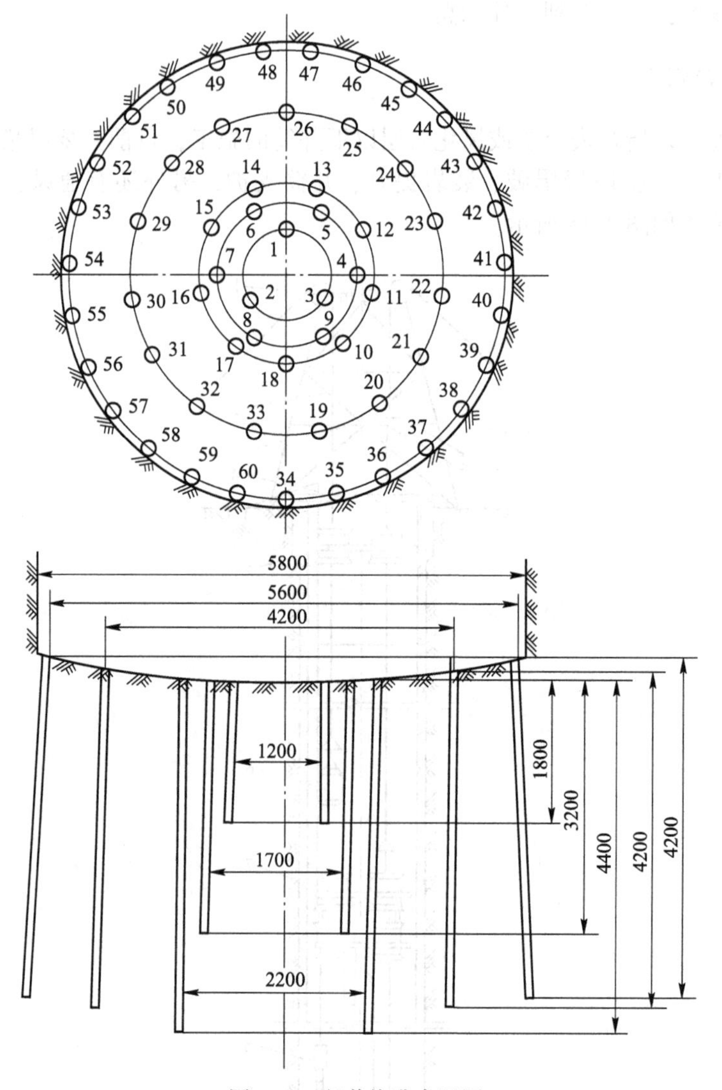

图 4-16 竖井炮孔布置图

1~18—掏槽孔；19~33—辅助孔；34~60—周边孔

4.2.4.2 装岩提升

竖井施工中，装岩提升工作是最费时的工序，约占整个掘进工作循环时间的 50%~60%，是决定竖井施工速度的关键。

目前竖井施工已普遍采用抓岩机装岩，实现了装岩机械化。图 4-17 为中心回转式抓岩机的结构示意图，它固定在吊盘的下层盘或稳绳盘上。抓斗利用变幅机构做径向运动，利用回转机构做圆周运动，利用提升机构做上下运动。

井筒提升工作中，提升容器主要是吊桶，一般有两种，即矸石吊桶和材料吊桶。前者主要用于提矸石、升降人员和提放物料，当井筒内涌水量小于 $6m^3/h$ 时，还可用于排水；后者是底卸式，主要用于砌壁时下放混凝土材料。

4.2.4.3 井筒支护

井筒下掘到一定深度后，应及时进行支护，以起到支承地压、固定井筒装备、封堵涌

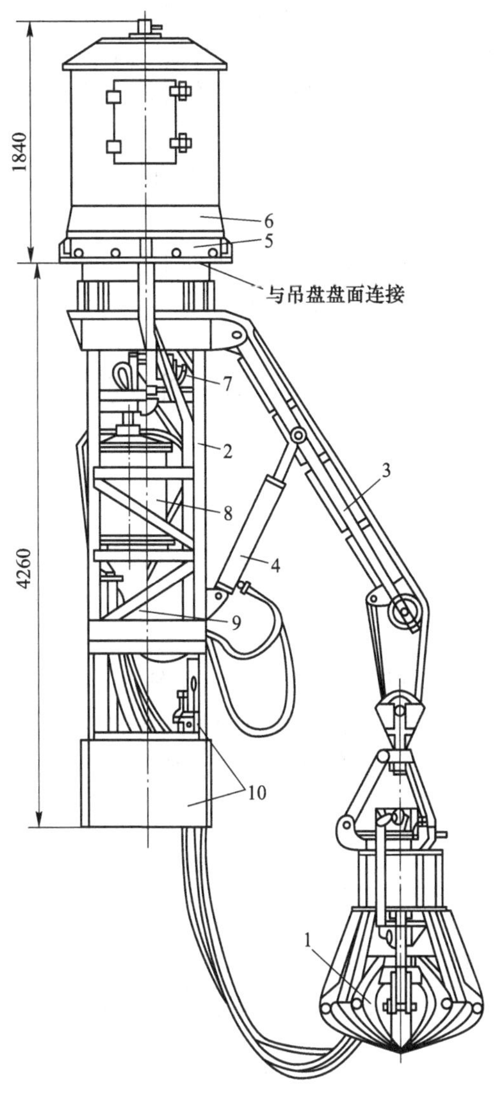

图 4-17 中心回转式抓岩机结构示意图

1—抓斗；2—机架；3—臂杆；4—变幅油缸；5—回转机构；6—提升绞车；
7—回转动力机；8—变幅气缸；9—增压油缸；10—操作阀和司机室

水以及防止岩石风化的作用。井筒支护分临时支护和永久支护两种，前者主要目的是保证井筒掘进施工的安全，常用的支护方式是井圈背板或喷锚支护；永久支护包括料石砌壁、混凝土筑壁、钢筋混凝土筑壁和喷锚支护等。浇注混凝土井壁时需要安设模板。

4.2.4.4 辅助工作

（1）通风。竖井施工的通风由设置在地表的通风机和井筒内的风筒完成。与平巷掘进通风方式一样，分为压入式、抽出式和混合式 3 种。

（2）涌水处理。井筒施工中，井筒内一般都有较大涌水，涌水处理方法包括注浆堵水、导水与截水、钻孔泄水和井筒排水等。

1）注浆堵水就是用注浆泵将浆液注入含水岩层内，使之充满岩层的裂隙并凝结硬化，堵住地下水流向井筒的通路，达到减少井筒涌水量和避免渗水的目的。

2）井筒排水分为吊桶排水和吊泵排水两种类型，前者是用风动潜水泵将水排入吊桶内，由提升设备提到地面排出；后者是利用悬吊在井筒内的吊泵将工作面积水直接排到地表或中间泵房内。

（3）压风和供水。竖井掘进所需的压风和用水均通过吊挂在井筒内的压风管和供水管提供。

（4）其他辅助工作。竖井掘进所需的其他辅助工作包括照明与信号、井筒测量等。另外需布设安全梯，作为紧急事故发生时的逃生通路。

4.3 斜井掘进

4.3.1 一般概念

斜井是地表或地下有一个出口的倾斜井筒（后者称为盲斜井），是采用斜井开拓的大中型地下矿山最重要的咽喉工程，它承担着地表生产系统与井下生产系统或地下不同阶段生产系统之间连通的重任。

（1）斜井分类。斜井按其用途分为主斜井、副斜井、混合斜井、通风斜井、管道斜井、充填斜井和斜坡道7类；按其提升方式可分为箕斗斜井、矿车组斜井、带式输送机斜井、台车斜井和人车斜井5类。各类斜井的用途（或特征）、装备和适用条件分别如表4-2和表4-3所示。

表4-2 斜井按用途分类表

序号	名称	用 途	装 备	适用条件
1	主斜井	提升矿石、废石	箕斗、矿车组或带式输送机	大型矿山
2	副斜井	提升人员、材料、废石；安设管路及电缆	矿车组、人车、材料车或假设乘人索道	大型矿山
3	混合斜井	具有主副井性质	矿车组、人车、材料车	小型矿山
4	通风斜井	出风或进风，兼作材料及人行安全井	设人行梯子，有的设提升设备运送材料	大、中型矿山
5	管道斜井	安装排水管及其他管路，有的兼作通风用	设有排水管线及其他管路和电缆，有时设提升设备运送材料	涌水量大的矿山
6	充填斜井	运送充填材料	设充填管路及排水管	采用充填法的矿山
7	斜坡道	运行无轨设备	设有照明、电缆，铺设路面，安装路标	大、中型矿山

表4-3 斜井按提升方式分类表

序号	名 称	特 征	适用条件
1	箕斗斜井	箕斗提升矿石、废石	大型矿山

续表 4-3

序号	名 称	特 征	适用条件
2	矿车组斜井	以矿车组为提升设备的主、副井	大型矿山
3	带式输送机斜井	装有不同类型胶带运输机，运送矿石、废石	小型矿山
4	台车斜井	台车提升矿石、废石和材料	大、中型矿山
5	人车斜井	人车运送人员、材料，井内安设各种管线	涌水量大的矿山

（2）斜井断面。斜井常用断面一般为半圆形、三心拱形和梯形，在围岩不稳固、侧压和底压大的矿山，为保护斜井安全，也采用圆形、马蹄形、椭圆形等。断面尺寸根据斜井用途、提升运输设备、管线布置、人行道、支护厚度等确定；对于通风井，其断面尺寸根据所需通风量和风速确定。

（3）斜井倾角。主斜井（箕斗斜井）倾角为25°~30°；矿车组斜井（包括材料斜井）不得大于25°；带式输送机斜井一般不大于18°。

4.3.2 斜井掘进

斜井掘进方向居于水平和垂直之间，故其掘进的主要工序和组织工作，有许多与平巷和竖井的掘进相同。

由于斜井处于倾斜状态，工作面经常积水，装岩工作较平巷掘进困难。目前我国一些斜井掘进仍用人工装岩，劳动强度大、效率低、占循环时间比重大。为实现装岩机械化，在一些矿山已采用了耙斗装岩机，如图4-18所示。掘进的岩石可以采用矿车或箕斗提升。工作面涌水量小于$6m^3/h$时，积水可用风动潜水泵将水排入提升容器内，与岩石一起提出地表；涌水量大于$6m^3/h$时，则需要卧式水泵排水。斜井掘进通风与竖井掘进相似。

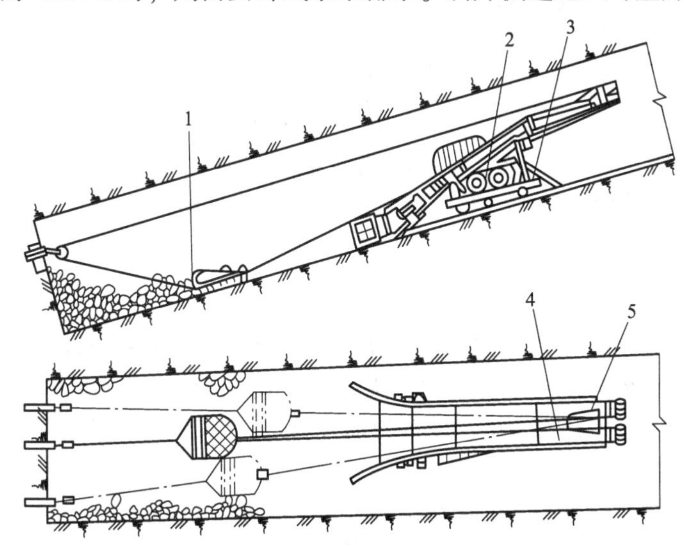

图4-18 斜井掘进时耙斗装岩机装岩示意图
1—耙斗；2—绞车；3—台车；4—卸料槽；5—卸料口

4.4 天井掘进

天井掘进是矿山经常性的掘进工作之一。天井的断面形状和尺寸，主要取决于天井的用途。放矿天井（又称溜井）、人行天井一般采用矩形断面，而充填井、通风井一般采用圆形断面。

天井掘进，一般采用普通掘进法、吊罐掘进法、爬罐掘进法、深孔爆破成井法和天井钻机钻凿成井法等。

4.4.1 普通掘进法

普通掘进法的主要工序是凿岩爆破、通风、装岩及支护。其特点是从上而下架设梯子和工作台，即在距工作面1.5~2.0m的横撑支柱上，铺上厚度为3~5cm的木板，供凿岩爆破作业之用，如图4-19所示。

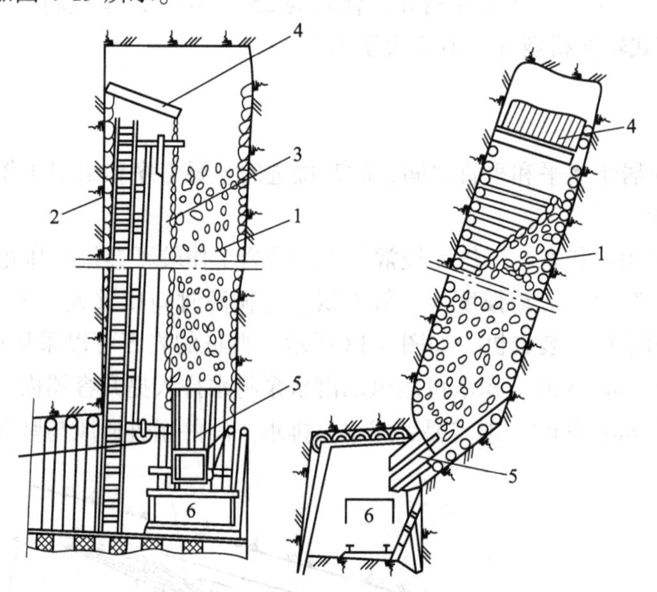

图4-19 天井普通掘进法示意图

1—放矿格；2—梯子格；3—提升格；4—落矿台；5—溜矿口；6—矿车

4.4.2 吊罐掘进法

吊罐掘进法如图4-20所示。在天井全高上，沿中心线先钻一个直径为100~150mm的钻孔，在天井上部安装游动绞车，通过中央钻孔，用钢丝绳沿天井升降吊罐。吊罐是凿岩、装药的工作台，也是升降人员、设备的提升容器。爆破前将吊罐下放至下部水平，并躲避在距天井口4~5m的安全处。

吊罐掘进法工序与普通掘进法基本相同，其主要差异是：

（1）由于中央钻孔的存在，改善了通风条件；

（2）爆破下来的矿岩借助自重落至下部水平巷道底板上，用装岩机配矿车装运；

（3）无需架设梯子和工作台。

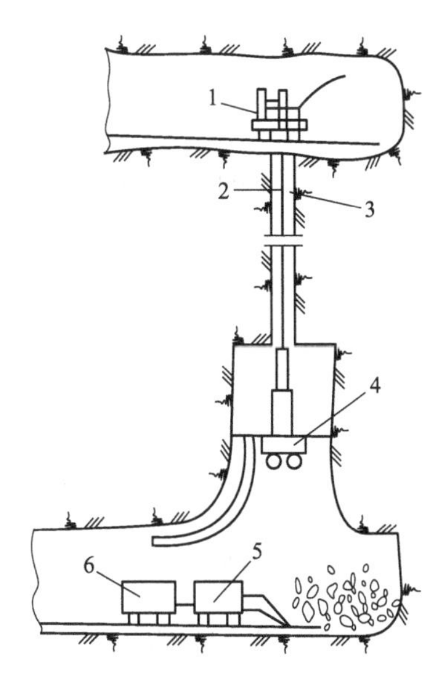

图 4-20 天井吊罐掘进法示意图

1—游动绞车；2—中央钻孔；3—钢丝绳；4—吊罐；5—装岩机；6—矿车

4.4.3 爬罐掘进法

爬罐掘进法与吊罐掘进法的差异是前者没有中央钻孔，工作用的罐笼不用钢丝绳悬挂，而是沿着天井一壁的轨道升降。工人乘爬罐升到工作面，在钢板保护下凿岩（图 4-21(a)）；装药联线后，爬罐从工作面下降到平巷安全处，即可爆破（图 4-21(b)）；爆破后，用导轨后面的风管喷出风水混合物，清洗工作面进行通风，然后工人乘爬罐上升到工作面撬浮石（图 4-21(c)），以便进行下一个循环的凿岩；最后在巷道底板上用装岩机配矿车装运崩落下来的矿岩。

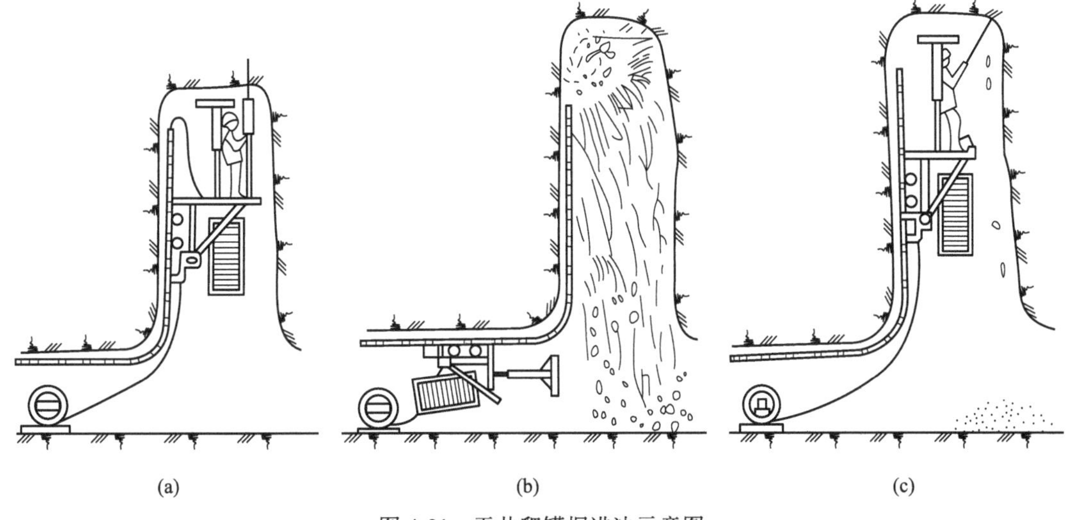

图 4-21 天井爬罐掘进法示意图

4.4.4　深孔爆破成井法

用深孔钻机，按天井断面尺寸，沿天井全高，自下而上或自上而下，钻凿一组 5～9 个直径为 100～150mm 的平行钻孔，然后自下而上分段爆破，形成所需的天井，高度 10m 左右时也可一次爆破成井。深孔爆破成井法优点是工人不进入工作面，作业条件好，木材消耗少，适用于无破碎带较稳定岩层。缺点是钻孔偏斜难以控制。

4.4.5　天井钻机钻凿成井法

为提高天井掘进的机械化水平，克服凿岩爆破掘进法的缺陷，近年来推广应用了天井钻机（也称反井钻机）钻凿成井法。其实质是沿天井中心线从上向下钻超前导孔与天井下面巷道贯通，再换扩孔钻头自下向上扩孔成井至设计断面。这种方法工作安全，劳动条件好，掘进速度快，破岩比能消耗小，管理方便，井壁规整光滑。

本 章 习 题

4-1　简述掏槽眼、辅助眼、周边眼的作用及起爆顺序。

4-2　简述井巷掘进的通风方式。

4-3　简述平巷锚杆支护和喷射混凝土支护方法。

4-4　简述斜井的分类。

4-5　天井掘进有哪些方法？

5 矿床开拓

5.1 开采单元划分及开采顺序

矿体或矿床是规模较大的矿石聚集体，储量动辄数十万吨至数亿吨，延展规模小则数百米，大则数千米，为实现矿产资源的有序、合理化开采，必须首先将矿体（床）划分为不同的开采单元，并根据合理的开采顺序，逐单元进行回采作业。

5.1.1 开采单元划分

5.1.1.1 *矿田和井田*

划归一个矿山企业开采的全部或部分矿床的范围，称矿田。在一个矿山企业中，划归一组矿井或坑口（根据《金属非金属矿山安全规程》（GB 16423—2020）要求，一个矿山至少要有 2 个以上独立的出口，除了负责矿石提升的主井外，还需要有负责人员、材料上下的副井及相应的通风井）开采的全部矿床或其一部分称井田。矿田有时等于井田，有时也包括几个井田。

5.1.1.2 *阶段、矿块和盘区、采区*

(1) 阶段、矿块。阶段、矿块是在开采缓倾斜、倾斜和急倾斜矿体时，将井田进一步划分的开采单元。

在井田中，每隔一定的垂直距离，掘进与矿体走向（矿体延展方向）一致的主要运输巷道，把井田在垂直方向上划分为若干矿段，这些矿段称为阶段（或中段）。其范围是：沿走向以井田边界为界，沿倾斜以相邻上下两个阶段运输平巷为界（图 5-1）。上下两个阶段运输平巷之间的垂直距离称为阶段高度或中段高度，阶段一般用所在水平标高表示，如 −1200m 中段（水平、阶段）。

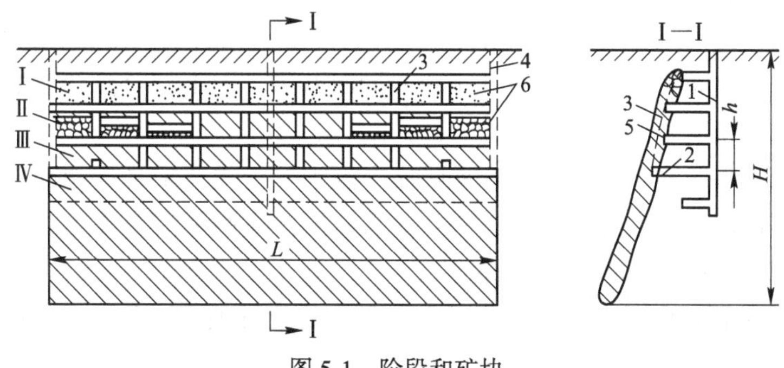

图 5-1 阶段和矿块

Ⅰ—采完阶段；Ⅱ—回采阶段；Ⅲ—采准阶段；Ⅳ—开拓阶段；H—矿体赋存深度；h—阶段高度；L—矿体走向长度；1—主井；2—石门；3—天井；4—副井；5—阶段平巷；6—矿块（采区）

在阶段中按一定尺寸将阶段划分为若干独立的回采单元，称为矿块。显然，矿块是阶段的一部分。矿块是缓倾斜、倾斜和急倾斜矿体最基本的回采单元，书中所述的采矿方法，就是在这样的基本回采单元中采用相应的方法将矿石有效地回采出来。

(2) 盘区、采区。盘区、采区是在开采水平和微缓倾斜矿体时，将井田进一步划分的开采单元。

开采水平和微缓倾斜矿体时，在井田内一般不划分阶段，而是用盘区运输巷道将井田划分为若干个长方形的矿段，称为盘区。盘区的范围是以井田的边界为其长边，以相邻的两个盘区运输巷道之间的距离为其宽边（图5-2）。针对急倾斜厚大矿体，矿山也可根据生产需要划分盘区。

采区是盘区的一部分。在盘区中按一定尺寸将盘区划分为若干独立的回采单元，称为采区，采区是水平和微缓倾斜矿体最基本的回采单元。

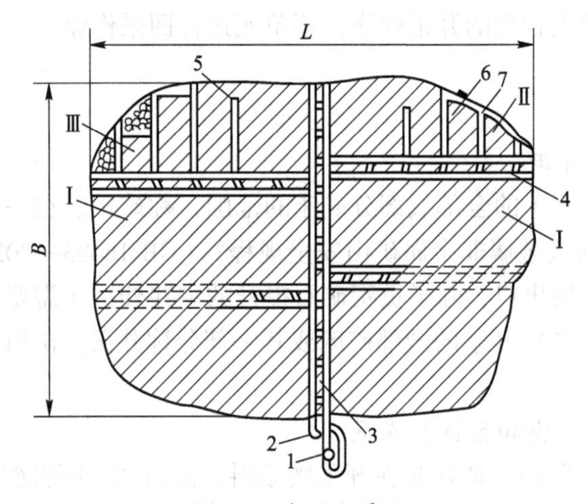

图5-2　盘区和采区

Ⅰ—开拓盘区；Ⅱ—采准切割盘区；Ⅲ—回采盘区；L—盘区长度；B—盘区宽度；
1—主井；2—副井；3—主要运输平巷；4—盘区平巷；5—回采平巷；6—矿壁（采区）；7—切割巷道

5.1.2　开采顺序

5.1.2.1　井田中阶段的开采顺序

井田中阶段的开采顺序有下行式和上行式两种。下行式的开采顺序是先采上部阶段，后采下部阶段，由上而下逐阶段（或几个阶段同时开采，但上部阶段超前下部阶段）开采的方式。上行式则相反。

生产实践中，一般多采用下行式开采顺序。因为下行式开采具有初期投资小、基建时间短、投产快、在逐步下采过程中能进一步探清深部矿体避免浪费等优点。

5.1.2.2　阶段中矿块的开采顺序

按回采工作对主要开拓井巷（主井、主平硐）的位置关系，阶段中矿块的开采顺序可分为以下3种：

(1) 前进式开采：当阶段运输平巷掘进一定距离后，从靠近主要开拓井巷的矿块开始回采，向井田边界依次推进。该开采顺序的优点是基建时间短、投产快；缺点是巷道维护费用高。

（2）后退式开采：在阶段运输平巷掘进到井田边界后，从井田边界的矿块开始，向主要开拓井巷方向依次回采。该开采顺序的优缺点与前进式开采基本相反。

（3）混合式开采：即初期用前进式开采，待阶段运输平巷掘进到井田边界后，再改用后退式开采。该开采顺序虽利用了上述两种开采顺序的优点，但生产管理复杂。

5.2 开采步骤和三级矿量

5.2.1 开采步骤

井田开采分 3 个步骤进行，即开拓、采准切割和回采。这 3 个步骤反映了井田开采的基本生产过程。

（1）开拓。井田开拓是从地表掘进一系列的井巷工程通达矿体，使地面与井下构成一个完整的提升、运输、通风、排水、供水、供电、供气（压气动力）、充填系统，俗称矿山八大系统，以便把人员、材料、设备、充填料、动力和新鲜空气送到井下，以及将井下的矿石、废石、废水和污浊空气等提运和排放到地表，为此目的而掘进的巷道称为开拓巷道或基本巷道，包括主要开拓巷道和辅助开拓巷道。前者是指起主要提升运输（矿石）作用的开拓井硐，如主井、主平硐、主斜坡道；后者是指起其他辅助提升运输（人员、材料、设备和废石）、通风、排水、充填等作用的开拓井硐与其他开拓巷道，如石门（连接井筒和主要运输巷道的平巷）、主充填井、主溜矿井、井底车场、专用硐室和主要运输巷道等。

（2）采准切割。在已完成开拓工作的矿体中，掘进必要的井巷工程，划分为回采单元，并解决回采单元的人行、通风、运输、充填等问题的工作称为采准；在完成采准工作的回采单元中，掘进切割天井（两端都有出口的井下垂直或倾斜井筒）和切割巷道，并形成必要的回采空间的工作称为切割。采准切割与所采用的采矿方法密切相关，以后将结合各种采矿方法作详细介绍。

衡量采准切割工作量的大小，常用采准切割比来表示，简称采切比。采切比 K 是指每采出 1000t（或 10000t）矿石所需掘进的采准切割巷道的工程量表示，又称千吨采切比或万吨采切比，单位有 m/kt、m^3/kt、m/万吨、m^3/万吨，表达式为：

$$K = \frac{\sum L}{T} \tag{5-1}$$

式中 $\sum L$——回采单元中采准切割巷道的总工程量，m 或 m^3；

T——回采单元中采出矿石的总量，kt 或万吨。

由于各种巷道断面规格不同，如用采切巷道长度计算采切比时，为便于比较，有时将各种巷道折算为 2m×2m 标准断面求出其当量长度，称为标准米长度。相应地，求出的采切比单位为标准 m/kt 或标准 m/万吨。

（3）回采。在完成采切工作的回采单元中，进行大量采矿作业的过程，称为回采，包括凿岩、爆破、通风、矿石运搬、地压管理等工序。采矿方法不同，回采工艺内容也不完全一样。

5.2.2　三级矿量

根据对矿床开采的准备程度，矿石储量分为三级，即开拓储量、采准储量和备采储量，称为三级储量，又称三级矿量。

（1）开拓储量：在井田中已形成了完整的开拓系统所圈定的矿量。

（2）采准储量：是开拓储量的一部分。凡完成了采矿方法所必须的采准工作量的回采单元中的储量，叫采准储量。

（3）备采储量：是采准储量的一部分。凡完成了采矿方法所要求的切割工作，可进行正常回采作业的回采单元中的储量，称为备采储量。

5.2.3　开采步骤间的关系

开拓、采准切割和回采3者之间的正常关系，应该是以保证矿山持续、均衡生产，避免出现生产停顿、产量下降等现象为原则。矿山在基建时期，上述3个步骤是依次进行的；在投产后的正常生产时期，应贯彻“采掘并举、掘进先行”的方针，保证开拓超前于采准切割、采准切割超前于回采，使矿山达到持续、稳定生产的目的。超前量一般用保有的三级储量指标来保证，根据我国现有的规定，三级储量的保有量按年产量计为：开拓储量3年以上，采准储量1年以上，备采储量半年（6个月）以上。

在生产实际过程中，由于开拓与采准不能像回采作业一样，产生直接产量指标和经济效益，因此容易被忽视。尤其是开拓工作，周期长、投资大，如果不能保持足够的超前量，极易造成进度落后于采矿要求，出现不得不降低产量，甚至无工作面可采的被动局面，影响矿山连续而均匀的生产，必须引起足够的重视。

5.3　开拓方法

形成井田开拓系统的、不同类型和数量的主要开拓巷道的配合与布置方式，称为开拓方法。根据主要开拓巷道开拓井田的不同范围，开拓方法分为单一开拓法和联合开拓法两大类。前者是指整个井田用一种类型的主要开拓巷道（配以其他必要的辅助开拓巷道）的开拓方法，包括平硐开拓、竖井开拓、斜井开拓和斜坡道开拓；后者是在不同深度分别采用两种及两种以上主要开拓巷道（配以其他必要的辅助开拓巷道）的开拓方法，如上部用平硐开拓，下部用盲竖井（或盲斜井）开拓等。

5.3.1　单一开拓方法

（1）平硐开拓法。用平硐开拓井田时，主平硐水平以上各个阶段所采出的矿石，通过溜井或提升设备下放到主平硐水平，通过电机车牵引矿车或汽车将矿石运至地面（图5-3）。

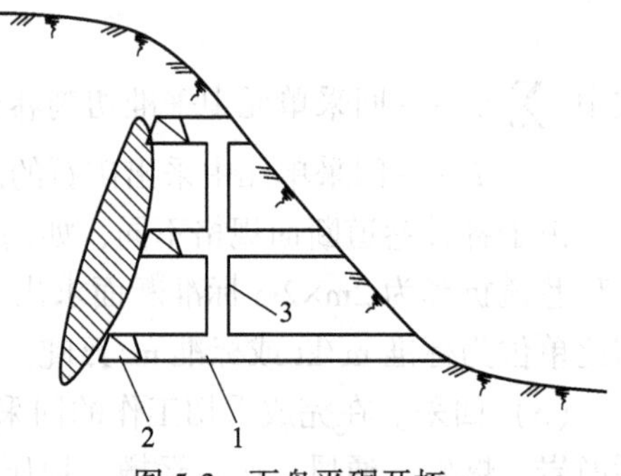

图5-3　下盘平硐开拓
1—主平硐；2—阶段运输平巷；3—溜矿井

（2）竖井开拓法。用竖井开拓井田时，为提高提升效率，一般设置一个主提升水平，主提升水平以上的各个阶段所采出的矿石，通过溜井或提升设备下放到主提升水平矿仓，破碎至合格块度后，通过罐笼或箕斗提升至地表牵引矿车或汽车将矿石运至地面（图 5-4）。

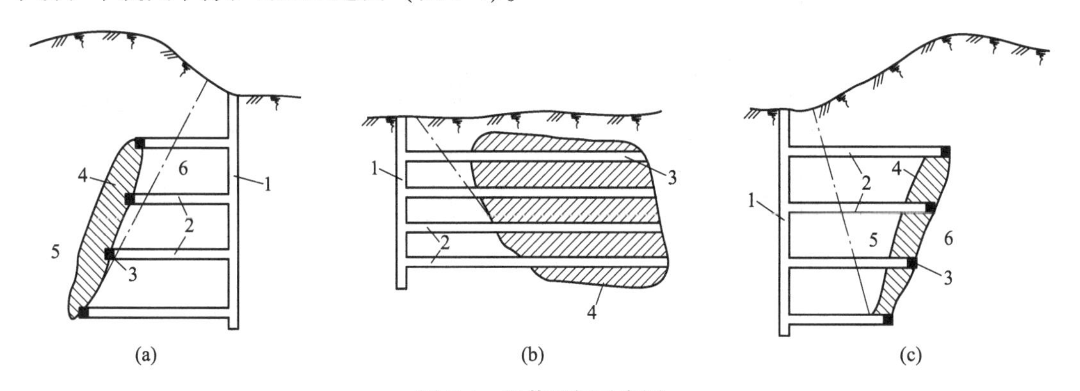

图 5-4　竖井开拓示意图

（a）下盘竖井开拓；（b）侧翼竖井开拓；（c）上盘竖井开拓

1—竖井；2—石门；3—阶段平巷；4—矿体；5—上盘；6—下盘

（3）斜井开拓法。用斜井开拓井田时，根据斜井倾角不同，采用不同的提运矿石设备，当斜井的倾角大于 30°时，采用箕斗或台车提升矿石；当斜井的倾角为 18°～30°时，采用串车提升；当斜井的倾角小于 18°时，一般采用皮带运输机运矿。斜井与水平运输巷道之间可以用吊桥、甩车道联结。斜井可以沿矿体倾斜方向布置在脉内或下盘岩石内（图 5-5）。

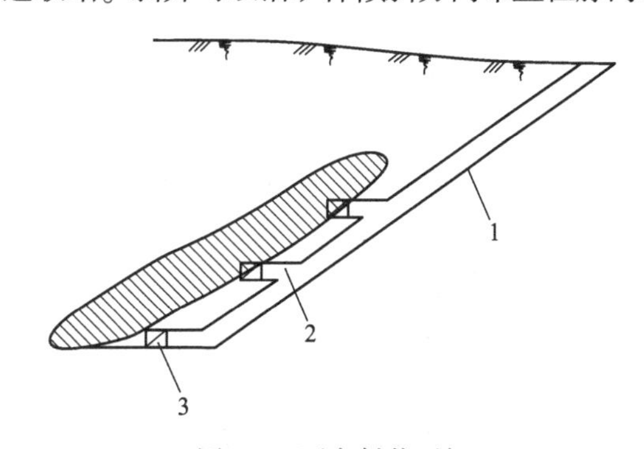

图 5-5　下盘斜井开拓

1—斜井；2—斜井与水平运输巷道联结工程；3—水平运输巷道

（4）斜坡道开拓法。随着无轨设备（如凿岩台车、铲运机、服务台车、汽车）在地下矿山的大量使用，斜坡道（又称斜巷）在许多大中型矿山成为一种主要的开拓巷道。各种无轨车辆可以通过斜坡道直接从地表驶入地下，或从一个中段驶入另一个中段。利用斜坡道开拓整个井田的开拓方法称为斜坡道开拓（图 5-6）。

根据运输线路不同，斜坡道分为直线式、螺旋式（图 5-7(a)）和折返式（图 5-7(b)）3 种。受斜坡道坡度、开口与矿体相对位置关系的限制，直线式斜坡道仅用于开拓埋藏较浅的矿床、缓倾斜矿床，或作为辅助开拓巷道用于阶段间的联络；与螺旋式斜坡道相比，折返式斜坡道具有容易开掘（测量定向容易，无路面外侧超高）、司机视野好、行车速度快而安全、车辆行驶平稳、轮胎磨损小、路面容易维护等优点，因此得到广泛采用。

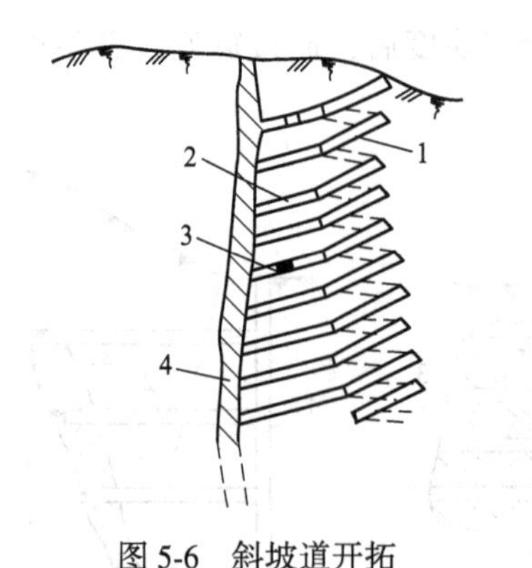

图5-6　斜坡道开拓

1—螺旋式斜坡道；2—石门；3—阶段平巷；4—矿体

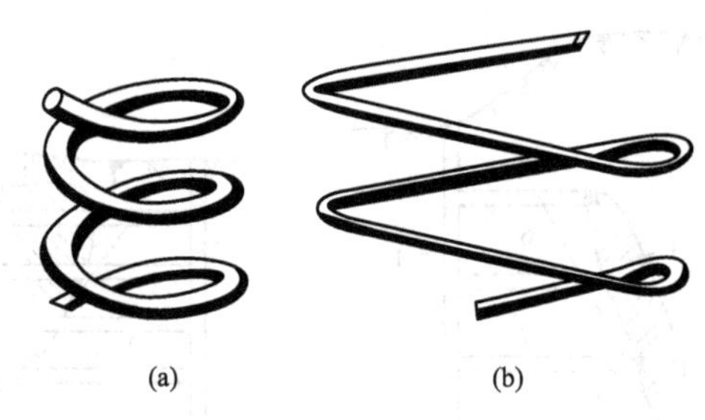

图5-7　斜坡道的形式

（a）螺旋式；（b）折返式

5.3.2　主要开拓巷道类型比较

为了掌握各种开拓方法的应用条件，首先必须了解各种主要开拓巷道的特点。

5.3.2.1　平硐

与井筒（竖井、斜井）相比，平硐开拓有如下优点：

（1）平硐运输比井筒提升简单、安全、可靠、运输能力大，主平硐以上各阶段的矿石通过溜井下放到主平硐水平，运矿费用低（因矿石结块等原因使用井筒下放矿石的情况除外）；

（2）主平硐以上各阶段的涌水可通过天井或钻孔下放到主平硐水平，经水沟自流排到地表，无需安装排水设备和施工相应的硐室，排水费用低；

（3）不需要提升设备及提升机房或硐室，也不需要建筑井架或井塔，没有复杂的井底车场巷道；

（4）施工简单，掘进速度快，基建时间短；

（5）如果主平硐以下还有工业储量，则从平硐进行深部开拓对上部生产基本上没有干扰。

因此，在条件允许的情况下（如山坡地形便于施工平硐，平硐口有足够工业场地等），应优先考虑采用平硐开拓。

5.3.2.2　斜井与竖井的比较

斜井与竖井比较，具有以下特点：

（1）斜井容易靠近矿体，所需石门短，可以减少开拓工程量，缩短地下运输距离，减少新水平的准备时间；

（2）斜井施工简单，成井速度快；

（3）斜井提升能力小，提升费用高，提升容器容易掉道、脱钩，提升可靠性差（皮带运输机提升除外）；

（4）开拓深度相同时，斜井长度比竖井大，所需的提升钢丝绳和各种管线长，排水等的经营费用高；

（5）斜井与各水平运输巷道连接形式复杂，管理环节多。

因此，斜井开拓适宜于埋藏浅，厚度、延伸和长度较小的倾斜和缓倾斜矿体。竖井开拓适宜于埋藏浅的大、中型急倾斜矿体，埋藏深度较大的水平或缓倾斜矿体，埋藏深度和厚度较大的倾斜矿体和走向很长的各种厚度的急倾斜矿体。

5.3.2.3 斜坡道

对于大量采用无轨设备的大中型矿山，可以考虑采用斜坡道开拓或斜坡道与其他主要开拓巷道并行的联合开拓方式。

5.3.3 联合开拓法

联合井拓法是上述4种主要开拓巷道（平硐、竖井、斜井、斜坡道）中的任意两种及其两种以上相配合开拓一个井田的开拓方法。如平硐盲竖井联合开拓法（图5-8）；上部明井（地表有出口的井筒）、下部盲竖井（不通地表的井筒）联合开拓法（图5-9）；井筒与斜坡道联合开拓法（图5-10）等。

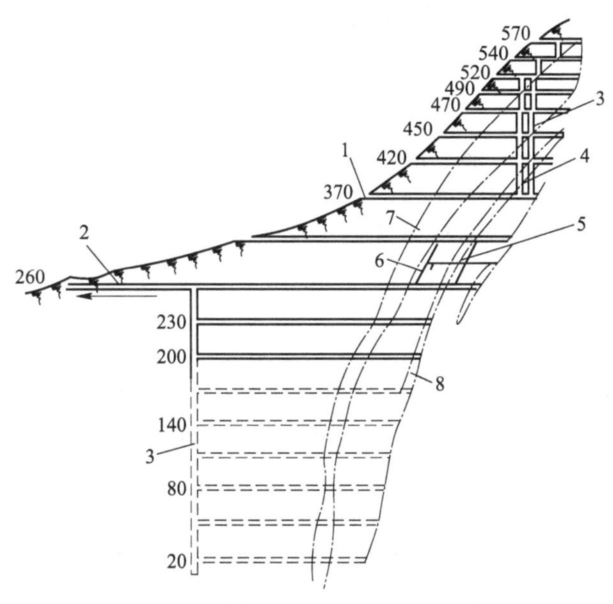

图5-8 新冶铜矿平硐盲竖井联合开拓法

1—370平硐；2—260平硐；3—盲竖井；4—辅助竖井；5—溜矿井；6—斜溜井；7—520号矿体；8—420号矿体

在下列情况下常采用联合开拓法：

（1）开采深度增大，或者下部矿体倾角发生较大变化，或者深部发现盲矿体等；

（2）在山岭地区，平硐只能开拓地平线以上的矿体，如果矿体仍往地平线以下延伸，则下部矿体必须采用其他开拓方法；

（3）在山岭地区，由于地表地形的限制，即使地平线以上没有矿体，为了减少井筒和石门的长度，也往往采用平硐盲井联合开拓法。

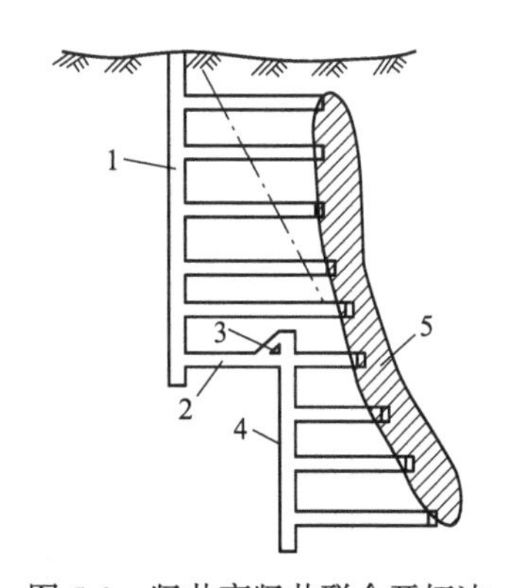

图5-9 竖井盲竖井联合开拓法

1—竖井；2—石门；3—提升机硐室；4—盲竖井；5—矿体

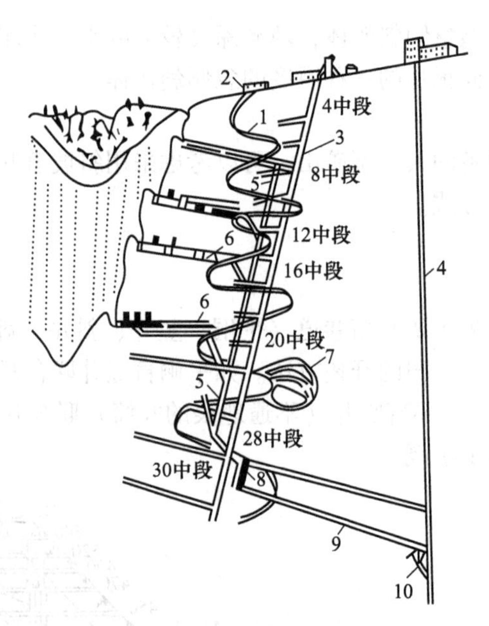

图 5-10　竖井斜坡道联合开拓法

1—斜坡道；2—斜坡道口；3—通风井；4—箕斗井；5—主溜矿井；6—通行无轨设备的阶段运输巷道；7—井下车库及修理硐室；8—破碎转运设施；9—胶带运输机；10—计量硐室

5.3.4　主要开拓巷道位置的确定

主要开拓巷道是矿山的咽喉工程，位置一经确定，即不容易更改，因此，必须正确确定其位置，以保证其处于良好的地层中，不压矿，具有足够的服务年限，降低矿山经营费用。其确定原则是：

（1）在安全带以外。开采作业造成地下形成采空区，打破采空区周围岩石的原始平衡状态，引起周围岩石的变形、破坏和崩落，并最终导致地表发生移动和陷落。地表产生陷落和移动的地带，分别叫作陷落带和移动带，如图 5-11 所示。采空区底部与地表陷落带或移动带边界的连线和水平面的夹角称为岩石的陷落角或移动角，其大小与岩石的性质等有关。主要开拓巷道应布置在岩石移动带 10~20m 范围（称为安全带）以外。否则，就要在其下部留一部分矿体作为保安矿柱。

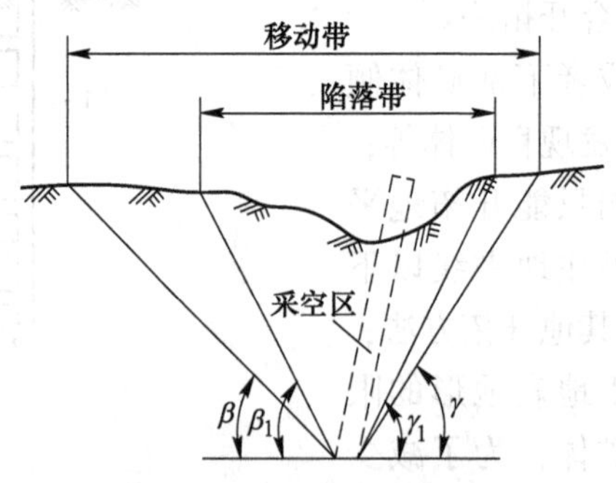

图 5-11　陷落带和移动带

γ—下盘岩石移动角；γ_1—下盘岩石陷落角；β—上盘岩石移动角；β_1—上盘岩石陷落角

（2）地表地下运输功最小。运输量与运输距离的乘积称为运输功，单位为t·km。运输费用与运输功成正比。合理的主要开拓巷道位置，应该位于地面与地下运输功最小的位置，尽量避免地面与地下出现反向运输现象。

（3）综合考虑地面和地下因素。

1）地面因素包括：井口附近应有足够的工业场地；选厂应尽量利用山坡地形，以利各选矿工序间物料可以借助重力转运；井口应选择在安全可靠的位置，不受洪水及滑坡等地质灾害影响；与外部运输联系方便；不占或少占农田等。

2）地下因素包括：主要开拓巷道穿过的地层应稳固，无流砂层、含水层、溶洞、断层、破碎带等不良地质条件。

5.4 井底车场

井底车场是在井筒与石门联结处所开凿的巷道与硐室的总称。它是转送人员、矿岩、设备、材料的场所，也是井下排水和动力供应的转换中心。根据开拓方法的不同，分为竖井井底车场和斜井井底车场。

5.4.1 竖井井底车场

图5-12为竖井井底车场的结构示意图，图中主井为箕斗井，副井为罐笼井。

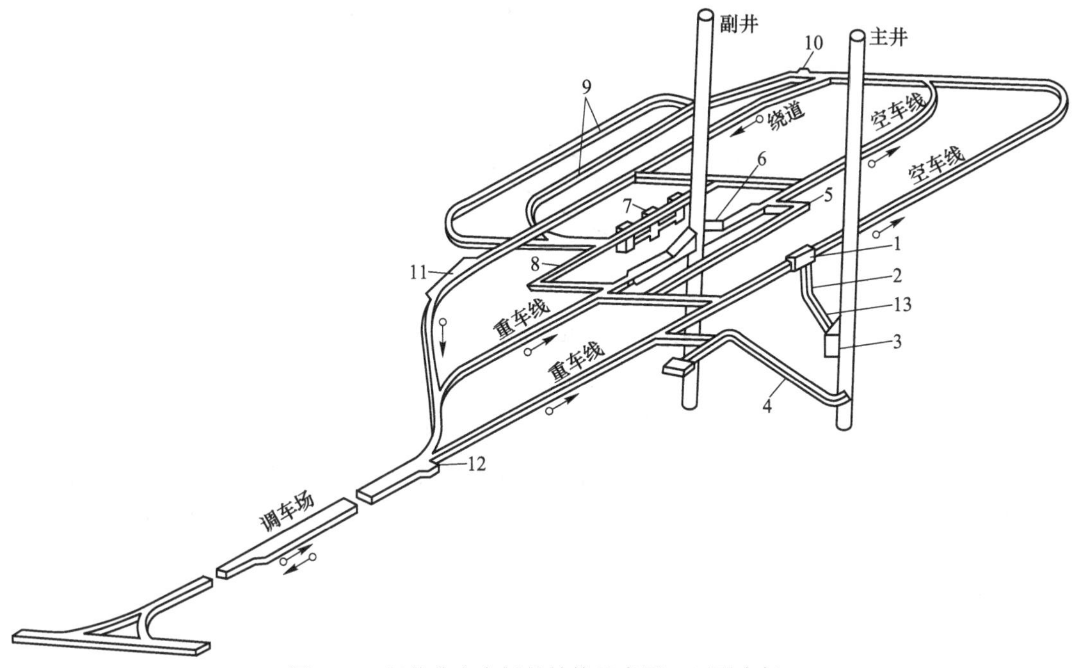

图5-12 竖井井底车场的结构示意图（环形车场）

1—翻笼硐室；2—主矿石溜井；3—箕斗装载硐室；4—粉矿回收井；5—结核/压舱物贮仓；6—马头门；7—水泵房；8—变电所；9—水仓；10—水仓清理绞车硐室；11—机车库及修理硐室；12—调度室；13—矿仓

（1）车场线路（巷道）。

1）储车线路：主、副井的重、空车线及停放材料的支线（图中未标出）；

2）行车线路：联结主、副井的空、重车线的绕道，调车场及马头门（井筒与水平巷道相联结的斜顶巷道部分）。

（2）硐室。井底车场布置有各种形式的硐室，如翻笼硐室、矿仓、箕斗装载硐室、马头门、水泵房、变电所、水仓、候罐室、调度室、修理硐室等。

（3）形式。按矿车运行系统不同，竖井井底车场分为尽头式、折返式和环形式3种类型。

1）尽头式井底车场：车辆从井筒单侧进出，即从罐笼中拉出空车，再推进重车，如图5-13(a) 所示。

2）折返式井底车场：重车从井筒一侧进入，另一侧出空车，空车经过另外敷设的平行线路或从原线路变头（改变矿车首尾方向）返回，如图5-13(b) 所示。

3）环形式井底车场：进、出车与折返式井底车场相同，也是在井筒一侧进重车，另一侧出空车。但不同的是空车经空车线和绕道不变头返回，如图5-13(c) 所示。

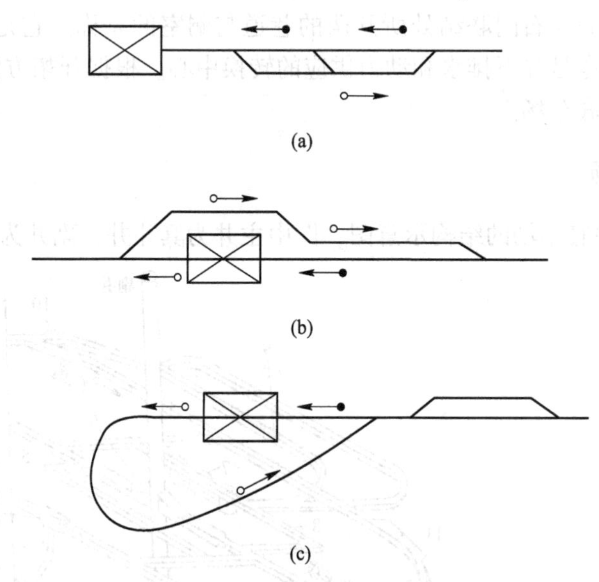

图5-13 竖井井底车场型式示意图
（a）尽头式；（b）折返式；（c）环形式
●→重车及运行方向；○→空车及运行方向

3种形式井底车场工程量、投资额、生产能力从大到小依次为环形式、折返式和尽头式，因此，中小型矿山可以采用折返式或尽头式，但大型矿山（含部分中型矿山）一般采用环形式。

5.4.2 斜井井底车场

斜井井底车场按矿车运行系统分为折返式和环形式两种。环形式井底车场一般用于箕斗或胶带提升的大、中型斜井中，其结构特点大致与竖井井底车场相同。金属矿山，特别是中、小型矿山的斜井，多用串车提升，其井底车场形式均为折返式（图5-14）。

串车斜井井筒与车场的联结有3种方式：

（1）甩车道：由斜井井筒一侧或两侧开掘甩车道，矿车经甩车道由斜变平后进入车

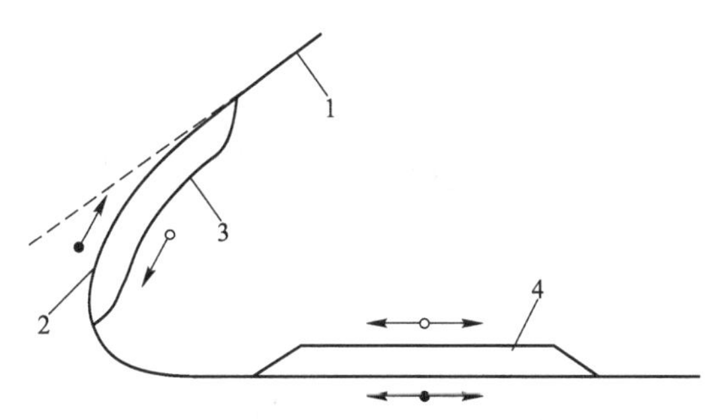

图 5-14　斜井井底车场运行线路示意图

1—斜井；2—重车线；3—空车线；4—调车线

●⟶重车及运行方向；○⟶空车及运行方向

场，如图 5-15 所示。

（2）吊桥：矿车经吊桥从斜井顶板进入车场。

（3）平车场：斜井井筒直接过渡到车场，用于斜井井底与最后一个阶段的联结。

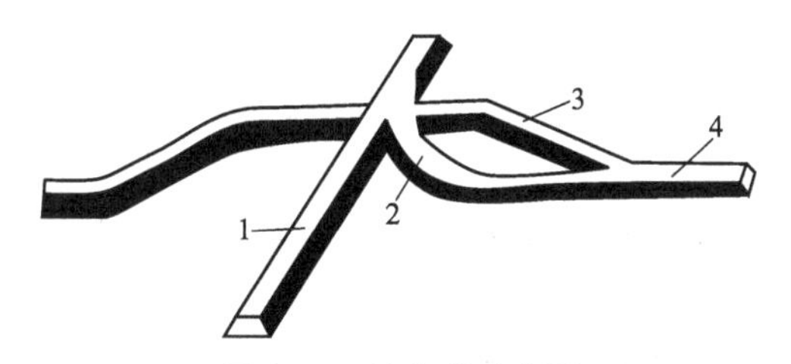

图 5-15　甩车道示意图

1—斜井；2—甩车道；3—绕道；4—平巷

本章习题

5-1　简述矿田和井田的概念。

5-2　简述阶段、矿块、盘区、采区的概念。

5-3　井田中阶段的开采顺序有哪些？

5-4　阶段中矿块的开采顺序有哪些？

5-5　简述三级矿量的定义。

5-6　简述开拓方法的分类。

5-7　简述竖井井底车场类型。

5-8　简述斜井井底车场类型。

6　矿山主要生产系统

6.1　提升与运输

矿山提升与运输是矿山生产的重要环节，其主要任务是将采掘工作面采下的矿石运到地表选厂或贮矿场，将掘进废石运到地表废石堆场，以及运送材料、设备、人员等。

6.1.1　矿井提升

矿井提升实际上就是井筒中的运输工作，是全矿运输系统中的重要环节。矿井提升设备包括提升机、提升容器、提升钢丝绳、天轮及装卸设备等。由于矿井提升工作是使提升容器在井筒中做高速往复运动，因此，要求提升机运行准确、安全可靠。

6.1.1.1　提升机

目前我国金属非金属地下矿山使用的提升机主要有单绳缠绕式矿井提升机（有单筒、双筒两种型式）和多绳摩擦式矿井提升机等。

单绳缠绕式矿井提升机是指每个卷筒缠绕一根钢丝绳通过旋转进行提升或下放的机械设备，提升高度（竖井提升）或斜坡长度（斜井或斜坡提升）受卷筒上缠绕钢丝绳层数的限制，不可能过大。

多绳摩擦式矿井提升机的钢丝绳不是固定和缠绕在主导轮上，而是搭放在主导轮的摩擦衬垫上，提升容器悬挂在钢丝绳的两端。为使两边的重量不致相差过大，在两个容器的底部用钢丝绳相连。当电动机带动主导轮转动时，钢丝绳和摩擦衬垫之间便产生很大的摩擦力，使钢丝绳在这种摩擦力的作用下，跟随主导轮一起运动，从而实现容器的提升或下放（图 6-1）。

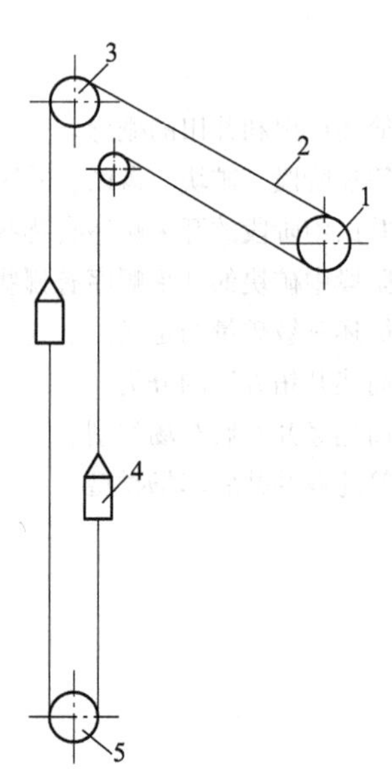

图 6-1　摩擦式矿井提升机结构示意图
1—主导轮；2—钢丝绳；3—天轮；4—提升容器；5—导向轮

目前常用的多绳摩擦式矿井提升机一般分为 4 绳或 6 绳，由于钢丝绳的数目增多，每根钢丝绳的直径较单绳大幅减小，卷筒直径也就相应地减小，并且钢丝绳是搭在卷筒上的，提升高度不受卷筒直径和宽度的限制，故特别适用于深井提升。随开采深度的增加，多绳摩擦式矿井提升机的应用越来越广泛。

摩擦式提升机和缠绕式提升机应装设如下保险装置：

（1）过卷保护装置；

（2）过速保护装置；

（3）限速保护装置；

(4) 闸瓦磨损保护装置;

(5) 松绳保护装置(摩擦式无此项要求);

(6) 主电机短路及断电保护装置;

(7) 直流电动机失励磁保护装置;

(8) 深度指示器失效保护装置;

(9) 过负荷和无电压保护装置;

(10) 润滑系统油压过高、过低或制动油温过高保护装置。

6.1.1.2 提升容器

(1) 罐笼。罐笼用于竖井内升降人员、提升和下放物料。根据层数不同，有单层罐笼、双层罐笼和多层罐笼之分，图 6-2 为金属矿常用的单层罐笼。特点如下:

1) 罐笼内可装矿车;

2) 罐笼顶部有可开启的罐盖，以供在罐笼内运送长材料;

3) 罐笼在井筒内的运动是靠罐道(刚性罐道或钢丝绳罐道)来导向的，因此在罐笼的两侧设罐耳与罐道啮合，使罐笼沿罐道运动;

4) 为防止断绳时罐笼坠井事故，在罐笼上装有断绳保险器，钢丝绳或连接装置一旦断裂时，可使罐笼停在罐道上，以确保安全。

斜井用的罐笼称台车，如图 6-3 所示，由基架、两对轮子、立柱、平台、挡柱等组成。

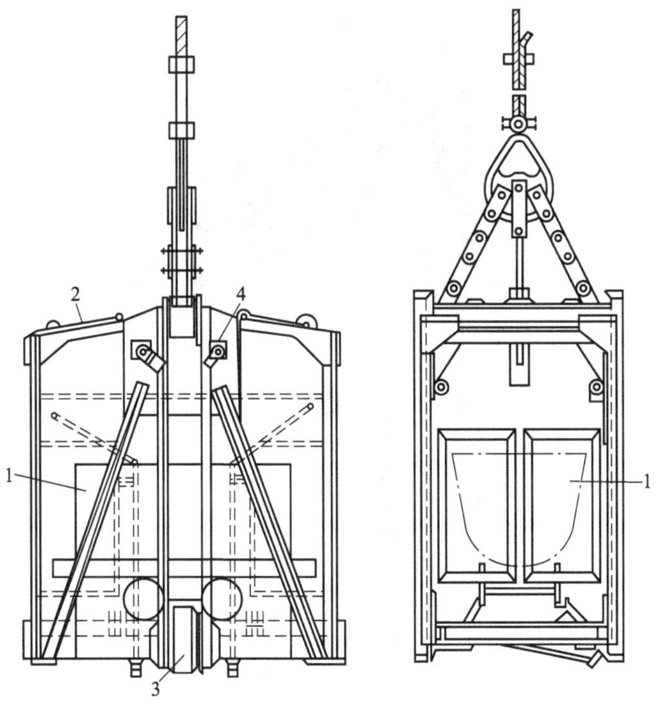

图 6-2 单层罐笼

1—矿车; 2—罐盖; 3—罐耳; 4—断绳保险器

(2) 箕斗。箕斗只能提升矿石和废石。根据卸矿方式不同，竖井箕斗分为底卸式、侧卸式和翻转式 3 种; 斜井箕斗则有翻转式和后壁卸载式之别。

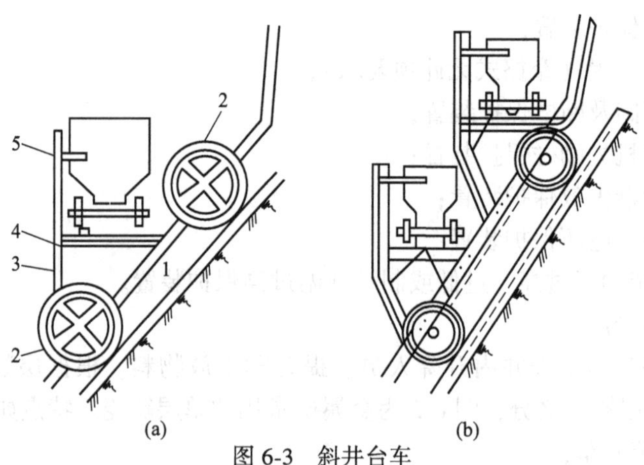

图 6-3 斜井台车

(a) 单层台车；(b) 双层台车

1—基架；2—轮子；3—立柱；4—平台；5—挡柱

图 6-4 为翻转式斜井箕斗。框架可以绕固定在斗箱两侧的轴转动。斗箱备有两对轮子，其后轮的钢轨接触面较前轮宽。在井筒中这两对轮子同在斜井钢轨上运行；但在地表箕斗卸载处，斜井钢轨弯曲成水平，因而在其外侧另外敷设了一对轨距较大的辅助钢轨。当箕斗运行至弯轨处时，箕斗前轮继续沿钢轨运行，而后轮则沿辅助钢轨的方向被继续提升，使箕斗翻转卸载。

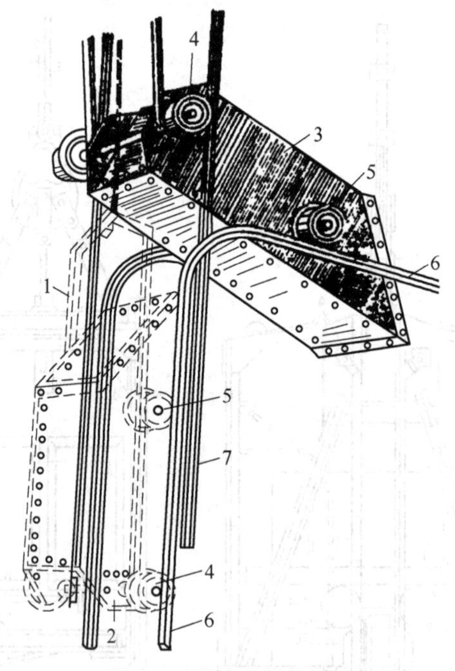

图 6-4 翻转式斜井箕斗

1—框架；2—转轴；3—斗箱；4—箕斗前轮；5—箕斗后轮；6—斜井钢轨；7—辅助钢轨

6.1.2 矿山运输

井筒开拓的矿山，回采工作面采下的矿石要通过井下运输设备运送到井筒的装矿溜井，通过提升设备提升至地面后，经地面运输设备运送至选矿厂或直接外运出售。平硐开拓或斜坡道开拓的矿山，回采工作面采下的矿石也需通过运输设备直接运至地面。因此，运输也是矿山主要生产系统之一。

矿山运输方式包括轨道运输、汽车运输、胶带运输机运输和架空索道运输等。

6.1.2.1 轨道运输

轨道运输主要设备是轨道、矿车和电机车。

(1) 轨道。井下巷道中铺设的轨道通常是窄轨（轨距有600mm、720mm和900mm）。窄轨除了轨距窄、钢轨轻（8kg/m、11kg/m、15kg/m、18kg/m、24kg/m、33kg/m和38kg/m）以外，与地面铁道准轨基本一致。轨道主要由道轨、轨枕、道碴和连接件组成。

(2) 矿车。地下矿车分为固定式、翻斗式、侧卸式和底卸式等几类。矿车容积一般为0.5~4m^3。

(3) 电机车。井下用的电机车有架线式和蓄电池式两种，金属矿山主要采用架线式电机车。

架线式电机车由受电弓将电流自架线引入电机车的电动机，并利用轨道做电流的回路。一般都以直流电为电源，需要在地下设变流所，将交流电变为直流电。架线式电机车结构简单，易于维护，运输费用较低，但电弓常冒火花，不能在有瓦斯和矿尘爆炸危险的矿山使用。目前井下架线式电机车，有3t、7t、10t、14t、20t等几种。电机车大小选择应根据阶段运输量、运距、装矿方式、装矿点集中与否等因素综合考虑决定。架线式电机车工作中断时间超过一个班时，应切断非工作区域内的电机车线路电源。维修电机车线路时应先切断电源，并将线路接地。

蓄电池式电机车由本身携带的蓄电池供电，不需要架线，也不产生火花，但需经常更换电池，且设备费和运输费较高，主要用于有瓦斯和矿尘爆炸危险的矿井。

随着智能化技术的高速发展，矿井无人驾驶电机车应用越来越广泛。矿井电机车无人驾驶系统是基于人工智能技术和机器人软件平台，以高速无线通信及工业环网为传输平台，以矿用轨道运输监控系统为安全依托，采用井下机车精确定位技术、图像识别处理技术和机车安全运调技术，并结合电机车智能化控制的矿井安全生产运输综合监控系统，可以实现电机车-矿车装运卸全过程的无人化驾驶作业。

6.1.2.2 汽车运输

汽车运输主要用于平硐开拓或斜坡道开拓的矿山，最大优点是不需铺设轨道，移动方便灵活，便于与铲运机等大型无轨采装设备配套，但汽车排出的尾气恶化了井下工作环境，对矿山通风工作提出了更高的要求。受巷道断面影响，地下汽车吨位一般不大。

6.1.2.3 胶带运输机运输

胶带运输机是一种可实现连续运送物料的运输设备，生产能力大，可以与连续采矿设备与工艺配合，实现连续采矿。胶带运输机种类很多，但均由机头、机尾和机身3部分组成：

(1) 机头即传动装置，包括电动机、减速箱和带动胶带旋转的主动滚筒；

(2) 机尾即拉紧装置，由拉紧滚筒和拉紧装置组成；

(3) 机身包括胶带、托滚和托架。

胶带由托滚支托，绕过主动滚筒和拉紧滚筒，用胶带卡子把两端连接起来，形成一个环形带。主动滚筒旋转时，带动胶带连续运转，输送矿岩。

6.1.2.4　架空索道运输

在一些地处山区、地形复杂的矿山，也有采用架空索道进行地面运输的实例。架空索道就是通过架设在空中的钢丝绳悬挂矿斗，矿斗随着牵引钢丝绳的运动而运动的一种运输方式。它可以直接跨越较大的河流和沟谷，翻越陡峭的高山，从而缩短两点之间的运输距离，减少土石方工程量，并且无需构筑桥梁涵洞，对于地处山区、产量不大的矿山，是一种比较有效的地表运输方法。

6.2　通　　风

地面新鲜空气进入矿井后，由于被凿岩、爆破、装载、运输等作业产生的烟尘以及坑木腐朽、矿石氧化等产生的有害气体所污染而变成井下污浊空气。污浊空气成分与地面新鲜空气差别较大，主要表现为粉尘增多、有害气体含量增加、空气含氧量降低。

为了降低井下空气中粉尘含量及有害气体浓度，提高含氧量，以达到国家规定的卫生标准，必须进行矿井通风，即不断地将地面新鲜空气送入井下，并将井下污浊空气排出地表，调节井下温度和湿度，创造舒适的劳动条件，保证井下工作人员的健康与安全。

6.2.1　有关规定

根据《金属非金属矿山安全规程》（GB 16423—2020）、《冶金矿山安全规程》，井下通风要满足以下要求：

（1）井下采掘工作面进风流中的空气成分（按体积计算），氧气不低于 20%，CO_2 不高于 0.5%。

（2）井下所有作业地点的空气含尘量不得超过 $2mg/m^3$，入风井巷和采掘工作面的风源含尘量不得超过 $0.5mg/m^3$。

（3）不采用柴油设备的矿井井下作业地点有毒有害气体浓度不得超过表 6-1 所规定的数值。

表 6-1　有毒有害气体最大允许浓度

有毒有害气体名称	体积浓度	
	%	ppm（10^{-6}）
一氧化碳（CO）	0.0024	24
氮氧化物（NO_x，折算为 NO_2）	0.00025	2.5
二氧化硫（SO_2）	0.0005	5
硫化氢（H_2S）	0.00066	6.6
氨（NH_3）	0.004	40

（4）使用柴油设备的矿井井下作业地点有毒有害气体浓度应符合以下规定：$CO<50\times10^{-6}$；$CO_2<5\times10^{-6}$；甲醛$<5\times10^{-6}$；丙烯醛$<0.12\times10^{-6}$。

（5）作业场所空气中粉尘（总粉尘、呼吸性粉尘）浓度不超过表 6-2 的规定。

表 6-2 作业场所空气中粉尘浓度限值

游离 SiO_2 的质量分数/%	时间加权平均浓度限值/$mg \cdot m^{-3}$	
	总粉尘	呼吸性粉尘
<10	4	1.5
10~50	1	0.7
50~80	0.7	0.3
≥80	0.5	0.2

注：时间加权平均浓度限值是每天 8h 工作时间内接触的平均浓度限值。

(6) 井下破碎硐室、主溜矿井等处的污风要引入回风道，否则必须经过净化达到(2) 条的要求时，方准进入其他作业地点；井下炸药库和充电硐室空气中的氢含量不得超过 0.5%，并且必须有独立的回风道；井下所有机电硐室，都必须供给新鲜风流。

(7) 采场、二次破碎巷道和电耙巷道，应利用贯穿风流通风。

(8) 矿井所需风量，按下列要求分别计算，并取其中最大值：

1) 按井下同时工作的最多人数计算，每人每分钟供给风量不得小于 $4m^3$。

2) 按排尘风速计算风量，硐室型采场最低风速不应小于 0.15m/s，饰面石材开采时不应小于 0.06m/s，巷道型采场和掘进巷道不应小于 0.25m/s，电耙道和二次破碎巷道不应小于 0.5m/s，箕斗硐室、装矿皮带道等作业地点不应小于 0.2m/s。

3) 破碎机硐室：采用旋回破碎机的，风量不小于 12m/s；采用其他破碎机的，风量不小于 8m/s，采用 2 台破碎设备时，不小于 12m/s。

4) 有柴油设备运行的矿井，所需风量按同时作业机台数每千瓦每分钟风量 $4m^3$ 计算。

除此之外，井下空气中放射性物质最大容许浓度应符合《电离辐射防护与辐射源安全基本标准》(GB 18871—2002) 的具体规定。

6.2.2 矿井通风系统

矿井通风时，风流流动线路一般是：新鲜风流由进风井送入井下，经石门、阶段运输平巷等开拓巷道和天井等采准工程到达需要通风的工作面，冲洗工作面后的污浊风流经回风井巷排至地表。风流所流经的通风线路及设施（包括通风设备）称为通风系统。根据矿山拥有的独立通风系统的数目，可分为集中通风和分区通风；按进风井和出（回）风井的相对位置，通风系统分为中央式、对角式和混合式。

6.2.2.1 集中通风与分区通风

集中通风系统即全矿一个通风系统，其主要适用条件是：矿体埋藏较深，走向长度不大，矿量分布集中，且连通地表的老硐、采空区、崩落区等漏风通道较少的矿山。

分区通风系统即将全矿划分为若干个独立的通风系统，其主要适用条件是：矿体走向较长矿山；矿床地质条件复杂，矿体分布零乱或矿体被构造破坏，天然划分为几个区段并和老硐、采空区、崩落区与地表连通处较多，漏风较严重，且各采区之间连接的主要运输井巷很少的矿山，易于严密隔离的；矿石或围岩具有自燃危险，需要分区返风或需要采取分区隔离救灾措施的矿山。

6.2.2.2 进、回风井的布置形式

(1) 中央式通风系统。该系统进风井与回风井的位置，大致位于井田走向的中央，如

图 6-5 所示。其主要优点是：基建井巷工程量与投资小，基建时间短，风流稳定，主扇的供电检修和管理方便；其主要缺点是：风路较长，风压较大，井底车场漏风大，各分支风量自然分配不均匀。

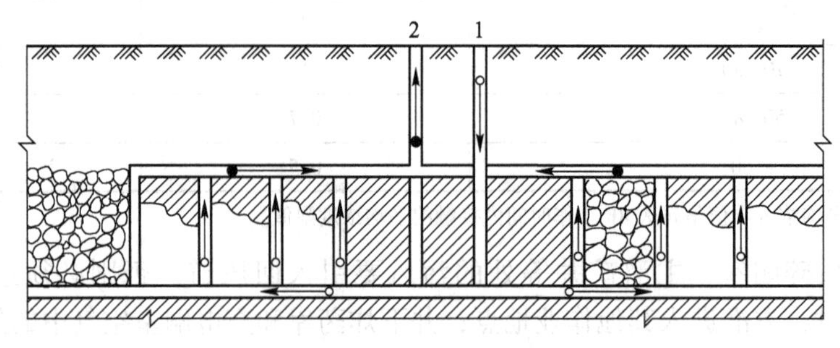

图 6-5　中央式通风系统

1—进风井；2—回风井

（2）对角式通风系统。该系统进风井与回风井分别位于井田中央和井田边界附近，或者分别位于井田边界附近。对角式通风分为两翼对角式和单翼对角式。前者有 3 个通达地表的井筒，其中一个是进风井，其余两个是回风井（图 6-6）；后者有 2 个通达地表的井筒，其中一个是进风井，另一个是回风井，分别位于矿体走向的两端（图 6-7）。

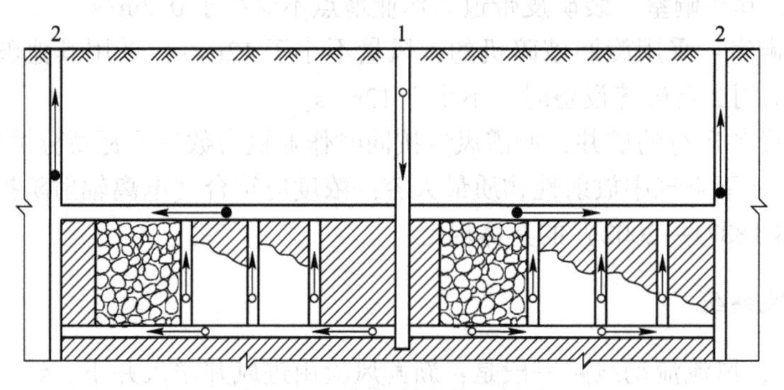

图 6-6　对角双翼式通风系统

1—进风井；2—回风井

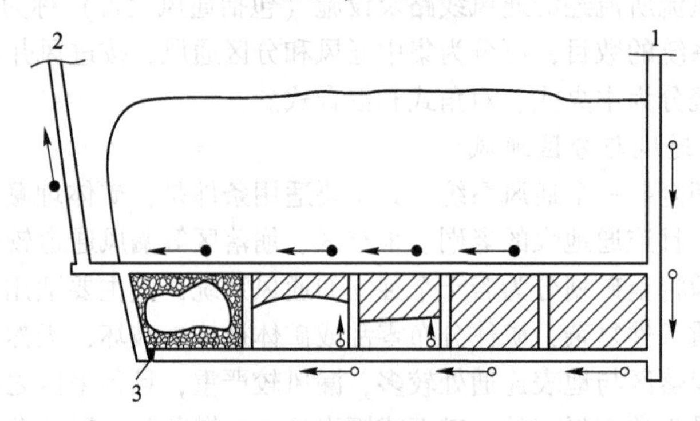

图 6-7　对角单翼式通风系统

1—进风井；2—回风井；3—风墙

（3）混合式通风系统。混合式通风系统进风井与回风井由 3 个以上井筒组成，并按照中央式和对角式混合布置。这种通风系统在我国矿山很少使用。

6.2.2.3 通风方式

矿井通风方式有抽出式、压入式和混合式3种。

(1) 抽出式。抽出式通风主扇位于回风井，利用主扇提供的负压抽出污浊空气（图6-8）。抽出式是金属矿山普遍采用的通风方式，其优点是：可利用副井进风，进风段风速小，人行、运输条件好；不需专用进风井巷和井口密闭；排烟速度快，且风流主要在回风段调节，不妨碍人行运输，便于维护管理；矿井风压呈负压状态，对自燃发火矿井的防止火灾蔓延或主扇停风时不引起采空区有毒有害气体突然涌出方面比较有利。其主要缺点是：当工作面经崩落空区与地表沟通时较难控制漏风；污风通过主扇，腐蚀性较大。

(2) 压入式。压入式通风主扇位于进风井，利用主扇提供的正压压入新鲜空气，排出污浊空气（图6-9）。其优点是：可利用采空区、崩落区或回风段其他通地表的井巷组成多井巷回风减少阻力，回风道密闭工程量少，维护费用低；矿井风压呈正压状态，可减少井巷、空区、矿岩裂隙中有毒有害气体的析出量；新鲜风流通过主扇，腐蚀性较小。其主要缺点是：进风井巷维护困难；进风段风速大，对人行运输不利，劳动条件差；在回风段风压低，排烟速度慢。

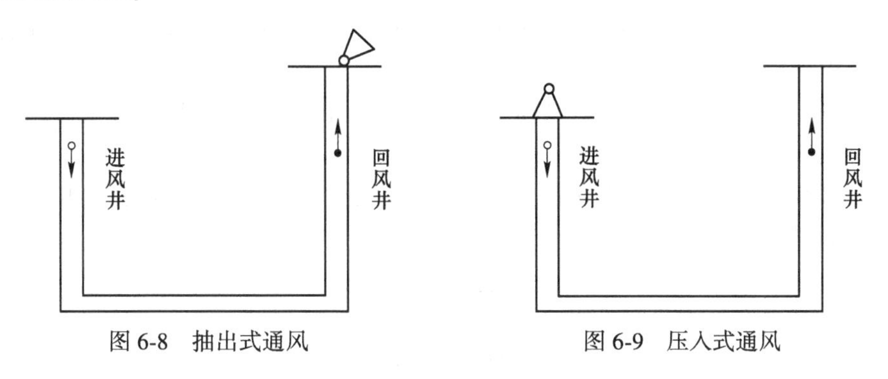

图6-8 抽出式通风　　图6-9 压入式通风

(3) 混合式。进风井主扇压入新鲜空气、回风井主扇采用抽出污浊空气的联合通风方式（图6-10）。该方式兼有压入式和抽出式的优点，但需要两套主扇设备，投资大且管理复杂。

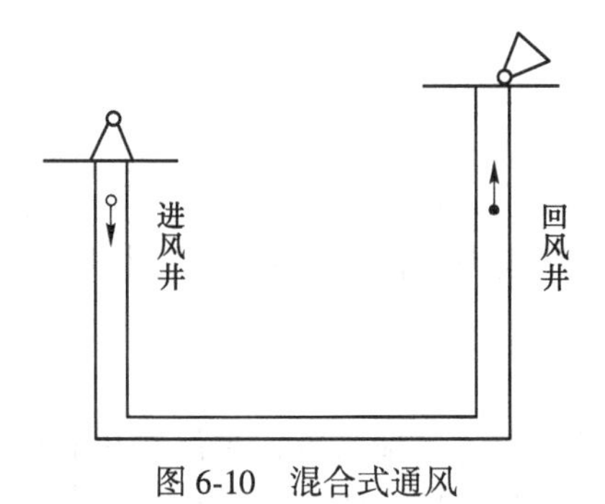

图6-10 混合式通风

6.2.2.4 多级机站压抽式通风系统

多级机站压抽式通风系统是在井下设立数级扇风机站，接力地将地表新鲜风流经由进风井巷压送到井下作业地点，而污风同样由数级风机经回风井巷抽送至地表。通风系统中每级机站由多台相同的风机并联组成，各级机站之间为串联工作，在通风网络中，各级机站的工作方式既是压入式又是抽出式。

多级机站压轴式通风系统与现行的集中大主扇通风系统相比，具有以下突出的优点：

（1）多级机站为多个并联的相同小风机组成，可以根据作业区需风量的变化而开闭风机调节风量，做到按需分配风量，降低能耗。

（2）多级机站间为压抽式串联通风，可降低全矿通风网络压差，工作面形成零压区，从而减少漏风。

（3）结合风网特点，合理布设机站，使用风机进行分风，灵活可靠，提高了工作面的有效风量。

6.2.2.5 风流控制设施

要把新鲜空气保质保量送到各作业地点，同时把污浊风流按一定线路排出地表，风流在井巷中不能任其自然分配，必须根据需要加以控制，因此，需要构筑一定的控制设施。

（1）风门。在既需要隔断风流，又需要行人或运输的巷道中，可设置风门。风门有木制的和铁制的；有水动的、电动的、气动的和机械动作的等。

（2）风窗。为了使并联巷道内的风流能够按照设计所要求的风量通过，对那些可通过风量超过所要求风量的巷道，可在其中设置风窗进行调节。所谓风窗，实际上就是在风门上开一个可以用活动木板调节面积的小窗口。

（3）风桥。风桥是一种避免新风和污风交汇的构筑物，一般设置在分别通过新风和污风的两条巷道交叉处，如图 6-11 所示，巷道 1 进新风，巷道 2 进污风。

（4）密闭墙。将采空区、废弃巷道等用砖、混凝土等材料构筑的墙密闭起来，防止通风巷道由此漏风。

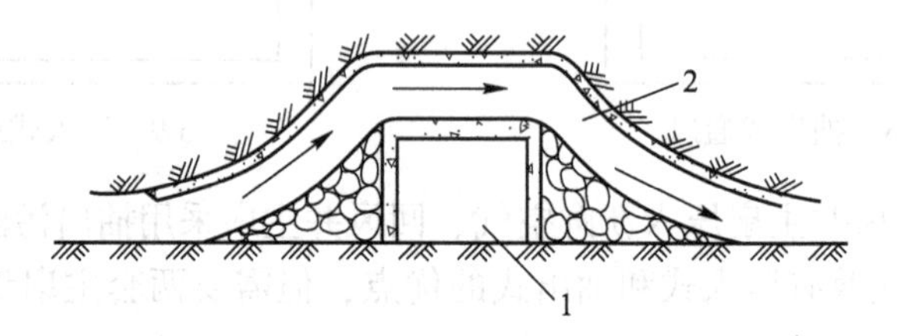

图 6-11 混凝土风桥

6.2.3 矿井通风方法

矿井内的空气之所以能够流动，是由于进风口与出风口之间存在着压力差。造成这种压力差，促使矿井内空气流动的动力，称为通风动力。按通风动力不同，可将矿井通风方法分为机械通风和自然通风。

6.2.3.1 机械通风

机械通风是采用专门的机械设备（扇风机）来促使井下空气流动。季节变化对通风影响不大，风流方向及风量可以调节，是一种可靠的通风方法，为绝大多数矿山所采用，而且安全规程规定，地下矿山必须建立机械通风系统。

矿井用的扇风机有轴流式和离心式两种。

图 6-12 为轴流式扇风机工作原理图，其进风和出风方向成一直线，并与轴平行。当

工作轮不停转动时，由于叶片呈机翼形，与旋转面成一定的夹角，因此，在叶片前进的后方产生低压区吸入空气；叶片前进的前方产生高压区，驱动空气前进。轴流式扇风机效率高，重量轻，动轮叶片可以调整，在金属矿山得到广泛应用。其缺点是噪声大，维修复杂。

图 6-13 为离心式扇风机工作原理图，其特点是进风方向和出风方向相互垂直，当工作轮在螺旋型的机壳内旋转时，由于叶片产生的离心力，使机壳内的空气沿着叶片运动的路线，向工作轮的切线方向流动。这样，在工作轮的中心部分产生低压区吸入空气；轮缘部分产生高压区，把空气从扩散器压出。离心式扇风机由于风量小、笨重等缺点，仅在部分小型矿山使用。

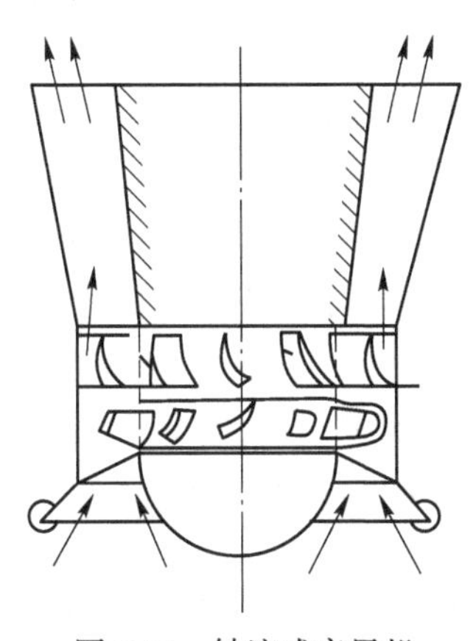

图 6-12　轴流式扇风机

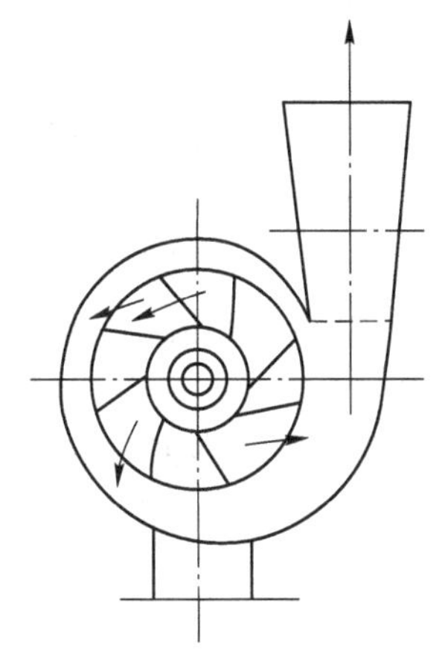

图 6-13　离心式扇风机

6.2.3.2　自然通风

自然通风是靠自然压差促使空气流动的。当进风井筒与出风井筒地表位置的高度不同时，往往两个井筒中空气柱的质量不同，产生自然压差，也称自然风压。如图 6-14 所示，平窿口与井口标高不同，冬季地面温度低于井下温度，地面空气密度大，因此，空气柱 *AB* 重于空气柱 *DC*，这样就使处于同一标高的 *B* 和 *C* 所受空气柱质量不同：*B* 点的空气重力大于 *C* 点的空气重力。因此，冬季空气从 *B* 点向 *C* 点流动，即从平窿进风，井筒出风。而在夏季，地面温度高于井下温度，所以风流方向与冬季恰好相反。不难看出，自然通风极不稳定，风流方向和风量大小均受季节影响，春秋季节，地面井下温度差别不大，井下空气可能就不会流动。因此，自然通风只能作为机械通风的一种补充手段。

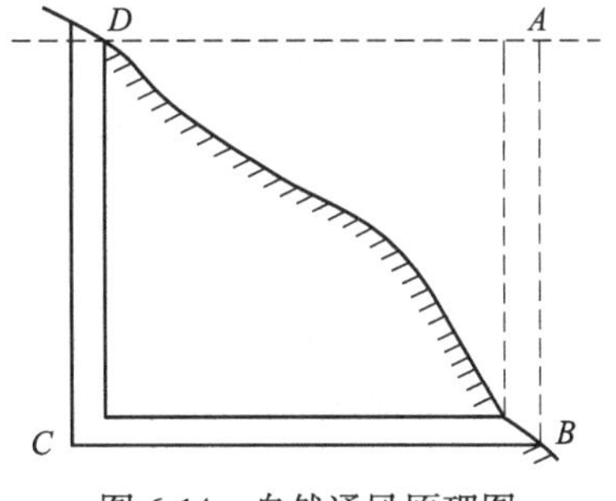

图 6-14　自然通风原理图

6.2.4　矿井降温与防冻

6.2.4.1　有关规定

《金属非金属矿山安全规程》（GB 16423—2020）规定：

（1）人员连续作业场所的湿球温度不高于 27℃，通风降温不能满足要求时，应采取制冷降温或其他防护措施；另外，不同湿球温度条件下，应符合以下规定：

1）湿球温度超过30℃时，应停止作业；

2）湿球温度为27~30℃时，人员连续作业时间不应超过2h，且风速不小于1.0m/s；

3）湿球温度为25~27℃时，风速不小于0.5m/s；

4）湿球温度为20~25℃时，风速不小于0.25m/s；

5）湿球温度低于20℃时，风速不小于0.15m/s。

（2）进风井巷空气温度应不低于2℃，低于2℃时，应有空气加热设施。不应采用明火直接加热进入矿井的空气。

（3）严寒地区的提升竖井和作为安全出口的竖井应有保温措施，防止井口及井筒结冰。如有结冰应及时处理，处理结冰前应撤离井口和井下各中段马头门附近的人员，并做好安全警戒。

（4）有放射性的矿山，不应用老窿或老巷预热或降温。

6.2.4.2 高温矿井降温措施

不仅热水型矿井和高硫矿井井下温度较高，而且，一般金属矿山井下温度也会随开采深度的增加而增高，因此，高温矿井降温技术将是矿山不得不面对的一个技术难题。高温矿井降温措施包括：

（1）隔离热源。在所有热害防治措施中，隔离热源是最根本、最重要、最经济的措施。具体措施如及时充填空区，对以热水为主要热源的高温矿井，优先考虑疏干方法、降低水位等。

（2）加强通风。加强通风的主要目的是减少单位风量温升或提高局部风速，前者一般通过加大风量、后者则采用空气引射器来实现降温目的。

（3）用冷水或冰水对风流喷雾降温。本方法主要利用水的汽化吸热而达到降温的目的，如向山硫铁矿采用冰块与27℃的水混合，形成10℃左右的冷水，在工作面进风风筒中对风流喷雾，使工作面入风温度平均下降5.5~6.5℃，相对湿度由40%增至50%。

（4）人工制冷降温。人工制冷有固定式制冷站和移动式空调机两类，前者适用于全矿或生产阶段总风流的降温，而后者主要用于少数高温工作面的风流降温。

6.2.4.3 井筒防冻

地处严寒地区的矿山，冬季应采取防止井筒结冰的措施。井筒防冻通常采用如下空气预热方法：

（1）热风炉预热。在远离工业场地的小型风井，无集中热源时采用。热风炉的位置应使进入井筒的空气不受污染，且符合防火要求。

（2）空气加热器预热。

（3）空气地温预热。利用矿山废旧巷道或采空区的岩温，将送入井下的冷空气进行预热，是一种经济可靠的空气预热方法，用于非煤非铀矿井。

（4）其他空气预热方法。如利用空压机等设备产出的热量预热。

6.3 排水排泥

地下开采过程中，大量的地下水会涌入工作面，影响矿山正常生产，必须采取适当的方法，将地下水排出地表，以保证矿山作业安全。

6.3.1　排水

6.3.1.1　排水方式

矿井排水方式有自流式和扬升式两种。自流式排水是使坑内水自行流到地面，是最经济的排水方法，但只适用于平硐开拓的矿山；扬升式排水是借助排水设备，将水扬至地面。采用井筒开拓的矿山，都必须采用这种方法。

图 6-15 为扬升式排水示意图。地下水沿着阶段巷道的水沟，汇集到井底车场附近的水仓中，再由水泵扬到地面。水仓其实也是一种地下坑道，比所在水平的井底车场标高约低 3~4m，在一般情况下要能容纳地下 8h 的涌水量。这样，一方面保证水泵可在较长的时间内正常工作，另一方面，当矿井涌水突然增加，或当水泵需要停工检修时，都有安全保证。

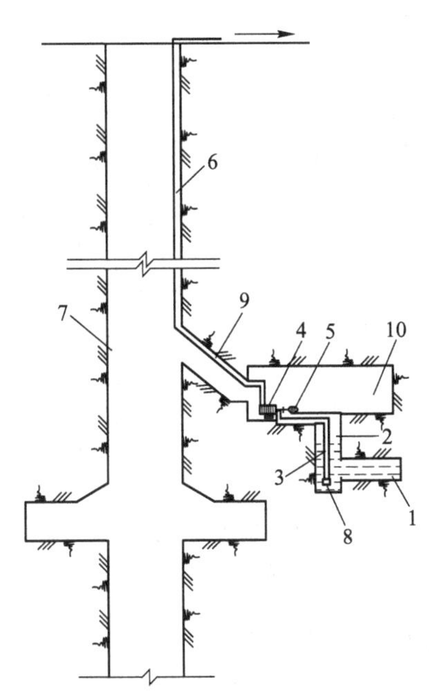

图 6-15　扬升式排水示意图

1—水仓；2—吸水井；3—吸水管；4—水泵；5—电动机；6—排水管道；7—井筒；8—吸水罩；9—管子电缆斜道；10—水泵房

6.3.1.2　排水系统

扬升式排水主要有直接排水、接力排水、集中排水 3 种布置系统。

（1）直接排水。各阶段都设置水泵房，分别用各自的排水设备将水直接扬至地面。这种排水系统，各水平的排水工作互不影响，但所需设备多，井筒内敷设的管道多，管理和检查复杂，金属矿山很少采用。

（2）接力排水。下部水平的积水，由辅助排水设备排至上部水平主排水设备所在水平的水仓内，然后由主排水设备排至地表。这种排水系统适用于深井或上部涌水量大而下部涌水量小的矿井。

（3）集中排水。上部水平的积水，通过下水井、下水钻孔或下水管道引入下部主排水设备所在水平的水仓内，然后由主排水设备集中排至地表。这种排水系统虽然上部水平的积水要流到下部水平，增加了排水电能消耗，但它具有排水系统简单、基建费和管理费少等优点，在金属矿山采用较多，特别是下部涌水量大、上部涌水量小时更为有利。

6.3.1.3 排水设备

矿井排水设备主要包括水泵和水管。

（1）水泵及水泵房。矿用水泵一般为离心式水泵，如图6-16所示。主要通过离心力的作用，使水不断被吸入和排出。单级水泵仅有一个叶轮，扬升高度有限；当扬程大时，可采用多级水泵，即在一根轴上串联多个叶轮，来增加扬升高度。矿用主排水设备，均为多级水泵。

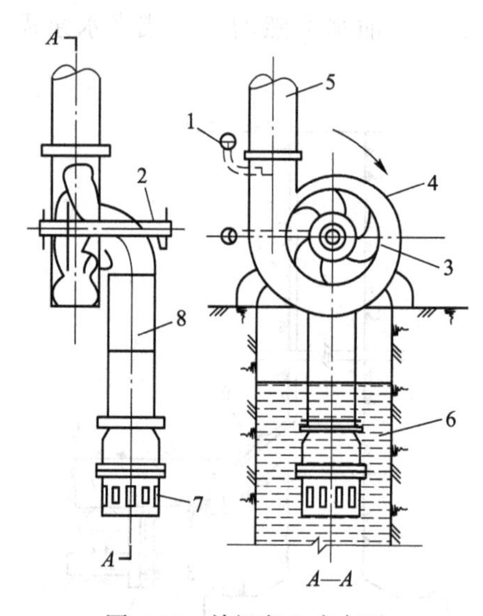

图6-16 单级离心式水泵

1—注水口；2—水泵轴；3—叶轮；4—机壳；5—排水管；6—吸水井；7—吸水罩；8—吸水管

主水泵房一般布置在副井井底车场附近，并与中央变电所连接在一起，中间设防爆门分割，要求通风良好，便于设备运搬。主水泵房至少设置两个出口：一个出口通过斜巷与井筒相通，称为安全出口，它应高出水泵房底板标高7m以上；另一个出口通井底车场，为人员及设备出口，在此出口的通道内，应设置容易关闭的既能防水又能防火的密闭门。水泵房和水仓的连接通道，应设置可靠的控制闸门，在闸门关闭时，水泵房还必须具有独立的通风巷道。水泵房的地面标高，应比井底车场轨面高出0.5m，且向吸水侧留有1%的坡度。

水泵的排水量小于100m^3/h时，2台水泵的吸水管可共用一个吸水井，但其滤水器边缘间的距离，不得小于吸水管直径的2倍；排水量100m^3/h及其以上的水泵，应设单独吸水井。

（2）排水管。排水管一般都敷设在井筒的管道间内。当垂直高度小于200m时，可采用焊接管；如果垂直高度超过200m，可用无缝钢管。矿井的主排水管至少要敷设两条，当一条发生故障时，另一条必须在20h内排出矿井24h的正常涌水量。排水管靠近水泵处，设置闸板阀和逆止阀。闸板阀作为调节排水量及开闭排水管之用；逆止阀是在水泵停车时，防止水管中的水倒流进入水泵中损坏叶轮。

6.3.2 排泥

泥沙量大的矿山，需要定期对水仓沉淀物进行清理和排出，常用的清仓排泥方式包括压气罐清仓串联排泥、压气罐配密闭泥仓高压水排泥、喷射泵清仓泥浆泵排泥和油隔离泵清仓排泥。

（1）压气罐清仓串联排泥。该系统是利用串联的压气罐将沉淀在水仓底部的泥浆排出的清仓排泥方法，其优点是体积小、成本低，清仓时人可不进入水仓，易于实现机械化，清仓时水仓仍可使用；缺点是压气排泥管线多，投资大。该方法一般适用于泥沙颗粒坚硬、清理量较大、水仓服务时间较长的矿山。

（2）压气罐配密闭泥仓高压水排泥。该系统是利用压气罐将沉淀在水仓底部的泥浆送入密闭泥仓贮存，待贮存一定量后，利用本阶段泵房的高压水泵的压力水挤入稀释，并迫使稀释后的泥浆通过主排水管排至地表。该系统扬程高，泥浆不经过水泵，劳动强度低，但其缺点是密闭泥仓构筑技术要求高，工程量和投资大，一般适用于泥沙量大、扬程高和泥仓使用年限长的矿山。

（3）喷射泵清仓泥浆泵排泥。该系统是利用喷射泵将泥沙送入泥浆池，然后通过泥浆泵排至采空区或地表。该清仓排泥方法操作简单，投资少，但高压水消耗大，成本高，且受泥浆泵扬程限制，因此，一般适用于泥量少、扬程低（如向采空区排泥）的矿山。

（4）油隔离泵清仓排泥。该系统利用油隔离泵排出泥沙。

6.4 供　水

6.4.1 供水系统

供水（又称给水）系统是供应生活用水、生产用水和消防用水的设施，由取水工程、净水工程和输配水工程所组成。做好这项工作，必须根据矿山规划、水源情况、当地的地形以及用户对水量、水质和水压的要求等因素综合考虑。供水的形式多种多样，既要满足矿山近期建设的需要，也要考虑今后的发展，做到全面规划、分期施工、安全可靠、经济合理。

供水系统大体可分为下列两种形式：

（1）统一供水系统。此种系统是整个供水区域利用共同的取水构筑物、净水厂和输配水设备（水质、水压相同），统一供应生活、生产和消防等多项用水，称为统一供水系统。这种系统简单，管理方便，适用中、小城镇和工矿的供水工程。

（2）分别供水系统。供水区的地形高差较大或功能区别比较明显且用水量区别亦较大时可以采用互相独立工作的供水系统称为分别供水系统。其中：根据水质差异来划分系统的叫作分质供水系统；根据水压不同来划分的叫作分压供水系统。一般不设专门的消防供水系统。

分别供水系统的水源可以用同一个，也可不用同一水源。比如地面水经简单处理后供工业用水；地下水经检验消毒供生活用水。

矿山的供水系统，由于地势标高的差异，用户对水质、水压、水量的要求不同，因此，生产用水和生活用水是两套供水系统，即矿山是采用分别供水系统。

6.4.2　供水任务

(1) 凿岩机械的湿式凿岩用水，其用水量见表 6-3。

(2) 装卸矿岩巷道的喷雾洒水，各巷道的清洗，硐室、矿车的冲洗，刻槽、支柱等作业前的工作面冲洗，用水量按需要计算，也可按每产 1t 矿石耗水 0.2~0.4m^3 计。

(3) 消防用水按《冶金矿山安全规程》的规定，井下应有消防水管（可与防尘水管共用），并在主要运输巷道、井底车场和硐室敷设，且每隔 50~100m 应安装支管和供水接头。其用水量按井下只有一处用水 2×10L/s，用水持续时间为 3h 计。

(4) 地面供水池容量：井下供水一般都是采用集中供水方式，故地面供水池为井下供水的唯一水源。水池容量不应小于井下一个生产班的凿岩、防尘用水；此外，作为消防灭火用的水池容量不应小于 200m^3 的储水量，如果凿岩防尘和消防用水共一个水池时，应在任何时候都能保证水池中储有不小于 200m^3 水量。

(5) 井下救灾紧急用水按《金属非金属地下矿山供水施救系统建设规范》（AQ 2035—2011）要求供应。

表 6-3　凿岩机的用水量和使用水压

凿岩机 / 指标	手持式	气腿式			上向式	导轨式		潜孔式	
	01—30	YT23	YTP26	YT28	YSP45	YG70 YG80	YGZ90	QZJ	KQ
耗水量/L·min^{-1}	3	5	5	5	5	5~8	5~8	8~12	8~12
水压/MPa	0.2~0.3	0.2~0.3	0.3~0.5	0.2~0.3	0.2~0.3	0.3~0.5	0.4~0.6	0.7	0.8~1.0

6.4.3　供水质量和压力

供水质量应符合卫生与清洁标准，大肠杆菌含量每升不超过 500 个，离子浓度指数 pH 值应在 6.5~8.5 范围内，固体悬浮物含量不超过 150mg/L。

供水压力应满足各类凿岩机湿式凿岩时所需的使用压力（参见表 6-3），对防尘用水的压力不得小于 0.25MPa，防火用水压力不应小于 0.4MPa，喷雾器用水压力不得低于 0.4~0.5MPa。

6.5　压 气 供 应

用来压缩和压送各种气体的机器称为压缩机（又称压风机或压气机）。各种压缩机都属于动力设备，它能将气体压缩，提高气体压力，具有一定的动能。空气具有可压缩性，清晰透明，输送方便，不凝结，无毒无味，没有起火危险，而且取之不尽。因此，压缩空气的空气压缩机（简称空压机）广泛应用于各个工业部门。

压缩空气是金属矿山主要动力之一，井下的凿岩、装岩、装药、放矿闸门等机械，大多是风动的；其他设备如小绞车、锻钎机、碎石机、喷浆机等，往往也以压气为动力。即使广泛采用无轨设备的地下矿山，也离不开压气。因此，压缩空气供应是地下矿山生产不可或缺的工序之一。

金属矿山压缩空气通常在地面空压机站生产，通过管道输送到工作地点。矿山压气系统如图 6-17 所示，由空压机（含中间冷却器、压力调节器等）、拖动装置（电动机或内燃机）、辅助设备（包括空气过滤器、风包、冷却装置等）和输气管网组成。

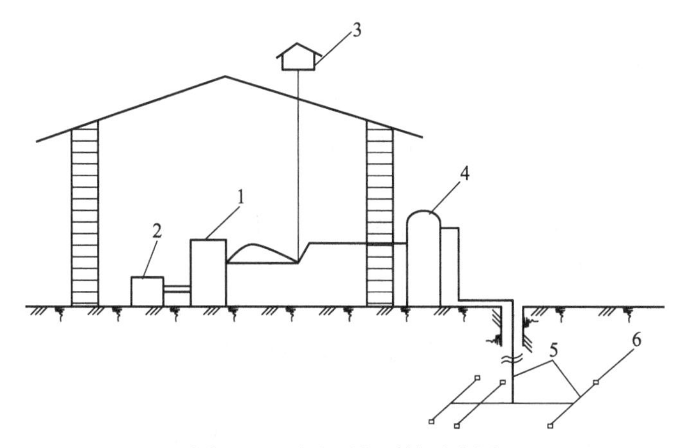

图 6-17 矿山压气系统示意图

1—空压机；2—拖动装置；3—空气过滤器；4—风包；5—压气管道；6—风动机械

空压机型号很多，按其工作原理可分为活塞式和螺杆式两种；按其工作状态可分为固定式和移动式两大类。排气压力为 7～8kg/cm，排气量为 $3m^3/min$、$6m^3/min$、$9m^3/min$、$10m^3/min$、$12m^3/min$、$20m^3/min$、$30m^3/min$、$40m^3/min$、$60m^3/min$、$90m^3/min$、$100m^3/min$。

压气输送管道一般为无缝钢管或对焊钢管。敷设在地面、主要开拓巷道等处的固定干线管道，可用焊接的方式连接；移动管道则用套筒、法兰盘连接；风动机械与压气管网之间则一般采用挠性软管（风绳）连接。

6.6 充 填

充填是采用充填类采矿法矿山的一个主要生产工序。矿山充填是一个复杂的系统工程，涉及充填材料选择、充填混合料配比优化、充填料浆制备及输送、采场充填工艺、充填质量保证等各个环节，每一个环节出现问题，都会造成严重后果，不仅破坏矿山正常生产，影响矿山经济效益，造成资源浪费，而且可能产生重大安全事故，影响矿山可持续发展。

6.6.1 相关政策

2005 年，国家环保总局、国土资源部、卫生部发布通知（环发〔2005〕109 号）：推广充填采法开采工艺技术的运用。

2012年，五部委指导意见（安监总管一〔2012〕32号）：新建设的金属或非金属地下开采矿山必须要对能否采用充填法开采进行论证。

2013年，中华人民共和国国家环境保护标准《矿山生态环境保护与恢复治理技术规范（试行）》（HJ 651—2013）：在基本农田保护区下采矿，应结合矿山沉陷区治理方案确定优先充填开采区域，防止地表二次治理。

2014年，安全局发布通知（安监总管一〔2014〕48号）：新建地下矿山首先要选用充填采矿法，不能采用的要经过设计单位或专家论证，并出具论证材料。

2016年，财政部、国家税务总局发布《关于全面推进资源税改革的通知》（财税〔2016〕53号）：对符合条件的采用充填开采方式采出的矿产资源，资源税减征50%。同期，财政部、国家税务总局发布《关于资源税改革具体政策问题的通知》（财税〔2016〕54号）：对依法在建筑物下、铁路下、水体下通过充填开采方式采出的矿产资源，资源税减征50%。

2017年，中国成立了绿色矿业发展战略联盟，并首次发布了全国绿色矿山建设标准：《固体矿产绿色矿山建设指南（试行）》。

2018年发布的《有色金属行业绿色矿山建设规范》（DZ/T 0320—2018），6.2.2节采矿工艺要求中提出：具备条件的井下矿山宜采用全尾砂充填技术，努力实现矿山无废开采。

2020年，国家市场监督管理总局、国家标准化管理委员会发布《全尾砂膏体充填技术规范》（GB/T 39489—2020），规范了金属、非金属矿山的全尾砂膏体充填技术。

2022年，国家住房和城乡建设部、国家市场监督管理总局发布了《金属非金属矿山充填工程技术标准》（GB/T 51450—2022），推荐了金属非金属矿山充填工程设计及实施所必需的技术要求、技术质量标准、安全管理规定及其他必要的事项。

6.6.2 充填工艺

根据所采用的充填料和充填料输送方式的不同，充填工艺分为干式充填、水砂充填和胶结充填三大类。

6.6.2.1 干式充填

干式充填是将干充填料利用运输设备运至待充填地点进行充填的工艺，始于16世纪墨西哥。废石干式充填始于19世纪中叶，在20世纪初开始出现大量的应用。最早的废石干式充填技术应用于澳大利亚，Mount lyell矿和North Lyle矿山于20世纪初成功应用该项技术。随后，加拿大一些矿山，如Hoorn矿等在20世纪30年代开始推广干式充填技术，并发展了干式充填材料。随着新中国的成立和矿业经济的发展，20世纪50年代初，废石干式充填技术在中国得到了前所未有的推广，成为中国主要的采矿方法之一，如1955年有色金属地下开采矿山中该方法应用比例高达54.8%。但是，干式充填因其效率低、生产能力小和劳动强度大，已不能满足“三强”（强采、强出、强充）采矿生产的需要。因而，自1956年开始，国内干式充填法所占的比重逐年下降，到1963年在有色金属矿山的产量仅占0.7%，处于被淘汰的地位。

6.6.2.2 水砂充填

水砂充填是将充填骨料加水制成质量浓度较低的砂浆，利用管道、溜槽、钻孔等自流输送到待充填地点进行充填，进行废弃物处理的同时简单对采空区进行支撑。在水砂充填中水仅仅作为输送物料的载体，充入采空区后，充填料留在采空区，水渗滤出去，沿巷道水沟流入水仓，通过排水和排泥设施将渗滤出的清水和随清水流失的细泥排出地表。该技术最早见于1864年，为了保护一座教堂的安全，美国宾夕法尼亚州的某个煤矿区首次应用了水砂充填技术。在20世纪50年代后，水砂充填技术在全世界范围内得到了广泛的推广应用，并于1965年在我国锡矿山南矿区首次应用试验成功，20世纪70年代已经在国内60余座矿山得到了成功应用。水砂充填技术的问世，标志着充填技术成为矿山开采中一个独立的系统，使充填技术及相关理论的发展进入了一个高速发展的阶段。然而采矿相关设备的高速发展带动了矿山产能的提高，对充填能力和充填质量提出了更高的要求，在此背景下，水砂充填暴露出了输送能力小、强度低或无强度、成本高等大量的缺陷，已经无法满足安全生产需求。

6.6.2.3 胶结充填

干式充填、水砂充填都属于非胶结充填范畴，由于非胶结充填体无自立能力，难以满足采矿工艺高回采率和低贫化率的需要，20世纪60~70年代，中国开始开发和应用胶结充填技术。胶结充填是将胶凝材料（一般为水泥）、骨料、水混合形成浓度较高的浆体，通过钻孔或管道，自流或加压输送到待充填地点进行充填的工艺。充入采场的水泥砂浆经过一定时间养护后，成为固化体控制地压。在胶结充填中水是输送物料的载体，充入采空区后，除一部分参与水泥水化反应之外，多余的水分通过脱滤水设施渗滤出去，沿巷道水沟流入水仓，通过排水和排泥设施将渗滤出的清水和随清水流失的细泥排出地表。1962年，加拿大Food矿首次试验了低强度尾砂胶结充填，随后澳大利亚Mount Isa铜矿将水泥胶结充填应用于底柱回采并取得了成功。进入20世纪70年代以后，胶结充填工艺开始逐渐在金属矿山推广应用。胶结充填技术的推广应用，大幅度提高了资源回收率，降低矿石贫化率，并实现了矿山开采和自然环境可持续发展，为绿色矿山建设奠定了基础。

6.6.3 充填材料

随着科学技术日新月异的进步，及国家可持续发展战略对环境问题的日益重视，矿山所用的充填材料已从传统的山砂、河砂、海砂、棒磨砂、细石等自然或人工砂石向以粉煤灰、尾砂、炉渣等工业废料过渡。通过矿山与各研究部门的合作努力，用工业废料作充填材料的应用技术也日渐成熟，因此无污染、低成本的无废开采是未来采矿技术的发展方向。

6.6.3.1 充填骨料

A 充填骨料基本要求

充填材料应是惰性材料，不含放射性和挥发有害气体，含硫不应超过5%~8%，以防止高温和二氧化硫产生，恶化井下大气或酿成井下火灾。

干式充填材料的最大块度直径一般不超过200~300mm；使用抛掷机充填时，最大块度直径小于70~80mm；使用风力输送时，最大粒径要小于管径的1/3，一般不大于50mm。山砂、河砂、棒磨砂以及水淬炉渣等的粒径较尾砂大得多，在输送时最大粒径要小于管径的1/3，且接近管径1/3的颗粒不宜超过15%。

充填骨料除对化学性质稳定以及颗粒本身要有一定的强度外，对渗透性能要有严格的要求。在国外一般要求 20℃条件下的渗透系数 K_{20} 为 10cm/h，我国水工规范规定，渗透系数是以 20℃为标准，$K_{20}=10$cm/h 折算到 10℃时，$K_{10}=7.7$cm/h。从我国生产矿山的实际渗透系数来看，$K_{10}=4\sim19$cm/h，变化较大。随着全尾砂充填应用越来越广泛，全尾砂中细泥含量较多，很难使渗透系数达到 10cm/h 的要求，因此，现在对渗透系数的要求已经大幅放宽。但对于细粒全尾砂，为防止细粒全尾砂因难以脱水造成安全隐患，故一般不建议采用非胶结充填。

B　充填骨料类型

国内外矿山使用的充填骨料品种很多，大多根据矿山实际条件，选用来源广泛、成本低、物理化学性质稳定、无毒、无害、具备骨架作用的材料或工业废料作为充填骨料。我国 20 世纪 50 年代广泛应用掘进废石或露天采矿场剥离废石为充填料进行干式充填；60～70 年代，发展应用山砂、河砂、戈壁集料等作为混凝土胶结充填料的骨料，或以河砂、脱泥尾砂等细砂为充填料或充填骨料，以两相流管道输送方式进行水砂非胶结充填或胶结充填；80 年代以后，由于高浓度全尾砂胶结充填等新型充填技术的试验成功，不进行分级、脱泥处理的全尾砂已成为最具发展应用前景的充填骨料。主要充填骨料包括以下几种：

（1）尾砂。尾砂是金属矿山最常用的充填骨料，有时也称尾矿，是矿山开采出来的矿石经过选矿工艺的破碎，从磨细的岩石颗粒中选出有用成分后，剩下的矿渣，即选矿后，以浆体形态排出的排弃物。不同矿石尾砂的性质不同，相同矿石产生的尾砂也因矿体赋存条件不同和选矿方法不同，其各种性能也有很大的差别。矿山充填中常用的尾砂分类方法如表 6-4 所示。

尾砂一般有全尾砂和分级尾砂两种类型。全尾砂是金属、非金属矿山进行矿石选别后排出的未经分选的全粒级尾砂。分级尾砂是指将选厂产出的尾矿进行分级，剔出细泥部分（剔出的细泥排到尾矿库堆积成尾矿坝）后的粗颗粒尾砂。分级尾砂胶结充填具有浓缩速度快、放砂浓度高、充填质量高等优点，但由于细泥难以堆坝，缩短了尾砂库的服务年限，增加了尾砂库筑坝费用，加之剔出细泥减少了充填尾砂的供应量，因此，现在各矿山都在大力推进全尾砂充填技术的应用。

表 6-4　矿山充填常用的尾砂分类方法

<table>
<tr><th>分类方法</th><th colspan="2">粗</th><th colspan="2">中</th><th colspan="2">细</th></tr>
<tr><td rowspan="2">按粒级的质量分数</td><td>>0.074</td><td><0.019</td><td>>0.074</td><td><0.019</td><td>>0.074</td><td><0.019</td></tr>
<tr><td>>40%</td><td><20%</td><td>20%～40%</td><td>20%～55%</td><td><20%</td><td>>50%</td></tr>
<tr><td rowspan="2">按平均粒径 d_{cp}/mm</td><td>极粗</td><td>粗</td><td>中粗</td><td>中细</td><td>细</td><td>极细（超细）</td></tr>
<tr><td>>0.25</td><td>>0.074</td><td>0.074～0.037</td><td>0.037～0.03</td><td>0.03～0.019</td><td><0.019</td></tr>
<tr><td rowspan="2">按岩石生成方法</td><td colspan="3">脉矿（原生矿）</td><td colspan="3">砂矿（次生矿）</td></tr>
<tr><td colspan="3">含泥量小，<0.005mm 细泥少于 10%，如南芬矿尾砂</td><td colspan="3">含泥量大，一般大于 30%～50%，例如云锡大部分尾砂</td></tr>
</table>

（2）废石。大多数矿山对废石（含煤矸石）的应用尽可能井下就近处理，直接回填于采空区。也有部分国外矿山对废石进行棒磨或破碎处理，一般而言，棒磨废石的最大粒

径为 5mm，破碎废石依各矿山的不同需要，见于报道的有 -25mm、-33mm、-75mm、-100mm、-250mm 等。因此，废石是否破碎或破碎到什么程度，要依据矿山对充填材料的具体要求而定。

（3）棒磨砂、风砂、冲击砂及河砂、江砂。棒磨砂是将戈壁集料等经过破碎、棒磨加工成粒级组成符合矿山充填要求的充填骨料，由于其加工方法较为简单，尽管加工费用高，但依然受到一些西部矿山的青睐。而风砂是自然采集到的天然细砂，如在沙漠地区，它是一种理想的充填材料，其颗粒呈圆珠状，类似小米，成分 90%为石英砂。冲击砂是古河床中形成的细砂，也可作为充填骨料。此外，还有河砂、湖砂、海砂等均可作为充填骨料。

（4）煤矸石。矸石是煤炭生产和加工过程中产生的固体废弃物，每年的排放量相当于当年煤炭产量的 10%左右，是我国排放量最大的工业废渣，约占全国工业废渣排放总量的 1/4。煤矸石的矿物成分以黏土矿物和石英为主，常见矿物为高岭土、蒙脱石、伊利石、石英、长石、云母和绿泥石类。除了石英和长石外，以上矿物均属于层状结构的硅酸盐。煤矸石作为工程充填材料利用对防风化和防渗处理有较高的要求，所幸的是井下的潮湿及充填采场的相对封闭性，可以有效地防止煤矸石“灰化”现象。

（5）磷石膏。磷石膏是化工厂用磷灰石与硫酸作用，湿法生产磷酸时产生的工业废料。每生产 1t 磷酸产生 5t 磷石膏。在化学石膏中磷石膏排放量最大，我国磷石膏年产量居世界第三。由于磷石膏粒级较细、渗透系数较小，易结块，不利于充填体脱水和快速硬化，必然影响胶结充填体强度，作为充填骨料是不理想的，但通过优化充填材料组成，仍有可能达到要求的充填质量和效果，在贵州开阳磷矿等企业成功实现了工业化应用。但磷石膏中含有残余的磷酸、氟化物、酸不溶物、有机质等，对地下水环境存在潜在影响，国家发改环资〔2021〕381 号文件指出，需要在确保环境安全的前提下，探索磷石膏在井下充填等领域的应用。

（6）其他废料。根据矿山当地条件，其他满足充填骨料要求的低成本废料。

6.6.3.2　充填胶凝材料

国内外应用最广泛的充填胶凝材料为普通硅酸盐水泥。

此外，为了降低胶结充填成本，国内外很多矿山试验使用具有一定胶结能力的工业废料作为水泥代用材料，如水淬炉渣、粉煤灰等火山灰质材料。这种材料的特点是含有较多的活性 SiO_2 和活性 Al_2O_3，在一定的条件下，能形成稳定的带胶结性的水化硅酸钙与水化铝酸钙复盐，在硬化过程中，强度随龄期增长，具有较好的后期强度。

（1）水泥。硅酸盐水泥主要化学成分为 CaO(64%~67%)、SiO_2(21%~24%)、Al_2O_3(4%~7%)、Fe_2O_3(2%~4%) 等。在胶结充填体内，水泥发生水化反应，将骨料胶结在一起，形成固化体。

（2）粉煤灰。粉煤灰是从燃煤粉的热电厂锅炉烟气中收集到的细粉末，也称为飞灰 (fly ash)，其成分与高铝黏土相近，主要以玻璃体状态存在。国内外对粉煤灰的性能进行了广泛的研究，在利用粉煤灰代替部分水泥做胶凝剂方面做了大量的试验工作，部分矿山已在充填材料中掺加粉煤灰以提高充填体强度并用粉煤灰代替部分水泥。在高浓度或膏体充填料浆中，适量粉煤灰的存在可降低管道输送阻力并改善膏体的泵送性能。

（3）水淬炉渣。金属矿山企业的冶炼厂，其工业废料炉渣通常是冶炼铜、锌、铅等金属的生产中，在高温条件下从炉内排出的废渣，并通过水淬使之急剧冷却而成粒状，此时炉渣内的 SiO_2 呈玻璃质状态存在。这种玻璃质的 SiO_2 具备亚稳性和反应活性，将这种粒状水淬炉渣事先进行破碎并研磨至水泥比表面积（$3000cm^2/g$ 左右）的细度后，即可作为水泥代用品使用。

（4）赤泥。赤泥，又称红泥，是制铝工业提取氧化铝时排出的工业固体废物，正常情况下一般平均每生产 1t 氧化铝，附带产生 1.0~2.0t 赤泥。目前国内赤泥的处置方法主要为露天筑坝、露天堆放，不仅占用大量的土地资源，还会对周围大气、水、土壤、微生物等环境造成严重污染，而且长期的堆积处理为当地环境埋下安全隐患。赤泥根据其生产方式不同可分为烧结法赤泥、拜耳法赤泥和联合法赤泥，其中采用烧结法、联合法生产氧化铝时，将铝土矿、石灰石、碱粉等原料根据其化学成分含量进行配料，磨细后在回转炉中经过高温煅烧后磨细，用稀碱溶液浸出有用成分，其余杂质则形成固相赤泥。由于这种赤泥含有较多的硅酸二钙、铝酸三钙、铁铝酸四钙等水硬性胶凝矿物，可用作充填材料，既解决赤泥处置难题，又可以减少水泥用量或完全替代水泥。

（5）特种固结材料。特种固结材料，也称胶固粉，是以工业废渣（沸腾炉渣、钢渣、高炉水淬矿渣等）为主要原料，加入适量的天然矿物及化学激发剂，经配料后，直接磨细、均化制成的一种粉体物料。这类胶固粉的突出特点是适合细粒物料胶结充填，强度发展快，早期强度高，但后期强度会有所降低。

6.6.4　基本参数

管道输送的水砂充填或胶结充填料浆是典型的固液两相流，影响两相流输送特性和充填质量的基本参数包括充填倍线、充填物料和充填浆体的物理力学性质、充填配比、流动性能等。

（1）充填倍线。砂浆的输送多采用自流输送，常用充填倍线来表示自流输送所能达到的充填范围，即（图 6-18）：

$$N = L/H \tag{6-1}$$

式中　N——充填倍线；

H——充填管道起点和终点的高差；

L——包括弯头、接头等管件的换算长度在内的管路总长度，$L=L_1+L_2+L_3+L_4+L_5$。

管道自流输送充填倍线一般不大于 5~6，如果充填倍线过大，则需降低充填浆体浓度，或采用加压输送方式输送。

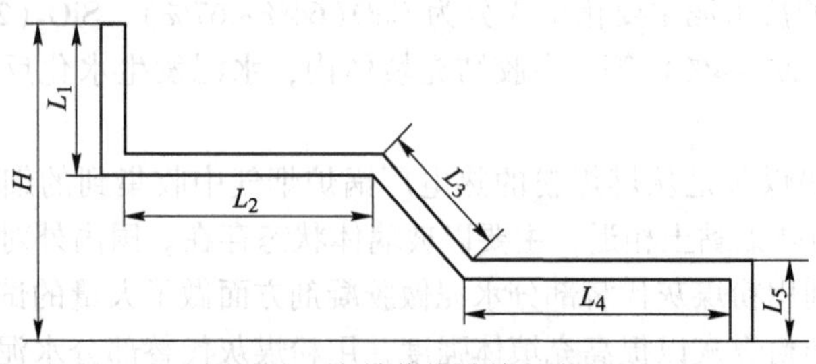

图 6-18　充填倍线计算示意图

（2）料浆配合比。料浆配合比是充填体中各种物料的质量比例，包括灰砂比（或灰料比）和水灰比，前者是胶凝材料与骨料的比例，如 1∶5 表示按质量计算，1 份水泥配 5 份骨料；后者是水与混合固料的比值，如水灰比 1.8 表示充填料浆中水与固料之比为 1.8。

水灰比是影响充填料浆输送性能的关键指标之一，也可以用充填料浆浓度表示。浓度有质量浓度和体积浓度之分。

体积浓度 m_t 表示充填浆体中固料体积所占的百分比，即：

$$m_t = Q_g/Q_j \tag{6-2}$$

式中 Q_g——浆体中固料体积或流量（单位充填时间内流过某一断面固料的体积）；

Q_j——浆体体积或流量（单位充填时间内流过某一断面浆体的体积）。

质量浓度 m_z 表示固料质量在整个充填体（包括固料和水）质量中的百分比，即：

$$m_z = \frac{Q_g\rho_g}{Q_j\rho_j} = \frac{\rho_g}{\rho_j} \cdot \frac{Q_g}{Q_j} = \frac{\rho_g}{\rho_j} \cdot m_t \tag{6-3}$$

式中 ρ_g——固料密度（单位体积固料的质量）；

ρ_j——浆体密度（单位体积浆体的质量）。

很明显，浆体浓度和水灰比有如下关系：

$$m_z = \frac{1}{1 + M_z} \tag{6-4}$$

式中 M_z——质量灰砂比。

这是因为：

$$m_z = \frac{Q_g\rho_g}{Q_j\rho_j} = \frac{Q_g\rho_g}{Q_g\rho_g + Q_w\rho_w} = \frac{1}{1 + Q_w\rho_w/(Q_g\rho_g)} = \frac{1}{1 + M_z} \tag{6-5}$$

（3）流量和流速。

充填系统生产能力可用浆体流量来表示。流量是指单位时间内充填系统所能输送的浆体的体积，单位为 m^3/h，取决于充填料配比、管道直径、充填倍线等指标。

流速是指充填管道中浆体的流动速度，单位为 m/s。管道输送充填浆体，流速如果太低，固体颗粒容易沉底，造成管道堵塞。为维持充填料浆输送过程中固料处于悬浮状态，避免堵管，流速必须大于某一临界值，称为临界流速。在临界流速下，管道水力损失最小，固体颗粒能够保持悬浮状态。管道自流输送充填浆体流速一般为 3~4m/s。

（4）水力坡度。浆体在管道中的流动必须克服与管壁产生的摩擦阻力和产生湍流时的层间阻力，统称摩擦阻力损失，也即水力坡度。

充填料浆水力坡度的计算，在水力输送固体物料工程中占据极其重要的地位。在深井充填中，它关系到管道直径的选择、输送速度的确定、降压措施及满管输送措施的选择、耐磨管型的选取等关键参数，因此其作用尤为突出。

6.6.5 充填料浆制备与输送系统

充填料浆一般在地面充填制备站制备，然后通过输送系统输送到待充地点进行充填。充填料浆制备与输送系统一般包括充填物料储存与输送系统、充填料浆搅拌系统、充填料浆输送系统和充填过程控制系统 4 部分组成。图 6-19 为某矿山分级尾砂胶结充填制备与输送系统工艺流程图。

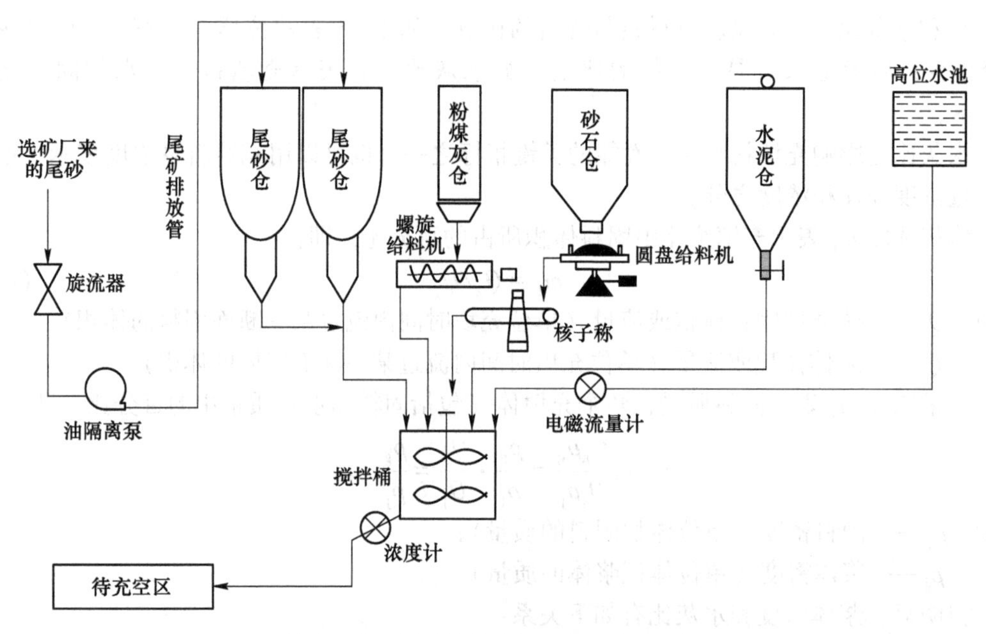

图6-19 某矿山分级尾砂胶结充填制备与输送系统工艺流程

6.6.5.1 充填物料储存与输送系统

A 充填骨料

根据性质不同，充填骨料可在堆场、卧式砂仓、立式砂仓和深锥浓密机内进行储存。充填时，通过输送设备输送至搅拌系统。

(1) 堆场。对于磷石膏、煤矸石、河砂、棒磨砂等干式物料，或者经过压滤后的尾砂滤饼，可通过汽车、火车、胶带运输机等机械设备运至地面堆场中储存，充填时利用铲运机、装载机等机械设备，经稳料仓（漏斗）、皮带输送机输送至搅拌系统。

(2) 卧式砂仓。对于磷石膏、煤矸石、河砂、棒磨砂等干式物料，或者经过压滤后的尾砂滤饼，除可在地面堆场堆存外，也可储存在卧式砂仓中。卧式砂仓可建在地面上或下挖，其储料原理、输送方式与堆场差别不大。对于下挖卧式砂仓，由于铲运机、装载机等自行式矩形设备难以进入，故多用抓斗提升机或电耙向稳料仓供料设施供料，经振动放矿机或圆盘给料机向胶带输送机供料，由胶带输送机输送至搅拌系统。

(3) 立式砂仓。立式砂仓最早是伴随着分级尾砂胶结充填技术应用而研发的分级尾砂浓缩装置，但随着全尾砂充填技术的发展，立式砂仓也可用于全尾砂浓缩。立式砂仓系统的关键在于进入立式砂仓的尾砂能否实现快速连续沉降，即立式砂仓内的尾砂浆能否实现快速连续分离。立式砂仓浓缩主要是依靠尾砂的自然沉降，尾砂浓缩的动力主要靠自身重力以及上部水压，为取得较高的放砂浓度和较快的沉降速度，往往需建立较大容积的立式砂仓。其主要优点是工艺简单、能力大、运行成本低，但其缺点是全尾砂自然沉降速度慢，溢流水含固量高，沉砂浓度低。

立式砂仓内的物料一般通过加高压水造浆，通过管道输送至搅拌桶。立式砂仓底部放砂管阀门打开时，饱和砂浆在重力和压力作用下，克服摩擦阻力、黏结力和管道阻力进行放砂。立式砂仓放砂形式主要分为虹吸式放砂和自重放砂。

(4) 深锥浓密机。深锥浓密机是伴随着全尾砂膏体充填技术应用而发展起来的适用于细颗粒尾砂的快速浓缩装置。深锥浓密机是在选矿领域广泛应用的精矿与尾矿浓缩高效浓密机和高压缩浓密机基础上，为适用高浓度浓缩需要而开发的浓密设备。与高效浓密机（边墙高度2~3m、池底坡度1∶6）、高压缩浓密机（边墙高度4m左右、池底坡度1∶4）相比，深锥浓密机边墙高度加大，一般超过6m，池底坡度30°，浓缩底流浓度大幅提高，可达到膏体排放状态（高效浓密机、高压缩浓密机底流浓度一般仅为40%~50%）。

深锥浓密机不需要风水造浆，利用浆体压力，可以将高浓度浆体排至搅拌系统。如果压力不够，可启动深锥浓密机防压耙配置的剪切泵将料浆辅助泵送至搅拌系统。

（5）充填骨料储存方式选择。对于干式物料（含尾砂滤饼）可采用相对简单的堆场或卧式砂仓进行储料；对于充填能力不大的尾砂充填矿山，可以采用立式砂仓或深锥浓密机，也可采用多个卧式砂仓交替浓缩与充填，但卧式砂仓滤水含固量较大；对于充填能力较大的矿山，如果尾砂颗粒相对较粗，可采用立式砂仓进行浓缩和储料，反之，如果尾砂颗粒相对较细，建议采用浓缩效果更好的深锥浓密机系统。

B 胶凝材料

充填所需胶凝材料（水泥或其他特种胶凝材料）一般储存在圆柱-圆锥型筒仓内。胶凝材料仓可采用成品仓，也可采用钢板就地加工而成。为了破坏放料过程中可能产生的料拱，在仓底部周围安装高压风喷嘴、汽化板或激震器；水泥仓在气力输送水泥时，为防止仓内粉尘溢出影响附近环境，在仓顶设置水泥仓顶除尘器。胶凝材料容易受潮板结，因此，对胶凝材料仓有严格的要求：

（1）密闭性好并防潮；

（2）水泥进仓及出仓的机械化程度高；

（3）飞灰产生和污染少；

（4）水泥存仓品质稳定，仓容利用率高；

（5）仓内黏结现象少及出仓的流动性好。

胶凝材料的放料必须顺畅、计量必须准确、调节必须及时。胶凝材料的放料和计量常用变速电机驱动的叶轮（星形）给料机或双管螺旋给料机。质量信号的采集常用冲击（板）式流量计、电子螺旋秤等。

6.6.5.2 充填材料搅拌系统

充填骨料与胶凝材料需按照确定的配比参数（灰砂比、质量浓度等）加水充分搅拌，形成满足充填质量和管道输送要求的充填料浆。各物料搅拌越均匀，充填物料越不容易离析、充填体强度越均匀、输送性能越好，因此，必须保证充足的搅拌时间和搅拌质量。

国内当前充填搅拌系统包括卧式搅拌机和立式搅拌桶两种形式。前者一般采用双轴叶片式高速搅拌机+双轴低速螺旋搅拌机或双轴螺旋搅拌机+高频活化机两种配置，对于粗骨料、黏性骨料或多骨料混合浆体搅拌效果较好；后者适合于细骨料或骨料单一且不易分层离析的浆体搅拌。

6.6.5.3 充填料浆输送系统

搅拌后的充填料浆，通过钻孔或管道自流输送至待充地点。由于管道通过充填浆体量大且物料不均匀，因此，磨损比较严重，充填矿山普遍采用耐磨钢管，管道之间采用快速接头连接。

高差不足、充填倍线过大情况下（>6~7），采用充填工业泵提供额外动力，将充填料浆加压输送至待充地点。该输送方式可以不受充填倍线限制，使用范围广，而且可输送高浓度充填料浆，从而可显著提高充填质量，降低充填成本，缩短充填体养护时间，减少充填体脱水率。但需要充填泵送设备，投资较大。过去由于充填工业泵严重依赖进口，设备价格高，零配件供应困难，故膏体泵送充填应用受到限制，但随着充填工业泵国产化水平的提高，价格大幅度下降，越来越多的矿山开始采用泵送技术。图6-20为湖南飞翼股份有限公司生产的HGBS200/14-800充填工业泵。

图6-20　HGBS200/14-800充填工业泵

6.6.5.4　充填过程控制系统

充填工艺要求各种充填材料必须按设计要求实现准确给料，以保证充填料浆配合比参数的稳定性。这就要求实现对充填物料的准确计量，这样才能保证充填生产过程的稳定运行。流量计、浓度计、料位计和液位计是矿山充填系统中常用的计量仪表。

A　流量计

（1）电磁流量计：用于水、浆体流量的计量；

（2）冲板式流量计：用于粉状、小颗粒物料（水泥、粉煤灰）的计量；

（3）核子秤：用于颗粒较大物料（砂石、湿尾砂、湿粉煤灰）的计量。

B　浓度计

用于测量浆体的质量浓度。

C　料位计

（1）超声波料位计：用于监控精度要求较高的料位计量；

（2）重锤式料位计：用于浆体储仓料位的计量，如尾砂浆储仓等；

（3）音叉式料位计：用于颗粒粒度较细的储仓的料位计量，如水泥仓、粉煤灰仓等。

D　液位计

检测搅拌桶中液位水平，液位计种类很多，有直读式玻璃液位计、浮力式液位计、压差式液位计、电接触式液位计、电容式液位计、超声波式液位计和辐射式液位计等。但充填系统中的液位计多以压差式和超声波式为主。

充填过程中，各计量设备的计量数据，汇总到中央控制系统，参照设计要求指标，进行各组成部分的自动控制。

6.6.6　工作面充填工艺

6.6.6.1　充填准备

所有需要充填的采场，充填前的准备工作包括：

（1）延长脱滤水装置；

（2）构筑与采场联络道间的密闭墙；

（3）接通采场充填管路；

（4）检查地表充填料浆制备站与充填采场之间的通信系统；

（5）检查充填线路。

6.6.6.2　充填工作

所有充填准备工作完成后，即可进行采场充填，采场充填应做到：

（1）根据地表充填料浆制备站充填材料储备情况，确定能连续充填的时间，进而确定每次连续充填的地点与高度；

（2）充填开始时，先下清水进行引流，待采场充填管道出口见到清水后，再开启充填固料输送装置，搅拌形成浆体，进行正式充填；

（3）为提高充填体质量，减少采场泄水量，应尽量提高充填料浆浓度；

（4）充填结束时，在停止固料添加的同时，加大供水量进行洗管，待采场充填管道出口见不到固料颗粒后，停止供水，结束充填工作；

（5）胶结充填时，要待充填体养护一定时间，达到作业要求时，方可进行下一分层的回采作业。

本 章 习 题

6-1　简述矿山提升与运输的主要任务。

6-2　简述矿井通风系统的类型。

6-3　高温矿井降温措施有哪些？

6-4　简述矿井排水方式。

6-5　简述供水系统形式。

6-6　简述工作面充填工艺。

7　地下采矿方法

7.1　概　　述

采矿方法是研究回采单元内矿石的开采方法，是为了获取矿块内的矿石所进行的采准、切割和回采工作的总和。具体而言，就是根据回采工作的需要，确定采准和切割巷道的规格、数量、位置，为规模化开采创造工作通路、工作空间、爆破自由面，并按照回采工艺要求，设计凿岩、爆破、通风、出矿、地压管理等回采工序。

7.1.1　采矿方法分类及其特征

由于不同矿山或同一矿山不同矿段矿体赋存条件千差万别，客观上要求采取不同的采矿方法，致使采矿方法种类繁多。为了便于认识各种采矿方法的特点，了解各种采矿方法的适用条件，研究和选择适合具体开采技术条件的采矿方法，同时也为了矿业界相互比较和交流，有必要对繁多的采矿方法，加以归纳分类。目前国内外采矿方法分类很多，但比较公认的是按照回采时地压管理方法将地下采矿方法分为3类，即空场法、充填法和崩落法。

（1）空场法。空场法实质是在矿体中形成的采空区主要依靠围岩自身的稳固性和留下的矿柱来支撑顶板岩石，管理地压，采空区不做特别处理。该类方法工艺简单，成本低，被广泛应用。但其缺点是随开采规模的扩大，采空区量日益增大，存在安全隐患，且由于矿柱回采条件恶化、回收率低，不利于资源的保护性开采。随着矿山安全和环保要求日趋严格，该类采矿方法应用比重有所降低。

（2）充填法。充填法实质是利用充填物料将回采过程中形成的采空区进行充填，以限制顶板岩层移动和地表沉降。由于增加了充填工序，使生产管理复杂，综合成本较高。但该类采矿方法安全性及资源回收率高，且有利于环境保护，随着国家对环境问题的日益重视，该类采矿方法应用比重越来越大，已经成为新建矿山的首选采矿方法。

（3）崩落法。与空场法和充填法被动管理地压理念不同，崩落法是随着矿石被采出，有计划地崩落矿体的覆盖岩石和上下盘围岩来充填空区，消除地压发生的原因，主动管理地压。由于覆盖岩石和上下盘围岩的崩落，会引起地表沉陷，所以，只有地表允许陷落的地方，才可考虑采用这种采矿方法。由于该方法出矿工作是在覆盖岩石下进行的，矿石损失率和贫化率较高，因此，不适合贵重金属和高品位矿石的回采。

7.1.2　影响采矿方法选择的主要因素

采矿方法在矿山生产中占有十分重要的地位，对矿山生产的许多技术经济指标，如矿山生产能力、矿石损失率和贫化率、劳动生产效率、成本及安全等都具有重要的影响，所以采矿方法选择的合理、正确与否，将直接关系到矿山企业的经济效益和安全生产状况。采矿方法的选择受多种因素的影响，具体如下所述。

7.1.2.1 矿床地质条件

矿床地质条件对采矿方法的选择起控制性作用，一般矿山根据矿体的产状、矿石和围岩的物理力学性质就可以优选出 1~2 种采矿方法。影响采矿方法选择的主要地质条件包括：

（1）矿石和围岩的物理力学性质，尤其是矿石和围岩的稳固性。

（2）矿体倾角和厚度。矿体倾角主要影响矿石在采场中的运搬方式；矿体厚度则主要影响落矿方法的选择以及矿块的布置方式等。

（3）矿体形状和矿石与围岩的接触情况，主要影响落矿方法、矿石运搬方式和损失与贫化指标。

（4）矿石的品位和价值。开采品位较高的富矿和贵重、稀有金属时，往往要求采用回收率高、贫化率低的采矿方法，即使这类采矿方法成本较高。因为，提高出矿品位和多回收资源所获得的经济效益往往会超过成本的增加额。反之，则应采用成本低、效率高的采矿方法，如崩落法。

（5）矿体埋藏深度。埋藏较深的矿体开采时，地压增高，会出现岩爆现象，此时应考虑采用充填法。

7.1.2.2 特殊要求

某些特殊要求可能是采矿方法选择的决定因素，如：

（1）地表是否允许陷落。如果地表有重要工程（公路、铁路、村镇等）、水体（河流、湖泊等）及其他需要保护的因素（风景区、良田、文化遗址、森林），不允许陷落，则在采矿方法选择时应优先考虑能保护地表的采矿方法，如充填法。

（2）加工部门对矿石质量的特殊要求，如贫化率指标、矿石块度等。

（3）矿石中含硫高，会有结块、自燃现象，应避免采下矿石在采场中过久存放；若开采含放射性元素的矿石，则应采用通风效果好的采矿方法。

7.2 空场采矿法

空场采矿法由于主要依靠围岩自身的稳固性和留下的矿柱来管理地压，因此一般适用于矿岩稳固的矿体开采。其基本特点是：

（1）除沿走向布置的薄和极薄矿脉，以及少量房柱法外，矿块一般划分为矿房和矿柱。

（2）矿房回采过程中留下的空场暂不处理并利用空场进行回采和出矿等作业。

（3）根据所用采矿方法和矿岩特性，决定空场内是否留矿柱及矿柱形式。

（4）矿房开采结束后，根据开采顺序的要求，可在对空场进行处理的前提下设法回收矿柱。

空场采矿法具体形式很多，但应用较为广泛的是房柱法（包括全面法）、留矿法、分段矿房法、爆力运搬采矿法和阶段凿岩阶段矿房法。

7.2.1　房柱法

房柱法是回采矿岩稳固的水平和缓倾斜中厚以下矿体的常用采矿方法。其特点是在回采单元中划分矿房、矿柱并相互交替排列，回采矿房时留下规则的矿柱（如果仅将夹石或低品位矿体留作矿柱，致使矿柱排列不规则，则称为全面法，其主要回采工艺与房柱法基本相同）维护采空区顶板。所留矿柱可以是连续的或间断的，间断矿柱一般不进行回采。

7.2.1.1　*电耙出矿房柱法*

电耙出矿房柱法概念图如图 7-1 所示。

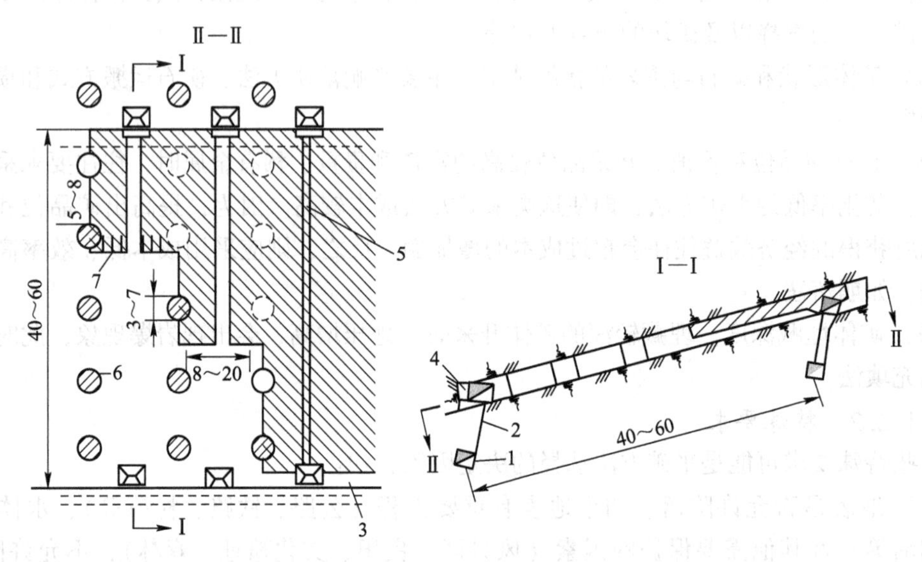

图 7-1　电耙出矿房柱法概念图

1—阶段运输平巷；2—矿石溜井；3—切割平巷；4—电耙绞车硐室；5—切割天井(上山)；6—矿柱；7—炮孔

A　采场布置

矿房的长轴方向沿矿体倾斜布置，其长度主要根据电耙的有效耙运距离确定，一般为 40~60m。矿房的宽度根据矿体的厚度和顶板岩石的稳固性而定，一般为 8~20m。矿柱多为圆型，直径 3~7m，当矿体厚度较大时，应留连续（条带状）矿柱，宽度 5m 左右。

B　采准切割

在矿体的底板岩石中掘进脉外阶段运输平巷（矿山生产能力小时，阶段平巷也可布置在矿体中，称脉内平巷），在每个矿房的中心线处，自阶段运输平巷掘进矿石溜井。在矿房下部的矿柱中，掘进电耙绞车硐室。在溜井上部沿矿体走向掘进切割平巷，将切割平巷往矿体两侧扩展，形成拉底空间。沿矿房中心线，在矿体中，从矿石溜井紧贴矿体底板，掘进切割天井（上山），作为行人、通风、运送设备和材料的通道及回采时的爆破自由面。

C　回采

当矿体厚度小于 2.5~3.0m 时，可按矿体全厚沿逆倾斜推进；当矿体厚度大于 3.0~3.5m 时，则先在矿体底部拉底，形成 2.5m 高左右的拉底空间。

回采用浅孔崩矿，在拉底和回采的同时按设计位置留下矿柱。每次爆破后，经过足够的通风时间（不少于 45min）排除炮烟，然后人员进入采场，首先检查顶板，处理松石，待确认安全后，安装绞车滑轮，由安装在绞车硐室内的电耙绞车牵引耙斗将崩落下的矿石耙至溜矿井，通过振动出矿机向停在阶段运输平巷中的矿车放矿，由电机车牵引矿车组至主井矿仓卸载，通过提升设备提升至地表。

D 通风

矿房的通风线路是：新鲜风流自阶段运输平巷，经未采矿房的矿石溜井进入切割平巷至矿房中，清洗工作面后，污风经切割上山，进入上阶段的运输平巷（本阶段的回风平巷），经回风井排出地面。

E 矿柱回采

房柱法的矿柱一般占储量的20%~30%。在矿房敞空的条件下，一般不进行回收。如果矿石价值较高，也可以根据具体情况局部回收：对于连续矿柱，局部回收分割成间断矿柱；对于间断矿柱，可将大断面缩采成小段面。

矿柱回采时，工人直接在顶板岩石暴露面积不断增大的条件下工作，安全性差，应加强安全管理，并根据顶板岩石的不同稳固程度，在矿柱周围架设临时支架。

F 评价

房柱法（全面法）的优点是：采准切割工作量小，工作组织简单，通风良好；其主要缺点是：矿柱矿量所占比重大，而且一般不进行回采，因此，矿石损失较大。

7.2.1.2 无轨设备房柱法

电耙出矿生产能力较小，而且采场内崩落矿石不容易清理干净，造成矿石损失。国外广泛采用无轨设备房柱法，国内部分矿山也引进了凿岩台车、铲运机等无轨设备，使房柱法生产面貌发生了根本变化。随着国内采矿技术的不断发展，相信将会有越来越多的矿山采用无轨设备，以提高矿山生产能力和资源回收率。图7-2为某铜矿的无轨设备房柱法示意图，其回采工艺是：

（1）凿岩台车钻凿中深孔，如果矿体厚度较大时，可以分层开采，上部分层超前下部分层。

（2）爆破、通风、安全检查后，电铲进入采场，铲装矿石往自卸汽车装矿，由自卸汽车运至主矿石溜井或直接运出地表。

为减少掘进工程量，无轨开采时一般几个采场共用一条溜井。

7.2.2 留矿法

留矿法又分为普通留矿法和脉内外联合采准留矿法。

7.2.2.1 普通留矿法

普通留矿法是将矿块划分为矿房和矿柱，先采矿房，后采矿柱；在矿房中用浅孔自上而下逐层回采，每次采下的矿石暂时只放出1/3左右（称局部放矿）；其余的存留于采空场中，作为继续上采的工作平台和对围岩起支撑作用，待矿房回采作业全部结束后，再全部放出（称为集中放矿）。

由于采下的矿石借助重力放出，因此该方法一般适用于矿岩稳固的急倾斜薄和急薄矿体（脉）；又由于大量矿石积存在采场中，因此要求矿石无氧化性、结块性和自燃性。

图7-3为某铅锌矿浅孔留矿法方案图。

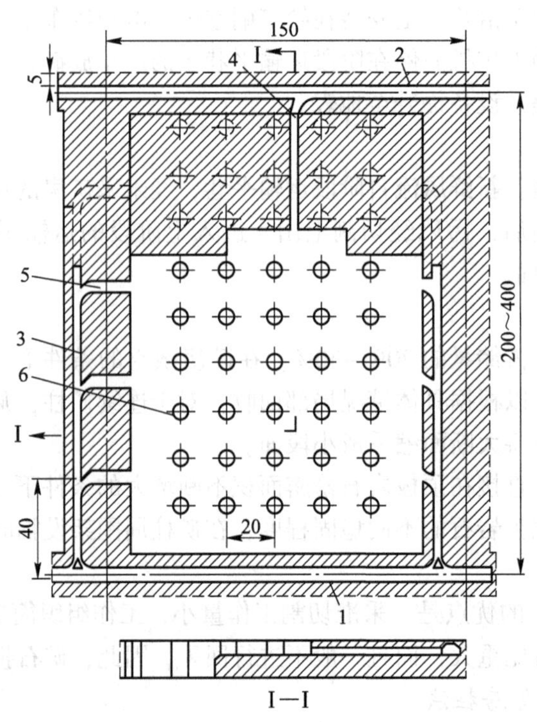

图7-2　某铜矿的无轨设备房柱法示意图

1—阶段运输平巷；2—总回风平巷；3—盘区平巷；4—通风平巷；5—进车线；6—铲运机

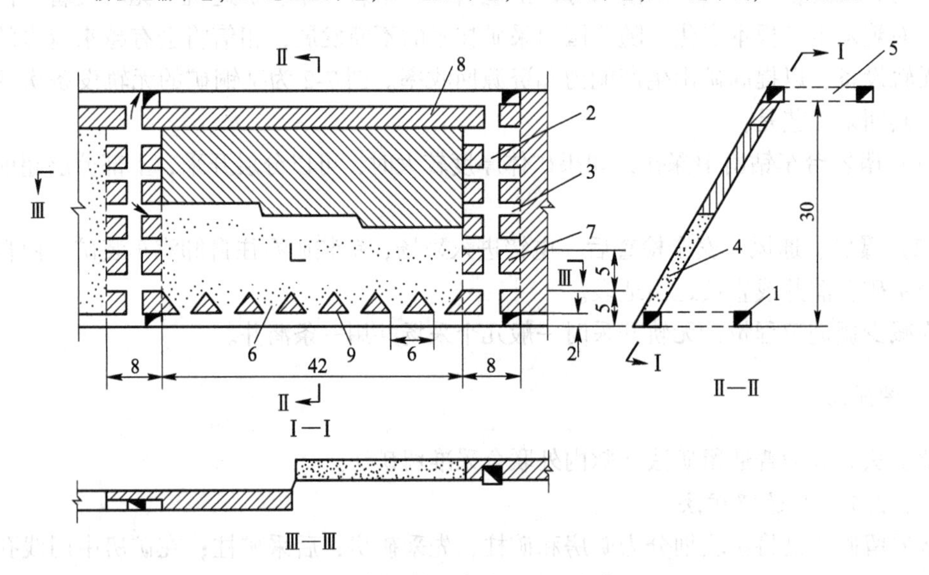

图7-3　某铅锌矿浅孔留矿法方案图

1—阶段运输平巷；2—天井；3—联络道；4—采下的矿石；5—回风平巷；
6—放矿漏斗；7—间柱；8—顶柱；9—底柱

A　采场布置

由于留矿法主要用于回采急倾斜薄和急薄矿体（脉），因此，采场一般沿走向布置。采场长度主要取决于工作面的顶板及上盘围岩所允许的暴露面积。从我国采用留矿法矿山的情况来看，在阶段高度为 40~50m 时，采场长度一般为 40~60m。如果围岩特别稳固，采场长度可达 80~120m。

为保护上部运输平巷和对围岩起暂时支撑作用，一般留有一定高度的顶柱；而为了保护下部运输平巷，承托矿房中存留的矿石，施工放矿漏斗，需要留设一定高度的底柱；如果需要施工人行天井，还应在矿房两侧留设间柱。

B 采准切割

采准工作包括掘进阶段运输平巷、天井和联络道。在薄和极薄矿脉中，为便于探矿，阶段平巷和天井均沿矿脉掘进。联络道一般沿天井每隔 4~5m 掘进一条，其主要作用是使天井与矿房联通，以便人员、设备、材料、风水管和新鲜风流进入矿房。为防止崩落矿石将联络道堵死，两侧联络道宜交错布置。

切割工作包括掘进放矿漏斗与拉底。漏斗间距，在薄和极薄矿脉中，一般为 4~5m；在中厚以上矿体中根据每个漏斗合理负担面积（一般为 25~36m^3，最大不应超过 50m^3，因为漏斗负担面积过大，不仅增大回采时平场工作量，而且降低放矿效率）确定。拉底可以从最底部联络道开始掘进拉底平巷，然后向矿体两侧扩展。

C 回采

回采工艺包括：凿岩（打眼）、爆破、通风、局部放矿、撬顶（顶板检查，去掉浮石）及平场（整平留矿堆表面）、二次破碎（炸大块）。顺序完成这些作业，叫作一个回采循环。回采循环一个接一个重复进行，当回采工作面达到设计的顶柱边界时，进行集中放矿（或称大量放矿）。

为提高放矿效率，漏斗下一般安装振动放矿机（图 7-4），借助振动力，改善矿石流动性能，提高放矿口通过能力，减少二次破碎量。

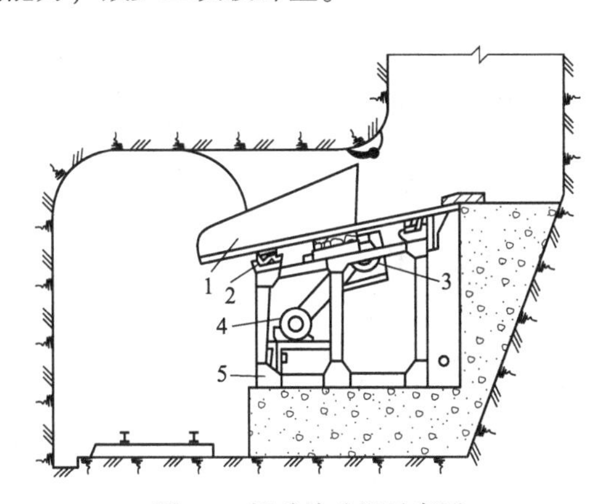

图 7-4 振动放矿机示意图

1—振动台面；2—弹性元件；3—惯性振动器；4—电动机及弹性机座；5—机架

D 通风

矿房的通风线路是：新鲜风流自一侧天井和联络道进入矿房中，清洗工作面后，污风经另一侧联络道和天井，进入上回风平巷，经回风井排出地面。

E 矿柱回采

用普通留矿法开采薄和极薄矿脉时，有些矿山不留间柱，底柱也用水泥砌片石等人工底柱代替。此时，矿柱所占比重较小。

对于储量较大的矿柱，可以在集中放矿开始前，分别在顶柱、底柱和间柱中打上向炮孔（图 7-5），分次先爆破顶、底柱，后爆破间柱。矿柱的崩落矿石与矿房存留矿石一起从矿块底部漏斗中放出。在崩矿前，应先在顶柱中掘进切割天井，作为顶柱崩矿的自由面，同时在间柱底部施工好放矿漏斗。

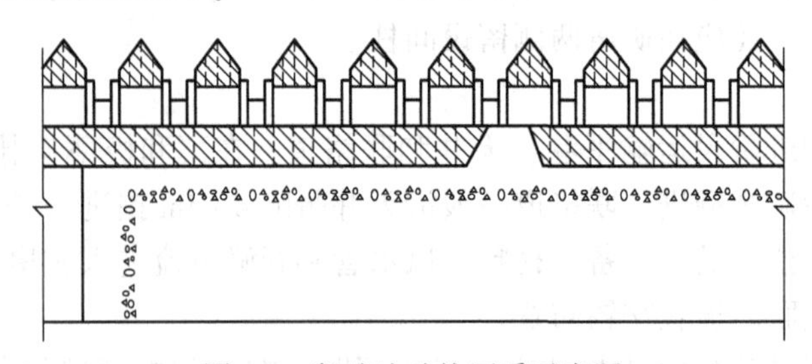

图 7-5　留矿法矿柱回采示意图

F　评价

普通留矿法的优点是：结构简单，管理方便，采准切割工作量小，生产技术易于掌握。其主要缺点是：矿房内留下约 2/3 的矿石不能及时放出，积压了资金；矿房回采完毕后，留下大量采空区需要处理等。矿柱矿量所占比重大，而且一般不进行回采，因此，矿石损失较大。

7.2.2.2　脉内外联合采准留矿法

针对稳固性较差的矿体资源，采用脉内采准方式稳定性差，容易崩坏井巷而影响采场生产作业，可以采用脉外采准或脉内外联合采准的留矿法，下面以脉内外联合采准留矿法（图 7-6）为例进行简单说明。

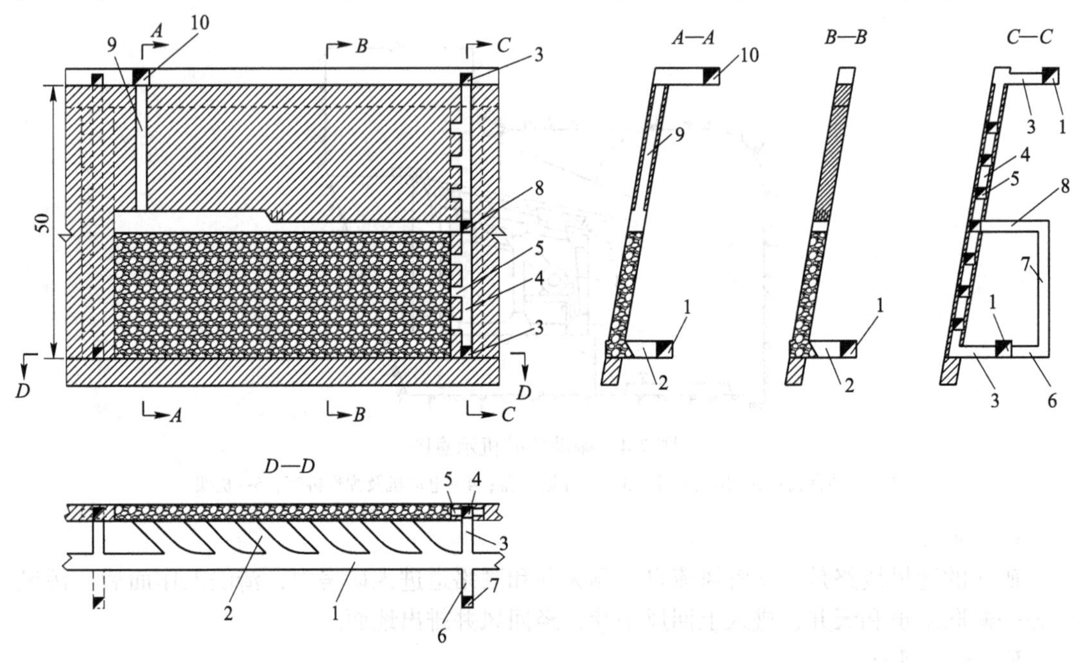

图 7-6　脉内外联合采准留矿法示意图

1—中段运输巷道；2—出口进路；3—脉内天井联络道；4—脉内天井；5—采场联络道；6，8—脉外天井联络道；7—脉外天井；9—充填回风井；10—回风联络道

A 采场布置

与普通留矿法类似。

B 采准切割

如图7-6所示，脉内外联合采准留矿法主要采准工程包括穿脉、脉内天井、脉外天井、采场联络道、脉外天井联络道、出矿进路、充填回风井、回风联络道等。

(1) 穿脉。在阶段运输巷道内垂直间柱掘进穿脉到达矿体。

(2) 脉内天井。在矿房一侧间柱内施工脉内天井，沿采场贯通整个阶段，人员、材料、设备等通过脉内天井进出采场。

(3) 采场联络道。沿脉内天井每隔4~5m向矿房一侧掘进采场联络道，连通矿房与脉内天井，方便人员、材料、设备等通行。

(4) 脉外天井。在矿体下盘围岩内施工脉外天井，底部通过脉外联络道与沿脉阶段运输巷道连通，上部通过天井联络道与脉内天井连通，脉外天井高度为阶段高度的一半。

(5) 出矿进路。在沿脉阶段运输巷道施工若干条出矿进路到达矿体，出矿进路与沿脉阶段运输巷道斜交40°~50°。

(6) 充填回风井。沿矿房底部施工拉底巷道，在拉底巷道内施工充填回风井至上阶段端部出口进路，用于矿房内通风和充填。

(7) 回风联络道。沿上阶段矿房端部出矿进路，在充填体内掘进回风联络道与充填回风井贯通，用于矿房内通风和充填。

(8) 溜井。沿阶段运输巷道每隔一定距离布置溜井，溜井与阶段运输巷道通过溜井联络道连通，采场崩落的矿石通过溜井卸至下部有轨运输水平。

不同于普通留矿法，脉内外联合采准留矿法每个矿房的采准工程相互独立，相邻矿房不共用脉内天井。将矿房分为上下两部分回采，下部矿体回采时，人员、材料及设备经阶段运输巷道、穿脉、脉内天井（下部）及采场联络道进入采场；上部矿体回采时，经阶段运输巷道、脉外联络道、脉外天井、天井联络道、脉内天井（上部）及采场联络道进入采场，脉内天井（下部）可视矿岩条件进行封闭。

C 回采工艺

沿竖向将矿房内待采矿体划分为上下两部分，下部矿体回采时，人员、材料及设备等直接通过脉内天井进出采场，上部矿体回采时，脉内天井下部封闭弃用，通过脉外天井和脉内天井进出采场，主要回采工艺包括凿岩爆破、采场通风、出矿、支护等。

D 评价

(1) 避免了矿房回采后期因开采扰动和暴露时间长等造成脉内天井变形、垮塌。

(2) 将相邻矿房共用脉内天井调整为独立采准工程形式，即脉内天井不共用，在采场一侧增设充填回风井用于采场充填与回风，避免了增设脉外天井造成的采切比和掘进成本增加。

(3) 传统浅孔留矿法相邻采场共用脉内天井，该天井兼做进回风井，风流控制困难，采场通风效果差。通过在采场一侧增设充填回风井，使相邻采场具备独立的采准工程，新鲜风流通过脉内外天井和采场联络道进入采场清洗作业面，污风通过另一侧的充填回风井排至上阶段回风系统，从而改善采场通风效果。

7.2.3 分段矿房法

对于倾斜中厚至厚大矿体，由于不能像房柱法、全面法那样采用机械设备采场内出矿，也无法像留矿法一样借助重力出矿，因此，属于典型的难采矿体之一，必须选用其他合适的采矿方法，如分段矿房法。分段矿房法是在垂直方向上将中段划分为分段，在每个分段水平上布置矿房和矿柱，各分段采下的矿石分别从各分段的出矿巷道运出。各分段矿房回采完毕后，一般应立即回采本分段的矿柱并同时处理空区。

（1）采场结构参数。分段矿房法一般沿走向布置采场。阶段高度一般为40～60m，分段高度为10～20m。矿房沿走向长度35～40m（取决于矿岩稳固性），间柱宽度6～8m，各分段间留设斜顶柱，真厚度5～6m。

（2）采准工作。采场采准工艺如图7-7所示。采用下盘脉外采准方式，上下阶段由采准斜坡道（坡度15%～20%）连通，自采准斜坡道掘进分段运输平巷和充填回风平巷。阶段内间隔一定距离（根据铲运机有效运距而定，电动铲运机80～100m，柴油铲运机100～150m）设置一个溜井，底端布设振动出矿机，溜井与分段运输平巷之间用卸矿横巷连通。在矿体中沿矿体走向布置凿岩平巷，凿岩平巷与充填回风平巷之间用切割横巷连通；在矿体下盘边界处沿矿体走向布置V型堑沟拉底平巷，V型堑沟拉底平巷与分段运输平巷之间用分段出矿进路连通。

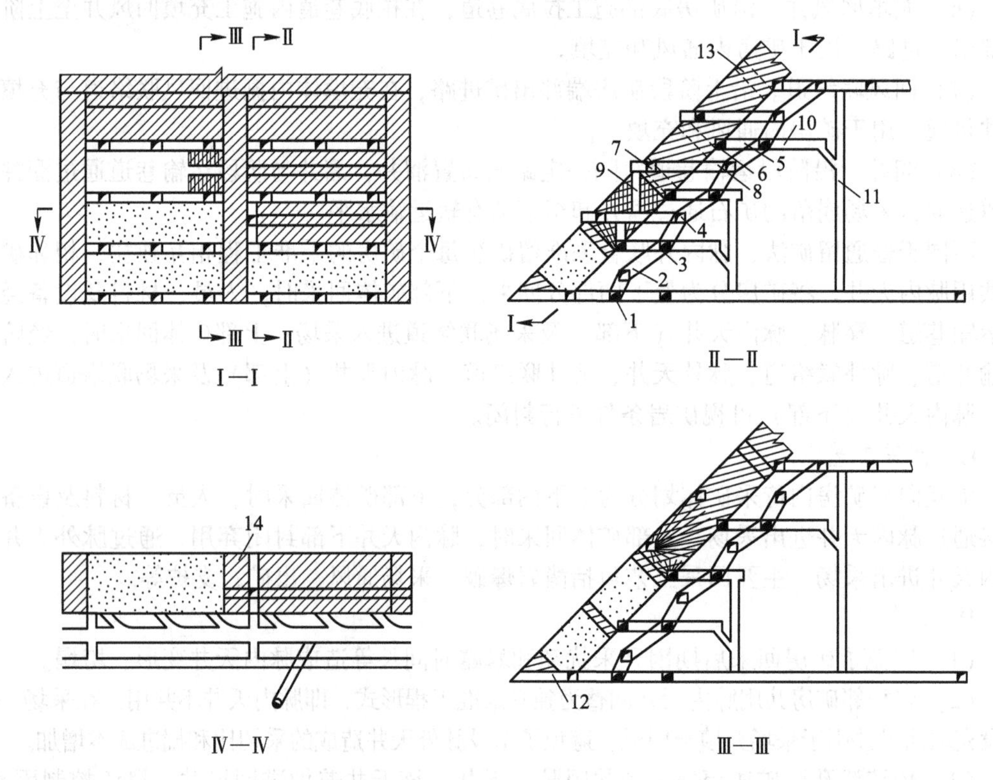

图7-7　分段矿房法

1—阶段运输巷道；2—斜坡道；3—分段运输平巷；4—回风平巷；5—分段出矿进路；6—堑沟拉底平巷；7—凿岩平巷；8—切割横巷；9—切割天井；10—卸矿横巷；11—溜井；12—穿脉；13—斜顶柱；14—间柱

（3）切割工作。切割工作主要包括堑沟拉底平巷、切割天井、切割横巷、切割立槽及V型堑沟的形成。

采用垂直中深孔拉槽法形成切割槽，即由V型堑沟拉底平巷在靠近间柱位置向上掘进切割大井连通切割横巷，再由切割横巷继续向上掘进另一条切割天井至矿体上盘边界，在拉底平巷和切割横巷内分别钻凿上向扇形和平行中深孔，以切割天井为自由面进行多次逐排同次爆破形成切槽。

V 型受矿堑沟由堑沟拉底平巷掘进上向扇形中深孔爆破形成，即由堑沟拉底平巷掘进上向扇形中深孔，边孔少装药，角度控制在 30°左右，以形成平整的堑沟斜面。V 型受矿堑沟形成爆破与回采同时进行，超前于回采立面数排炮孔即可。

（4）回采工作。矿房的回采自切割槽向矿房的另一侧推进，在 V 型堑沟拉底平巷、分段凿岩平巷中采用 YGZ-90 钻机或其他中深孔钻机（凿岩台车）钻凿上向扇形中深孔，炮孔一次打完，侧向崩矿，崩矿孔与堑沟孔同次爆破，每次起爆 3~4 排炮孔，每次爆破后至少通风 40min，工作面炮烟排净后，采用铲运机将崩落的矿石卸入溜井。

（5）评价。分段矿房法主要优点是作业在小断面巷道中进行，安全性好；使用无轨设备出矿，回采强度比较大，采场生产能力大，同时工作采场数目少，管理简单。主要缺点是每个分段都要掘进分段运输巷道、切割巷道、凿岩平巷等，采准工程量大。另外矿柱所占比例高，采用中深孔落矿，矿石损失率、贫化率高，大块率高，二次破碎量大。

7.2.4　爆力运搬采矿法

（1）爆力运搬法应用背景。地下矿体采场运搬方式一般可分为重力运搬、机械运搬和爆力运搬。急倾斜矿体开采一般采用重力运搬，因该运搬方式成本最小，应尽可能采用；缓倾斜矿体开采一般采用机械运搬，主要使用电耙或自行无轨设备（如铲运机、装运机等）；对缓倾斜至倾斜矿体，为解决下盘残留矿石损失大等问题，爆力运搬可以获得比较好的技术经济效果。

（2）爆力运搬采矿法运搬理论。爆力运搬是否可行，关键取决于有效运搬距离能否满足采矿方法结构的要求。有效运搬距离与矿体倾角、厚度、爆破作用指数及底板平整性等因素有关。原苏联学者 B. A. 什契勘诺夫经研究分析，认为爆力运搬距离可按下式计算（图 7-8）：

$$L = L_c + L_r$$

式中　L_c——矿石抛掷距离；

　　　L_r——矿石滚动距离。

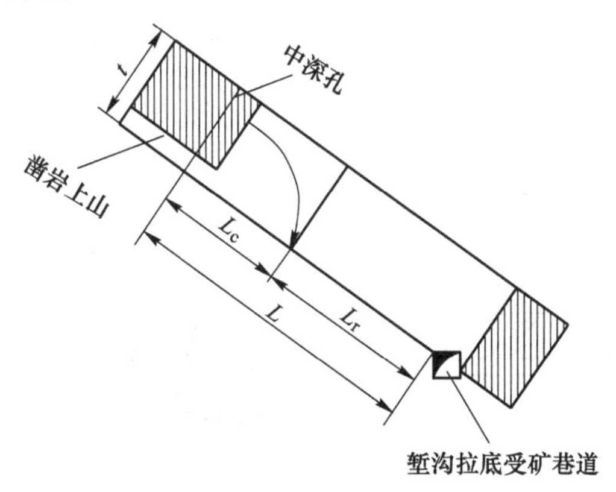

图 7-8　爆力运搬模型

矿石抛掷距离和滚动距离分别按下式计算：

$$L_c = \frac{t}{2}\tan\alpha + \frac{5nW}{\cos\alpha}$$

$$L_r = \frac{\sin^2\alpha\left(5nW\tan\alpha + \frac{t}{2\cos\alpha}\right)}{f\cos\alpha - \sin\alpha}$$

式中　α——矿体倾角；

n——爆破作用指数；

t——矿体厚度；

W——爆破最小抵抗线；

f——矿石沿底板滚动的摩擦阻力系数。

（3）矿块布置和结构参数。矿块一般沿矿体走向布置。

阶段高度依据矿岩稳固程度、抛掷距离和分段数目来确定，一般为 20~35m；分段高度的确定条件和阶段高度相同，高分段一般 15m 左右，低分段一般 6~10m；矿房长度根据采场允许的暴露面积和最佳设备效率确定，可以在 30~70m 范围内选取；顶柱宽度一般为 4~6m；如果采用铲运机出矿，一般不留底柱，如采用漏斗放矿，则一般留设底柱，底柱宽度 4~8m，漏斗间距 5~6m。

（4）采切工艺。如图 7-9 所示，采用铲运机出矿时，其采切工艺与分段矿房法基本相似，不同之处在于：切割工作是在矿房中沿着垂直矿体倾向的方向向上掘进切割天井，同时沿矿体下盘向上掘进凿岩上山，首先以切割天井为自由面进行中深孔爆破形成拉底层（切割斜面，宽度 3.5~4m），接着以拉底形成的拉底层为自由面和补偿空间进行落矿。

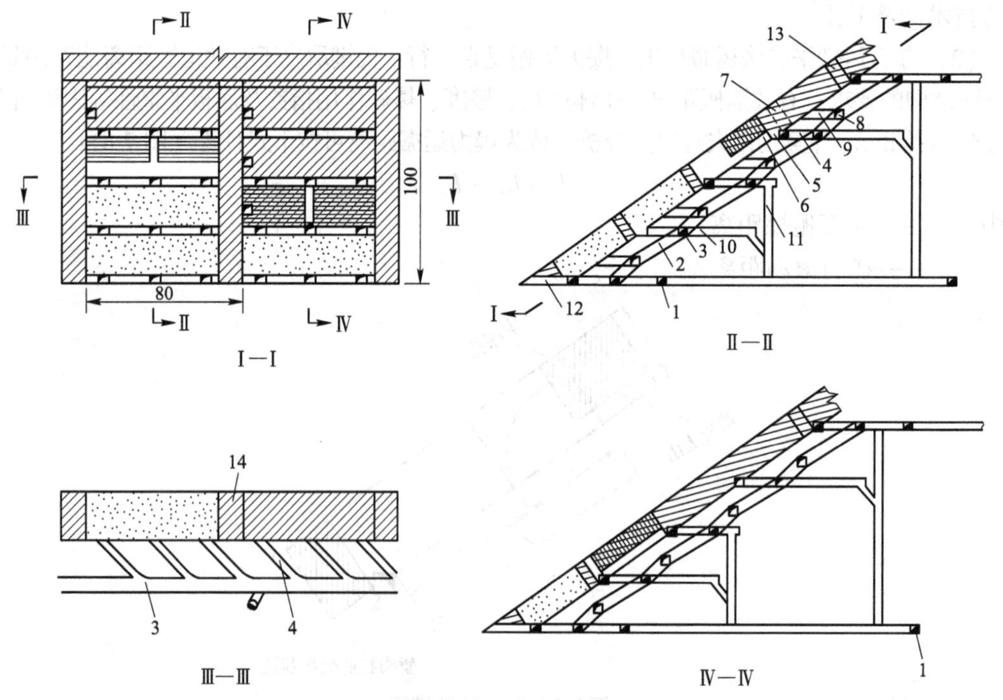

图 7-9　爆力运搬采矿法

1—阶段运输巷道；2—斜坡道；3—分段运输平巷；4—分段出矿进路；5—堑沟拉底受矿巷道；6—凿岩上山；7—切割天井；8—回风充填平巷；9—回风充填横巷；10—卸矿横巷；11—溜井；12—穿脉；13—斜顶柱；14—间柱

（5）回采。回采工艺与分段矿房法基本相似，不同之处在于：落矿是在凿岩上山里钻凿垂直矿体倾向方向的上向扇形中深孔进行的，矿石在爆力的作用下沿着矿体底板抛掷并且滚动汇入到堑沟拉底受矿巷道。

（6）方案评价。该方案主要优点是作业在小断面巷道中进行，安全性好；使用无轨设备出矿，回采强度比较大，采场生产能力大，同时工作采场数目少，管理简单。但是需要考虑矿体厚度、倾角与运搬距离等问题；而且矿柱所占比例高，采用中深孔落矿，矿石损失率、贫化率高，大块率高，二次破碎量大。

7.2.5 阶段矿房法

阶段矿房法是采用中深孔、深孔回采矿房的空场采矿法。如图 7-10 所示，根据凿岩方式不同，分为分段凿岩分段出矿阶段矿房法（简称分段空场法）和 阶段凿岩阶段出矿的阶段矿房法。后者根据炮孔布置方式不同，又分为水平深孔阶段矿房法和垂直深孔阶段矿房法。根据崩矿方向不同，垂直深孔阶段矿房法又分为侧向崩矿和垂直崩矿（VCR 法）两种方式。

国内外应用较为广泛的是分段凿岩阶段出矿阶段矿房法、侧向崩矿垂直深孔阶段矿房法和 VCR 法。

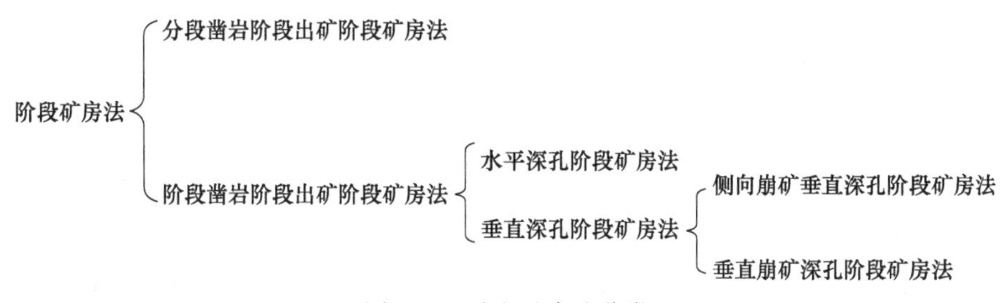

图 7-10 阶段矿房法分类

7.2.5.1 分段凿岩阶段出矿阶段矿房法

对于矿岩稳固的矿床，如果是水平和缓倾斜中厚以下矿体可采用房柱法，而急倾斜中厚以下矿体可采用留矿法回采。对于倾斜至急倾斜中厚以上矿体，可采用分段凿岩阶段出矿阶段矿房法，其特点是在回采单元中划分矿房、矿柱；矿房回采时，将阶段划分为若干个分段，在每个分段平巷中用中深孔落矿。

A 电耙出矿分段凿岩阶段矿房法

图 7-11 为电耙出矿急倾斜中厚以上矿体分段凿岩阶段矿房法概念图。

a 采场布置

根据矿体的厚度，矿块可沿矿体走向（图 7-11）和垂直矿体走向布置。

采场构成要素应根据矿体类型、厚度、产状、矿岩稳固性及出矿方式等因素选取：

（1）阶段高度取决于围岩允许的暴露面积，一般为 50～70m，国外矿山有的达 120～150m。

（2）矿房长度主要决定于矿石和围岩的稳固性，同时也要考虑电耙的有效耙运距离，一般为 40～60m。

（3）分段高度决定于所采用的凿岩设备，用 YGZ-90 型导轨凿岩机时，为 12～15m，

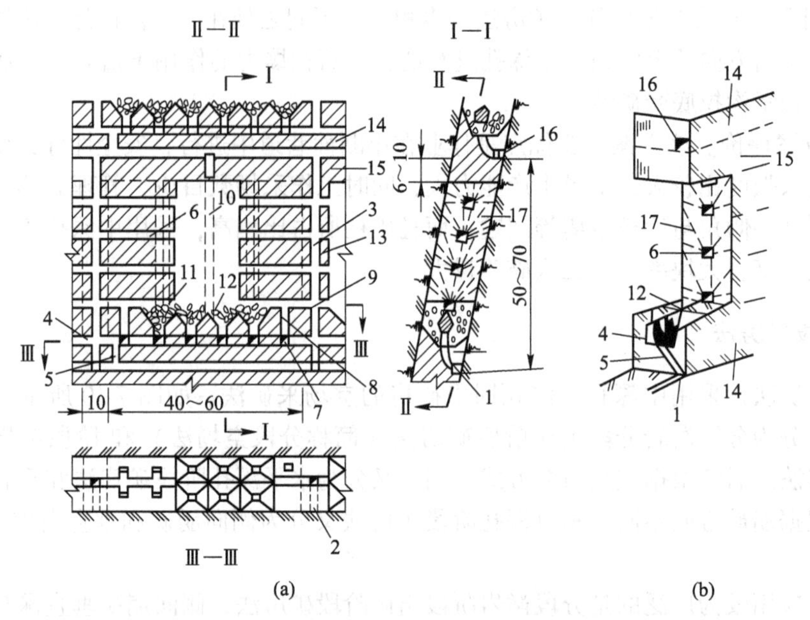

图 7-11 电耙出矿分段凿岩阶段矿房法概念图

（a）投影图；（b）立体图（矿房部分）

1—阶段运输平巷；2—横巷；3—通风人行天井；4—电耙巷道；5—矿石溜井；6—分段凿岩巷道；7—漏斗穿；8—漏斗颈；9—拉底平巷；10—切割天井；11—拉底空间；12—漏斗；13—间柱；14—底柱；15—顶柱；16—上阶段平巷；17—上向扇形深孔

用 Simba1354 等凿岩台车时，可增大到 15~20m。分段高度增加，可以减少分段凿岩巷道数目，降低采准工作量。

（4）顶柱、底柱、间柱尺寸根据矿岩稳固性、矿柱回采方法、矿柱中工程布置情况而定：顶柱高度一般 6~10m，矿岩稳固时也可降低为 3~6m；底柱高度取决于出矿方式，漏斗直接出矿时 5~8m，电耙出矿时 7~12m，铲运机出矿时 10~20m；间柱主要考虑在其中掘进天井以及间柱回收需要，一般为 3~6m，采用矿房沿走向连续后退回采时，一般不设间柱。

b 采准工作

在矿体中靠下盘掘进阶段运输平巷，从阶段运输平巷在间柱中掘进横巷，从横巷末端，在矿体厚度的中央掘进通风人行天井。从天井掘进拉底平巷及分段凿岩巷道。从阶段运输平巷掘进矿石溜井及电耙巷道。从电耙巷道每隔 5~7m 掘进漏斗穿和漏斗颈。在矿房中央，从拉底平巷掘进切割天井。

c 切割工作

切割工作的主要目的是为回采工作创造自由面，包括拉底、辟漏和拉切割槽工作。

由于回采工作面是垂直的，矿房下部的拉底和辟漏工程，不需在回采之前全部完成，可随工作面推进逐次进行，一般拉底和辟漏超前工作面 1~2 排漏斗即可。从拉底平巷两侧用浅眼扩帮至矿体全厚形成拉底空间；将漏斗颈上部扩大成漏斗（辟漏）。

开掘的切割槽质量，直接影响矿房的落矿效果和矿石的损失与贫化。切割槽的宽度一般 2~4m，多采用切割横巷加切割天井的垂直中深孔拉槽法（图 7-12）。拉槽时先掘进切割天井和切割横巷，在切割横巷内钻凿上向扇形孔，以切割天井为自由面，逐排爆破形成切割槽。

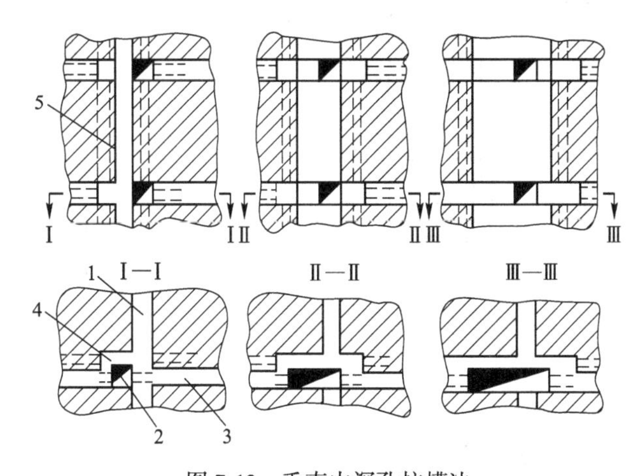

图 7-12　垂直中深孔拉槽法

1—分段平巷；2—切割天井；3—切割横巷；4—环形绕道；5—中深孔

d　回采

拉底、扩大漏斗和切割槽形成后，在分段凿岩巷道中打上向扇形中深孔，以切割槽为爆破自由面，分次进行爆破，每次爆破 1~5 排深孔。装药采用机械或人工进行，微差爆破。崩落的矿石借助自重落到矿房底部，经漏斗溜到电耙巷道中通过电耙耙到溜井中，在阶段运输平巷中装车运出。

e　通风

矿房回采时的通风，主要保证电耙道内风流畅通。线路是：新鲜风流从电耙绞车附近的通风、人行天井进入，清洗电耙道后，经另一侧天井进入分段凿岩巷道，最后污风经天井进入上回风平巷，由回风井排出地面。

f　矿柱回采

分段凿岩阶段出矿阶段矿房法的矿柱可以采用空场法或崩落法回收。崩矿前首先在矿柱内施工凿岩巷道和放矿设施。

B　铲运机出矿分段凿岩阶段矿房法

随着采矿装备进步，越来越多的矿山倾向于弃用电耙等落后采矿设备，而开始采用铲运机出矿，铲运机出矿分段凿岩阶段矿房法（图 7-13）。铲运机出矿分段凿岩阶段矿房法除底部结构与漏斗电耙出矿方法不同外，其他方面，如采场布置、采场结构参数、切割工作、回采工作基本相同。

V 型受矿堑沟由堑沟巷道掘进上向扇形中深孔爆破形成。即在出矿水平掘进堑沟平巷，由此平巷用钻凿扇形孔，边孔少装药，角度控制在 45°左右，以形成平整的堑沟斜面。堑沟爆破可与回采同时进行，无须一次形成，只超前于回采立面数排炮孔即可。

崩落矿石由铲运机经出矿进路（间距一般 10~12m）沿出矿巷道卸入溜矿井。

随着无轨设备自动化水平的提高，也有大型矿山开始采用无堑沟的平底出矿方式，即图 7-13 中取消出矿巷道 1 和出矿进路 6，直接在采场内掘进拉底巷道（相当于图 7-13 中的堑沟巷道 5），自拉底巷道向采场边界扩帮形成拉底空间。铲运机自拉底巷道进入采空区

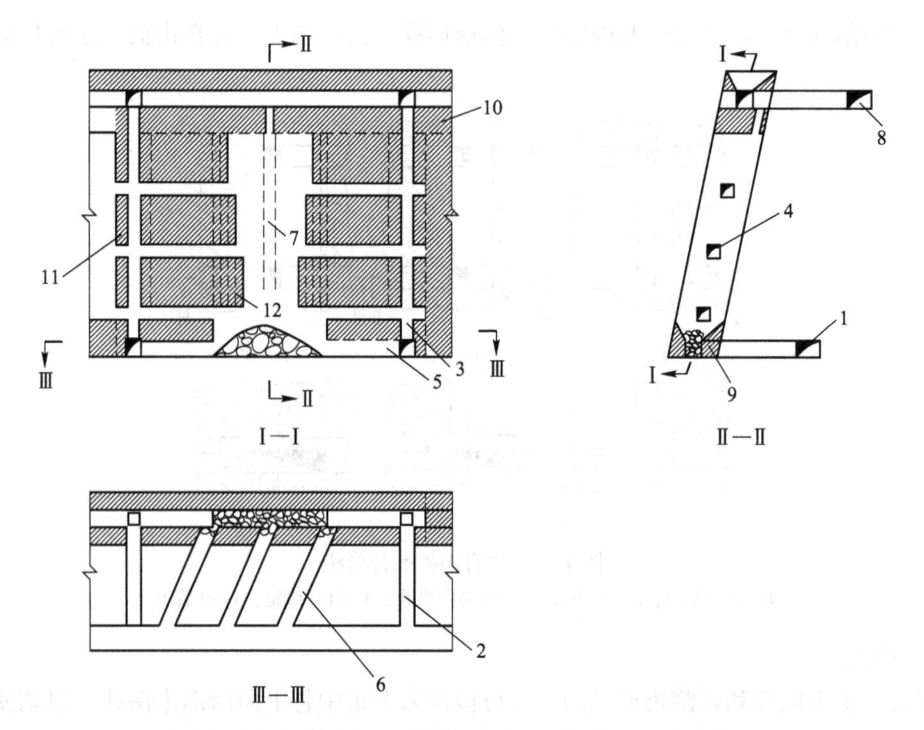

图7-13　铲运机出矿分段凿岩阶段矿房法示意图

1—出矿巷道；2—穿脉；3—通风人行天井；4—分段凿岩巷道；5—堑沟巷道；6—出矿进路；7—切割天井；8—回风平巷；9—底柱；10—顶柱；11—间柱；12—上向扇形中深孔

遥控出矿，如遇大块，可遥控铲运机将大块推至出矿口，进行二次破碎，或采用带有液压破碎装置的遥控铲运机、遥控液压破碎锤进行就地机械破碎。

C　评价

分段凿岩阶段矿房法是回采矿岩稳固的中厚以上矿体时常用的采矿方法，它具有回采强度大，劳动生产率高，采矿成本低，回采作业安全（凿岩、出矿均在专门巷道内进行，人员不进入采场）等优点。但该方法的严重缺点是矿柱矿量所占比重达35%~60%，回采矿柱时损失与贫化较大；采准工作量较大。

7.2.5.2　垂直崩矿深孔阶段矿房法（VCR法）

随着深孔钻机的发展和应用，炮孔的有效深度可达40~60m以上。在此情况下，可将分段凿岩改为阶段凿岩，形成阶段凿岩阶段矿房法，垂直炮孔的深度就是矿房的回采高度，深孔凿岩工作集中在一个水平上。与分段凿岩阶段矿房法相比，不但采准工作量大幅减少，而且减少了钻机架设、移位次数，生产效率大幅提高。

VCR法（vertical crater retreat method）是20世纪70年代引入我国的一种阶段矿房采矿法，也称垂直漏斗后退式采矿法。该方法的实质是：利用地下潜孔钻机，按最优孔网参数，在矿房顶部的凿岩水平层钻凿下向垂直或倾斜深孔至拉底层，使用高威力、高密度、高爆速、低感度的炸药（“三高一低炸药”）以球状药包（直径与长度之比不超过1∶6）自下而上的顺序，向下部拉底空间进行分层爆破，并采用高效率的出矿设备（铲运机）进行矿石装运工作，如图7-14所示。

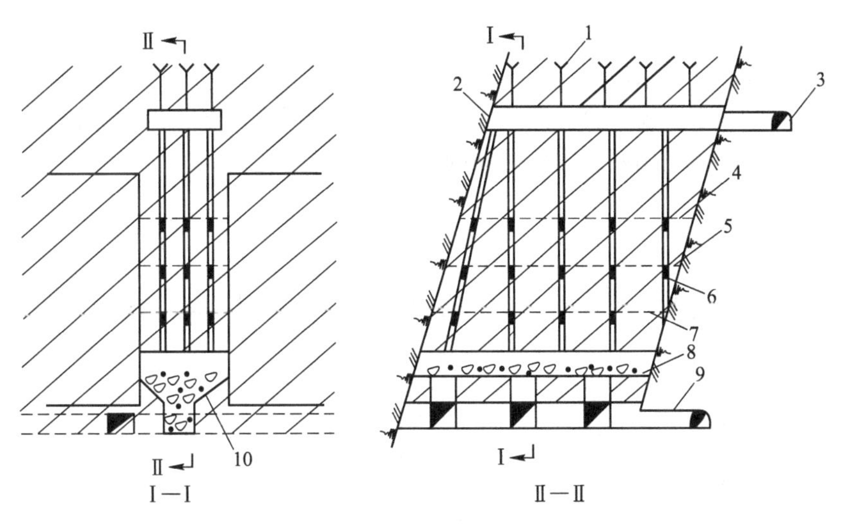

图 7-14 VCR 法示意图

1—支护锚杆；2—凿岩空间；3—运输平巷；4—第 3 爆破层；5—第 2 爆破层；6—球状药包；7—第 1 爆破层；8—拉底水平层；9—出矿巷道；10—受矿堑沟

A 采场布置

根据矿体的厚度，采区可沿矿体走向和垂直矿体走向布置，当矿体厚度在 20m 以上时，一般垂直矿体走向布置。矿房长度一般等于矿体的厚度。矿房宽度视矿岩的稳固程度而定：矿岩稳固时，一般为 10～15m 或更大；矿岩不太稳固时，为 5～8m。阶段高度根据矿岩稳固性和潜孔钻机有效凿岩深度而定，一般为 40～60m。如果矿体厚度小于 20m，矿房的长边沿矿体走向布置，长度视矿岩稳固性而定。

B 采准切割

在下盘围岩中掘进阶段运输平巷，从阶段平巷在矿房与间柱交界处中掘进装矿横巷，在横巷靠矿房一侧掘出矿横硐和 V 型堑沟，形成拉底水平层。在本阶段的上部掘进凿岩硐室并扩大形成凿岩空间。

C 回采

a 凿岩

在凿岩空间内用深孔钻机钻凿平行深孔，炮孔偏斜率是衡量炮孔质量的主要指标之一，必须严格控制。一般孔深为 60m 时，偏斜率应控制在 1%以内。深孔凿岩一般采用自带移动式空压机的地下潜孔钻机。常用地下潜孔凿岩机有 Simba364、Atlas ROC-360 等。

b 装药

VCR 法自下而上分段装药，分层爆破，因此，装药结构及施工顺序非常重要。

（1）炮孔凿完后，应及时采用测孔仪测量炮孔深度、偏斜率和底部补偿空间高度。如炮孔不合格，应重新打孔。

（2）堵孔。VCR 法炮孔内分段爆破，堵孔效果非常关键。常用的堵孔方式包括水泥塞堵孔、碗形胶皮塞堵孔和木楔堵孔等。

1）水泥塞堵孔：用尼龙绳吊放锥形水泥塞至孔内预订位置，再下放未装满河沙的塑料包堵住水泥塞与孔壁的间隙，然后向孔内堵装散沙至预订高度。

2）碗形胶皮塞堵孔（图 7-15(a)）：用尼龙绳吊放碗形胶皮塞至孔底之外，然后上提将孔塞拉入孔内30~50cm。由于橡皮圈向下翻转呈倒置碗形，紧贴于矿壁，具有一定承载能力。堵孔后，按设计要求填入适当河砂。

3）木楔堵孔（图7-15(b)）：用尼龙绳吊放两块楔形木块至孔内预订位置，然后将上小下大木楔用力提起，利用两块木楔之间的摩擦力堵住炮孔。

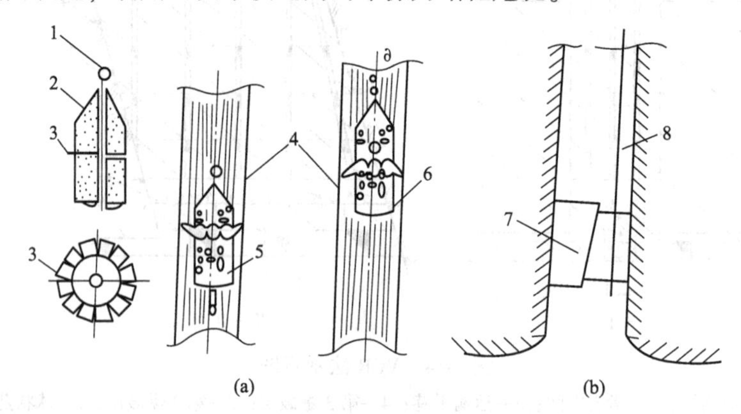

图7-15 VCR法堵孔方法示意图

（a）水泥、碗形胶皮塞堵孔；（b）木楔堵孔

1—吊环；2—水泥塞体；3—碗形胶皮堵孔塞；4—炮孔；5—下孔塞；6—上拉堵孔；7—木楔；8—尼龙绳

（3）装药。根据计算的一次爆破炸药量，可采用连续耦合装药或间隔装药。连续装药是指无间隔装入药包或散装炸药；间隔装药可采用河砂、竹筒、空气间隔球等。

（4）填塞。用炮泥或河砂填塞炮孔，填塞高度以2~2.5m为宜。

c 爆破

采用导爆管起爆，为保证起爆可靠性，孔内采用导爆索辅助传爆。

VCR法是伴随着球状药包爆破漏斗理论的提出而发展起来的。根据美国C. W. Livingston的研究成果，在中深孔至深孔爆破中，每次爆破装药长度小于炮孔直径的6倍时，破碎原理和效果与球状药包相似。

球状药包爆破时，爆炸气体所产生的全部能量自药包中心向径向方向呈整体球形均匀放射（图7-16(a)），而柱状药包爆破时，爆炸能量绝大部分作用于垂直于炮孔轴线的横向，仅有一小部分作用于柱状药包的两侧（图7-16(b)），因此，球状药包爆破矿岩的体积远大于柱状药包。

球状药包的爆破效果，取决于药包的埋藏深度，爆破崩落矿岩体积最大、爆破矿石块度最优时对应的药包埋置深度称为最佳埋置深度。

d 出矿

崩落的矿石借助自重落到矿房底部，经V型堑沟，由铲运机运出。每次出矿一般只放出崩矿量的40%左右，作为下一分层爆破的补偿空间，暂留60%左右的矿石于采场内，以支撑上、下盘围岩或两侧充填体。

D 通风

矿房回采时的通风，主要保证凿岩空间和出矿水平内风流畅通。

E 评价

VCR法具有如下突出优点：

（1）采准、切割工程量小；

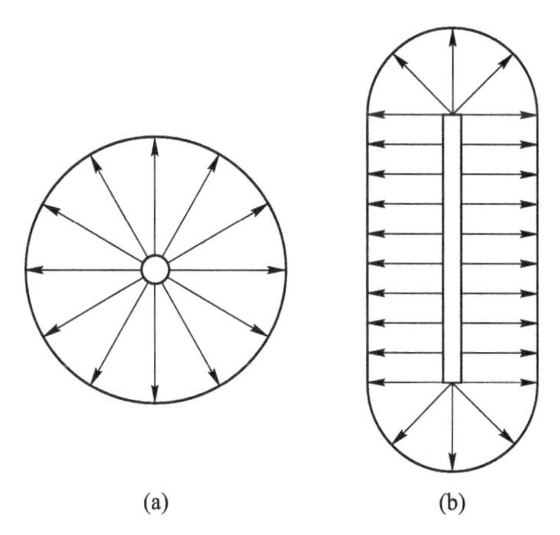

图 7-16　球状药包与柱状药包爆炸气体的做功形式
（a）球状药包；（b）柱状药包

（2）凿岩、爆破、出矿均在专用空间或巷道内进行，人员不进入采场，作业安全；
（3）球状药包爆破能量利用充分，矿石破碎块度均匀，爆破效果好；
（4）生产能力大；
（5）采矿成本低。
其主要缺点是：
（1）凿岩、爆破技术要求严格；
（2）测孔、堵孔、装药、起爆等较为繁琐；
（3）矿体形态变化较大或矿岩不稳固时，损失与贫化较大。

7.2.5.3　侧向崩矿垂直深孔阶段矿房法

VCR 法虽然自下而上分次爆破，无需开凿复杂的切割槽，爆破效果好，但其装药、爆破工艺复杂，因此，除少数几个矿山使用外，大部分阶段矿房法矿山均采用侧向崩矿垂直深孔阶段矿房法。与 VCR 法自下而上分层爆破（图 7-17(a)）不同，该方法采用的是向侧面切割槽方向的全孔爆破（图 7-17(b)）。图 7-18 为某矿侧向崩矿垂直深孔阶段矿房法示意图。

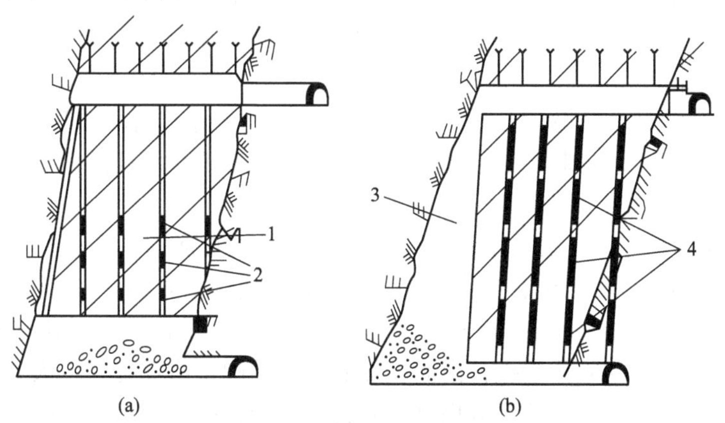

图 7-17　深孔崩矿方式
（a）自下而上崩矿；（b）侧向崩矿
1—爆破层；2—分段装药；3—切割槽；4—全孔装药

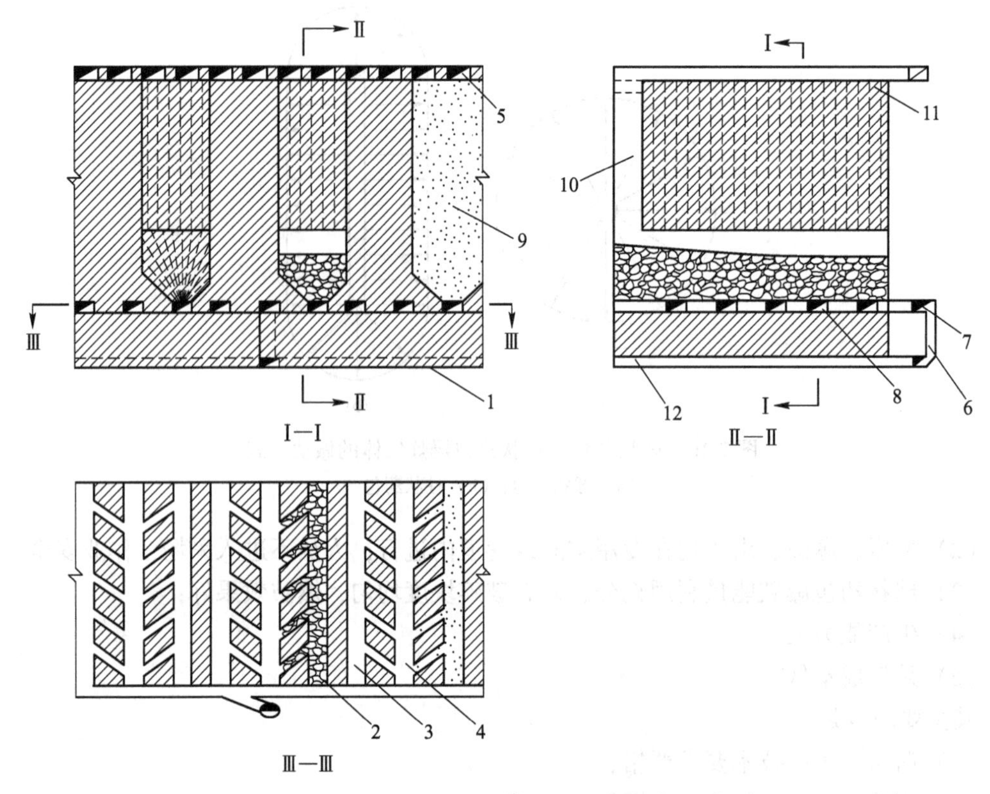

图7-18　某矿侧向崩矿垂直深孔阶段矿房法示意图

1—阶段运输平巷；2—矿房堑沟巷道；3—矿柱堑沟巷道；4—出矿巷道；5—凿岩硐室；6—溜井；7—阶段联络道；8—出矿进路；9—充填体；10—切割槽；11—顶柱；12—穿脉

阶段凿岩阶段出矿阶段矿房法采场布置方式与结构参数确定原则与分段凿岩阶段矿房法基本相同。

A　采准与切割

与铲运机出矿的分段凿岩阶段矿房法类似，可采用V型堑沟底部结构或采用遥控铲运机出矿的平底出矿方式。V型堑沟或拉底空间的形成方法与分段凿岩阶段矿房法相同。

与分段凿岩阶段矿房法分段拉槽不同，侧向崩矿垂直深孔阶段矿房法采用阶段拉槽，切割槽的形成质量更难以控制，必须高度重视。侧向崩矿垂直深孔阶段矿房法一般采用如下3种拉槽方式：

（1）VCR拉槽法。该方法是在切割槽位置V型堑沟形成后，在凿岩水平利用潜孔凿岩台车施工垂直深孔，用VCR法自下而上分层爆破形成切割立槽。

（2）大直径深孔拉槽法。该方法是在切割槽位置施工若干个（一般为4~5个）大直径深孔，不装药，作为切割槽爆破自由面，然后在其周围钻凿深孔，以大直径空孔为自由面，逐孔爆破形成切割天井，然后以切割天井为自由面，扩大形成切割槽（图7-19）。

（3）天井钻机拉槽法。随着天井钻机的广泛应用，现在普遍采用天井钻机直接钻直径1.2~2.0m的圆形切割天井，以切割天井为自由面，扩大形成切割槽（图7-20）。

B 回采

(1) 凿岩。在凿岩硐室内利用潜孔钻机钻凿下向深孔。为降低大块率，在矿岩稳固条件下，尽量增大凿岩硐室宽度，以保证尽可能多的炮孔垂直平行布置。常用深孔直径为102~160mm。

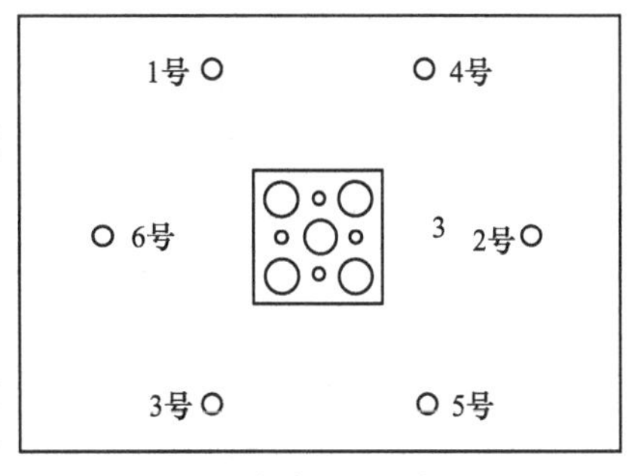

图 7-19 大直径深孔拉槽法

(2) 装药爆破。测孔合格后，按照每次爆破排数，利用装药器进行风动装药，装药前，应先利用压气吹出孔内积水。为控制爆破震动对相邻矿房的影响，中间主炮孔可采用满孔装药，但边孔应尽可能采用多层间隔装药结构，使用空气间隔球、竹筒等对药柱和空气进行隔离。

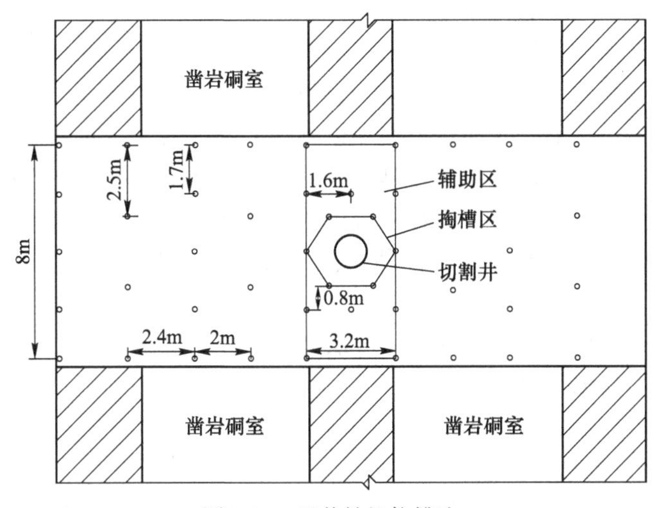

图 7-20 天井钻机拉槽法

(3) 出矿。出矿方式与铲运机出矿的分段空场嗣后充填法基本相同。

7.3 充填采矿法

在回采过程中，按照回采工艺的要求，用充填料回填采空区的采矿方法称为充填采矿法。根据矿床开采技术条件和所采用的回采方案的不同，充填料可以是分次或一次充入采空区，前者称为分层充填，后者称为嗣后充填或事后充填。

充填的目的是：

(1) 支护岩层，控制采场地压活动；

(2) 防止地表沉陷，保护地表地物；

(3) 提供继续向上回采的工作平台（类似于留矿法功能）；

(4) 改善矿柱受力状态（由单轴受压变为三轴受压），保证最大限度地回收矿产资源；

(5) 保证安全回采有内因火灾危险的高硫矿床；

（6）控制深井开采岩爆，降低深部地温；

（7）保证露天、地下联合开采时生产的安全；

（8）处理固体废料，保护环境。

由于充填采矿法能够最大限度地回收矿产资源，保护地下、地表环境，特别是近些年来，随着充填材料、充填工艺、管道输送装备和技术的不断进步，在有色金属矿山和贵重金属矿山得到了广泛应用。随着充填成本的不断降低和矿产品价格的持续走高，充填采矿法因其无可替代的优势，在煤矿、铁矿等传统上不宜采用充填法的矿山，应用比重也越来越大。

根据采用的充填料和输送方式以及矿体回采方向和充填方式不同，充填采矿法分为上向分层（或进路）充填法、下向分层（或进路）充填法和嗣后充填采矿法。

7.3.1　上向分层（或进路）充填法

7.3.1.1　上向水平分层充填法

上向水平分层充填法是国内外应用最广泛的充填采矿法之一，其特征是：将矿块划分为矿房、矿柱，先采矿房，后采矿柱。矿房自下而上分层（水平分层或倾斜分层）回采，每回采一个或若干个分层后，及时进行充填以维护上下盘围岩，并创造不断上采的作业条件；矿柱按合理的回采顺序用充填法或其他合适的方法开采。由于该方法具有采切、回采工程布置灵活，适应性强等特点，在经济合理的前提下，适用于任何倾角、任何厚度的顶板及围岩稳固的矿体。如果矿岩稳固性稍差，可以将分层开采、充填改为分层进路开采、充填（称为上向进路充填法）。

根据出矿方式选择的不同，上向水平分层充填法分为机械化上向水平分层充填法（图7-21）和电耙出矿上向水平分层充填法。

A　机械化上向水平分层充填法

a　采场布置及采场结构参数

根据矿体的厚度，采区可沿矿体走向和垂直矿体走向布置：矿体厚度不超过10~15m时，采场长轴方向沿矿体走向布置；超过10~15m时，垂直矿体走向布置。采场沿矿体走向布置时，宽度为矿体厚度，长度一般为30~60m，最长可达100m以上。采场垂直矿体走向布置时，长度一般控制在50~60m左右，宽度根据矿体稳固性确定，一般10~18m。

图7-21为垂直矿体走向布置。采场划分矿房、矿柱，两者交替布置，先用上向水平分层胶结充填法回采矿柱，待充填体达到强度要求后，再用上向水平分层非胶结充填法回采矿房。为在保证第二步矿房回采安全的同时，降低充填成本，第二步矿房尺寸应大于矿柱尺寸（因胶结充填成本大幅高于非胶结充填，因此，矿柱尺寸小有利于降低充填成本）。

阶段高度一般为30~60m，倾角大时取大值，倾角缓时取小值。如果矿体倾角较大，倾角和厚度变化较小，矿体形态规整，阶段高度还可增加。

b　采准切割

在矿体下盘掘进两条沿脉阶段平巷，每隔4~5个采场施工一条装矿穿脉，连通运输平巷，形成环形运输系统。主要采准、切割工程布置分述如下：

（1）斜坡道。斜坡道是凿岩台车和铲运机在不同分层间实现自由快速移动的重要通道，因需要布设必要的管线电缆，且要考虑行人需要，坡度应满足无轨设备最大爬坡能力要求。

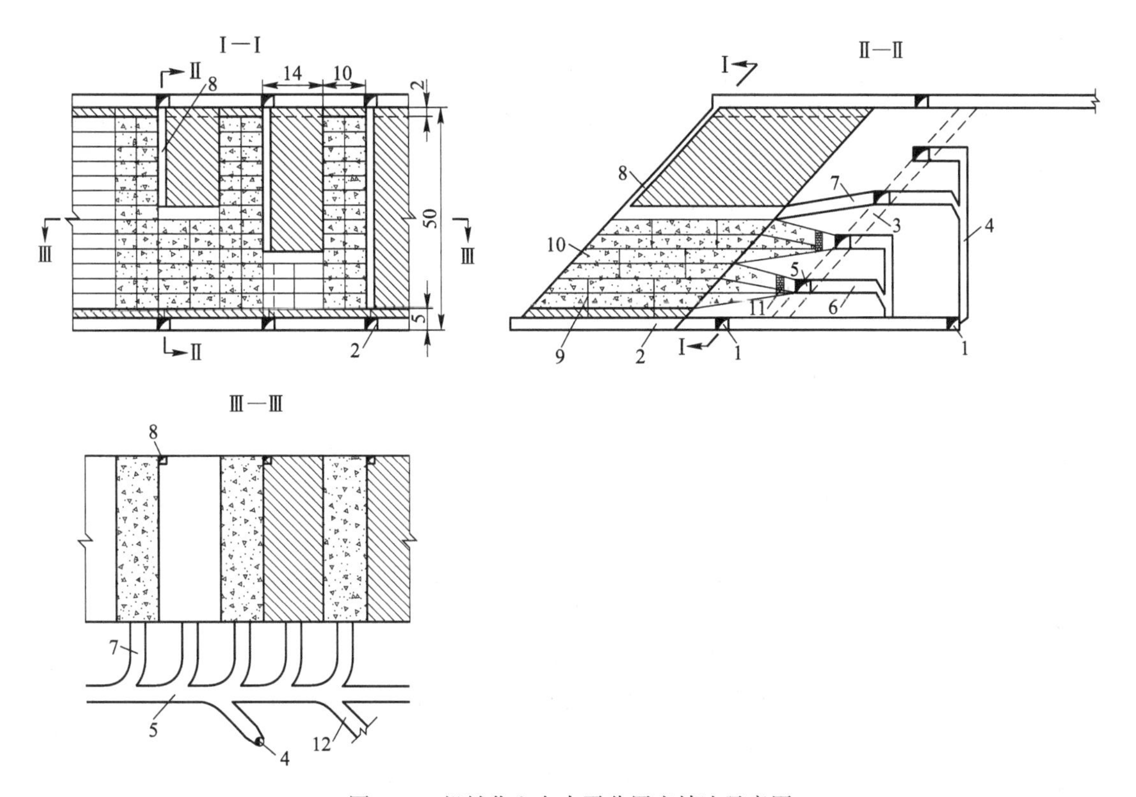

图 7-21 机械化上向水平分层充填法示意图

1—阶段运输平巷；2—穿脉；3—斜坡道；4—溜矿井；5—分段平巷；6—卸矿横巷；
7—采场联络道；8—充填回风天井；9—泄水管；10—充填体；11—充填挡墙；12—斜坡道入口

（2）分段平巷。分段平巷应满足无轨设备的行走要求，并使铲运机有一定的直线铲装距离，每个分段平巷应负责 2~3 个分层的回采。为充分发挥无轨设备的效率，提高采矿强度，缩短作业循环，减少采空区暴露时间，在安全条件允许的情况下，尽量采用高分层回采。

（3）采场联络道。每个分层均布置一条采场联络道，沟通采场和分段平巷。其中，下向采场联络道从分段平巷用普通掘进方法形成，水平采场联络道则在向下的采场联络道顶板上挑顶形成，上向联络道则由水平联络道上挑形成。挑顶崩落的废石，可用来充填该采场联络道。采场联络道布置在采场中央，以利于台车和铲运机作业，且采场开口阶段作业效率高，采场两侧边界易于控制。采场充填时，用木板封闭采场联络道。

（4）充填回风天井。为减少采准工程量，每两个采场共用一条充填回风天井。充填回风天井布置在两采场交界处、第二步回采的矿房内。在保证上盘岩体稳定、顶板安全的条件下，充填回风天井尽量靠近上盘布置，以改善采场通风效果。

（5）溜矿井。铲运机出矿时，溜矿井一般布置在脉外，且几个采场共用一套溜矿井系统。溜矿井底部由装矿平巷与主运输平巷相连。

（6）泄滤水措施。水力输送充填料的充填采矿法矿山，充填料进入采场后，多余的水分必须技术泄滤出去，以加快充填体凝固。传统的泄滤水措施是在采场内随回采、充填工作进行，顺路架设滤水井。为防止细粒充填料随水滤出，在滤水井周围包裹 1~2 层砂布。

由于顺路架设滤水井工艺复杂，而且当矿体倾角小，采场水平长度大时，一个滤水井不能负担整个采场的脱滤水工作，需布置多个脱滤水井。为降低充填成本，提高分层充填效率，越来越多的矿山使用PVC塑料脱水管滤水。在塑料管上钻凿泄水孔，周围包裹两层砂布。脱水管采用快速活动接头，每分层充填前首先接长脱水管。脱滤水通过布置在采场底部的水平管导入底盘沿脉平巷水沟。

（7）切割。在采场底部掘进切割巷道，向两侧扩帮形成拉底空间；为提高爆破效果，除拉底外，还应形成垂直方向上的切割槽。

c 回采

（1）凿岩爆破。采用凿岩台车或气腿式浅孔凿岩机钻凿水平孔或垂直孔，装药爆破。

（2）通风。新鲜风流经斜坡道、分段平巷及采场联络道进入采场，冲洗工作面后，经上盘充填通风天井，排入上阶段回风巷。每次爆破，必须经充分通风（通风时间不少于40min）后，人员方能进入采场。

（3）采场顶板地压管理。采场爆破并经过有效通风排除炮烟后，安全人员操作采场服务台车，清理顶帮松石，如顶板矿岩异常破碎，经撬毛处理后，仍无法保证正常作业时，可考虑其他顶板支护方式，如悬挂金属网，布置锚杆等。

第二步矿房回采，由于受相邻充填采场充填接顶不充分、充填质量难以保证、充填渗水效果差等影响，采场稳固性比第一步矿柱采矿要差，顶板安全管理任务更加繁重。除了采用上述安全技术措施外，在生产过程中，要加强适时安全监督，保证每个工作班组都有专职安全人员，在各生产工作面进行不间断安全检查，发现问题，及时处理。

（4）出矿。采用铲运机，将崩落的矿石卸入溜矿井，装车运出。

（5）充填。每分层出矿结束后，及时进行充填。充填前应做好如下准备工作：

1）延长脱水管道。充填之前，首先利用活动接头，延长脱水塑料管。

2）构筑与采场联络道间的密闭墙。

3）接通采场充填管路。在延长脱水管道与构筑密闭墙的同时，从上中段充填回风平巷，通过通风充填天井，往采场接通充填塑料管，并将充填塑料管用木质三脚架固定在适当地方，以便采场均匀充填。

4）检查地表充填制备站与充填采场之间的通信系统。

5）检查充填线路。

B 电耙出矿上向水平分层充填法

机械化上向水平分层充填法采用凿岩台车凿岩、铲运机出矿，机械化程度高，工人劳动强度低，生产能力大，采下矿石损失小（铲运机出矿干净），条件允许情况下应优先选用。但机械化上向水平分层充填法因需通行无轨设备，一般需脉外采准。对于薄矿体，脉外采准会造成采切比过大，而且薄矿体内无轨设备通行不便，因此，在一些矿体厚度不大的矿山，仍然采用电耙出矿方式，图7-22为电耙出矿上向水平分层充填法示意图。

a 采场布置及采场结构参数

电耙出矿上向分层充填法将矿块划分为矿房、矿柱（矿柱后期可以设法回收）。以水平分层形式自下而上回采矿房，依次进行充填以维护上下盘围岩，并创造不断上采的作业平台。为了方便电耙出矿，减少矿石损失与贫化，每分层用高配比胶结充填料进行胶面（厚度200~400mm）。为确保后期阶段间顶底柱回采安全，矿房第一分层采用高配比胶结

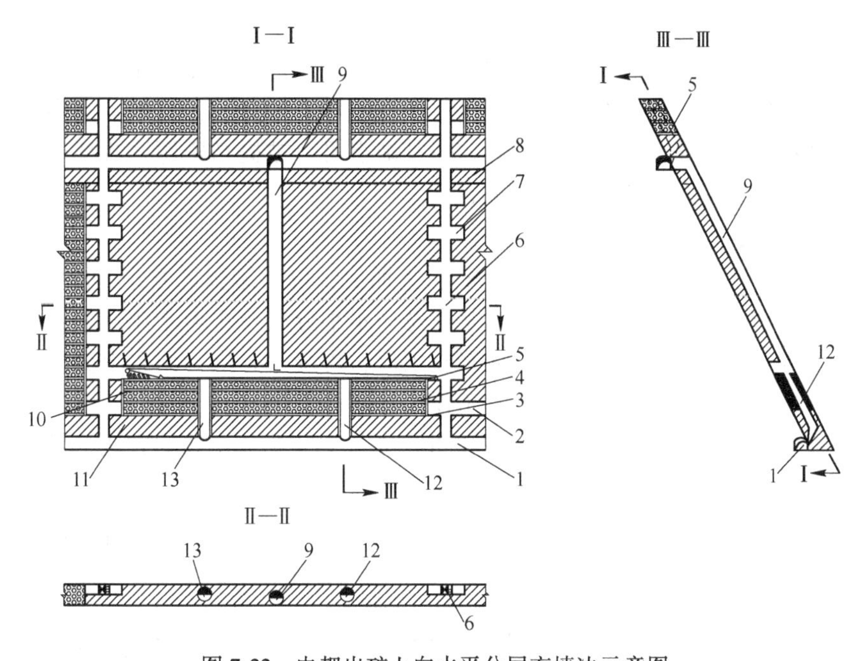

图 7-22　电耙出矿上向水平分层充填法示意图

1—阶段运输平巷；2—拉底巷道；3—钢板垫层；4—胶面；5—分层充填体；6—人行天井；7—采场联络道；8—顶柱；9—充填回风天井；10—充填挡墙；11—底柱；12—溜矿井；13—泄水井

充填构筑较高强度人工胶结底柱。

对于薄矿体，矿块一般沿走向布置，矿块宽度即为矿体厚度，矿房长度以满足电耙有效耙运距离为原则，间柱长度取决于矿岩稳固性、间柱未来回采方法、间柱内采准工程布置情况等，一般为 6~8m，稳固性差取大值。阶段运输巷道或穿脉布置在脉内时，一般需留设顶底柱，顶柱厚度 3~5m，底柱高度 5~6m。如果矿石价值较高，为减少矿石损失和贫化，也可采用人工底柱。

b　采准切割工程

在薄和中厚矿体中，一般掘进脉内运输巷道；在厚大矿体中，一般掘进脉外沿脉巷道和穿脉巷道，或上、下盘沿脉巷道和穿脉巷道。图 7-22 为下盘沿脉采准方式。在矿柱中央布置人行天井（内设梯子），人行天井断面多为（1.8~2.5）m×(1.8~2.5)m。人行天井与采场用联络道连通，采场联络道间隔 5m，矿房两侧采场联络道错开布置。自底盘沿脉阶段运输平巷在底柱内掘进溜矿井和泄水井。溜矿井断面 2m×2m，泄水井断面可根据需要确定。溜矿井和泄水井随着回采工作的进行，逐步顺路架设。

切割工作主要是拉底，在采场最下一分层掘进一连通两侧采场联络道的拉底平巷，然后以拉底平巷为自由面和补偿空间，用 YSP-45 或 7655 凿岩机扩帮至采场两边边界，在采场底部全断面形成拉底空间。自拉底平巷靠近矿体上盘掘进脉内充填回风天井至上阶段运输平巷。

c　回采

回采工艺与机械化上向水平分层充填法基本相同，不同之处在于：崩落矿石在采场进行二次破碎后采用电耙耙入采场溜井。

C　评价

上向水平分层充填法是最常用的充填法，其突出优点是矿石损失率与贫化率低，有利于地压管理，安全性好，采场布置灵活，可以实现不同矿种分采；其缺点是由于增加了充填工序，使回采作业管理复杂，成本提高。但其缺点可以被提高资源回收率所带来的效益增加所补偿，因此，该方法使用比重越来越大。

7.3.1.2　上向分层进路充填法

上向分层进路充填法（图 7-23）是一种自下而上，以巷道掘进方式进行回采，在进路掘至设计位置后进行充填的采矿方法。它是在每一水平分层布置若干条进路，按间隔或逐条进路的顺序回采，整个分层各条进路回采充填后，再统一升层，回采上分层进路。该法与上向水平分层充填法不同之处在于：其工作面暴露面积小，安全性好。上向分层进路充填法用于回采其他充填采矿法的顶用底柱和间柱也是一种安全有效的方法，且矿石损失与贫化低，经济效益较好。

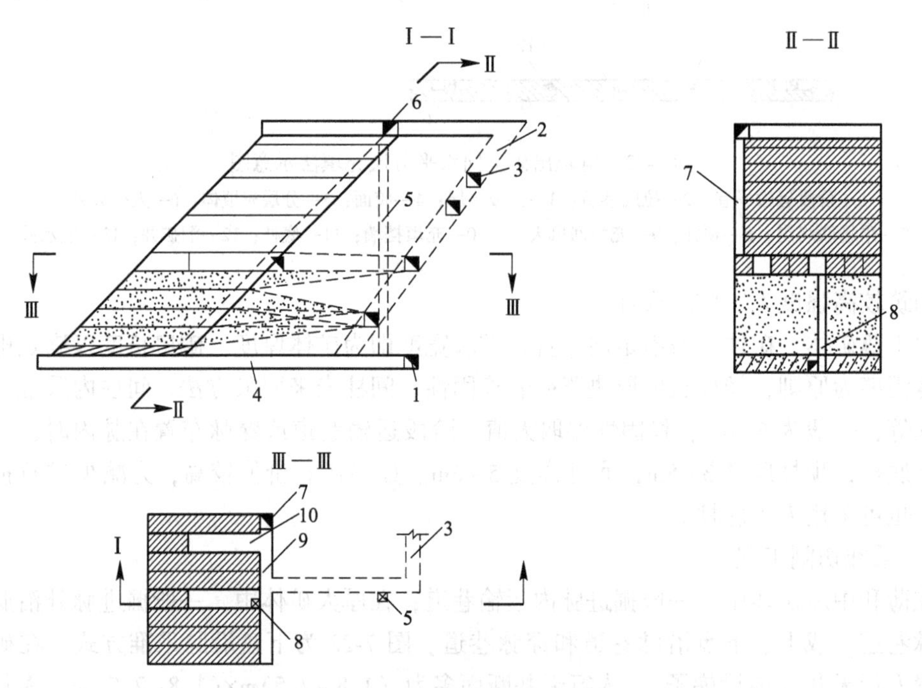

图 7-23　上向分层进路充填法示意图

1—阶段运输巷道；2—斜坡道；3—分段巷道；4—穿脉；5—溜矿井；6—充填回风巷道；
7—充填回风天井；8—泄水井；9—分层联络平巷；10—回采进路

A　采场布置及采场结构参数

进路回采采场划分并不严格，采场长度和宽度均根据矿体赋存条件灵活确定，一般以溜矿井负担范围作为一个采场。当矿体厚度小于 15~30m 时，矿块沿走向布置，进路长度一般取 50~100m，最大不超过 150m；如果矿体厚度超过 15~30m，则矿块垂直或斜交走向布置，进路长度等于矿体厚度。

阶段高度为 40~60m，分段高度为 9~12m（服务 3 个分层），最大不超过 15m。进路断面尺寸应根据矿岩的稳固性和无轨设备正常运行要求合理确定，一般而言，进路规格越大，回采效率越高，但断面尺寸过大，不利于顶板管理和作业安全，且加大了支护维修费用，通风风速亦难以满足规范要求。一般宽度不大于5m，高度不大于5m。

B 采准切割

采准切割工作主要包括掘进斜坡道、分段巷道、分层联络巷道、充填回风天井、溜矿井及泄水井等。

（1）上向分层进路充填法一般采用脉外下盘斜坡道采准系统；当矿体上盘围岩较下盘稳固时，也可布置在上盘；如果或需要多工作面同时开采以提高产量，则可同时布置上下盘斜坡道。

（2）上向进路充填法需将阶段划分为分段，分段再划分为分层进行逐层回采、充填。因此分段平巷布置是影响采准工程量和采准比的重要因素，也是采准优化设计最值得研究探讨的关键问题之一。为充分发挥无轨设备的效率，提高采矿强度，缩短作业循环，减少采空区暴露时间，在安全条件允许的情况下，宜尽量采用高分段回采。分段巷道一般布置在脉外。

（3）分层联络巷道、充填回风井则多布置在脉内；溜矿井可布置在脉外，也可布置在脉内顺路架设；泄水进风井多布置在脉内，顺路架设。

为提高进路稳固性，应尽量采用光面爆破方式，合理布置炮孔参数，力争在进路宽度内形成微小拱形顶板，为此设计进路采用1/5拱断面形状。

生产实际过程中，如果矿岩稳固性较好，可采取刷帮方式将进路宽度加大，如果矿岩稳固性差，可将进路宽度适当缩小。

C 回采

（1）进路回采顺序。进路回采顺序比较灵活，只要保证进路作业不相互影响，可灵活选择。一般情况下：

1）沿矿体走向布置进路时，多由下盘向上盘方向顺序或间隔回采进路；若上盘岩石不稳固，用胶结充填时，也可以自上盘向下盘方向间隔回采。

2）垂直矿体走向布置进路时，多从盘区两端向中央进路间隔回采，以便于提高无轨自行设备的效率和盘区生产能力，减少分层巷道的维护费用。

（2）凿岩爆破。进路回采凿岩一般采用液压凿岩台车（小断面进路或短进路也可采用普通气腿式凿岩机凿岩），炮孔深度为2.5~3.2m，炮孔直径为38~43mm。为使矿岩和相邻充填体受爆破破坏较小，保持其自身的支承能力，形成较为规则的断面形状，进路回采应尽量采用光面爆破，且与充填体接触侧的炮孔与充填体应保持0.3~0.5m距离。

（3）采场通风。采场通风一般采用压入式通风方法，通风用的风筒通常采用PVC软管或人造帆布风筒。新鲜风流从斜坡道、分段联络道、分层巷道进入回采进路内清洗工作面，污风经盘区两端布置的通风天井至上中段回风水平。

（4）采场顶板管理。有效的采场顶板管理是保证回采作业安全的关键因素。采场爆破并经过有效通风排除炮烟后，安全人员清理顶帮松石，如顶板矿岩异常破碎，经撬毛处理后，仍无法保证正常作业，可考虑其他顶板支护方式，如悬挂金属网、布置锚杆等。

相邻进路回采，由于受相邻充填采场充填接顶不充分、充填质量难以保证、充填渗水等影响，矿岩稳固性比第一次进路回采要差，顶板安全管理任务更加繁重。除了采用上述安全技术措施外，在生产过程中要加强实时安全监督，保证每个工作班组都有专职安全人员，在各生产工作面进行不间断安全检查，发现问题，及时处理。

（5）出矿。在清理完回采进路顶板浮石和进行必要的支护后即可出矿，采场崩落矿石由铲运机铲装后，经分层联络巷道、溜矿井联络巷卸入脉外溜井，或者卸入采场内的脉内顺路溜井。由设在溜井底部的振动出矿机向矿车放矿。

D　充填

进路采场充填系嗣后充填。进路回采结束后，清理进路，拆除设备及管线，在与分层联络巷交界处砌筑挡墙，然后按要求进行充填作业。由于进路断面小、长度大，接顶难度大，但为保证上分层进路回采作业安全，减少矿石损失和贫化，进路充填过程中，每个进路采场都应尽可能接顶。接顶充填可以采用下述两种方法：

（1）微倾斜进路设计，即在采矿工艺设计方面，采用微倾斜进路布置，以改善充填料浆在进路内的流动性能，提高进路充填接顶率。微倾斜进路倾角应与充填料浆的自然坡积角一致，以最大限度提高进路的充填接顶率，通常微倾斜进路倾角为6°~8°。

（2）贯入式充填接顶，即利用高浓度充填料浆不易沉淀和较好的触变性等特点，通过地表到采场的高差而形成的流体静压力或加压泵送，挤压塑性极强的高浓度料浆体进行接顶充填。

E　方案评价

a　适用条件

上向分层进路充填法除满足上向水平分层充填法的适用条件外，尚需符合以下条件：

（1）矿岩不稳固，矿石品位较高的矿体和稀有、贵重金属矿床；

（2）矿体厚度不小于2m；

（3）形态复杂和产状变化大的矿体；

（4）其他充填采矿法的矿柱回采。

b　评价

该方法的优点：

（1）适应性强，对形态复杂和产状变化大的矿体，能有效回采；

（2）回采进路顶板暴露面积小，安全性好；

（3）矿石损失率与贫化率低，据国内外矿山统计，矿石的总损失率和总贫化率均不超过5%，最大不超过10%。

主要缺点：

（1）采场为独头巷道掘进，通风效果差；

（2）生产效率低，生产能力小，成本高。

7.3.1.3　预控顶上向进路充填法

预控顶上向进路充填法实质是将上向水平进路充填法“自下而上单分层回采”变为“自下而上双层合回采”，是将空场法与充填法进行技术性融合，通过预先拉顶加固顶板，下向采矿形成较大空场，然后充填的一种采矿方法。其基本特征是：将矿块划分为矿房、矿柱（相同规格），先采矿房，后采矿柱。矿房自下而上分层回采，将两个分层作为一个回采单元，首先回采上分层（控顶层），采用措施加固顶板后，再回采下分层（回采层），两分层回采完毕后，进行高配比胶结充填以维护上下盘围岩，并创造不断上采的作业条件；矿柱按相同的回采方式开采，采用低配比胶结充填。

由于该方法具有采切、回采工程布置灵活，适应性强等特点，在经济合理的前提下，适用于任何倾角、任何厚度的矿体，特别是顶板及围岩稳固性差的矿体，通过预控顶技术可以实现大规格进路式充填法开采。

图 7-24 为白象山铁矿倾斜厚大矿体（平均倾角 25°，真厚度 34m）预控顶上向进路充填法示意图。

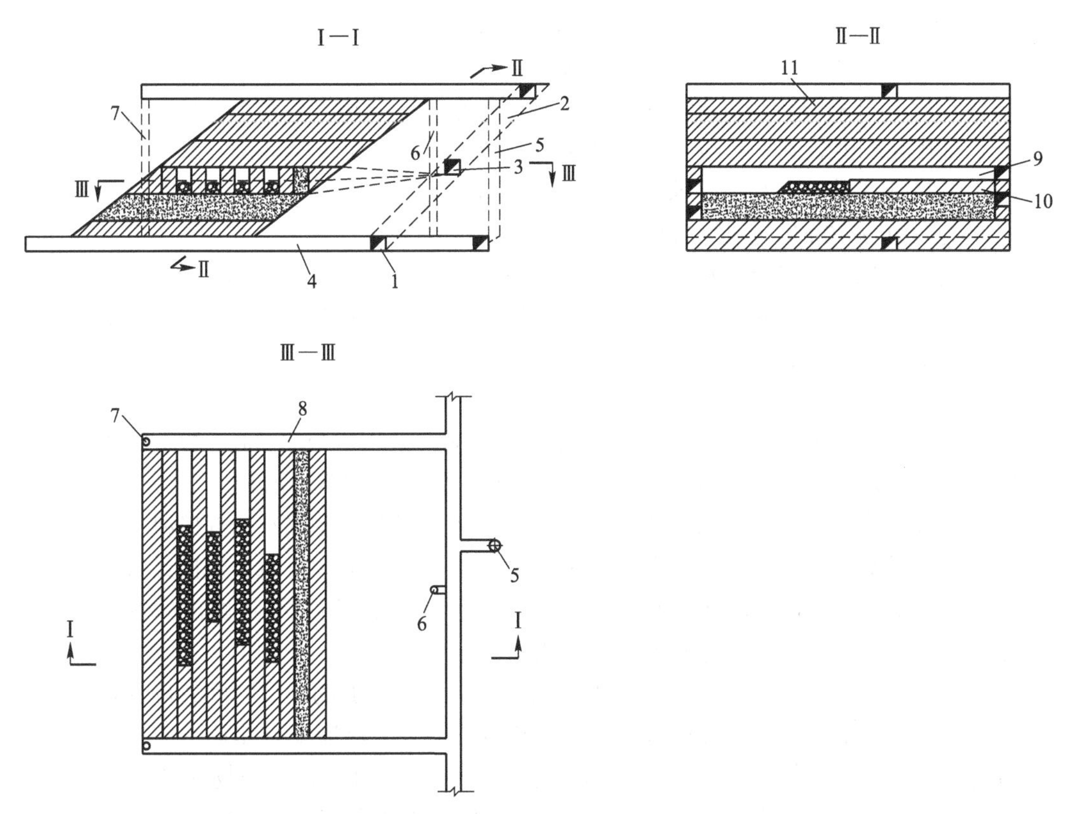

图 7-24　白象山铁矿倾斜厚大矿体预控顶上向进路充填法示意图
1—阶段运输平巷；2—斜坡道；3—分段平巷；4—穿脉；5—溜矿井；6—充填回风井；
7—进风泄水井；8—分层联络道；9—控顶层；10—回采层；11—顶柱

A　采场布置

根据矿体的厚度，采区可沿矿体走向和垂直矿体走向布置，特别厚大矿体采用沿矿体走向布置。采场划分矿房、矿柱，两者交替布置，先回采矿房控顶层，采用措施加固顶板后，再回采矿房回采层，两分层回采完毕后胶结充填，待充填体达到强度要求后，再用相同开采方式回采矿柱。采场宽度为 6m，单分层进路高度为 3. 5m，两分层回采完毕后，进路高度达到 7m。

B　采准切割

预控顶上向进路充填法采准工程主要包括分段平巷及分层联络道、斜坡道、溜矿井、充填回风井及进风泄水井等。图 7-24 主要采准、切割工程布置分述如下：

（1）分段平巷。分段平巷沿矿体走向布置，负责上下若干分层的回采，断面尺寸规格 4m×3. 8m。

（2）分层联络道。分层联络道布置在盘区两端，作为盘区分界线，一条通达预控顶进路采场的下部分层（回采层），作为下部分层回采的联络道，另一条直达采场的上部分层（控顶层），作为预控顶进路回采的联络道。分层联络道断面规格要求满足铲运机运行安全、方便，断面尺寸规格4m×3.8m。

（3）采场斜坡道。采场斜坡道是凿岩设备和铲运机在不同分层间实现自由快速移动的重要通道，因需要布设必要的管线电缆，且要考虑行人需要，因此，采场斜坡道为4m×3.8m，坡度应满足无轨设备最大爬坡能力要求。

（4）溜矿井。采用铲运机出矿时，溜矿井一般布置在脉外，且几个采场共用一套溜矿井系统。溜井底部由装矿平巷与主运输平巷相连，断面规格为ϕ2.0m。

（5）进风泄水井。联络道尽头（矿体上盘）布置进风井以改善各采场进路的通风效果，断面规格为ϕ2.0m。该进风井同时兼做采场泄水井。

（6）充填回风井。充填回风井布置在矿体下盘，断面尺寸规格ϕ2.0m。

（7）切割。在控顶层掘进切割巷道，向两侧扩帮形成凿岩空间；为提高爆破效果，还应在端部形成垂直方向上的切割槽。

C　回采

（1）凿岩爆破。凿岩设备以凿岩台车为主，控顶层采用进口Bommer 281液压凿岩台车，钻凿水平炮孔，回采层采用国产气动凿岩台车，钻凿垂直下向炮孔。

（2）通风。进路采场的回采属于独头作业，通风效果差，需安装局部风机，根据要求风机和启动装置安设在离掘进巷道进口10m以外的进风侧巷道中。每次爆破结束后，将新鲜风流导入到工作面，进行清洗，通风时间不应少于40min，污风沿进路出采场经充填回风井排入上阶段回风平巷，通过回风井排至地表。

（3）采场顶板地压管理。采场爆破工作结束后，经过足够的通风时间并确保炮烟排除后，安全人员进入采场清理顶帮松石。顶板处理后，仍无法保证安全作业，需按照相应的要求进行支护，如布置锚杆等。二步回采的进路，由于受相邻充填采场充填质量难以保证、充填渗水等影响，矿岩稳固性比第一步回采的进路要差，顶板安全管理任务更加繁重。为保证下分层进路回采安全，预控层（上分层）进路应视矿体稳固情况采取相应的预加固处理措施。

除了上述安全技术措施外，在生产过程中，要加强适时安全检查，保证每个工作班组都有专职安全人员，在各生产工作面进行不间断安全巡查，发现问题，及时处理。

（4）出矿。采用铲运机，将崩落的矿石卸入溜矿井，装车运出。

（5）充填。每分层出矿结束后，及时进行充填。采用从进路端部往进路入口的后退式卸料进行充填。为了提高进路充填接顶质量，预先布置一条充填管进行接顶充填。

D　评价

预控顶上向进路充填法是最新发展的充填法，其突出优点是采用预控顶方式保护顶板，使顶板不稳固的矿体实现上向回采，相比于下向进路充填法减少了人工假顶构筑工艺，采矿成本相对降低，安全性好，采场布置灵活，有利于地压管理，亦可实现不同矿种分采；其缺点是由于增加了预控顶工艺，采场内支护成本有所提高，回采作业管理相对复杂。

7.3.2　下向分层进路充填法

对于矿石价值特高、但矿岩均不稳固的金属矿床，上向水平分层充填法不能保证回采作业安全时，可以考虑采用下向进路充填法。其主要特征是：在阶段内，自上而下在分层人工假顶保护下顺序分层进路（巷道）回采、进路充填。进路规格有矩形、梯形、拱形及六角形等。该方法由于生产环节多，人工假顶要求强度高、整体性好，因此生产成本较高。

图 7-25 为甘肃金川集团公司龙首矿下向六角形进路胶结充填采矿法示意图。进路采用仿生学原理，将正方形断面进路改为六角形断面，使采空区混凝土充填体呈蜂窝状镶嵌结构，从而改变其受力状况，提高了稳定性，有效地控制了地应力作用（图 7-26）。

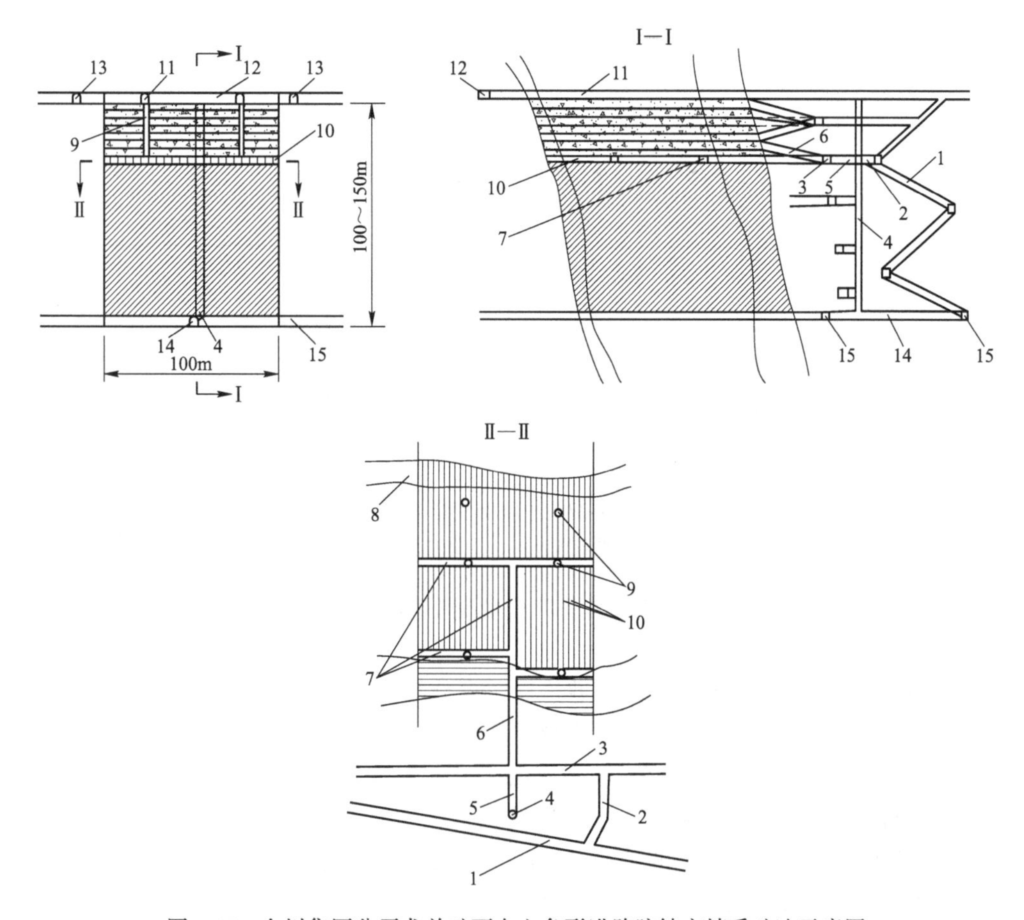

图 7-25　金川集团公司龙首矿下向六角形进路胶结充填采矿法示意图

1—斜坡道；2—分段联络道；3—分段巷道；4—溜矿井；5—卸矿平巷；6—分层联络道；7—分层联络平巷；8—下盘贫矿；9—回风充填小井；10—回采进路；11—上阶段穿脉；12—回风充填巷道；13—上阶段运输巷道；14—本阶段穿脉；15—本阶段运输巷道

（1）采场布置和采场结构参数。进路多为矩形或正方形，断面规格为（2～5）m×(2～5)m。个别也采用六角形断面（图 7-26），但施工技术难度较高，故未得到推广应用。

进路采场可平行布置或交错布置，如图 7-27 所示。在回采顺序相同的情况下，采用垂直交错布置（图 7-27(b)），比平行布置（图 7-27(a)）更有利于维护采场结构的稳定。

为利于矿石运搬和充填接顶，下向进路还可设置一定的倾斜度，倾角应略大于充填料浆自流坡面角（6°～8°）。

图7-26 龙首矿六角形进路采场照片

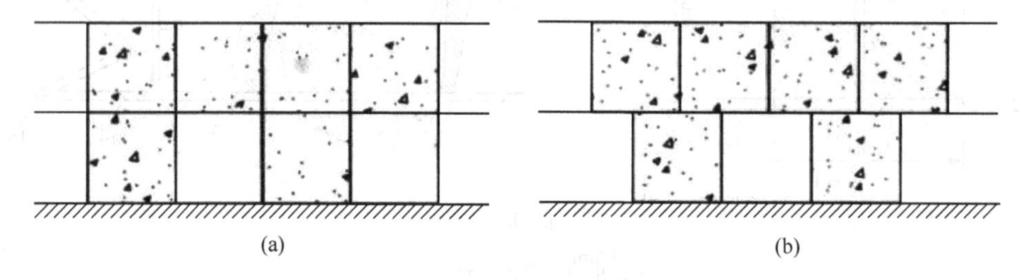

图7-27 进路布置形式
（a）平行布置；（b）交错布置

（2）采准切割。下向分层进路充填采矿法采准切割工艺与上向分层进路充填采矿法基本相同。

自斜坡道掘进分段联络道与分段平巷连通，自分段平巷分别依次掘进上向、水平和下向分层联络道，与分层联络平巷连通。自分层联络平巷设计回采进路。

（3）回采。普通下向分层进路充填采矿法回采工艺与上向分层进路充填采矿法基本相同。六角形进路回采时，在进路全断面上布置20~24个炮孔，孔深一般为1.6m。为保证六角形断面的形成，第一次崩下的矿石运出后，需要再打少量炮孔扩帮。

（4）充填。下向分层进路充填采矿法要求充填体具有较高的强度，使之形成稳固的人工假顶，以确保人工假顶下作业人员和设备的安全。同时在进路回采过程中，一般要求不再进行支护。为提高接顶充填率，进路充填一般分2次进行。第1次为打底充填，充填高度1~2m，采用高配比充填料；第2次为进路上部普通充填，充填配比可适当降低。《冶金矿山安全规程》规定：下向胶结充填法充填用混凝土标号不得低于50号，如加钢筋网，则不得低于40号。

（5）评价。下向进路胶结充填法是成本最高、技术要求最严格的采矿方法之一，只有在矿石价值高、品位富，而矿石和顶板岩石极不稳固不能采用上向水平分层充填法或上向分层进路充填法的情况下，才考虑采用。

7.3.3 嗣后充填法

分层充填法虽然具有回收率高、贫化率低等突出优点，但由于充填次数较多，不仅工艺复杂，而且每次充填后都需要一定的养护时间，才能进入下一个回采作业循环，致使成本增加，生产能力受到影响。在矿岩稳固性较好的条件下，可以采用嗣后充填法。由于充填工作是在矿块的整个阶段内一次完成，因此，该方法亦称为阶段充填法。

根据矿块布置方式和回采顺序，嗣后充填法分两种形式，即两步骤回采空场嗣后充填法和单步骤连续回采空场嗣后充填法。其中，两步骤回采空场嗣后充填法应用最为广泛，其主要特征是：在阶段内将矿体交替划分为矿房和矿柱，先用空场法回采矿柱，待整个矿块回采完毕后，一次进行胶结充填，形成人工矿柱，胶结体达到养护时间后，在人工矿柱保护下，用同样的方法回采矿房，矿房回采完毕后，进行非胶结充填（图 7-28(a)）。两步骤回采空场嗣后充填法同时具有空场法和充填法的优点，在国内外得到广泛的应用。

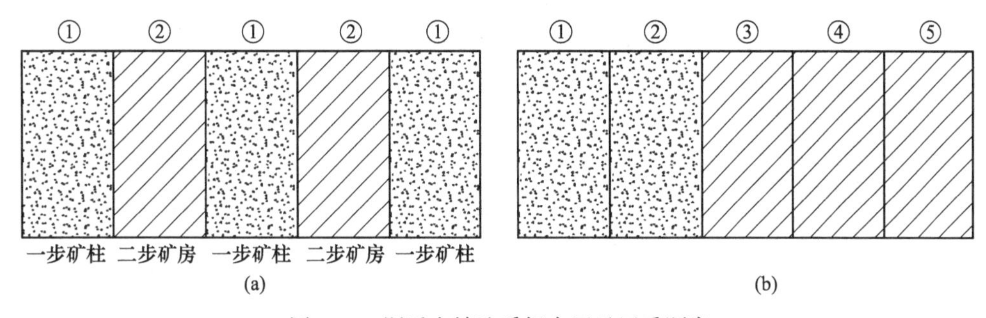

图 7-28　嗣后充填法采场布置及回采顺序

（a）矿房矿柱交替布置两步骤回采顺序；（b）单步骤连续回采顺序

两步骤回采空场嗣后充填法在盘区内可同时回采采场数多，第二步矿房可采用非胶结充填，充填成本低。但第二步矿房回采时，两侧或四周（矿体厚大时）均为充填体，如果充填质量，尤其是接顶充填质量和充填体自立性差，容易造成充填体垮落，从而引起矿石损失和贫化。此时，可采用单步骤连续回采空场嗣后充填法，其主要特征是采场连续布置，顺序回采。每个采场回采完毕后进行嗣后充填，待充填体达到养护要求后，再回采下一个采场（图 7-28(b)）。湘西金矿的“分条密接充填法”即属于单步骤连续回采空场嗣后充填法。该回采方式采场始终保持一侧为充填体，另一侧为矿体，有利于回采安全和降低矿石贫损率（图 7-29）。

根据空场法的不同，嗣后充填采矿方法也分为分段空场嗣后充填法、阶段空场嗣后充填法（包括 VCR 嗣后充填法）、留矿嗣后充填法、房柱嗣后充填法等。

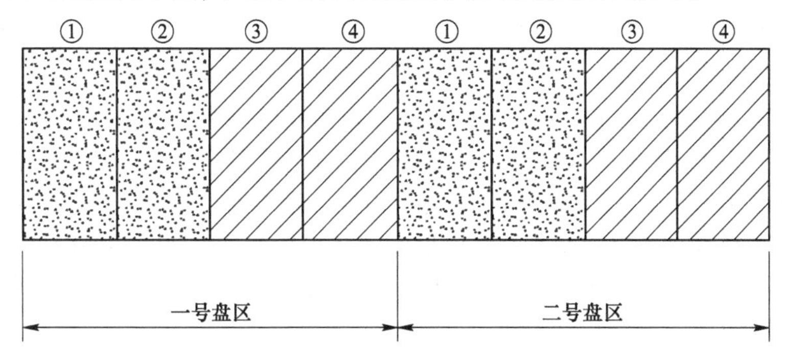

图 7-29　盘区单步骤连续回采采场布置及回采顺序

(1) 采场布置和采场结构参数。两步骤回采空场嗣后充填法大致可分为两类：一类是空场法回采，采场布置与空场法基本相同，但不留设间柱，而是交替划分为矿房、矿柱，矿房、矿柱尺寸根据矿岩稳固性确定，为降低充填成本，一般第一步胶结充填回采矿柱跨度小于第二步非胶结充填矿房跨度。如新桥硫铁矿过去采用的底盘漏斗分段空场嗣后充填法，第一步矿柱宽度10m，第二步矿房宽度22m，如图7-30所示。另一类是根据矿岩稳固性、矿体的厚度与倾角、出矿设备等将矿块划分为分条进行连续回采，如湘西金矿采用电耙沿倾向耙矿，矿块沿走向长度为40~70m，斜长50m左右，分条宽度6~12m，如图7-31所示。

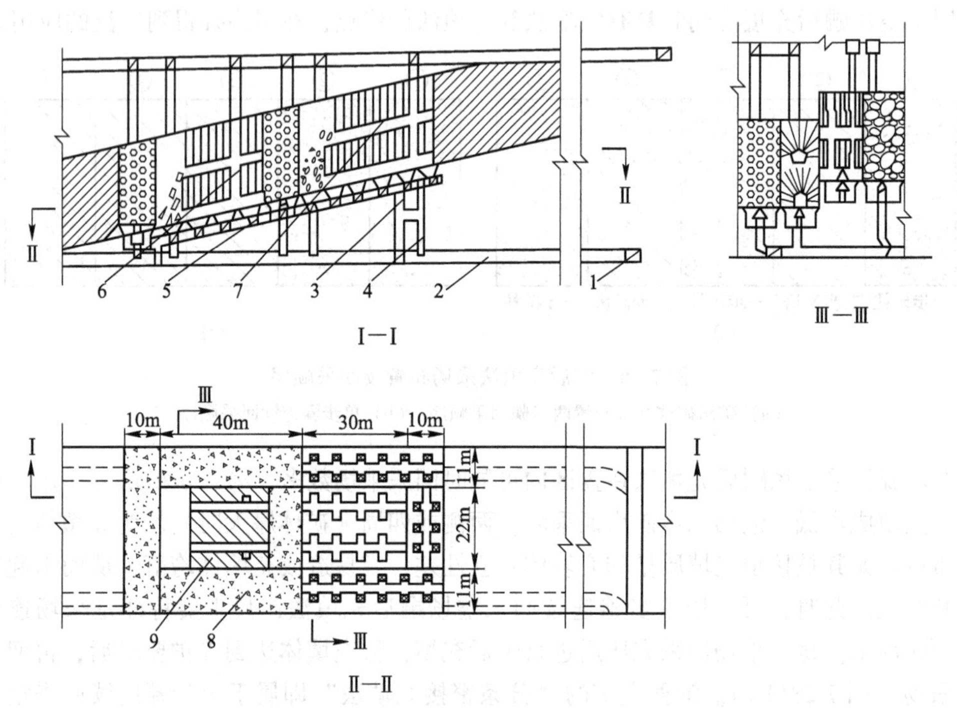

图7-30 新桥硫铁矿分段空场嗣后充填法示意图

1—阶段运输平巷；2—穿脉巷道；3—电耙道；4—溜矿井；5—底盘漏斗；6—切割天井(兼作回风井和充填井)；7—分段凿岩巷道；8—充填体矿柱；9—矿房

(2) 采准切割。以图7-30为例说明空场嗣后充填采矿法的主要采准切割工艺。

布置上盘和下盘运输平巷，由穿脉巷道形成环形运输系统。将阶段利用分段凿岩巷道划分为分段，分段高度依凿岩设备有效凿岩高度确定。由于矿体缓倾斜（平均倾角12°），厚度较大（平均真厚度23m），为沿矿体底盘布置两条电耙道，自电耙道施工漏斗，漏斗间距5~6m。自穿脉巷道掘进人行天井和溜矿井。自上阶段穿脉巷道施工切割天井，该天井同时兼作回风井和充填井，以切割天井为自由面在凿岩巷道内凿岩形成切割槽。

(3) 回采。在凿岩巷道内钻凿上向扇形中深孔，几个分段同时装药爆破。崩落矿石进入漏斗，经电耙耙运至溜矿井。整个矿柱（或矿房）回采完毕后，一次进行胶结充填(或非胶结充填)。

(4) 评价。

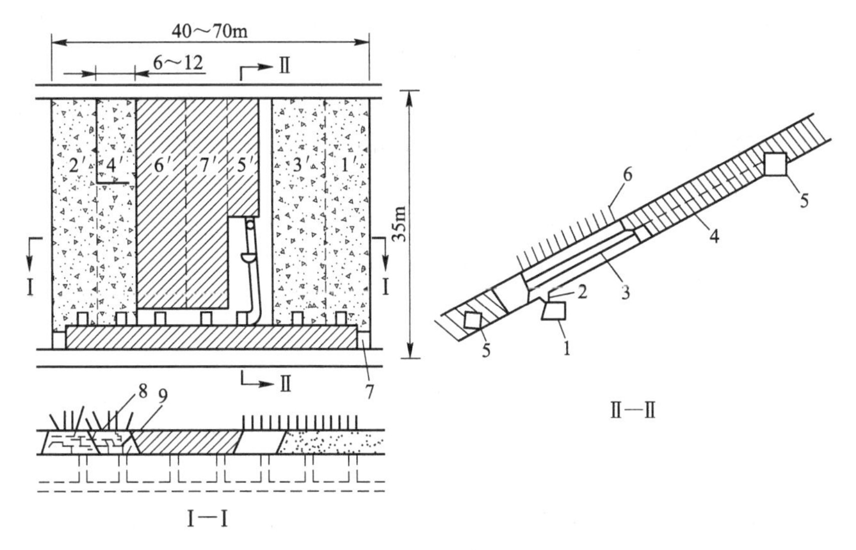

图 7-31　湘西金矿分条密接充填法

1—底盘运输平巷；2—溜矿井；3—电耙；4—切割上山；5—回风平巷；6—护顶锚杆；7—滤水墙；8—充填斜壁；9—尾砂充填体；1′~7′—分条回采顺序

嗣后充填法的主要优点是：

1）兼有空场法生产能力大和充填法回收率高及保护地表的优点，克服了分层充填繁杂作业循环的缺点；

2）多使用中深孔穿爆，生产能力大；

3）一次充填量大，有利于提高充填体质量，降低充填成本；

4）回采与充填工作互不干扰。

主要缺点是：

1）充填采场砌筑密闭滤水设施工作量大；

2）贫损指标较分层充填法差。

（5）嗣后充填法的关键技术。嗣后充填法，尤其是两步骤回采的分段空场或阶段空场嗣后充填法，其采准切割和回采工艺与分段空场或阶段空场法基本相同，关键在于嗣后充填环节，包括第一步采场人工矿柱充填质量要求、第二步采场回采靠近人工矿柱时的凿岩爆破控制技术，以及嗣后充填体的封堵技术和泄滤水技术。

1）第一步采场人工矿柱充填质量要求。第一步采场充填后形成的人工矿柱质量直接影响相邻第二步采场回采的安全性和矿石贫损指标。第一步人工矿柱充填质量包括充填体强度和二步采场揭露后充填体的自立性，由于受影响因素众多，因此没有统一标准。与国内片面强调充填体强度不同，国外采矿业发达国家对充填体强度要求不是很高，如澳大利亚芒特艾萨铜矿分段空场嗣后充填法一步采场充填体矿柱（高度 60m）56d 单轴抗压强度仅要求 0.2~1.0MPa，养护 4 个月后可进行相邻二步采场的回采工作。

2）第二步采场回采靠近人工矿柱矿体时的凿岩爆破控制技术。为保证第二步采场回采过程中第一步采场人工充填体的自立性，一般要求在回采靠近人工矿柱矿体时采用特殊的凿岩爆破控制技术。如调整二步采爆破参数，靠近充填体时采用少装药、预留护壁层，采用孔间微差爆破并控制单段爆破炸药量等措施，在降低水泥耗量（不刻意要求过高的充填体强度）的情况下，保证二步采场回采作业安全，并控制矿石损失率和贫化率。

3）嗣后充填体封堵技术。嗣后充填一次连续充填时间长，充填量大，对充填挡墙构成较大的压力，应采用可靠的挡墙构筑技术，提高挡墙质量和滤水效果。

4）嗣后充填泄滤水技术。因工人无法进入高大空场布置泄滤水设施，因此，嗣后充填泄滤水效果较差，必须高度重视嗣后充填泄滤水工作。为提高脱水效果，对于分段空场嗣后充填法采场，可将聚乙烯管一端吊挂在上一分段巷道，另一端下放到下一分段巷道。

7.3.4 充填采矿法矿柱回采

一般为了回采高价值的矿石，矿房才用胶结充填。在矿柱回采过程中，充填体能起人工矿柱的作用，因而扩大了矿柱采矿方法的选择范围，为选用和矿房回采效率与工艺基本相同的矿柱采矿方法提供了有利条件。

充填法矿柱可以采用空场法和充填法进行回采，其回采工艺与矿房回采基本相同。

7.4 崩落采矿法

与空场法和充填法利用围岩本身稳固性和矿柱或充填体支撑顶板岩层、被动管理地压不同，崩落法是通过有计划地强制或自然崩落围岩，消除地压存在和产生的根源，主动管理地压。其主要特点是：随采矿工作面的推进，有计划地强制崩落，或借助自然应力崩落采场顶板或两帮围岩，充填采空区，以控制和管理采场地压。

崩落采矿法能实现单步骤回采矿块，消除回采矿柱时安全条件差、损失与贫化大的弊端。但其首要使用条件是地表允许陷落，而且由于放矿是在覆盖岩石下进行的，损失与贫化率较高，因此，一般适用于价值不高的矿体或低品位矿体的回采。随着环保问题的日益重视，该类采矿方法使用比重有越来越小的趋势。

国内外常见的崩落法回采方案包括有底柱分段崩落法、无底柱分段崩落法和自然崩落法3类。

7.4.1 有底柱分段崩落法

有底柱分段崩落法的主要特征是：矿体自上而下将阶段划分为分段，沿矿体走向按一定顺序，用强制崩矿或利用地压与矿石自重落矿，实现单步骤连续回采；崩落矿石是在覆盖岩石的直接接触下，借助矿石的自重和振动力的作用，经底部结构放出。随着矿石的放出，覆盖岩石随之下降，充满采空区，实现地压管理。

（1）采场布置。急倾斜和倾斜矿体，厚度小于15~20m时，矿块沿走向布置；厚度大于15~20m时，矿块垂直走向布置。图7-32为胡家峪矿沿走向布置的有底柱分段崩落法示意图。

（2）采准切割。为提高矿块出矿和运输能力，阶段运输平巷可采用环形运输系统，布置脉外双巷，采用穿脉连接。上下阶段运输平巷间掘进溜矿井和人行材料井（无轨设备出矿时，施工斜坡道），在每个分段出矿水平掘进联络道，与人行材料井和电耙道联通。在出矿水平上方施工凿岩平巷，负责凿岩工作。自凿岩平巷上掘切割天井和切割平巷，以切

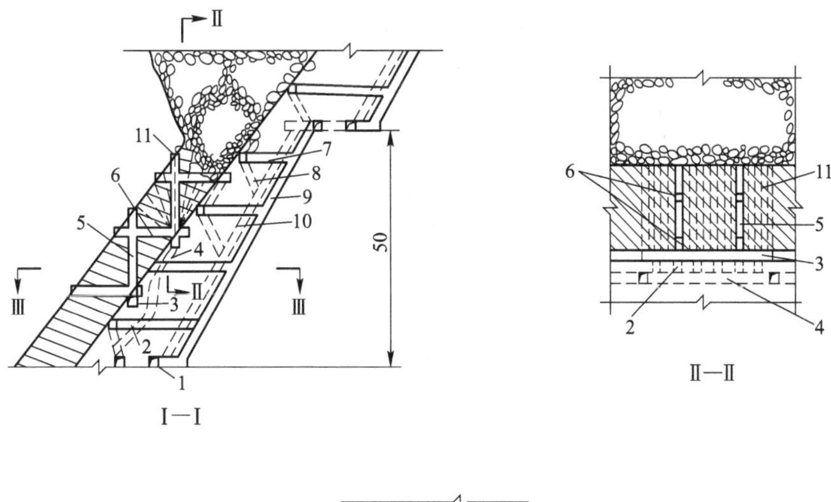

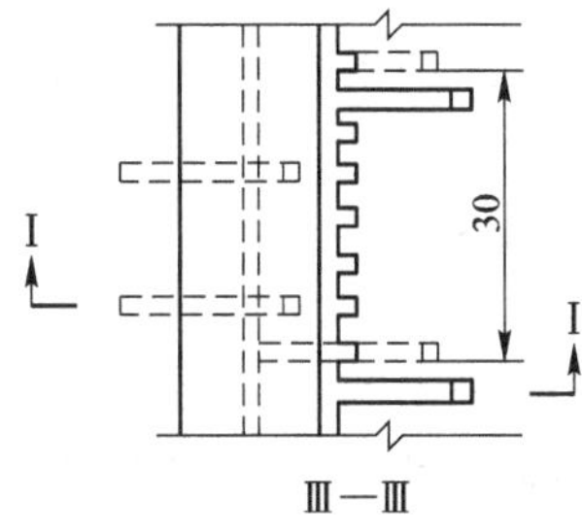

图 7-32 胡家峪矿有底柱分段崩落法示意图

1—下盘阶段运输平巷；2—漏斗颈；3—凿岩平巷；4—电耙道；5—切割天井；6—切割平巷；7—联络道；8—矿块出矿小井；9—人行材料井；10—溜矿井；11—炮孔

割天井和切割平巷为自由面，形成切割槽。

（3）回采。采用中深孔或深孔钻机，在凿岩平巷内钻凿上向扇形中深孔或深孔，向切割槽方向进行挤压爆破。在V型堑沟内的崩落矿石，通过安装在电耙道内的电耙耙入矿块小井，最终汇入主溜矿井。由于崩落矿石直接与上部覆盖岩石接触，为减少矿石损失与贫化，应使矿石与废石接触面保持一定的状态（水平或倾斜）下降，因此，各分段出矿时，应综合考虑上下分段、相邻矿块的出矿情况，制定周密的放矿顺序和放矿量。

有底柱分段崩落法是在覆盖岩石下进行放矿的，因此在回采初期必须形成覆盖层。覆盖层的形成主要是根据矿体赋存条件、距地表的距离、地面和井下现状、废石来源等情况确定。选择形成方式方法时，首先考虑自然崩落，其次再考虑强制崩落。为防止覆盖围岩提前混入崩落岩石，造成矿石提前损失与贫化，覆盖岩层的块度应大于崩落矿石的块度。

（4）通风。通风的重点是电耙道，电耙道的风向应与耙运方向相反。

（5）分段底柱回采。用有底柱分段崩落法开采急倾斜或倾斜厚大矿体时都有分段矿柱回采的问题。分段矿柱中坑道密集，并经过落矿、出矿、二次破碎等过程使其受到强烈的震动与破坏，其稳固程度大大降低，回采条件一般较差。分段矿柱可以采用以下方法进行回采：

1）当分段中某矿块出矿结束后，有条件在电耙道中凿岩爆破时，可在电耙道中向桃形矿柱和漏斗间柱钻凿垂直扇形中深孔，并在电耙道之间的三角矿柱两端开凿岩硐室，在硐室中施工水平深孔，三角矿柱、桃形矿柱和漏斗间柱一起崩矿；

2）利用下一分段与其相对应矿块的凿岩巷道，隔一定距离向上开凿天井和凿岩硐室，在硐室中向上分段底柱打束状孔与下分段同时崩矿；

3）利用下分段的凿岩巷道向上开凿天井后再掘进水平凿岩巷道，并在其中打垂直扇形孔与下分段落矿的同时崩落上分段底柱；

4）对倾斜厚大矿体，矿块垂直走向布置时，其底盘留有三角矿柱，可在脉外底盘加设沿走向的水平底部结构和凿岩巷道，对这部分三角矿柱进行回收。

（6）评价。

1）适用条件。

① 厚度大于5m的急倾斜矿体或任何倾角的厚至极厚矿体；

② 矿体规整性好；

③ 地表允许崩落。

2）优点。

① 有底柱分段崩落法可采用不同的回采方案以适应各种地质条件，灵活性高；

② 开采强度大，安全性高；

③ 设有专用进、回风通道，通风效果好。

3）缺点。

① 底部结构复杂，采切比大，回采率低；

② 底柱中坑道密集，并经过落矿、出矿、二次破碎等过程使其受到强烈的震动与破坏，其稳固程度差，巷道维护工程量大；

③ 放矿管理难度大，贫化率高。

7.4.2 无底柱分段崩落法

有底柱分段崩落法由于留设了一定量的底柱，底柱矿量虽然可以通过专门的回采设计进行回收，但因回采条件恶化，回收率较低，造成资源的浪费。为解决有底柱分段崩落法底柱矿量较多的弊端，国内外推广应用了无底柱分段崩落法。目前，无底柱分段崩落法已成为应用最广的崩落法，其主要特征是：以分段巷道将阶段划分为分段，自上而下分段进路回采，回采时，在进路中钻凿上向扇形中深孔，以很小的崩矿步距向充满废石的崩落区挤压崩矿。崩落的矿石自回采进路端部进行端部放矿，用出矿设备装运至溜矿井。随着矿石的放出，覆盖岩石随之下降，充满采空区，实现地压管理。

按矿块装运设备的不同，无底柱分段崩落法有无轨运输方案和有轨运输方案。前者的出矿设备是铲运机，后者是装岩机和矿车。

（1）采场布置。矿块布置根据矿体厚度和出矿设备的有效运距确定，一般情况下，矿体厚度小于20~40m时，矿块沿走向布置；厚度大于20~40m时，矿块垂直走向布置。图7-33为无底柱分段崩落法示意图。

分段高度和进路间距是无底柱分段崩落法的主要结构参数。为减少采准工程量，降低采矿成本，在凿岩能力允许、不降低回采率的条件下，尽量加大分段高度和进路间距。目前，我国矿山采用的分段高度一般为10~12m；进路间距略小于分段高度，一般为8~10m。

（2）采准切割。

1）采准。阶段运输平巷、溜矿井、斜坡道（无轨开采时）或设备井（装运机有轨开

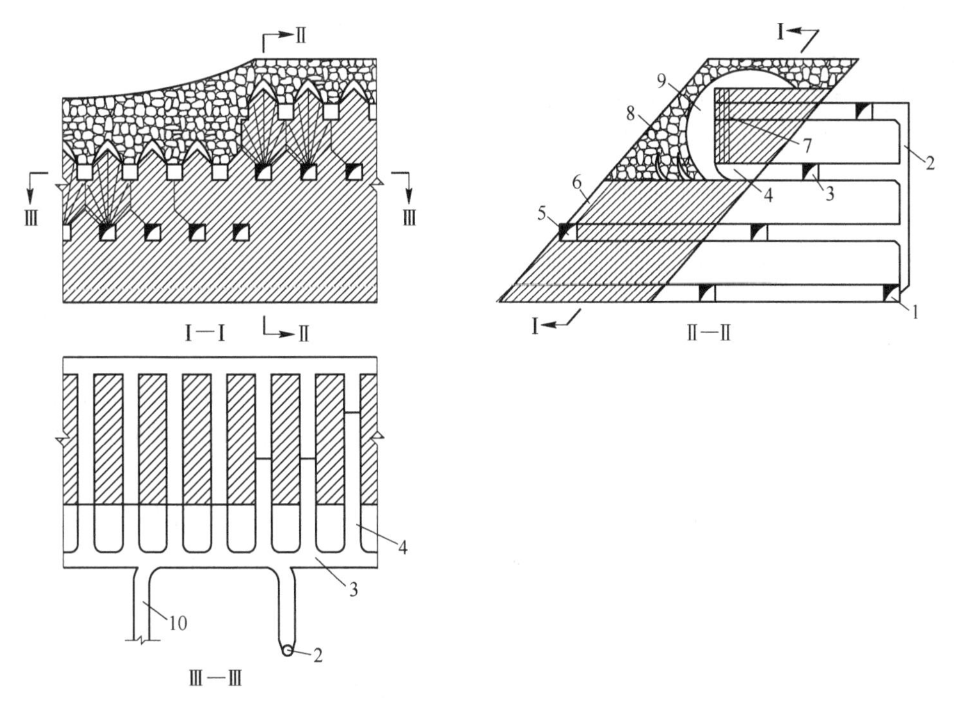

图 7-33 无底柱分段崩落法示意图

1—阶段运输平巷；2—溜矿井；3—分段巷道；4—出矿凿岩进路；5—分段切割横巷；6—切割天井；7—上向扇形中深孔；8—上覆围岩；9—崩落矿石；10—斜坡道入口

采时)，一般布置在矿体下盘岩石中。每个矿块原则上设置一处溜矿井。溜矿井个数根据矿石产品种类而定，单一矿石产品时，设一条溜井；多种产品时，相应地增加溜井个数。当采用铲运机出矿时，可根据铲运机和自行运输设备的合理运距确定矿石溜井的间距。当矿块的废石量较多时，还需考虑设置废石溜井。

出矿凿岩进路布置分垂直走向和沿走向两种，具体布置根据矿体厚度、倾角、出矿设备和合理运距、地压管理、通风及安全因素等确定。上下相邻的分段，回采进路应呈菱形布置，以便最大程度地回收上分段回采进路间的脊部残留矿石。

2）切割。在回采工作前必须在回采进路末端形成切割槽。回采巷道沿走向布置时，爆破受上下盘围岩夹制作用大，爆破宽度可能会越来越小，为改善爆破效果，常采用增大切割槽面积或每隔一定距离重开切割槽的方法来解决。切割槽的形成方法包括：切割平巷与切割天井拉槽法、切割天井拉槽法、无切割天井拉槽法。

（3）回采。

1）回采顺序。由于无底柱分段崩落法为覆盖岩石下放矿，上下分段之间、同一分段回采进路之间的回采顺序是否合理，对于矿石的损失和贫化、回采强度及地压管理都有重大影响。

① 分段间回采顺序。分段之间一般采用自上而下、上分段超前于下分段的回采顺序。超前距离以下分段回采时矿岩移动范围不影响上分段回采安全为原则。

② 同分段进路间。沿走向方向可以采用自中央向两翼、自两翼向中央或自一翼向另一翼推进的回采顺序。走向长度较大时可沿走向划分为若干个回采区段，多翼回采，每个区

段内各进路平行推进。当地压大或矿石不稳固时，应避免采用自两翼向中央的回采顺序，以防止最后几条进路承受较大的压力。

各进路自端部向分段联络道方向后退式回采。

2）凿岩。在回采进路内利用凿岩设备（国内常用 YGZ-90、CTC-700 采矿台车）钻凿上向扇形孔。凿岩参数包括炮孔扇面倾角、扇形炮孔边孔角、崩矿步距、孔径、最小抵抗线、孔底距等。

3）爆破。为避免扇形炮孔孔口装药过于集中，造成孔口部位矿石过于粉化，破坏放矿眉线，除边孔及中心孔装药较满外，其余各孔交错调整装药长度。采用装药器装药，每次爆破 1~2 排炮孔。

4）出矿。采用铲运机自回采进路端部出矿。出矿过程中适时测定出矿品位，达到放矿截止品位后结束出矿工作。为尽可能降低损失率和贫化率，应严格出矿管理，各进路均衡出矿，以保证正面矿岩接触面尽量在一条直线上。

（4）通风。由于回采进路均为独头巷道，无法形成贯穿风流，巷道纵横交错容易形成复杂的角联网络，风量调节困难，因此，无底柱分段崩落法通风效果较差，一般采用局扇通风方式。

（5）评价。

1）适应条件。除崩落法一般适应条件（如地表允许崩落）外，还应符合：

① 急倾斜厚矿体，或缓倾斜极厚矿体；

② 矿石中等稳固，上覆岩石不稳固或中等稳固。

2）优点。

① 结构简单，灵活性大，不需留设矿柱；

② 与有底柱分段崩落法相比，采切工程量少；

③ 回采工艺简单，机械化程度高，生产能力大；

④ 巷道中作业，安全性好。

3）缺点。

① 覆盖岩石下放矿，损失率和贫化率高；

② 独头巷道作业，通风条件差。

7.4.3 自然崩落法

自然崩落法采矿是将待采矿体划分成一定规模的矿块，以矿块作为开采对象。通过对矿块的拉底、切槽等采矿工程，矿体内产生拉、压、剪等集中应力，迫使矿体在诱导的集中应力作用下产生破坏而崩落，从而减少采矿工程，降低开采成本。一般情况下，自然崩落法适用于矿体节理裂隙发育、稳定性差，矿体厚大，急倾斜矿体，围岩稳定性较好的矿床。

自然崩落法由于落矿时间和落矿量难以精确控制，放矿技术要求较严，因此，仅在部分矿山（如铜矿峪矿、丰山铜矿等）进行了试验研究，本书不展开介绍。

7.4.4 覆盖层及地压管理

崩落法是在覆盖岩石下进行放矿的，因此在回采初期必须形成覆盖层。为防止覆盖围岩提前混入崩落岩石，造成矿石提前损失与贫化，覆盖岩层的块度应大于崩落矿石的块度。对于有底柱分段崩落法，覆盖层的厚度应大于分段高度，一般为15～20m；对于无底柱分段崩落法，崩落的覆盖岩石垫层厚度应不小于两个分段高，即20m。

7.4.4.1 *覆盖层的形成*

覆盖层的形成主要是根据矿体赋存条件、与地表的距离、地面和井下现状、废石来源等情况确定。选择形成方式方法时，首先考虑自然冒落，其次考虑强制崩落。

（1）自然冒落法。顶板围岩不稳固时，采用自然冒落形成覆盖层。有自然冒落条件的矿山应尽量采用这种方法，必要时，可辅之少量爆破处理（图7-34(a)）。

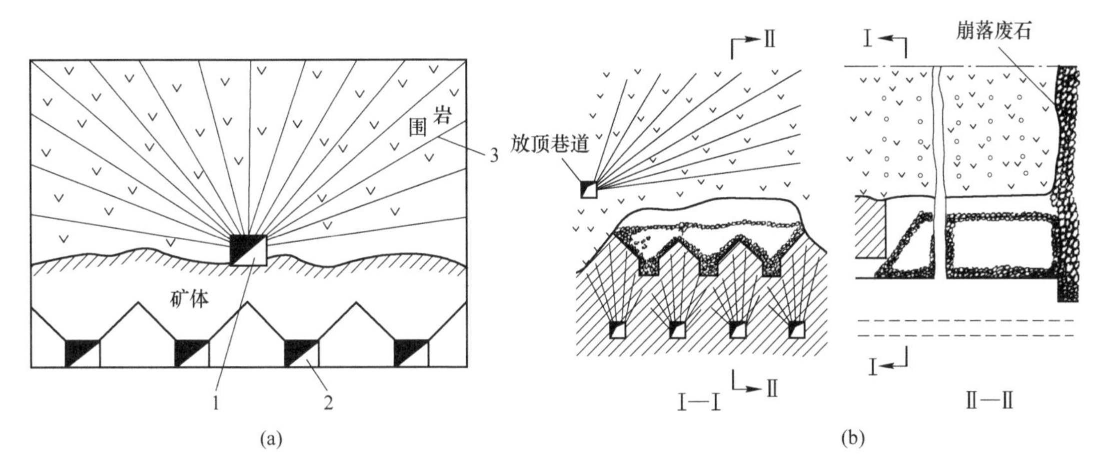

图7-34 覆盖层形成方法

（a）自然冒落；（b）强制崩落

1—辅助放顶巷道；2—回采进路；3—放顶炮孔

（2）强制崩落法。顶板围岩不能自然冒落的矿山，应采用强制崩落法形成覆盖层，具体方案包括：

1）露天转地下开采矿山，采用大爆破崩落边坡围岩形成覆盖层。

2）矿体上部先用其他方法开采（空场法），下部采用崩落法时，可崩落上部矿柱及围岩形成覆盖层，以降低下部崩落法开采时的损失率和贫化率。

3）盲矿体直接采用崩落法，围岩又较稳固时，一般均采用中深孔或深孔强制崩落围岩形成覆盖层。按崩落围岩与回采工作的关系可分为先落顶后回采、边回采边落顶、回采后集中落顶3种方式（图7-34(b)）。

（3）暂留矿石作为覆盖层。采用强制崩落法形成覆盖层，有时工程量大、时间长、投资多、矿石损失贫化大。因此，对于急倾斜矿体，或上部采用其他采矿方法的矿体，可预留部分崩落矿石作为覆盖层，待顶板围岩冒落或开采结束后，再放出覆盖矿石层。

（4）人工回填废石。露天转地下开采矿山后，如果上部面积不大，且废石来源充分，可以采用废石回填露天坑作为崩落法覆盖层。

7.4.4.2 *覆盖层观测*

随着开采强度增加，覆盖层厚度可能变小，应随时掌握覆盖层变动情况，及时补充覆盖围岩。

为了掌握顶板围岩冒落情况、覆盖层厚度，在未冒落到地表之前，应在地表通过钻孔或其他手段对顶板围岩加强观测；清除地面黄土层，设置隔档和排水设施，避免黄土随降水进入井下，恶化放矿条件；即将冒落到地表时，应在地表划定危险区，防止人员进入，并设立地面观测线，测量地面下沉量和陷落范围。

本 章 习 题

7-1　简述采矿方法分类。

7-2　简述空场采矿法的特点。

7-3　简述充填的目的。

7-4　简述上向分层充填法的特征。

7-5　简述崩落采矿法的定义。

第3篇　固体矿床露天开采

露天开采是在敞露地表的采场采出有用矿物的矿床开采方式，也是人类从事采矿活动最早使用的开采方式。与地下开采相比，露天开采适合于矿体埋藏浅、赋存条件简单、储量大的矿床，具有工艺简单、作业安全、开采成本低等优点，且更容易应用大型生产设备，有利于扩大企业的生产能力，提高劳动生产率，降低工人劳动强度，缩短基建时间，提高经济效益。因此，在开采技术条件允许的情况下，应首先考虑采用露天开采。

8　露天开采基本概念

8.1　概　　述

露天开采是指用一定的采掘运输设备，在敞露的空间里从事开采矿床的工程技术，主要分为水力开采和机械开采两种。水力开采多用于开采松软的砂矿床，即借助水枪喷出的高压水流冲采砂矿，通过砂泵输送砂浆，或用采砂船直接开采；机械开采的对象主要为原生矿床，即采用采掘、铲装、运输等机械设备进行矿床开采，也是露天矿最常用的一种开采方法，图 8-1 为机械开采的露天矿场全貌。

露天开采是一种历史悠久的古老采矿方法，从石器时代人类开采石料制造简单的生产和生活工具，到利用地面露头或风化堆积的矿石获取建筑材料和炼制青铜器等，但采矿活动始终处于人力破岩和运搬的落后水平。现代露天采矿技术始于 19 世纪的工业革命，并伴随着炸药和现代采装设备的发明而迅速发展。进入 20 世纪后，各种高效的采掘设备和运输设备等不断问世，露天矿山开采技术面貌发生了根本变化。露天开采鼎盛时期，70%~90%的黑色金属、50%以上的有色金属、70%以上的化工原料均采用露天开采，而建筑材料几乎全部采用露天开采。为满足国民经济快速发展对矿产资源的需求，矿产资源开采强度不断加大，浅部资源逐渐消耗殆尽。随开采深度的加大，露天开采成本越来越大，致使露天开采比重呈现不断下降趋势。

在开采技术条件允许的情况下，与地下开采方式相比，露天开采具有明显的优越性，具体优点如下。

图 8-1　机械开采的露天矿场全貌

（1）基建时间短：露天矿基建时间约为地下矿山的一半，基建投资额也低于地下矿山。

（2）矿山生产能力大：世界上年产量超过 1000 万吨的矿山 90%以上为露天开采，特大型露天矿的年产矿石量达 3000 万~5000 万吨，采剥总量达 1 亿~3 亿吨。

（3）机械化程度高：受开采空间限制小，露天开采易于应用大型机械化设备，大中型露天矿的机械化程度为 100%。

（4）劳动生产率高：露天开采的劳动生产率是地下开采的 5~10 倍。

（5）作业条件和安全性好：作业人员不易受粉尘、有害气体、冒顶片帮、突水等环境与灾害威胁，劳动条件好且强度低，作业比较安全。

（6）开采成本低：露天开采的生产系统与工艺简单、效率高，故开采成本低，为地下开采的 1/3~1/2。

（7）矿石损失贫化小：损失率和贫化率一般不超过 3%~5%，可充分回收宝贵的矿产资源。

（8）自动化程度高：易实现智能化开采。

但是，与地下开采方式相比，露天开采也具有自身的缺陷，具体缺点如下：

（1）适用范围小：对矿床埋藏条件要求严苛，技术与经济合理的开采深度较浅。

（2）占用土地资源多：露天开采的矿坑以及剥离土石均需占用大片土地，露天开采矿区占用的土地可达几十平方公里。

（3）受气候条件影响大：暴雨、大风、严寒、酷暑等对露天开采均有一定影响。

（4）环境破坏性大：在开采过程中，穿孔、爆破、采装、运输、卸载及排土时粉尘较大，汽车运输时排入大气中的有毒有害气体多，排土场的有害成分流入江河湖泊和农田等，对大气、水和土壤造成污染，甚至危及周围居民身体健康，而且露天坑破坏了地表地貌。

8.2 常用名词术语

用露天开采的矿山企业，称为露天矿。露天开采所形成的采坑、台阶和露天沟道总称为露天采矿场。在原生矿床中，依赋存的地质地形条件，分为山坡露天矿和凹陷露天矿。露天采矿场位于露天开采境界封闭圈以上的称为山坡露天矿；位于露天开采境界封闭圈以下的称为凹陷露天矿。露天采矿场地表最终境界的平面闭合曲线称为封闭圈。金属矿山多为山坡凹陷露天矿，在开采过程中先采山坡露天矿，然后逐渐过渡开采凹陷露天矿。

露天矿可采空间的边际面称为露天开采境界。露天矿某一开采期限和开采终了的预设边际面分别称为分期开采境界和最终开采境界。露天开采境界由地表面、底平面和边坡面组成。边坡面与地表面和底平面的交线分别称为上部境界线和下部境界线，下部境界线也称境界底部周界。上部境界点和下部境界点间的垂直距离称为开采深度。露天开采境界内的固体矿产资源/储量称为开采矿量。某硫铁矿露天开采境界见图 8-2。

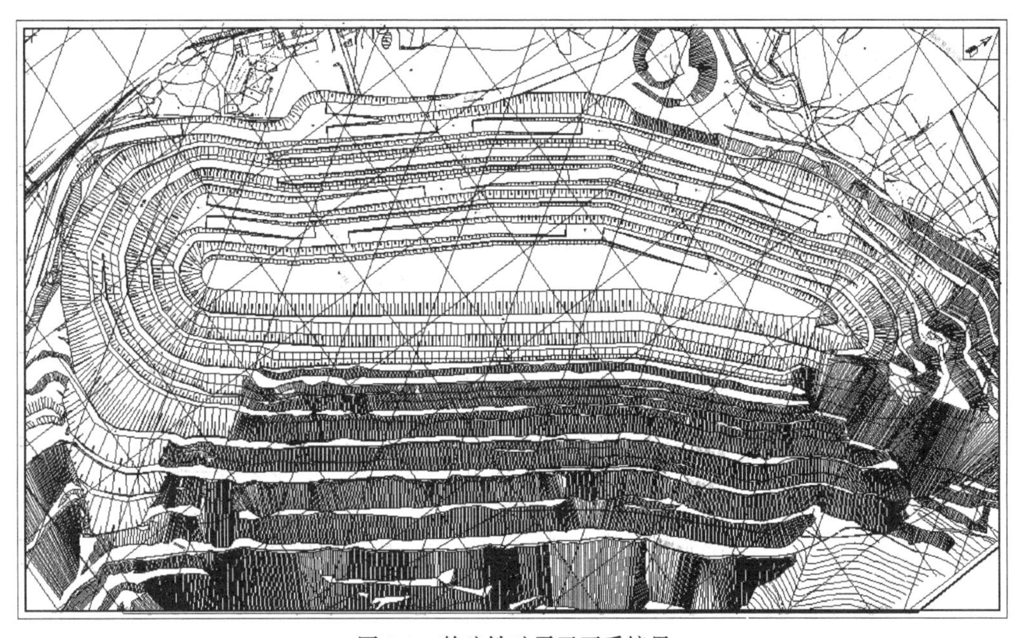

图 8-2 某硫铁矿露天开采境界

露天开采时，通常把矿岩划分成一定厚度的水平分层，自上而下逐层开采，并保持一定的超前关系，在开采过程中各工作水平在空间上构成了阶梯状，每个阶梯就是一个台阶或称为阶段。台阶是露天矿场的基本构成要素之一，是进行独立剥离岩石和采矿作业的单元体。台阶构成要素如图 8-3 所示。台阶的上部平盘和下部平盘是相对的，一个台阶的上部平盘同时又是其上一台阶的下部平盘。台阶的命名，通常是以该台阶的下部平盘的标高（如+248m）表示，故常把台阶称作某某水平（如+248 水平）。

如图 8-4 所示，在开采过程中，将工作台阶划分成若干个具有一定宽度的条带逐条顺次开采，每一条带叫作采掘带。按其相对于台阶工作线的位置分为纵向采掘带和横向采掘带。采掘带平行于台阶工作线称纵向采掘带，垂直于台阶工作线称横向采掘带。采掘带长度可为台阶全长或其一部分。如采掘带长度足够，且有必要，可沿全长划分若干区段，每个区段分别配备采掘设备进行开采，称为采区。在采区中，采掘矿岩体或爆堆装运的工作场所称为工作面。已做好采掘准备，即具备穿孔爆破、采装和运输作业条件的台阶称为工作线，表示露天矿具备生产能力的大小。一般情况下，工作线长，表示露天矿具备生产能力大，反之则小。工作线年移动距离，表示露天矿的水平推进强度。

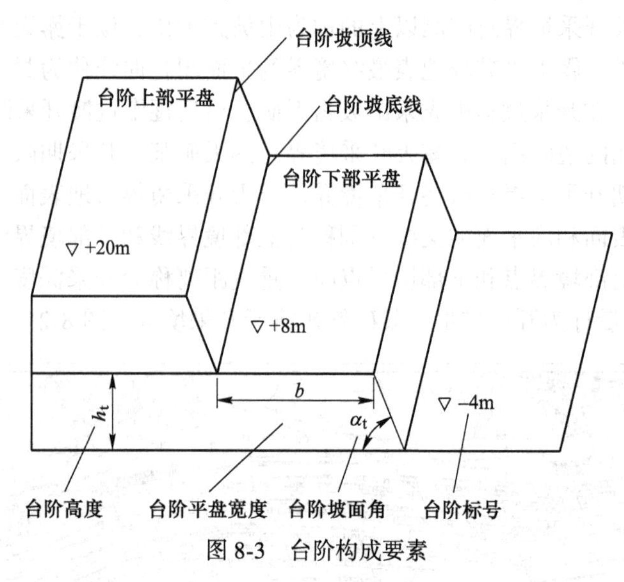

图 8-3　台阶构成要素

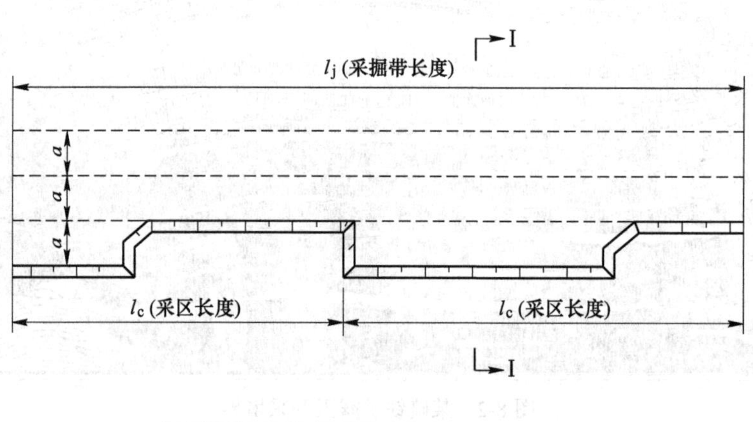

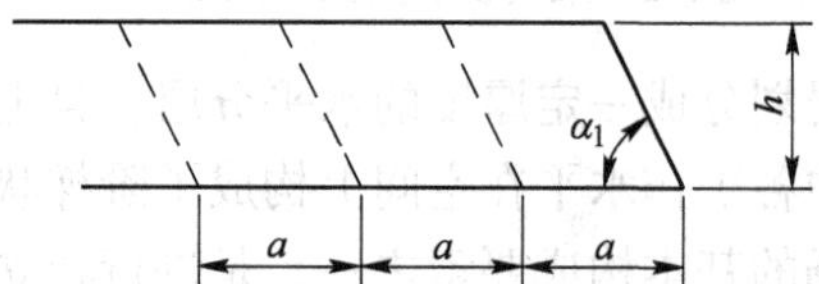

图 8-4　台阶的开采与采掘工作面布置

在采场扩延过程中，会形成各式各样的帮坡。根据组成采场边帮台阶的性质，将采场边帮分为工作帮和非工作帮。正在进行开采和将要进行开采的台阶所组成的边帮叫作露天矿场的工作帮（图 8-5 中的 *DE*）。工作帮的位置是不固定的，随开采工作的进行而不断改变。当露天矿以固定坑线开拓时，工作帮位于矿体上盘；以移动坑线开拓时，工作帮位于矿体的上下盘。由非工作台阶组成的采场边帮称为非工作帮，见图 8-5 中的 *AC* 和 *BF*。当非工作帮位于采场最终境界时，称为最终边帮或最终边坡。露天开采境界位于矿床上盘一侧的边帮称为顶帮，位于矿床下盘一侧的边帮称为底帮，顶帮和底帮统称为侧帮，位于矿床两端的边坡称为端帮。

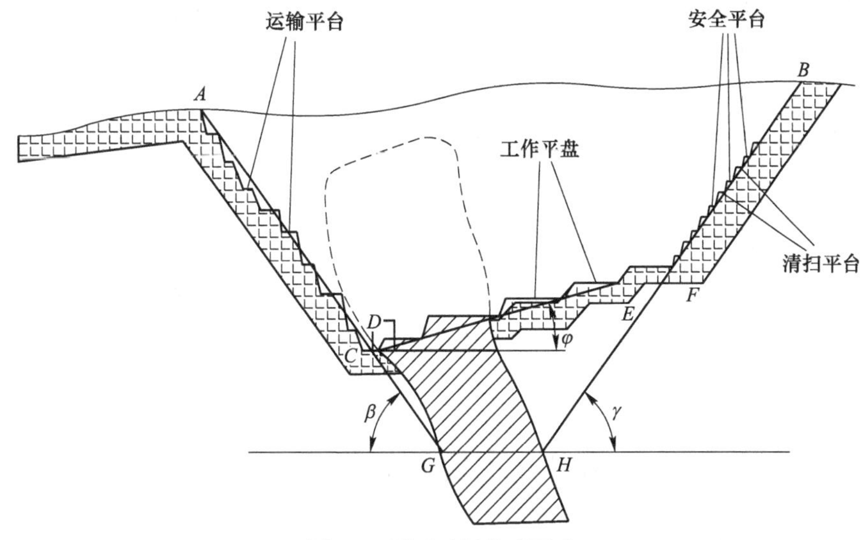

图 8-5　露天矿场构成要素

通过工作帮最上一个台阶的坡底线和最下一个台阶的坡底线所作的假想斜面称为工作帮坡面（图 8-5 中的 *DE*）。工作帮坡面与水平面的夹角叫作工作帮坡角（图 8-5 中的 φ）。工作帮坡角的大小反映了在采出矿石量相同的条件下所剥离的岩石量，一般工作帮坡角大，剥岩量少，反之便多。我国金属露天矿工作帮坡角较缓，一般为 8°～12°，从 20 世纪 80 年代起，逐步采用陡帮开采，工作帮坡面角可达 20°～25°。

如图 8-5 所示，工作帮的水平部分叫作工作平盘，即工作台阶要素中的上部平盘和下部平盘，穿爆、采装和运输工作均在工作平盘上进行。工作平盘的宽度取决于爆堆宽度、运输设备规格、设备和动力管线的配置方式以及所需的回采矿量，是影响工作帮坡角的重要参数。布设采掘运输设备和正常作业所必需的宽度称为最小工作平盘宽度，实际工作平盘宽度通常大于最小工作平盘宽度，并可以调整平盘宽度实现生产剥采比的均衡。在陡帮开采时，平盘宽度由推进宽度和临时非工作平台宽度组成。

通过非工作帮最上一个台阶的坡顶线和最下一个台阶的坡底线所作的假想斜面称为非工作帮坡面或最终帮坡面（图 8-5 中的 *AG* 和 *BH*）。最终帮坡面与水平面的夹角叫作最终帮坡角或最终边坡角（图 8-5 中的 β 和 γ），它是按露天矿边坡结构要素布置后形成的实际角度。最终帮坡面与地表交线，为露天矿场的上部最终境界线（图 8-5 中的 *A* 和 *B*）。最终帮坡面与露天矿场底平面的交线，为露天矿场的下部最终境界线（图 8-5 中的 *G* 和 *H*）。上部最终境界线所在水平与下部最终境界线所在水平的垂直距离，为露天矿场的最终深度。

最终帮坡面上的平台按其用途可分为安全平台、运输平台和清扫平台。

(1) 安全平台是露天矿最终边帮上保持边帮的稳定和阻截滚石下落的平台。它常与清扫平台交替设置，其宽度一般为台阶高度的 1/3。

（2）运输平台是指露天矿非工作帮上通过运输设备的平台，设在与出入沟同侧的非工作帮和端帮上，作为工作台阶与出入沟之间运输联系的通道，其宽度依所采用的运输方式和线路数目来确定。

（3）清扫平台是露天矿最终边帮上用于阻截滑落的岩石并用清扫设备进行清理作业的平台，同时也起到安全平台的作用。一般地，每间隔两个台阶设一个清扫平台，其宽度决定所使用的清扫设备。当平台上设置排水沟时，还应考虑排水沟的技术要求。

在露天矿开采过程中，工作帮沿水平方向一直推进到最终开采境界的开采方法称为全境界开采法。由于工作帮坡角一般比最终境界坡角缓得多，故全境界开采生产初期剥采比高。全境界开采法的缺点是基建时间长、初期投资多，故仅适用于埋藏较浅、初期剥采比低、开采规模较小的矿山。与全境界开采相对应的是分期开采，即露天开采的最终境界内，在平面上或深度上划分若干中间境界依次进行开采。露天矿分期开采旨在先开采品位高、生产条件好、剥采比小的矿床部位，以减少露天矿初期投资，加速露天矿基建、投产和达产。

8.3 主要矿岩指标

露天矿开采过程中，为了采出矿石，剥去开采境界内覆盖在矿体上部和周围岩土的工作称为剥离。在时空关系上，剥离必须超前于采矿，以保证矿山的正常生产。

（1）剥采比。剥离的岩土量与采场的矿石量之比称为剥采比（也称剥离系数），即采出单位矿石所需剥离的岩土量，其单位可为 t/t，m^3/m^3 或 m^3/t 表示。剥采比是露天矿开采最重要的技术经济指标，它的大小反映了露天开采的经济效益。剥离量依矿床赋存的地质地形条件和露天采矿场最终边坡角大小而异。当剥采比过大时，表示露天开采成本高，应采用地下开采或露天地下联合开采的方法。

（2）矿石的损失与贫化。矿石的损失与贫化分别指工业储量的丢失与矿石品位的降低，是评价矿床开采的两项重要指标，一般用矿石回收率、矿石贫化率和矿物回收率等指标表示。矿石损失分为非开采损失和开采损失，非开采损失指与开采无关的矿石损失，开采损失指开采范围内生产过程中产生的矿石损失；矿石贫化分为不可避免贫化和可避免贫化，不可避免贫化指设计允许的贫化，可避免贫化指设计不允许采下围岩或夹石、生产管理不善引起富矿损失和岩石混入等导致的贫化。

8.4 露天开采的一般程序

露天矿开采一般需要经过地面准备、矿床疏干和防排水、矿山基建、矿山生产和地表恢复等步骤。

（1）地面准备。地面准备是指排除开采范围内和建立地面设施地点的各种障碍物，如征地拆迁、砍伐树木、河流改造、湖泊疏干、七通一平（通上水、通下水、通电、通信、通气、通热、通路，平整地面）等。

（2）矿床疏干和防排水。在开采地下水很大的矿床时，为保证露天矿正常生产，必须预先排除一定开采范围内的地下水，即进行疏干工作，并采取截流等办法隔绝地表水的流入。矿床的疏干排水不是一次完成的，而是贯穿于露天矿整个生产周期。

（3）矿山基建。矿山基建工作是露天矿投产前为保证生产所必需的建设工程，包括掘进出入沟和开段沟、剥离岩石、铺设运输线路、建设排土场、购置必要的生产和生活设施以及修建工业厂房和水电等福利设施。其中的出入沟是为建立地表与工作水平之间、以及各工作水平之间的联系，而在台阶边帮上挖掘的倾斜运输通路；开段沟是在每个水平为开辟开采工作线而掘进的水平沟道。

（4）矿山生产。矿山生产是投入人力、物力和财力进行矿石回采工作的过程，包括掘沟、剥离和采矿三个露天矿生产中最重要的工程，其主要工艺过程基本相同，一般都包括穿孔、爆破、采装、运输、排土等工序。

（5）地表恢复。随着社会对环境问题的日益重视和土地资源的日益短缺，将露天开采占用的土地或造成的生态环境破坏，在生产结束时或生产期间，有计划地进行恢复利用或生态重建，是露天开采企业应尽的社会义务。地表恢复途径包括复土造田、水产养殖、田塘相间、牧业草场结构、绿化造林、水土保持植被、水上旅游、建筑用地、水库建设、综合开发等。

本章习题

8-1　分析露天开采的优缺点。

8-2　什么是剥采比？

8-3　简述露天开采的一般程序。

9 露天矿床开拓

露天矿床开拓是指按照一定的方式和程序，建立地面与采矿场各工作水平之间的运输通道，以保证露天矿场正常生产的运输联系，并借助这些通道及时准备出新的生产水平。露天矿床开拓是露天矿生产建设中的一个重要环节，开拓方法的选择合理与否，直接影响到矿山的基建投资、基建时间、生产成本和生产均衡性，必须综合考虑矿床开采技术条件、经济技术水平等矿床因素、社会因素、技术因素和经济因素，通过多方案比较择优确定。露天矿床开拓确定的主要内容是坑线的布置形式、矿岩提升运输工艺与设备。

露天矿床的开拓方式与矿岩运输方式密切相关，按运输方式不同可分为公路开拓、铁路开拓和联合运输开拓 3 大类。

9.1 公路运输开拓

9.1.1 适用条件

公路运输开拓是现代露天矿广泛应用的一种开拓方式，最常用运输设备是自卸汽车，因此也称为汽车运输开拓。任意地形条件的露天矿，如果修建铁路不经济，只要参数不超过下述极限值，都可采用公路运输开拓：

（1）露天坑深度：150m（普通自卸汽车），250m（电动轮汽车）。

（2）运输距离：普通自卸汽车，2~3km；电动轮汽车，4~5km。

（3）坡度：8%，特殊情况下短距离可达 12%。

（4）曲线半径：小吨位汽车，15m；大吨位汽车，30m。

9.1.2 坑线形式

根据矿床埋藏条件和露天空间参数等因素，汽车运输开拓坑线（即出入沟）的布置形式分为直进坑线、回返坑线、螺旋坑线和联合坑线。此外，还有露天矿地下斜坡道开拓。

（1）直进坑线开拓。直进坑线是将运输沟道沿露天采场边帮布置（图 9-1），汽车在坑线上直进行驶，不需经常改变运行方向和速度，司机的视野较好。山坡露天矿常采用场外直进式公路开拓方式，每个台阶设一条场外固定线路，沿地形线开掘单壁沟，扩帮后沿走向推进。

（2）回返坑线开拓。回返坑线开拓如图 9-2 所示，汽车在坑线上运行时，需要经过一定曲率半径的回头曲线改变运行方向，才能到达相应的工作水平。

（3）螺旋坑线开拓。螺旋坑线开拓是将运输沟道沿露天矿场四周边帮盘旋布置（图 9-3）。汽车在坑线上近似直进行驶，不需经常改变运行速度。螺旋坑线的转弯半径大，司机的视野好，线路通过能力强。

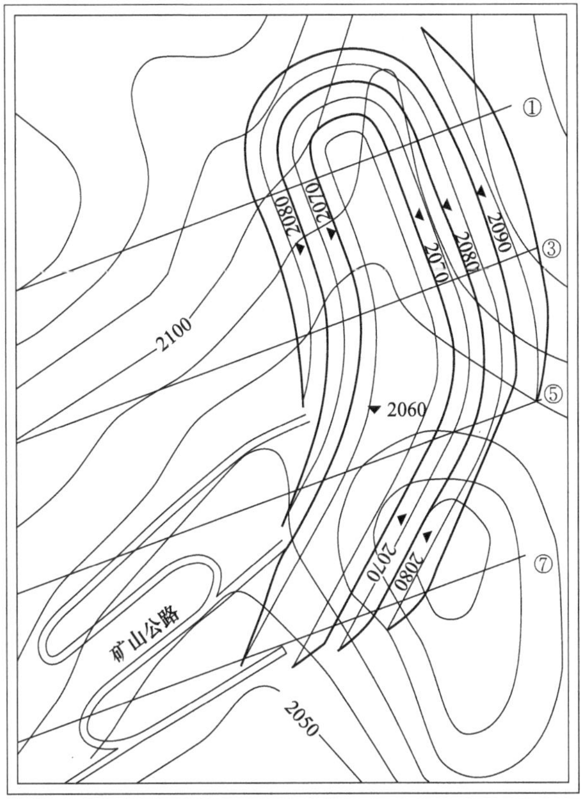

图 9-1　直进坑线开拓

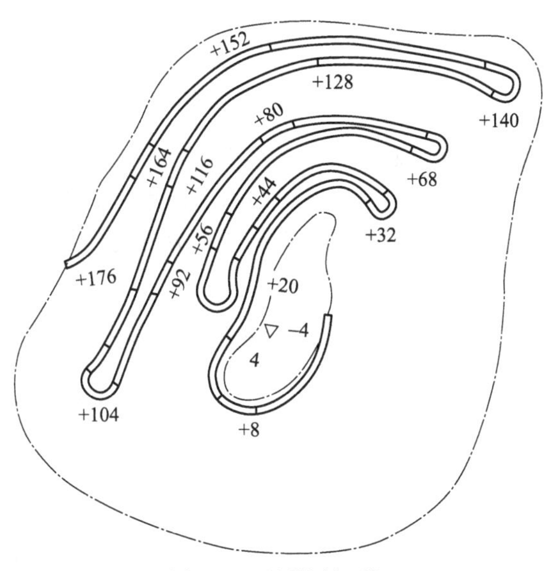

图 9-2　回返坑线开拓

（4）联合坑线开拓。采场上部用回返坑线开拓，随着开采深度的下降采场平面尺寸减小，当汽车不能回返运行时，改用螺旋坑线开拓（图 9-4）。

（5）地下斜坡道开拓。地下斜坡道开拓如图 9-5 所示，在露天开采境界外设置地下斜

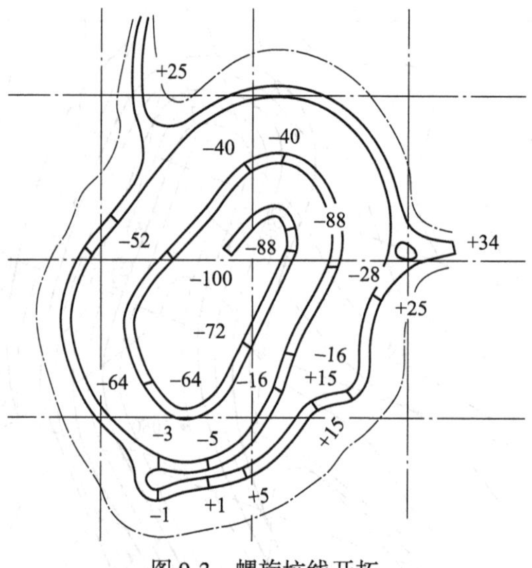

图 9-3　螺旋坑线开拓

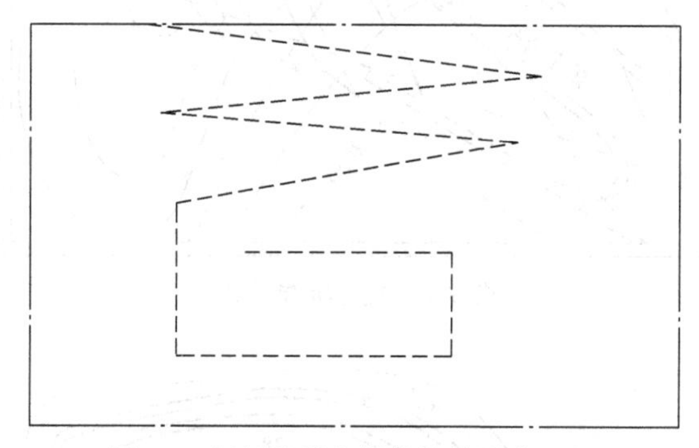

图 9-4　回返坑线与螺旋坑线联合开拓

坡道，并在相应标高处设有出入口通往各开采水平，汽车自采矿场经出入口、斜坡道至地表。出入口底板朝向采矿场倾斜 1°~3°，以防雨水进入地下斜坡道。斜坡道开拓分为螺旋式斜坡道与回返式斜坡道，螺旋式斜坡道在露天矿境界外绕四周边帮螺旋式向下延伸，回返式斜坡道在露天边帮一侧回返式下向延伸。

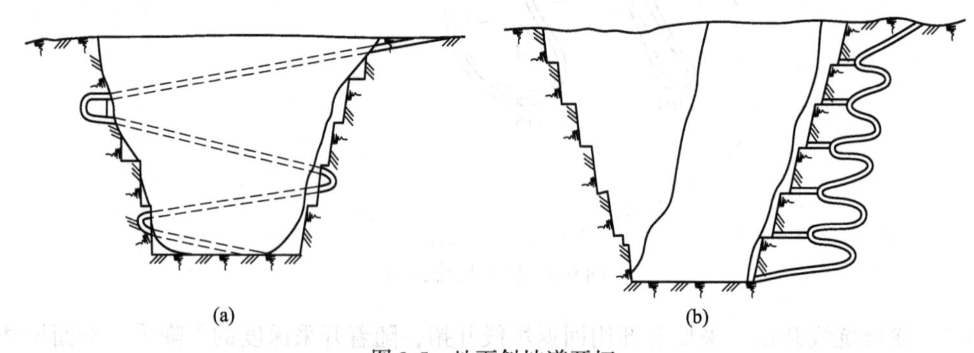

图 9-5　地下斜坡道开拓

（a）螺旋式斜坡道开拓；（b）回返式斜坡道开拓

9.1.3　合理运距与开采深度

露天开采中，运输费用占开采矿石总成本的40%~50%，它决定着露天开采的经济效益。当矿岩性质变化较小、采用的生产工艺与设备类型不变时，穿孔爆破、采装等费用相对变化不大，而运输费用却随运距加大而增长。运距越长，汽车的台班运输能力越低，运输费用所占比重也就越大。因此，汽车的运距存在一个经济合理的范围。

目前，采用普通载重自卸汽车运输时，其合理运距一般不超过3km；当采用大型电动轮自卸汽车运输时，由于载重量增大，其合理运距也随之相应增加，可达5~6km。考虑到凹陷露天矿重载汽车上坡和至卸载点的地面运输距离，在合理运距范围内，单一汽车运输开拓的合理深度，采用载重量40t以下汽车时为80~150m，采用载重量80~120t电动轮汽车时为200~300m。随着技术经济条件的变化，合理深度也将变化。当超出合理深度时，可采用其他运输方式或联合运输方式。

9.1.4　公路运输开拓评价

与铁路运输开拓相比，公路运输开拓坑线形式较为简单，开拓坑线展线较短，对地形的适应能力较强。此外，公路运输开拓还可多设出入口进行分散运输和分散排岩，便于采用移动坑线开拓，有利于提高露天矿的生产能力。

9.2　铁路运输开拓

9.2.1　适用条件

铁路运输开拓适用于矿床埋藏较浅、平面尺寸较大的凹陷露天矿或者在开采深度较大的凹陷露天矿的上部及其矿床走向长、高差较小的山坡露天矿。

9.2.2　坑线形式与位置

（1）坑线形式。采用铁路运输开拓时，因牵引机车爬坡能力小，从一个水平至另一个水平的坑线较长，转弯半径大（准轨铁路运输的曲线半径不小于100~120m），受露天矿场平面尺寸限制，布线方式多为折返坑线和直进-折返坑线。前者是每个水平折返一次，后者是根据露天矿场平面尺寸每隔一个或几个水平折返一次。列车沿坑线运行时，需经折返站停车换向开往各工作水平。直进-折返坑线开拓的折返站较少，列车往返运行周期比折返坑线开拓短，故在可能的条件下，应采用直进-折返坑线开拓。

（2）坑线位置。对于山坡露天矿，坑线位置主要取决于地形条件和工作线的推进方向。当地形为孤立山峰时，开拓坑线布置在非工作坡上（图9-6）；当地形为延展式山坡时，通常将坑线布设在露天采场的一侧或两侧。台阶开采初期，运输线路经端部绕入工作面。开采到末期，线路曲线半径很小不能绕行时，由折返站斜交工作台阶布置线路进入工作面。在多水平同时开采的条件下，为保证下部水平推进时不切断上部水平与坑线的运输联系，当工作线是由上盘向下盘推进时，坑线布置在下盘，反之应布置在上盘。

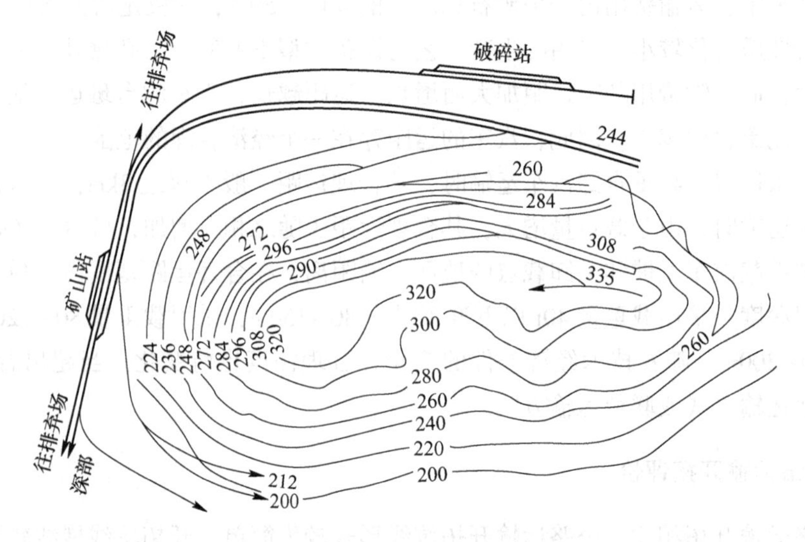

图 9-6　孤立山峰折返坑线开拓

凹陷露天矿的坑线布置主要取决于采场的大小与形状、工作线的推进方向和生产规模。通常将坑线布设在底帮或顶帮上，但有时为了减少折返次数，也可将上部折返坑线改造成螺旋坑线。图 9-7 所示为凹陷露天矿顶帮固定直进–折返坑线开拓系统。

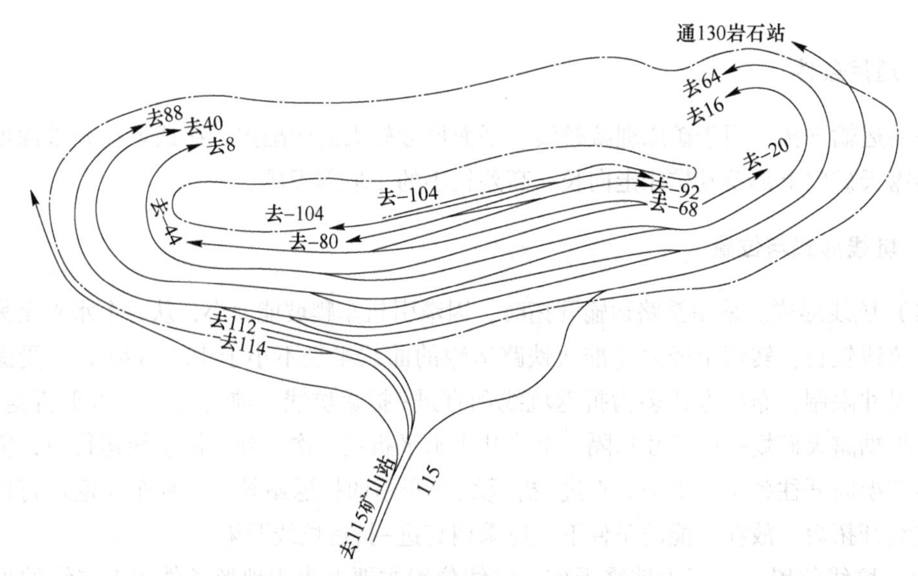

图 9-7　凹陷露天矿顶帮固定直进–折返坑线开拓

大多数露天矿都先是山坡开采后转为凹陷露天开采。故确定坑线位置时，既要考虑总平面布置的合理性，又要照顾以后向凹陷露天矿的过渡，力争使线路特别是站场的移设和拆除工程量最小。

9.2.3 线路数目及折返站

根据露天矿的年运输量、开拓沟道可铺设单线或双线。对于年运量超过700万吨的大型露天矿，多采用双干线开拓，其中一条线路为重车线，另一条线路为空车线。当年运量小于该值时，则采用单干线开拓。

折返站是设在出入沟与开采水平的连接处，便于列车换向和会让。当采用单干线开拓时，折返站布置形式可采用尽头式和环形式；当采用双干线开拓时，折返站的布置形式分为燕尾式和套袖式。

金属露天矿场平面尺寸一般相对较小，套袖式折返站应用较少，仅在凹陷露天矿，对于平面尺寸大的上部几个水平用套袖式折返站，下部由于平面尺寸缩小采用燕尾式折返站。

9.2.4 合理开采深度

由于铁路运输多为折返坑线或直进-折返坑线开拓，随开采深度的下降，列车在折返站因停车换向而使运输周期增加。按单位矿岩运输费用考虑，对凹陷露天矿，单一铁路运输开拓的经济合理开采深度约为120~150m，当采用牵引机组运输时，可将线路坡度提高到6%，开采深度最大可达300m。对山坡露天矿，在地形标高变化不超过150~200m的条件下，可取得理想的经济效益。因此，单一铁路运输开拓的合理使用范围在地表上下可达到300~350m(不含牵引机组运输)。

9.2.5 铁路运输开拓评价

采用铁路运输开拓时，吨公里运输费用低，约为汽车运输开拓的1/4~1/3，且运输能力大，运输设备坚固耐用。但铁路运输开拓线路较为复杂，开拓展线比汽车运输开拓长，因而使掘沟工程量和露天边帮的附加剥岩量增加，新水平准备时间较长。

由于铁路运输开拓多为折返坑线开拓。随着开采深度的增大，列车在折返站因停车换向使运行周期增加，尤其开采深度大时，运输效率明显下降。只有当矿床赋存较浅、平面尺寸较大的凹陷露天矿或者在开采深度较大的凹陷露天矿的上部以及延展较长、高差较小的山坡露天矿，采用铁路运输开拓可取得良好的技术经济效益。因此，铁路运输开拓的合理深度一般不超过120~150m。

9.3 联合运输开拓

当单一开拓系统不能满足露天开采需要时，可考虑采用联合开拓系统，常见的联合运输开拓方式包括铁路-公路联合运输开拓、公路-破碎站-带式输送机联合运输开拓、公路-斜坡箕斗联合运输开拓、公路(铁路)-平硐溜井联合运输开拓等。

9.3.1 铁路-公路联合运输开拓

当露天矿场开采深度超过单一铁路运输经济合理开采深度时，可以采用铁路-公路联合运输开拓，即上部采用铁路运输开拓，下部采用公路运输开拓，中间设置倒装站。汽车运输的矿石在转载平台上直接向铁路车辆转载，或者汽车运输的矿石卸入倒装站经挖掘机转载，或者汽车运输的矿石卸入中转矿仓通过板式给矿机向铁路车辆转载。

9.3.2　公路-破碎站-带式输送机联合运输开拓

铁路运输开拓及其生产工艺所固有的缺点，使其合理的开采深度比较小；汽车运输虽然机动灵活、爬坡能力大，但受合理运距的限制，而且随开采深度的增大，运输效率降低，运营费增加。此时，可以采用公路-破碎站-带式输送机联合运输开拓方式。爆破后的矿岩块度较大，采用带式输送机提升时，必须首先经破碎机破碎至合理的块度。

公路-破碎站-带式输送机联合运输开拓方式如图 9-8 所示，深部矿岩通过汽车运输卸入破碎站，破碎后向带式输送机供料，由带式输送机提升至地表。

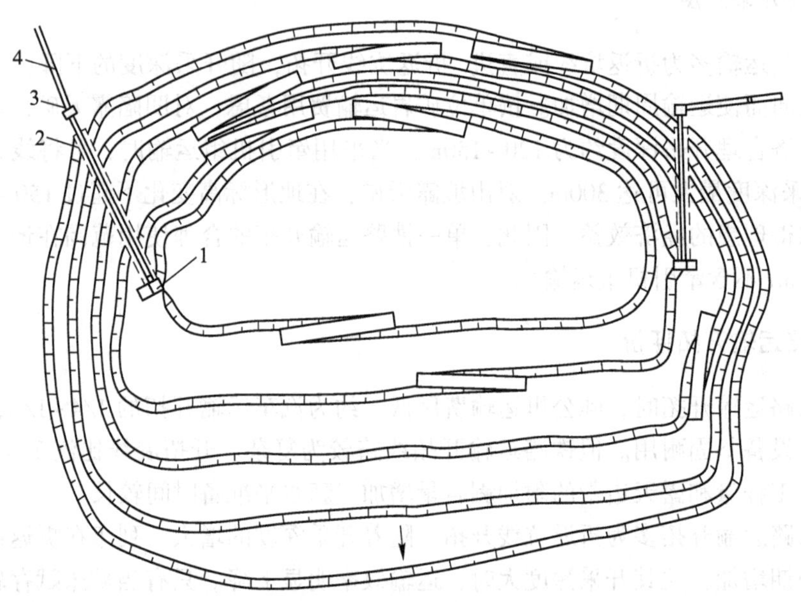

图 9-8　公路-破碎站-带式输送机联合运输开拓

1—破碎站；2—边帮带式输送机；3—带式输送机转载点；4—地面带式输送机

9.3.3　公路-斜坡箕斗联合运输开拓

斜坡箕斗提升是以箕斗为运输容器，由装载站、斜坡沟道、地面卸载站和提升机装置 4 个基本部分组成（图 9-9）。采场内部需用汽车或铁路与之建立运输联系，形成以箕斗斜坡沟道为开拓中心环节，包括采场内部运输（多用汽车）、地面运输与转载等多环节的联合开拓运输系统（图 9-10）。

由于在采场内和地表多次转载，转载站的移设和箕斗道的延伸，使露天矿的生产能力受到限制，且箕斗提升系统形成后，再扩大生产能力很困难，故目前使用斜坡箕斗提升开拓的矿山不多。

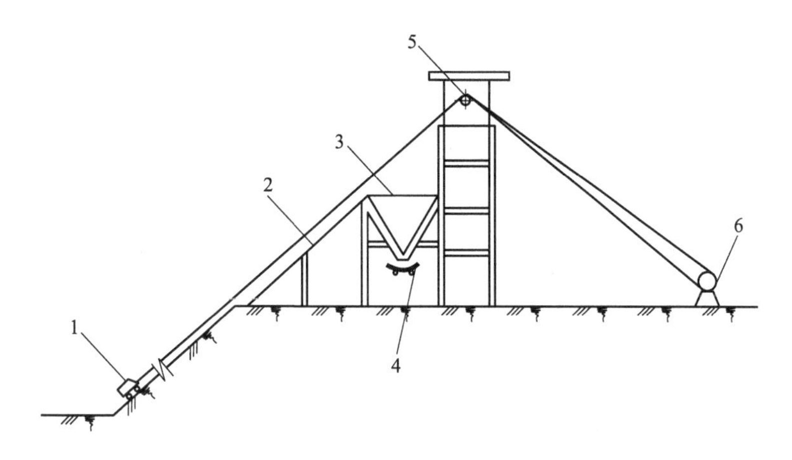

图 9-9 斜坡箕斗提升系统

1—箕斗；2—栈桥；3—矿仓；4—带式输送机；5—天轮；6—提升绞车

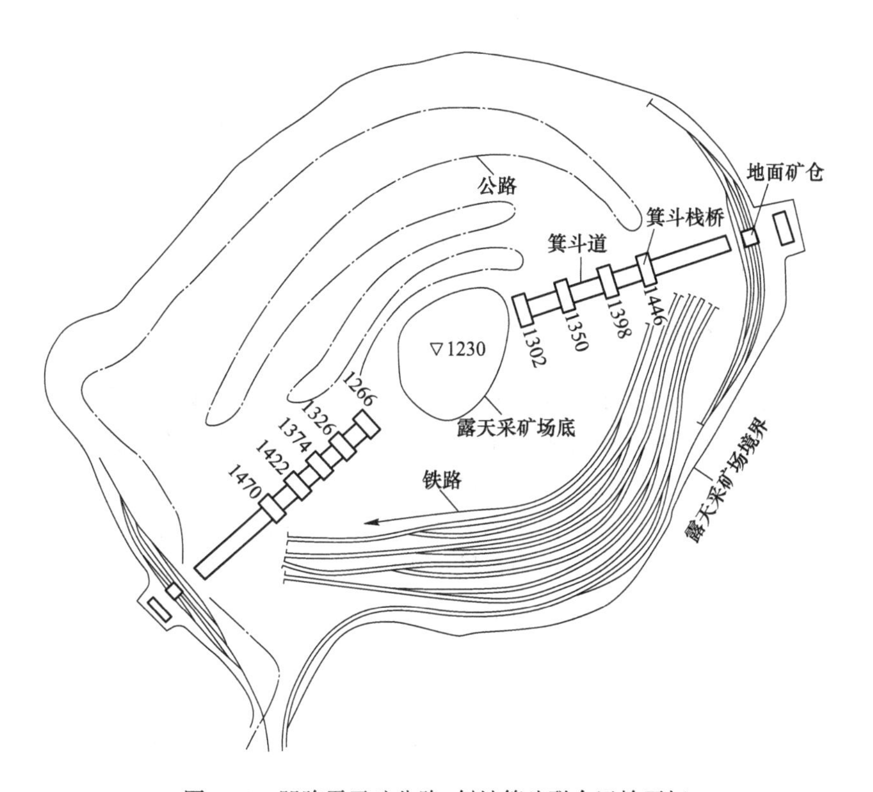

图 9-10 凹陷露天矿公路-斜坡箕斗联合运输开拓

9.3.4 公路(铁路)-平硐溜井联合运输开拓

与山下地面垂直高度较大的山坡露天矿，如果矿石不具有黏结性，为缩短运距，可以考虑采用公路(铁路)-平硐溜井联合运输开拓，即采场矿岩通过汽车（或列车、铲运机）卸入采场溜井，通过溜井底部的放矿设施，向地面运输设备装载，如图 9-11 所示。

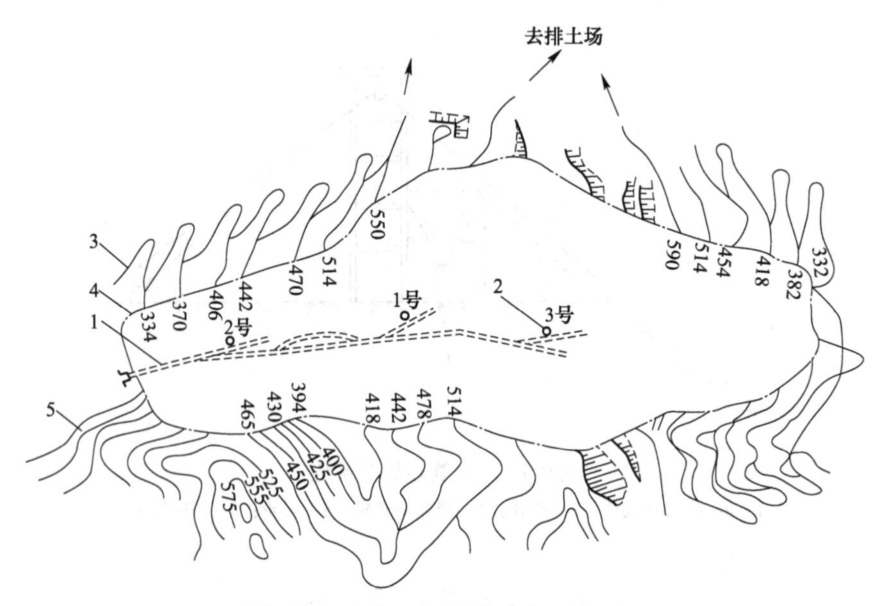

图 9-11 公路-平硐溜井联合运输开拓

1—平硐；2—溜井（1号、2号、3号）；3—公路；4—露天开采境界；5—地形等高线

9.4 露天开采境界确定

9.4.1 露天开采境界的意义

露天开采境界的大小决定了露天矿采出矿量和剥离岩量的多少，关系着矿床的生产能力和经济效益，并影响着露天矿开采程序和开拓运输。因此，合理确定露天开采境界是矿床开采设计的首要任务之一，包括确定合理的开采深度、露天采场底部平面周界及露天矿最终边坡角。露天开采境界的确定，实际上是剥采比的控制。因为随着露天开采境界的延伸和扩大，可采储量增加了，但剥离岩石量也相应地增大。合理的露天开采境界，就是指所控制的剥采比不超过经济上合理的剥采比。

9.4.2 剥采比

露天开采境界设计中，需要控制的剥采比包括平均剥采比、境界剥采比和生产剥采比。

（1）平均剥采比 n_a。平均剥采比指露天开采境界内岩石总量与矿石总量之比，即：

$$n_a = \frac{V_a}{A_a} \tag{9-1}$$

式中 V_a——露天开采境界内岩石总量；

A_a——露天开采境界内矿石总量。

（2）境界剥采比 n_j。境界剥采比指露天开采境界每增加一个单位深度所引起的岩石增量与矿石增量之比，即：

$$n_j = \frac{\Delta V}{\Delta A} \tag{9-2}$$

式中 ΔV——单位深度所引起的岩石增量；

ΔA——单位深度所引起的矿石增量。

（3）生产剥采比 n_p。生产剥采比指露天矿某一时期内所剥离的岩石量与采出的矿石量之比，即：

$$n_p = \frac{V_p}{A_p} \tag{9-3}$$

式中 V_p——露天矿某一时期内所剥离的岩石量；

A_p——露天矿某一时期内所采出的矿石量。

（4）经济合理剥采比 n_e。经济合理剥采比指露天开采在经济上允许的最大剥采比。其确定方法主要包括两大类：一是比较法，即以露天开采和地下开采的经济效果进行比较，用以划分露天开采和地下开采的界限；二是价格法，即在矿床只宜露天开采的场合，用露天开采成本和矿石价格进行比较，以划分露天开采部分和暂不宜开采部分的界线。

在生产实际过程中，经济合理剥采比 n_{jh} 常按露天开采单位矿石总成本（C_o）不大于地下开采单位矿石成本（C_u）的原则来确定。即当 $C_o = C_u$ 时，则：

$$n_{jh} = \frac{C_u - a}{b} \tag{9-4}$$

式中 C_o——露天开采单位矿石总成本；

C_u——地下开采单位矿石成本；

a——露天开采单位矿石成本；

b——剥离单位岩石成本。

9.4.3 露天开采境界确定原则

（1）平均剥采比不大于经济合理剥采比。这一原则的实质是使露天开采境界内全部储量用露天开采的总费用小于或等于地下开采该部分储量的总费用。

（2）境界剥采比不大于经济合理剥采比。这一原则的实质是在开采境界内边界层矿石的露天开采费用不超过地下开采费用，使整个矿床用露天和地下联合开采的总费用最小或总利润最大。

（3）生产剥采比不大于经济合理剥采比。这一原则的实质是露天矿任一生产时期按正常作业的工作帮边坡角进行生产时，使生产剥采比不超过经济合理剥采比。

9.4.4 露天开采境界确定方法

（1）采场最小底宽及位置。露天采场底部宽度不应小于开段沟宽度，其最小宽度根据采装、运输设备规格及线路布置方式计算。视矿体水平厚度不同，露天采场底的位置可能有 3 种情况：

1）如果矿体水平厚度小于计算得出的采场最小底宽时，露天矿底平面按最小底宽绘制；

2）如果矿体水平厚度等于或略大于计算得出的采场最小底宽时，露天矿底平面按矿体厚度绘制；

3）如果矿体水平厚度远大于计算得出的采场最小底宽时，露天矿底平面按最小底宽绘制，其位置应能满足可采矿石量最多、剥离岩石量最少、采出矿石质量最好、经济效益最大的原则。

（2）采场最终边坡角。随开采深度的增加和边坡角的减缓，剥岩量将急剧增加，为获得最佳的经济效益，边坡角应尽可能加大；然而陡边坡虽可带来较好的经济效益，但边坡稳定性较差，易发生滑坡等地质灾害，从安全角度出发，应尽可能减缓边坡角。因此，综合考虑经济与安全因素，是合理选取边坡角的基本原则。

选择采场最终边坡角时，应充分考虑组成边坡岩石物理力学性质、地质构造和水文地质等因素。表9-1为按边坡稳定性进行岩石分类和露天采场边坡角概略值。

表9-1 按边坡稳定性进行岩石分类和露天采场边坡角概略值

岩石类别	本类岩石一般特点	确定边坡稳定性的基本要素和岩石稳定性指标	地质条件	边坡角/(°)
Ⅰ	坚硬（基岩）岩石：火山岩和变质岩，石英砂岩，石灰岩和硅质砾岩；抗压强度>78.48MPa	弱面（断层破坏、层理、长度很大的节理等）的方向不利	具有弱裂缝的硬岩，没有方向不利的弱面，弱面对开挖面的倾角是急倾斜（>60°）或缓倾斜（<15°）； 地质条件同上，但岩石具有裂缝； 具有弱裂缝或节理的硬岩，弱面对开挖面的倾角是35°~55°； 具有弱裂缝的硬岩，弱面对开挖面的倾角是20°~30°	<55 40~45 30~45 20~30
Ⅱ	中硬岩石：风化程度不同的火山岩与变质岩，黏土质与砂质-黏土质页岩，黏土质砂岩，泥板岩，粉砂岩，泥灰岩等；抗压强度7.85~78.48MPa	样品岩石的强度、弱面的方向不利，岩石有风化趋势	斜坡岩石相对稳固，没有方向不利的弱面，或有对开挖面呈急倾斜（>60°）或缓倾斜（<15°）的弱面； 同上，有对开挖面呈35°~55°角的弱面； 边坡岩石强烈风化、容易碎散和剥落的岩石，以及弱面对开挖面呈20°~30°角的所有岩类	<40 30~40 20~30
Ⅲ	软岩（黏土质与砂质-黏土质岩石）；抗压强度<7.85MPa	对于黏结性（黏土质）岩石为：样品强度，弱面（软弱夹层、层间接触面）方向不利；对于非黏结岩石为：力学特性、动水压力、渗透速度	没有塑性黏土、古老滑面、层间软弱接触面和其他弱面； 在边坡中部或下部有弱面	20~30 15~20

（3）开采深度。采场外观，可因矿体赋存条件特别是沿走向长度的不同分为长采场和短采场。采场的长宽比大于4∶1的称长采场，其端帮矿岩量占总矿岩量的比例相对较小，设计中手工计算时可以不单独考虑端帮矿岩量；采场的长宽比小于4∶1的称短采场，其端帮矿岩量占总矿岩量的15%~20%以上，设计时必须考虑这部分矿岩量。采场合理开采深度的确定，通常在地质横剖面图上用方案分析法和图解法进行。

方案分析法确定合理开采深度的步骤为（图 9-12）：

1）在地质横剖面图上确定若干个境界深度方案；

2）对每个深度方案确定采场底部宽度及位置，根据选取的最终边坡角，绘制顶底帮最终边坡线；

3）计算各方案的境界剥采比；

4）绘制境界剥采比（n_j）及经济合理剥采比（n_{jh}）与深度（H）的关系曲线，如图 9-13 所示，两曲线的交点所对应的横坐标 H_j 即为露天开采的合理深度。

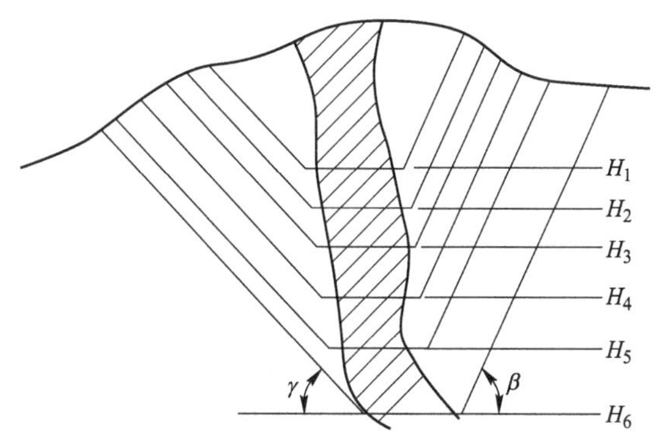

图 9-12　绘有若干个境界深度方案的横剖面图

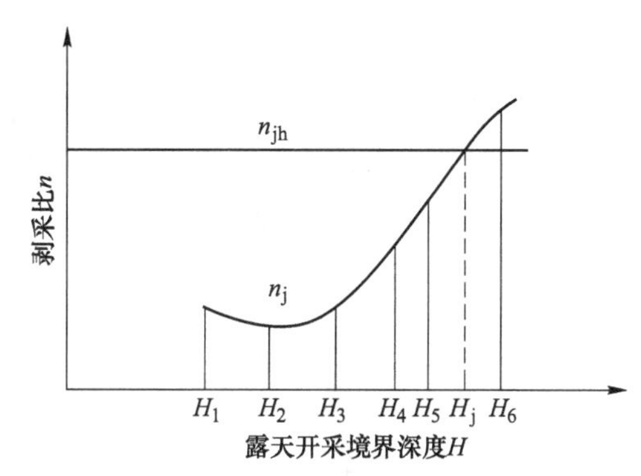

图 9-13　境界剥采比(n_j)及经济合理剥采比(n_{jh})与深度(H)的关系曲线

目前，国内外已有许多专业软件，应用计算机技术来确定露天开采境界，并获得了较好的效果。

本 章 习 题

9-1　简述露天矿床的开拓方式。

9-2　简述汽车运输开拓坑线的布置形式。

9-3　简述铁路运输开拓的适用条件。

9-4　简述常见的联合开拓方式。

9-5　简述露天开采境界确定原则。

10　露天矿生产工艺过程

露天矿主要生产工艺过程包括穿孔、爆破、采装、运输、排土等工序。防排水、通风（深部露天矿）等辅助工序也是在各个主要生产工艺过程中需要考虑的问题。

10.1　穿孔爆破

10.1.1　穿孔作业

穿孔工作是固体矿床开采的第一道工序，是为随后的爆破工作提供装放炸药的空穴。穿孔质量对其后的爆破、采装等工作有很大的影响。露天矿穿孔设备包括牙轮钻机、潜孔钻机、火钻、凿岩台车、钢绳冲击钻机等，当前大中型露天矿山最常用的穿孔设备是牙轮钻机和潜孔钻机。

10.1.1.1　牙轮钻机

牙轮钻机（图 10-1）是 20 世纪 50 年代中期兴起的一种穿孔设备，它通过推压和回转机构给钻头以高钻压和扭矩，使岩石在静压、少量冲击和剪切作用下破碎。牙轮钻机的穿孔直径一般为 250~310mm，最大可达 559mm，穿孔效率一般为 4000~6000m/月，最高可达 10000m/月。目前，牙轮钻机已成为大中型露天矿应用最广泛的穿孔设备。

图 10-1　牙轮钻机

A　牙轮钻机的类型

根据回转和推压方式不同，牙轮钻机可分为三种类型，即底部回转连续加压式钻机、底部回转间断加压式钻机、顶部回转连续加压式钻机。目前，国内外绝大多数牙轮钻机均采用顶部回转连续加压方式。

按传动方式的不同，牙轮钻机可分为两种基本类型，即滑架式封闭链-链条式牙轮钻机和液压马达-封闭链-齿条式牙轮钻机。滑架式封闭链-链条式牙轮钻机如国产HZY-250、KY-250C、KY-310型钻机；液压马达-封闭链-齿条式牙轮钻机如美国B-E公司生产的45R、60R、61R钻机，美国加登纳-丹佛公司生产的GD-120和GD-130型钻机。

按钻机大小，牙轮钻机可分为轻型牙轮钻机（钻孔直径$D \leqslant 200$mm）、中型牙轮钻机（钻孔直径200mm<D<250mm）和重型牙轮钻机（钻孔直径$D \geqslant 250 \sim 380$mm）。

B　牙轮钻机的工作原理

牙轮钻机的穿孔原理主要是通过钻机的回转和推压机构使钻带动钻头连续转动，同时对钻头施加轴向压力，以回转动压和强大的静压形式使与钻头接触的岩石粉碎破坏。在钻进的同时，通过钻杆与钻头中的风孔向孔底注入压缩空气，利用压缩空气将孔底的粉碎岩碴吹出孔外，从而形成炮孔。

牙轮钻机按其钻孔工艺，必须完成钻具回转、钻具加压和提升、用压缩空气吹排孔底岩屑、收集和捕捉由孔底排出的烟尘、接卸钻杆、移车和稳车等工序和操作。为此，牙轮钻机相应地设有钻具回转机构、加压提升机构、压风机、捕尘器、接卸钻杆机构、稳车液压千斤顶、行走机构和控制部分，牙轮钻机具体各部分结构见图10-2。

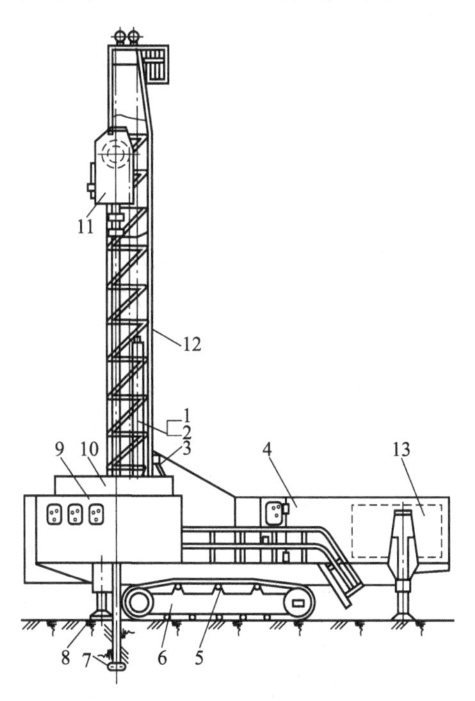

图10-2　牙轮钻机结构示意图

1—钻杆；2—钻杆架；3—起落立架油缸；4—机棚；5—平台；6—行走机构；7—钻头；8—千斤顶；9—司机室；10—净化除尘装置；11—回转回压小车；12—钻架；13—动力装置

C　牙轮钻机的钻具

牙轮钻机的钻具包括钻杆、稳杆器、减震器和牙轮钻头四部分。

（1）钻杆：钻杆的作用是把钻压和扭矩传递给钻头。钻杆的长度有不同的规格。采用普通钻架时，钻杆长度为9.2~9.9m。采用高顶钻架时，考虑到底部磨损较快，仍用短钻杆。钻孔过程中，上下两钻杆交替与钻头连接，以达到两根钻杆均匀磨损。

（2）稳杆器：稳杆器的作用是减轻钻杆和钻头在钻进时的摆动，防止炮孔偏斜，延长钻头的使用寿命。

（3）减震器：利用工具内部的减震元件吸收或减小钻井过程中钻头的冲击负荷、钻柱的震动负荷以及旋转破岩时的扭转负荷，从而保护钻头和钻具，降低钻井成本，提高钻井工作效率。

（4）牙轮钻头：钻头是直接破碎岩石的工作部件，其作用是在推进和回转机构的驱动下，以压碎及部分削剪方式破碎岩石。牙轮钻头由牙爪、牙轮、轴承等部件组成，典型的三牙轮钻头如图10-3所示。

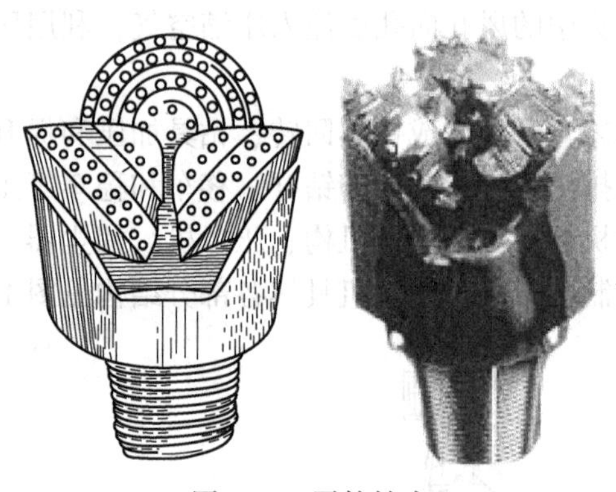

图10-3　牙轮钻头

D　牙轮钻机主要性能参数

选用牙轮钻机要考虑的主要参数有钻孔直径、轴压和钻头转速。

（1）钻孔直径。孔径大，孔网参数也大，钻头消耗和穿孔成本会明显下降；但崩落矿岩块度也相应增大，影响后续铲装、运输效率。此外，超大孔径爆破的地震效应也会很强，可能危及边坡稳定。因此，选择孔径要综合考虑各项因素。

（2）轴压。轴压是钻齿压入岩石形成破碎坑的动力源。一般情况是轴压越大，钻进速度也越快。但当三牙轮钻头的钻牙完全沉入岩石中时，钻进速度不会随轴压的增大而进一步增加，相反会增大扭矩的需求和增大钻齿的磨损速度。

（3）钻头转速。实践表明牙轮钻机的穿孔速度与钻头转速和轴压成正比关系，但与轴压一样，穿孔速度与钻头转速的正比关系也不是无极限的。当钻头转速超过极限值后，由于轮齿与孔底岩石的作用时间太短（小于0.02~0.03s），未能充分发挥轮齿对岩石的压碎作用，因此穿孔速度反而降低。实际生产中，对于软岩常选用70~120r/min的转速，而对中硬岩石和硬岩转速分别选用60~100r/min和40~70r/min。

E　牙轮钻机的优缺点

牙轮钻机的主要优点如下：

（1）与钢绳冲击钻机相比，穿孔效率高3~5倍，穿孔成本低10%~30%。

（2）在坚硬以下岩石中钻直径大于150mm的炮孔，牙轮钻机优于潜孔钻机，穿孔效率高 2~3 倍，每米炮孔穿孔费用低 15%。

牙轮钻机的主要缺点如下：

（1）钻压高，钻机重，设备购置费用高。

（2）在极坚硬岩石中或炮孔直径小于 150mm 时成本比潜孔钻机高。钻头使用寿命较短，每米炮孔凿岩成本比潜孔钻高。

10. 1. 1. 2　潜孔钻机

潜孔钻机也是 20 世纪 50 年代兴起的一种新型穿孔设备，在 60 年代率先取代了笨重的钢绳冲进钻机而居首位，并随着牙轮钻机的发展而逐渐退居次席。潜孔钻机的工作方式属于风动冲击式凿岩，它在穿孔过程中风动冲击器跟随钻头潜入孔内，故称潜孔钻机，如图 10-4 所示。

图 10-4　潜孔钻机

A　潜孔钻机的类型

露天矿穿孔所用的潜孔钻机按质量和钻孔直径分为轻型钻机、中型钻机和重型钻机。

（1）轻型钻机：如 CLQ-80 型钻机，适用于穿凿孔径 80~130mm、孔深 20m 的钻孔。

（2）中型钻机：如 YQ-150A 型和 KQ-150 型钻机，适用于穿凿孔径 150~170mm、孔深 17. 5m 的钻孔。

（3）重型钻机：如 KQ-200 型和 KQ-250 型钻机，KQ-200 型钻机适用于穿凿孔径 200~220mm、孔深 19m 的钻孔；KQ-250 型钻机适用于大型露天矿，可穿凿孔径 230~250mm、孔深 18m 的垂直炮孔。

B　潜孔钻机的工作原理

潜孔钻机是一种回转冲击钻机，由钻具组、回转机构、推进与提升机构、压风和除尘系统、电器系统、钻架起落机构、钻具的存放和接卸机构、行走机构、司机室和操作控制系统等部分组成。钻孔时，气动冲击器潜入孔底，破坏孔底岩石，完成钻孔过程。以 KQ-200 型潜孔钻机为例介绍各部分工作原理如下：

（1）行走机构：行走机构的履带采用双电机分别拖动，行走传动机构通过两条弯板套筒滚子链以传动左右两条行走履带。

（2）钻架起落机构：采用机械传动，钻架通过钻架支撑轴安装在机架前部的龙门柱上端，并利用安装在机棚上面的钻架起落机构、用两根大齿条推拉钻架起落。当钻机行走时，可把钻架落下，平放在托架上。

（3）推进与提升机构：通过两根并列的封闭链条接在回转供风机构的滑板上，当提升机构运转时，链条带动回转供风机构及钻杆沿着钻架的滑道上升或下降，使钻具推进凿岩和提升移位。

（4）送杆器：安装在钻架左侧下半部，它的作用是接、卸副钻杆。

C 潜孔钻机的钻具

潜孔钻机的钻具包括钻杆、冲击器和钻头三部分。

（1）钻杆：钻杆的作用是把冲击器送至孔底，传递扭矩和轴压，并通过其中心孔向冲击器输送压气。钻杆的两端有联接螺纹，一端与回转供风机构相联接，另一端联接冲击器。露天潜孔钻机一般只有两根钻杆，接杆可钻15~18m深的孔。

（2）冲击器：冲击器通过活塞的运动把压气的压力能转变为破碎岩石的机械能，它的质量优劣直接影响钻孔速度和钻孔成本，必须满足结构简单、工作可靠、钻孔效率高、使用寿命长等性能要求。国产冲击器主要有阀冲击器和无阀冲击器两种类型。

（3）钻头：在钻孔过程中，钻头上端承受活塞的冲击，下端打击在岩石上，同时还承受着轴压、扭矩和岩碴的磨蚀作用，受力状态极其复杂。因此，要求钻头材料具有较高的动载荷强度和优良的耐磨性，结构上应利于压气进入孔底以冷却钻头和排除岩碴。钻头按照壤嵌的硬质合金的形状，主要分为刃片型、柱齿型钻头。

D 潜孔钻机的优缺点

潜孔钻机的主要优点如下：

（1）孔径小（直径150~200mm），能钻凿斜孔，爆破矿岩块度小，便于采用小型挖掘机采装；

（2）潜孔冲击器的活塞直接撞击在钻头上，能量损失少，穿孔速度受孔深影响小，因此能穿凿直径较大和较深的炮孔；

（3）冲击器潜入孔内工作，噪声小；

（4）冲击器排出的废气可用来排渣节省动力；

（5）冲击力的传递不需经过钻杆和连接套，钻杆使用寿命长；

（6）与牙轮钻机比较，潜孔钻机穿孔轴压小，钻孔不易倾斜，钻机轻，设备购置费用低。

潜孔钻机的主要缺点如下：

（1）冲击器的汽缸直径受到钻孔直径限制，孔径愈小，穿孔速度愈低。常用潜孔冲击器的钻孔孔径在80mm以上；

（2）当孔径在200mm以上时，穿孔速度低于牙轮钻机，而动力约多消耗30%~40%，作业成本高。

10.1.2 爆破作业

爆破是在穿孔工作完成后，往钻孔内装填炸药，借助炸药爆破时产生的能量崩落矿岩的过程。爆破质量的好坏，直接影响后续采装工作的进行，并间接影响露天矿其他生产环节。因此，对爆破工作提出了多方面的要求，如为保证采掘设备的持续生产，要有足够的爆破储备量；爆破矿岩块度要小、爆堆要集中；没有超爆、欠爆现象，不允许出现根底、岩伞等凹凸不平现象，也要尽可能防止由于爆破反作用而对上部台阶造成的龟裂现象（称为后冲作用），如图 10-5 所示；对边坡及附近建筑物产生的影响要小等。

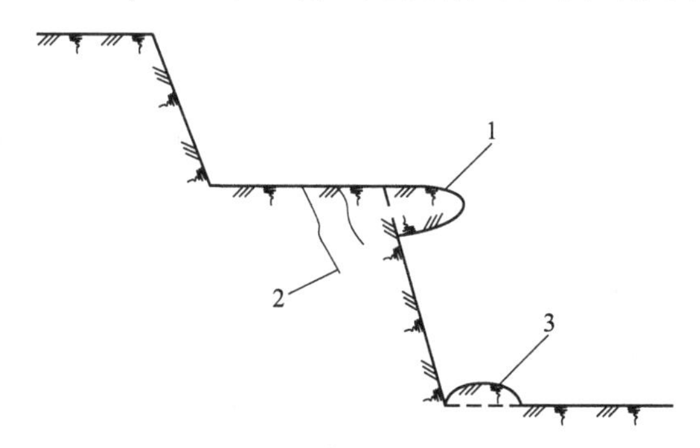

图 10-5　露天矿爆破的弊病

1—岩伞；2—龟裂；3—根底

10.1.2.1　爆破参数

为了获得良好的爆破效果，应合理地确定爆破参数，包括孔径、底盘抵抗线、孔距、排距、钻孔超深、填塞长度及单位炸药消耗量等（图 10-6）。

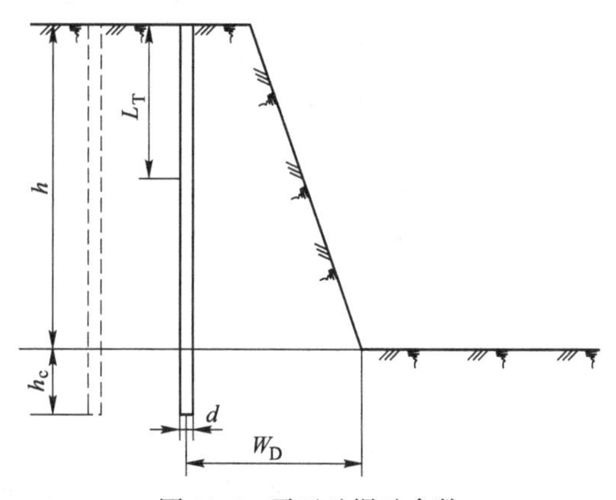

图 10-6　露天矿爆破参数

d—孔径；W_D—底盘抵抗线；h—台阶高度；h_c—钻孔超深；L_T—填塞长度

（1）孔径。露天深孔爆破的孔径（d）主要取决于钻机类型、台阶高度和岩石性质。当采用潜孔钻机时，孔径通常为 100~200mm；当采用牙轮钻机或钢绳冲击钻时，孔径为 250~310mm，最大可达 380~559mm。一般钻机选型后，炮孔直径也就固定下来了，孔径越大，单位炮孔长度所包含的药量就愈大，钻凿的炮孔数减少。

（2）底盘抵抗线。底盘抵抗线（W_D）是从台阶坡底线到第一排炮孔中心轴线的水平距离。底盘抵抗线过大可能造成根底多、大块率高、后冲作用大；底盘抵抗线过小不仅浪费炸药、增大钻孔工作量，而且易产生飞石危害。底盘抵抗线的大小与炸药威力、岩石可爆性、矿岩破碎块度要求以及钻孔直径、台阶高度、坡面角等因素有关。底盘抵抗线可根据单孔装药量按式（3-13）计算选取，也可根据安全距离按下式计算：

$$W_D \geq h \cdot \cot\alpha + B \tag{10-1}$$

式中 h——台阶高度，m；

α——台阶坡面角，一般为60°~75°；

B——从深孔中心到坡顶线的安全距离，$B \geq 2.5 \sim 3.0$m。

（3）孔距和排距。孔距（a）是指每排钻孔内相邻两钻孔中心线之间的距离。孔距等于炮孔密集系数 m 与底盘抵抗线 W_D 的乘积，一般认为炮孔密集系数 m 应在0.8~1.4之间，近年来的宽孔距爆破试验证明，减小底盘抵抗线和加大孔距（小抵线、宽孔距爆破），尽管每炮孔负担面积保持不变，却可显著地改善岩石的爆破质量。排距（b）是指多排孔爆破时，相邻两排炮孔之间的距离。排距一般可取与底盘抵抗线相同的距离。考虑到后排孔爆破时的岩石夹制效应，排距可为$(0.8 \sim 0.9)W_D$。

（4）孔深和超深。孔深是由台阶高度（h）和钻孔超深（h_c）确定的。钻孔超深（h_c）是钻孔超出台阶高度的那一段深度，其作用是降低装药中心，克服底盘岩体的阻力，减少根底的产生。超深可根据底盘抵抗线 W_D 或孔径（d）来确定：

$$h_c = (0.15 \sim 0.35)W_D \tag{10-2}$$

或

$$h_c = (10 \sim 15)d \tag{10-3}$$

当岩石松软、层理发育时取小值，反之取大值。

（5）填塞长度。填塞长度（L_T）是钻孔上段填塞物（俗称炮泥）的长度，关系到堵塞工作量的大小、炸药的能量利用率和空气冲击波的危害程度。合理的堵塞长度能够较充分地利用炸药的爆炸能，使矿岩得到良好的破碎效果。填塞长度与孔径有关，一般取孔径的12~32倍。

（6）单位炸药消耗量。单位炸药消耗量（q）是每破碎单位矿岩所需要的炸药量，单位kg/t或kg/m。单位炸药消耗量是重要的技术经济指标，它不仅反映爆破参数选择的优劣，而且直接影响爆破成本。

（7）单孔装药量。在合理选取其他爆破参数的条件下，单排孔或多排孔爆破的第一排孔的单孔装药量（Q）可按下式计算：

$$Q = q \cdot a \cdot h \cdot W_D \tag{10-4}$$

当台阶坡面角小于55°时，可将上式的底盘抵抗线换成最小抵抗线。在多排爆破时，后排孔的单孔药量取为第一排孔的1.1~1.3倍，微差爆破取小值，齐发爆破取大值。

10.1.2.2 炮孔装药

露天矿深孔台阶爆破根据炸药在炮孔内的装填情况以及起爆点的位置可以分为连续装药、间隔装药、耦合装药、不耦合装药、正向起爆装药和反向起爆装药。

（1）连续装药与间隔装药。连续装药是指装药在炮孔内连续装填，没有间隔。间隔装药是指在炮孔内采用炮泥、木垫或空气进行分段装填炸药。在较深的炮孔中采用间隔装药可以使炸药在炮孔全长上分布得更加均匀，使岩石破碎块度均匀。

（2）耦合装药与不耦合装药。当装药直径与炮孔直径相同时称为耦合装药，当装药直径小于炮孔直径时称为不耦合装药。炮孔耦合装药爆破时，孔壁受到爆轰波直接作用，在岩体内一般要激起冲击波，造成粉碎区，消耗大量能量。不耦合装药可以降低其对孔壁的冲击压力，减少粉碎区，激起应力波在岩体内的作用时间加长，从而加大了裂隙区的范围，炸药能量的利用更加充分。在露天台阶光面爆破中，周边眼多采用不耦合装药。

（3）正向起爆装药与反向起爆装药。正向起爆装药是指起爆雷管或起爆药柱位于炮孔孔口处，爆轰向孔底传播。反向起爆装药是指起爆雷管或起爆药柱位于炮孔底部，爆轰向孔口传播。装药采用雷管或起爆药柱起爆时，雷管或起爆药柱所在位置称为起爆点。起爆点通常是一个，但当装药长度较大时，也可以设置多个起爆点，或沿装药全长敷设导爆索起爆。经验表明，反向起爆装药优于正向起爆装药。

（4）炮孔的堵塞。用黏土、砂或土砂混合材料将装好炸药的炮孔封闭起来称为堵塞，所用材料统称为炮泥。炮泥的作用是：保证炸药充分反应，使之放出最大热量和减少有毒气体的生成量；降低爆炸气体逸出自由面的温度和压力，使炮孔内保持较高的爆轰压力和较长的作用时间。

10.1.2.3　爆破技术

露天爆破可采用齐发爆破，也可采用微差爆破、挤压爆破、光面爆破和预裂爆破等控制爆破技术，具体参见第3章内容。

布孔可分为垂直深孔和倾斜深孔两种，从台阶爆破效果和作业安全来看，倾斜孔优于垂直孔。炮孔排列形式有三角形、正方形和矩形三种形式。按不同起爆顺序及爆破效果和环境限制等，炮孔的起爆形式可有多种（图10-7）。最简单的起爆形式是逐排起爆，其特点是要求雷管段数少，但每排同段药量过大，容易造成爆破地震灾害；斜线起爆方式向自由面抛掷作用较小，有利于横向挤压，在雷管段数允许或非电起爆无级延时的条件下，有利于实现大孔距小抵抗线爆破；V形起爆、梯形起爆以及波浪形起爆，是综合斜线起爆和逐排起爆的特点，取长补短的结果。

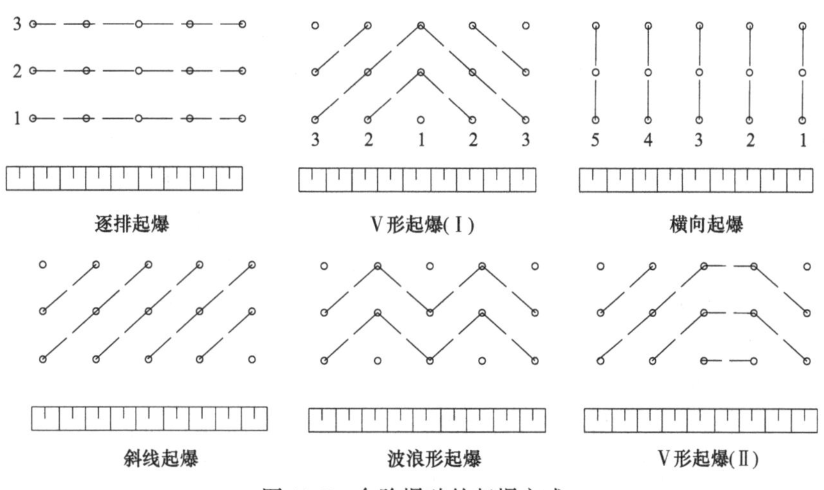

图10-7　台阶爆破的起爆方式

10.2　矿岩采装

采装工作是指用一定的采掘设备将矿岩从整体母岩或松散爆堆中采集出来，并装入运输容器或直接卸到指定地点。采装工作是露天矿开采全部生产过程的中心环节，采装工艺及其生产能力在很大程度上决定着露天矿开采方式、技术水平、矿床的开采强度及最终的经济效益。

10.2.1 采掘设备类型

在露天矿开采中，采掘设备按功能特征分为采装设备和采运设备。采装设备以挖掘机为主；采运设备主要包括铲运机、推土机等；前装机既是采装设备又是采运设备。采掘设备在技术上的适用性和利用率取决于岩石的可挖性、矿床贮存特点、设备生产能力、露天矿生产规模、挖掘方法、相邻工序的作业设备、采场要素、气候条件和其他因素。

（1）挖掘机。挖掘机主要分单斗和多斗两大类，目前国内外的金属露天矿最广泛应用的是单斗挖掘机，并以电铲为主（图10-8）。

图10-8 单斗挖掘机(电铲)实物图

单斗挖掘机按使用方式分为采矿和剥离两种类型。多电机传动、履带行走的采矿型挖掘机对采掘软岩和任何破碎块度的硬岩（$W\leqslant16$）均适宜，露天矿台阶高度为6~20m时采用的挖掘机铲斗容积一般为2~23m^3，通常适用于平装车，具有加长铲杆的采矿型挖掘机也可用于上装车；剥离型挖掘机主要用于向采空区倒堆剥离，铲斗容积小于15m^3时，也可用于上装车。新型液压单斗挖掘机具有重量轻、行走快、灵活性强、抗冲击性能好等优点，但液压系统要求精度高、维修复杂，斗容一般为6.5~8m^3，最大为30m^3，可直接挖掘硬页岩、砂岩等岩石。

（2）索斗铲。索斗铲（图10-9）依靠挠性吊挂的工作机构可远距离装运岩石，大功率的索斗铲能有效地挖掘软岩及破碎后的岩石（$W\leqslant10$），并移运至卸载地点，也可用于修筑路堤和掘沟等。

（3）前装机。前装机是由柴油发动机或柴油机-电动轮驱动、液压操作的多功能装运设备，如图10-10所示。其优点是机动灵活、设备尺寸小，与同样生产能力的单斗挖掘机比较，每立方米铲斗容积所需的金属量少1/6~1/4，制造成本低66%~75%。铲斗载重能力为4t的前装机挖掘软岩和破碎后的岩石时（$W\leqslant7$），移运距离小于80~700m是有效的，适用于生产能力为100万~500万吨/a的露天矿。

图 10-9 索斗铲实物图

图 10-10 前装机实物图

（4）推土机。推土机的特点是机动性好、通行能力强、结构简单，在露天矿广泛用于辅助作业。推土机用作采掘设备时，其采掘效率受岩石可挖性和距离的限制。

10.2.2 机械铲作业

露天采坑用的机械铲分为剥离型和采矿型两种，前者主要用于向采空区倒排剥离的岩石，其特点是臂架长，斗容大，一般在 $10m^3$ 以上；后者多用于向运输设备装载，一般线性尺寸较小。

（1）工作面类型。工作面是指机械铲采掘矿岩的地点，工作面的规格和形状取决于电铲的规格、作业方式和矿岩的特性，可分为尺头工作面、端工作面和侧工作面（图 10-11）。一般情况下，端工作面作业时挖掘机的效率最高，因为这时挖掘机的平均回转角不大于 90°。尽头工作面用于掘沟或与汽车、胶带运输机配合作业的宽采掘带中。侧工作面作业时，挖掘机的平均回转角为 120°~140°，由于工作面宽度小，运输线路需要经常增铺或移设，致使挖掘机效率下降，因此应用不多，但可在特殊条件下，如选采时采用。

（2）作业方式。机械铲的作业方式，按与运输设备的相对位置分为平装车、上装车、倒堆和联合装车四种，如图 10-12 所示。平装车时挖掘机和运输设备位于同一水平上；上装车指运输设备高于挖掘机的站立水平，上装车和平装车结合构成联合装车；倒堆时没有运输设备，由挖掘机直接将矿岩倒至适当地点。

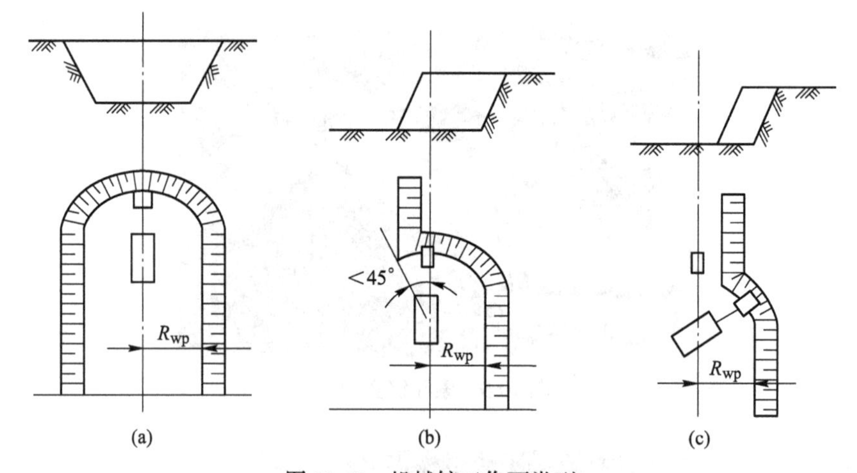

图 10-11　机械铲工作面类型

（a）尽头工作面；（b）端工作面；（c）侧工作面

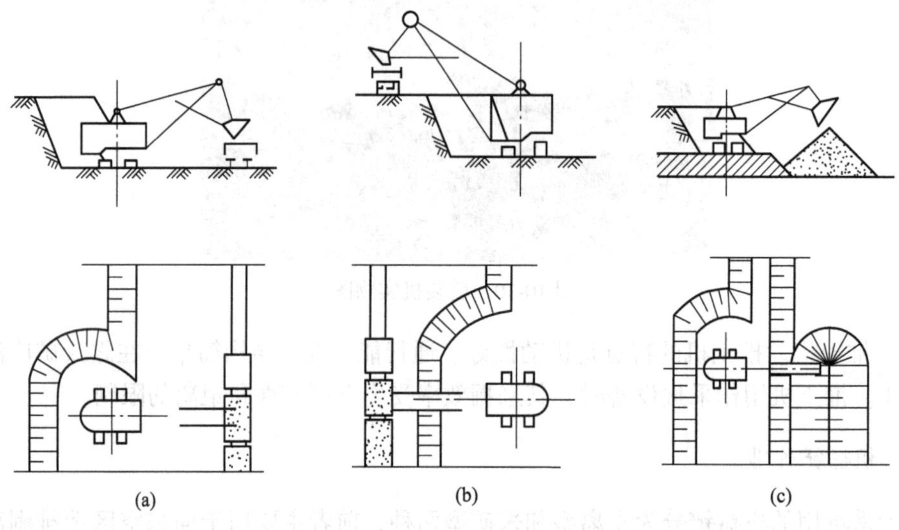

图 10-12　机械铲端工作面的作业方式

（a）平装车；（b）上装车；（c）倒堆

（3）采掘带宽度确定。汽车运输时，机械铲和汽车的相互位置比较灵活，因此必要时可采用比铁道小的采掘带宽度。例如，当挖掘机斗容为 4~5m^3 时，可取采掘带宽度 a = 4~9m，也可为了增大矿岩的一次爆破量，选用较宽（40~60m）的采掘带。

（4）工作平盘配线方式。露天坑工作平盘上常用的配线方式与全矿运输系统有关，按平盘上的线路数可分为单线和双线；按工作平盘的采区数目分为单采区和多采区；按空重车的运行方向可分为单出口和双出口。在不同的平盘配线方式下，列车的入换时间也不同。

1）单线单采区空重车对向运行：单线单采区空重车对向运行是最简单的配线形式，多用于台阶不太长的中小型露天矿或大型露天矿的深部水平及狭窄地区。

2）多线多采区空重车对向运行：除平盘上有行车线外，各采区都各自设采掘线，适用于工作台阶较长的露天矿，但因平盘为双线，要求平盘的宽度较大。

3）单线单采区空重车同向运行：工作平盘上只设单线，但空重车同向运行，工作线两端都与干线相连接，适用于深度和长度都不太大的露天矿。

4）单线多采区空重车同向运行：该配线方式的特点是平盘窄、线路长、无道岔、架线方便、便于移设，但线路任何一处出现故障，各采区均受影响，因此除特殊情况外，一般不采用。

5）双线多采区空重车同向运行：列车在行车线上空重车同向，在采掘线上则对向，各采区间入换独立性较强，但要求有较宽的工作平盘，道岔多，架线复杂，且在采区相接处不能装整排车，故影响挖掘机效率，这种方式在大型露天矿应用最普遍。

10.2.3 液压铲作业

近年来，液压挖掘机作业发展很快，我国很多露天矿已正式使用。液压挖掘机轻便灵活、工作平稳、自动化程度高，特别是其工作机构为多绞点结构，能形成完善的挖掘和卸载轨迹，为工作面选择开采提供较大了方便，如图 10-13 所示。

图 10-13 液压挖掘机实物图

（1）液压挖掘机的类型。液压挖掘机一般可分为全液压（所有机构都是液压传动）、半液压（主要机构用液压传动）两种型式。所谓半液压挖掘机，一般是指其工作装置为液压传动，而走行、回转等机构为机械传动；也有挖掘机仅个别机构为液压传动，主要用来控制勺斗的转动，以便改善挖掘动作。

国内外常用的单斗液压挖掘机的主要型号有 RH-75 RH-170、RH-300、日立 EX400、CE220-6、CE460-5 和 CE400-6 等。单斗液压挖掘机的斗容目前多为 $2\sim8m^3$。还有一种所谓“超级”机械铲，也属半液压传动挖掘机，如美国马利昂公司制造的 194M 型（勺斗容积 $16m^3$）、204M 型（勺斗容积为 $19.8m^3$）。

（2）液压挖掘机的优缺点。液压挖掘机具有以下优点：站立水平的挖掘半径伸缩量大，可以进行水平挖掘，且能获得较大的下挖深度；勺斗可作垂直面转动，使切削角处于最佳状态，有利于选择开采。缺点为：液压部件精度要求高，易损坏，在严寒地区作业需特备低温油等。

10.3 矿岩运输

露天矿运输是露天开采主要生产工序之一，其基本任务是将露天采场采出的矿石运送到选矿厂、破碎站或贮矿场，把剥离的岩土（即废石）运送到排土场，并将生产过程所需的人员、设备和材料运送到工作地点。完成上述任务的运输网络便构成露天矿运输系统。

大中型露天矿场采用的运输方式包括自卸汽车运输、铁路运输、胶带运输机运输、斜坡箕斗提升运输和联合运输。其中自卸汽车运输在国内外获得广泛应用，并有逐渐取代其他运输方式的趋势。

10.3.1 自卸汽车运输

10.3.1.1 矿用自卸汽车

汽车运输机动灵活，特别适合需要均衡配矿和多点作业的矿山。汽车还具有爬坡能力大、转弯半径小的优点，这就使得汽车运输取代铁路运输成为现代露天矿山的主要运输方式。为适应露天矿向大型化发展的需要，矿用自卸汽车的有效载重也在不断提高，先后出现有效载重为108t、154t、218t和275t等大型矿用自卸汽车。

目前，国际上著名的大型矿用自卸汽车制造商主要有卡特彼勒（Caterpillar）、欧几里德、小松（Komatsu-Dresser）、利勃海尔（Liebherr）和尤尼特·里格等公司。20世纪90年代末，利勃海尔、卡特彼勒和欧几里德几乎同时推出了300t级有效载重的矿用自卸汽车，如T282（有效载重327t）、Cat797（有效载重326t）和MT-5500（有效载重307t）。

我国矿用自卸汽车制造企业的水平和能力虽然发展较快，但与国际先进水平相比还有较大的差距。目前我国批量生产矿用自卸汽车的企业主要有南方通用集团公司电动车辆厂（主要生产108t和154t电动轮矿用汽车）、北京重型汽车制造厂、北方重型汽车有限责任公司和本溪重型汽车制造（集团）有限公司等，主要通过引进技术或技贸合作生产108t、154t电动轮和20~85t载重级别的机械传动矿用自卸汽车。

电动轮自卸汽车（图10-14）采用柴油发电机组，通过电动轮驱动车辆前进。它与普通自卸汽车的区别主要是采用电传动，因而不需要机械传动的离合器、液力变扭箱、变速箱、传动轴、差速器等部件，结构简单，容易制造和修理。电动轮自卸汽车的牵引性能好，爬坡能力强，运输效率高。由于是无级变速，因此操作简单，运行平稳，行车比较安全。

10.3.1.2 装运设备的配套

汽车是同挖掘机配合在一起采掘运输矿岩的，因此汽车载重量与挖掘机斗容之间，客观上存在着一定的匹配关系。如果挖掘机斗容过小、汽车载重量过大，则汽车装车和等待装车时间大幅增加，汽车效率得不到发挥；反之，如果挖掘机斗容过大、汽车载重量过小，则会出现铲等车的现象，挖掘机效率得不到发挥。只有两者合理匹配的情况下，才能最大限度地发挥挖掘机和汽车的综合效率，获得采装运输最佳的技术经济指标。

一般认为，当运距在1.0~1.5km时，自卸汽车容积与挖掘机斗容的最优比例为（4~6）：1，如$3m^3$斗容挖掘机配有效载重量25t的自卸汽车比较合适；如果挖掘机斗容为4~$6m^3$，则应选用有效载重量60~65t的自卸汽车；若采用9.2~$11.5m^3$斗容挖掘机，就应配100~120t的自卸汽车。

图 10-14　T282 矿用自卸汽车

10.3.1.3　矿用公路

露天矿自卸汽车运输的经济效果，在很大程度上取决于矿山运输线路的合理布置及路面质量和状况。与一般的交通公路相比，矿用公路通常具有断面形状复杂、线路坡度大、弯道多、运量大、相对服务年限短、行驶车辆载重量大等特点。因此，要求公路结构简单，在一定服务年限内保持相当的坚固性和耐磨性。矿用公路按用途分为生产公路和辅助公路，前者主要是在开采过程矿岩的运输通道，后者属于一般公路。

露天矿生产公路按其性质和所处位置的不同，分为 3 类：

（1）运输干线：从露天矿出入沟通往卸载点（如破碎站）和排土场的公路；

（2）运输支线：由各开采水平与采矿场运输干线相连接的道路和由各排土水平与通往排土场运输干线相连接的道路；

（3）辅助线路：通往分散布置的辅助性设施（如炸药库、变电站、水源地等），行驶一般载重汽车的道路。

按服务年限又可分为：

（1）固定公路：服务年限 3 年以上的采场出入沟及地表永久公路。

（2）半固定公路：通往采矿场工作面和排土场作业线的道路，其服务年限为 1~3 年。

（3）临时性公路：采掘工作面和排土工作线的道路，它随采掘工作面和排土工作线的推进而不断移动，所以又称为移动公路。这种线路一般不修筑路面，只需适当整平、压实即可。

公路的主要结构是路基和路面。路基材料一般就地取材，常用整体或碎块岩石来修筑路基。路面则是在路基上用坚硬材料铺成的结构层，常见的有混凝土路面、沥青路面、碎石路面和石材路面。

10.3.2　铁路运输

铁路运输适用于储量大、面积广、运距长（超过 5~6km）的露天矿。其优点是：

（1）运输能力大；

（2）可与国有铁路直接办理行车业务，简化装卸工作；

（3）设备和线路坚固，备件供应可靠；

（4）运输成本低。

其主要缺点是：

（1）基建投资大，基建时间长，爬坡能力小，线路工程和辅助工作量大；

（2）受矿体埋藏条件和地形条件影响大，对线路坡度、平曲线半径要求严格，灵活性差；

（3）线路系统和运输组织工作复杂；

（4）随开采深度的增加，运输效率显著下降。

铁路运输在 20 世纪 40~50 年代曾经是露天矿骨干运输方式，但进入 60 年代后，随着采矿技术的发展和重型自卸汽车、电动轮自卸汽车等运输设备的发展，铁路运输逐渐让位于公路运输，所占比重明显减少。我国采用铁路运输的大中型露天矿，其轨距基本上都是 1435mm 的标准轨道，只有一些小型矿山才采用各种规格的窄轨运输。我国大型露天矿所采用的牵引机车，主要是电机车，载重量有 80t、100t 和 150t 等，车辆普遍采用 60t 和 100t 的自卸翻斗车。

10.3.3　胶带运输机运输

由于胶带运输机的爬坡能力大，能够实现连续或半连续作业，自动化水平高，运输生产能力大、运输费用低，所以在国内外深露天矿的应用日愈广泛。

胶带运输机在露天矿的应用，大致有以下几种类型：轮斗式挖掘机-胶带运输机系统；推土机-格筛-胶带运输机系统；前端式装载机-移动式破碎机-胶带运输机系统；挖掘机-汽车-破碎机-胶带运输机系统等。

10.4　排　　土

露天开采的一个重要特点是要剥离大量覆盖在矿体上部的表土和周围岩石，并将其运往专门设置的场地排弃。接受排弃岩土的场地称为排土场；在排土场用一定方式进行堆放岩土的作业称为排土工作。排土工程包括选择排土场位置、排土工艺技术、排土场稳定性及其病害治理和排土场占用土地、环境污染及其复垦等内容。

露天排土技术与排土场治理方面的发展趋势是：

（1）采用高效率的排土工艺，提高排土强度；

（2）增加单位面积的排土容量，提高堆置高度，减少排土场占地；

（3）排土场复垦，减少环境污染。

10.4.1　排土场位置选择

按排土场与采场的相对位置，可分为内部排土场和外部排土场。内部排土场是把剥离的岩土直接排弃到露天采场的采空区，这是一种最经济而又不占用农田的排土方案，在有条件的矿山应尽量采用。但只有开采水平或缓倾斜矿体和在一个采场内有两个不同标高底平面的矿山以及分区开采的矿山才采用内部排土场。绝大多数金属和非金属露天矿都不具备内部排土条件，而需要外部排土场。

排土场的选择应遵循如下原则：

（1）排土场应靠近采场，尽可能利用荒山、沟谷及贫瘠荒地，不占或尽量少占农田。就近排土可减少运输距离，但要避免在远期开采境界内将来进行二次倒运废石；

（2）避免上坡运输，充分利用空间，扩大排土场容积；

（3）应充分勘察基底岩层的工程地质和水文地质条件，保证排土场基底的稳定性；

（4）排土场不宜设在汇水面积大、沟谷纵坡陡、出口又不宜拦截的山谷中，也不宜设在工业厂房和其他构筑物及交通干线的上游方向，以避免发生泥石流和滑坡，危害生命财产，污染环境；

（5）排土场应设在居民点的下风向地区，防止粉尘污染居民区，应防止排土场有害物质的流失，污染江河湖泊和农田；

（6）应考虑排弃废料的综合利用和二次回收的方便，如对暂不能利用的有用矿物或贫矿、氧化矿、优质建筑石材，应分别堆置保存；

（7）排土场的建设和排土规划应结合排土结束或排土期间的复垦计划统一安排。

10.4.2 排土工艺

按运输排土方法，排土工艺可分为汽车-推土机、铁路-电铲（排土犁、推土机、前装机、铲运机等）、带式输送机-推土机以及水力运输排土等。

（1）汽车-推土机排土工艺。我国多数露天矿（包括部分以铁路运输为主的矿山）采用汽车-推土机排土工艺（图 10-15）。该工艺适合任何地形条件，可堆置山坡型和平原型排土场。汽车-推土机排土时，推土机用于推排岩土、平整场地、堆置安全车挡，其工作效率主要决定于平台上的岩土残留量。当汽车直接向边坡翻卸时，80%以上的岩土借助自重滑移到坡下，由推土机平场并将部分残留矿岩堆成安全车挡；当排弃的是松软岩土，台阶高度大，或因雨水影响排土场变形严重，汽车直接向边坡翻卸不安全时，可以在距坡顶线 5~7m 处卸载，全部岩土由推土机排至坡下，这样就极大增加了推土机的工作量，增加了排土费用。

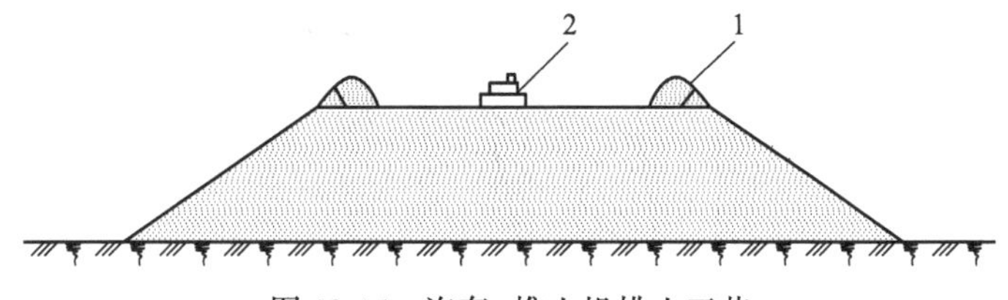

图 10-15 汽车-推土机排土工艺
1—岩石安全车挡；2—推土机

（2）铁路运输排土。铁路运输排土主要应用其他移动式设备进行转排工作，如挖掘机（电铲）、排土犁、推土机、前装机、铲运机、索斗铲等。目前国内铁路运输排土的矿山，主要采用挖掘机转排，排土犁次之。

列车进入排土工作线后依次将岩土卸入受土坑，受土坑的长度不小于一列翻斗车的长度，标高比挖掘机作业平台低 1.0~1.5m。排土台阶分上下两个分台阶，挖掘机站在下部分台阶平台从受土坑铲取岩土，向前方、侧方和后方堆置。挖掘机向前方和侧方堆置形成下部分台阶，向后方堆置上部分台阶是为新排土线修路基。如此作业直到排满规定的台阶总高度。

排土犁是一种行走在轨道上的排土设备，它自身没有行走动力，由机车牵引，工作时利用气缸压气将犁板张开一定角度，并将堆置在排土线外侧的岩土向下推排，小犁板主要起挡土作用。

10.5 排 水

露天坑实际是一个大的汇水坑，大气降水及岩层含水是其主要的水源。为保证露采工作的顺利进行，必须将露天坑内的积水及时排出。露天矿排水系统如下所述。

10.5.1 自流排水

利用露天采场与地形的自然高差，不用水泵等动力设备，仅依靠排水沟等简单工程将积水自流排出采场的排水系统，称为自流排水。当局部地段受到地形阻隔难以自流排出时，在可能的情况下可以开凿排水平硐导通。该排水系统投资少、成本低，被大多数山坡露天矿所采用。

10.5.2 机械排水

利用水仓汇水，通过水泵等动力设备，将积水排出地表的排水系统，称为机械排水，分为采场底部集中排水、采场分段接力排水和地下井巷排水 3 种形式。

10.5.2.1 采场底部集中排水

该排水系统的实质是在露天采场底部设置临时水仓和水泵，使进入采场的水全部汇集到采场底部水仓，再由水泵经排水管道排至地表，如图 10-16 所示。

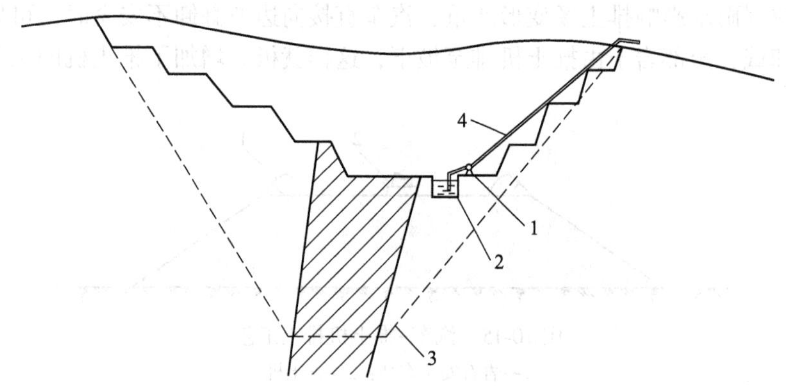

图 10-16 露天采场底部集中排水系统

1—水泵；2—水仓；3—露天开采境界；4—排水管

水仓随着露天矿新水平的延伸而下降，新水平的水仓一经形成，上部原有水仓即被放弃，所以在整个生产期间，水仓和水泵是不断向下移动的。水仓、排水设备和水泵房的总称叫泵站，逐水平向下移动的泵站叫作移动式泵站，隔几个水平向下移动一次的泵站叫作半固定式泵站。

该排水系统泵站结构简单、投资少，移动式泵站不受采场淹没高度的限制，但泵站与管线移动频繁，开拓延伸工程受影响，坑底泵站易被淹没。因此，该系统一般适用于汇水面积和水量小的中小型露天矿山，或者开采深度小、下降速度慢、水对边坡影响较小的少水大型矿山。

10.5.2.2　采场分段接力排水

该排水系统的实质是：在露天采场的边帮上设置几个固定泵站，分段拦截并排出涌水，各固定泵站可以将水直接排至地表，也可以采取接力方式通过上水平的主泵站将水排至地表，如图 10-17 所示。

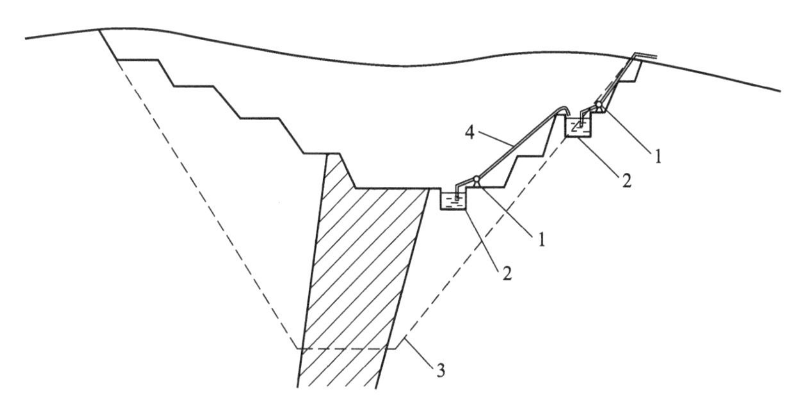

图 10-17　露天采场分段接力排水系统

1—水泵；2—水仓；3—露天开采境界；4—排水管

该排水系统采场底部积水少，掘沟和扩帮作业条件好，但排水泵站多而分散，基建工程量较大。一般适用于汇水面积和水量大的露天矿山，或开采深度大、下降速度快的矿山。

10.5.2.3　地下井巷排水

该排水系统的实质是：通过垂直泄水井或钻孔，或者在边坡上开凿水平泄水巷道，将降雨和地下涌水排泄到井下水仓内，由井下排水设施排至地表，如图 10-18 所示。

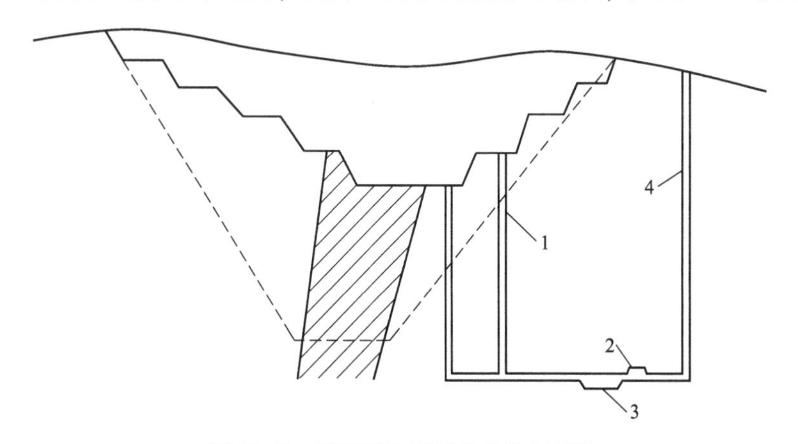

图 10-18　露天采场地下井巷排水系统

1—泄水井或钻孔；2—地下水泵房；3—地下水仓；4—井筒

该系统采场积水排泄到地下，露天坑不另设排水设施，对露天矿生产影响较小，一般适用于露天、地下联合开采的矿山。其主要缺点是增加了地下矿山的排水压力。

本章习题

10-1 露天矿主要生产工艺过程包括哪些？

10-2 常见露天矿穿孔设备有哪些？

10-3 简述底盘抵抗线的定义。

10-4 大中型露天矿场的运输方式有哪些？

10-5 简述排土场的选择原则。

11 饰面石材开采

饰面石材是建筑装饰用天然岩石材料的总称，分为大理石和花岗石两大类。大理石是指变质或沉积的碳酸盐岩类的岩石，其主要的化学成分是碳酸钙，约占50%以上，还有碳酸镁、氧化钙、氧化锰及二氧化硅等，属于中硬石材。花岗石是以铝硅酸盐为主要成分的岩浆岩，其主要化学成分是氧化铝和氧化硅，还有少量的氧化钙、氧化镁等，所以是一种酸性结晶岩石，属于硬石材。饰面石材美观耐用，是高级建筑装饰材料，随着我国建筑业及对外贸易的蓬勃发展，石材工业将会有更为广阔的前景。我国饰面石材资源丰富，花色品种众多，石材矿山都是露天开采。

11.1 饰面石材开采基本特点及矿床评价

饰面石材开采的基本特点，是从矿（岩）体中最大限度地采出具有一定规格和技术要求，能加工饰面板材或工艺美术造型，完整无缺的长方体、正方体和其他形状的大块石，称为荒料。荒料是石材矿山的商品产品，也是石材加工厂的原料，其最大规格取决于加工设备允许的最大尺寸，其最小规格应满足锯切稳定性的要求。

饰面石材开采，是以采出大块荒料为目的的，因此，评价石材矿床应侧重于以下几方面：

(1) 矿石质量。用于装饰的石材，常常以其装饰性能（即石材表面的颜色花纹、光泽度和外观质量等）来作为选材的要求，但评价石材质量时除考虑装饰性能外，还应考虑其他质量指标，如抗压强度、抗折强度、耐久性、抗冻性、耐磨性、硬度等。这些理化性能指标优良的石材，在使用过程中才能很好地抵抗各种外界因素的影响，保证石材装饰面的装饰效果和使用寿命。与此相反，质次的石材理化性能较差，不能保证石材装饰面的使用耐久性。总之，评价石材质量优劣时，不能仅局限于某一方面的内容，应从总体上去评价，既考虑其装饰性能，还应考虑其使用性能。

1) 装饰性能。装饰性能由矿石磨光面的颜色、花纹和光泽度表征。要求具有良好的装饰性能，即颜色、花纹协调、一致、稳定，光泽度在80度以上。装饰性能是划分石材品种和评价其价值大小的依据，如表11-1所示。

表11-1 饰面石材等级（参考）

等级	大理石类饰面石材	花岗石类饰面石材
特级	汉白玉、松香黄、丹东绿	芦山红
一级	雪花白、桂林黑、红奶油、水桃红、杭灰	贵妃红、石棉红、济南青(A)、塔尔红、水芙蓉
二级	芝麻白、东北红、秋景、桃红、灵寿绿、莱阳黑	崂山红、济南青(B)、平邑红
三级	灰螺纹、条灰、紫豆瓣、莱阳绿、云灰	雪花白、灰白点、粉红、砻石、五莲花

2）物理技术性能。具有良好的加工性能，有一定的机械强度，在锯切、研磨、抛光和搬运及安装过程中，不易自然破损。一般要求的机械强度：抗压强度70～110MPa，抗折强度6～16MPa。

3）化学稳定性。耐风化、抗腐蚀。

4）无毒害。不含有毒有害化学成分，放射性核素含量不超过工业卫生标准。

（2）荒料块度。荒料按块度分为3级：一级，块度≥$3m^3$；二级，$1m^3$≤块度<$3m^3$；三级，$0.5m^3$≤块度<$1m^3$。

（3）经济合理剥采比。石材矿山的平均剥采比，不应超过经济合理剥采比。

（4）综合利用。饰面石材，从矿山到加工厂的整个生产过程中，产生的碎石（称为废料或废石）往往占到开采与加工原料的80%左右，能否综合利用这些废料，严重影响石材企业的经济效益。因此，评价石材矿床时，应结合综合利用可行性，进行综合评价。

（5）节理裂隙发育程度。矿体中节理、裂隙、层理、色斑、脉线，以及包裹体、析离体的发育程度和特点，是决定荒料块度和荒料率（一定开采范围内采出的各级荒料总量与采出矿石总量之比）的地质因素，从而决定矿床是否具有开采价值及价值大小，在调查研究和评价石材矿床时，应予以特别重视。

（6）矿石储量及开采技术条件。矿石储量应满足拟建矿山规模及服务年限的要求。矿山开采技术条件包括：矿区地形，矿体和夹石的产状、形态、厚度、岩溶数量及分布规模，以及外部建设条件等。

11.2　矿 床 开 拓

11.2.1　石材矿山采石程序

石材矿山的采石程序与其他矿产露天矿类似，但有以下特点：

（1）工作面布置及推进方向。石材矿山的工作线，通常沿矿体主节理裂隙系的走向方向布置，并垂直走向方向由上盘向下盘推进，以提高荒料规格和荒料率。

（2）工作面参数。石材矿山通常采用组合分台阶开采，其工作面参数如下（图11-1）。

1）台阶及分台阶高度。台阶高度主要根据起重设备类型及规格确定；分台阶高度根

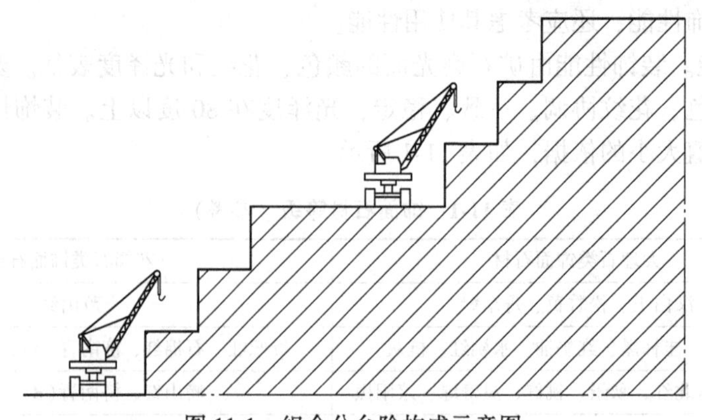

图11-1　组合分台阶构成示意图

据荒料最大规格、采石设备类型和最优凿岩深度确定。

2）最终台阶及分台阶坡面角。一般为90°，只有当最终边坡的倾向与岩层层理或节理裂隙系的倾角一致时，才予以适当调整。

3）工作面长度。主要取决于采石方法及其设备。

4）台阶及分台阶最小工作平盘宽度。台阶最小工作平盘宽度根据起重、运输和采石正常作业条件确定，一般为20~25m；分台阶最小工作平盘宽度根据采石正常作业条件确定，一般为5~8m。

11.2.2 开拓方法

石材矿山常用的开拓方式有公路运输开拓、起重机运输开拓、斜坡提升台车运输开拓和联合开拓等。

（1）公路运输开拓。公路运输开拓是国内外石材矿山最常用的一种开拓方式。石材矿山采场平面尺寸较小，荒料规格大，运输量小，要求中途不转载。因此，公路运输开拓的沟道，多为直进式布置的单沟或组沟。汽车从采场外直接进入各开采水平，荒料直接吊装，无需转载。

（2）起重机运输开拓。起重机运输开拓是在采场适当位置配置起重设备，采用无沟开拓。将其站立水平之上或之下一定范围内工作台阶采出的荒料和废石，起吊到装运水平装入运输容器运出。常用的开拓起重设备，主要有桅杆式起重机和缆索起重机两种。前者适用于急倾斜矿体；后者适用于地形复杂、陡坡矿山。

（3）斜坡提升台车运输开拓。斜坡提升台车运输开拓，适用于急倾斜矿体，深度大，地形复杂不适用大型起重机和汽车运输开拓的矿山。其优点是开拓工程量较小，开拓时间较短；缺点是载运需要多次转载，增加生产环节和起重设备，生产管理复杂，荒料成本较高且易造成荒料破坏。

（4）联合开拓。石材矿山常用的联合开拓方式是汽车运输和桅杆式起重机联合。

11.3 采石方法

11.3.1 采石工艺

饰面石材主要为露天开采，其采石工艺分为分离、顶翻、切割、整形、拖曳或推移、吊装与运输、清碴等7个工序。

（1）分离。分离是将长条块石采用适当的采石方法，使之脱离原岩体的工序。长条块石基本尺寸的确定方法是：

1）长度。长条块石的长度一般等于所定荒料规格的最大宽度的整数倍，并适当考虑整形余量。长条块石长度一般为10~20m，最大达50m，手工采场则较短，一般为3~5m。

2）高度。长条块石的高度等于台阶（或分台阶）的高度，一般为3~6m，少数达12m或更大。

3）宽度。长条块石的宽度根据可以加工的荒料最大块度确定。

（2）顶翻。对于高度大、宽度小的长条块石，为了下一工序切割的方便，要将其反转

90°，平卧在工作平台上，该工序称为顶翻。

（3）切割。又名分割、分切或解体，即按规定的荒料尺寸，将长条块石分割成若干荒料坯。切割采用劈裂法和锯切法。前者适用于花岗岩、大理石；后者仅用于大理石。

（4）整形。将荒料坯按国家对荒料的验收标准或供需双方商定的荒料验收标准，将超过标准规定的凹凸部分，采用劈裂法或专用整形机予以切除。

（5）拖曳或推移。对于采用固定式吊装设备的矿山，限于吊装设备的工作范围，必须将其吊装范围以外的荒料，采用牵引绞车拖曳或采用推土机、前装机推移至吊装范围内，以便起吊。

（6）吊装与运输。将采下的石材，吊装至运输容器运出采场。

（7）清碴。将择取荒料后留在采场工作平台上的块石、碎石加以清除并排弃。

11.3.2 采石方法

采石方法根据分离工艺，即长条块石脱离原岩体所形成的切缝或沟槽的方法，分为凿岩劈裂法、凿岩爆裂法、机械锯切法、射流切割法和联合开采法。

（1）凿岩劈裂法。凿岩劈裂法是在凿成的孔眼中，借助不同的劈裂工具使孔壁产生法向挤压力，使岩石沿孔眼排列的方向裂开达到分离岩石的目的。

1）人工劈裂法。人工或凿岩机钻凿楔孔，楔孔中插入钢楔，依次捶击，直至岩石裂开为止。

2）液压劈裂法。此法与人工劈裂法的区别在于以液压劈裂器代替人工捶击楔子。

（2）凿岩爆裂法。凿岩爆裂法是严格的控制爆破。此法应用广泛，花岗岩矿山应用更为普遍。其特点是炮孔间距小、直径小、装药量少。装药量以不破坏原岩及长条块石本身的完整性为原则。

1）导爆索爆裂法。将规格不同的特制导爆索按一般矿山的导爆索起爆网络联结，即每孔插入导爆索，且深入孔底，然后与母线捆扎，母线采用电雷管或火雷管起爆。孔内不装药，只靠导爆索本身威力，使岩石产生炮震裂缝并贯通每个炮孔，达到爆裂的目的。

2）黑火药爆裂法。利用低威力黑火药爆破产生炮震裂缝并贯通每个炮孔，达到爆裂的目的。

3）燃烧剂爆裂法。燃烧剂爆裂法又称近人爆裂法。燃烧剂即为铝热剂。利用金属氧化剂（二氧化锰）和金属还原剂（铝粉）按一定比例混合，用点火头（电阻丝）点燃使其发生化学反应，产生大量的热和膨胀气体，对孔壁产生瞬时推挤力，使岩石产生裂缝，达到脱离原岩的目的。

4）静态爆破法。静态爆破法是将静态爆破剂（又称膨胀剂或无声爆破剂，是膨胀水泥与添加剂的混合物）用水拌匀充满炮孔，用塞子或其他材料堵塞，12~24h 内产生膨胀力，将岩石胀裂。静态爆破剂虽然单位售价较低，但与黑火药、导爆索、燃烧剂相比，用量大得多，因此爆裂成本较高。另外所需爆裂时间长，所以不适于大规模开采。

（3）机械锯切法。锯切法广泛用于大理石矿，由于该方法矿石破损少，可大幅提高荒料率；机械化程度高，劳动强度小，劳动生产率高；锯切面平整、光滑，可极大减少整形工作量，因此，在条件适宜的情况下，应提倡采用锯切法。

（4）射流切割法。射流切割法，目前在世界上广泛采用的生产工具仅火焰切割机一种，另一种高压水枪，在石材工业中尚处于试验阶段。火焰切割机的工作原理是：雾化的燃油（柴油或煤油）点燃后，靠压缩空气喷射出高温（800~1600℃）和高速（1300m/s）火柱，切割二氧化硅含量在40%以上的火成岩类岩石（花岗岩）。由于火成岩中的两种主要成分——石英和长石的热膨胀率及受热后膨胀速度不同，膨胀率大和膨胀速度快的石英先期崩裂而脱离原岩被射流冲走，达到切割的目的。

（5）联合开采法。联合开采法是上述4种采石方法的不同组合，由于即使同一个矿山岩石性质也相差较大，因此，几乎所有石材矿山都采用联合开采法，也就是说，长条块石的分离都是采用几种采石方法联合完成的。

本章习题

11-1 简述荒料的定义。

11-2 简述石材矿山常用的开拓方式。

11-3 简述饰面石材采石工艺的主要工序。

第4篇　特殊矿产资源开采

12　特殊矿产资源开采

随着人类社会的快速发展与进步，传统矿产资源不断消耗导致储量日益减少，寻求与开发低品位、盐类、海底、极地、太空等特殊矿产资源，成为解决人类矿产资源短缺的唯一途径。由于资源属性、地质赋存条件及生产加工要求等特殊性，特殊矿产资源不仅开采难度大，而且安全生产和环境保护的要求更加严格，难以依靠传统的采矿、选矿和冶炼技术进行开发利用，必须探索全新的采矿理论、方法和工艺。经过数十年的研究与实践，国内外在化学采矿、微生物采矿及海洋采矿等新技术方面取得了一定成绩。随着现代科学技术的进步以及生产装备的革新，原本在技术上无法开发利用和经济上无利可图的特殊矿产资源，未来将具备更加广阔的开发空间和利用价值。

12.1　概　　述

12.1.1　特殊矿产资源

特殊矿产资源主要指以下几种矿产资源：

（1）传统采矿作业产生的副产品，但仍含有一定比例可以利用的有用成分的废石、尾矿；

（2）有用矿物成分品位低的境外矿、表外矿；

（3）传统方法难采难选的矿产资源；

（4）矿体本身形成条件、物理化学性质特殊的矿床，如砂矿床、盐类矿床及自然硫矿床等；

（5）赋存条件特殊的矿产资源，如海底、极地、太空等矿产资源。

12.1.2　特殊采矿方法

区别于传统采矿方法，特殊采矿方法包含以下两方面的含义：

（1）从技术层面来看，不同于传统的采矿—选矿—冶金三者独立的工艺流程。这类采矿方法充分利用矿物的化学、微生物等浸出原理，变采矿—选矿—冶金为布液—集液—金属提取一条龙作业的溶浸采矿工艺。

（2）针对在矿体赋存条件、物理化学性质等方面具有特殊性的矿产资源而言，这类采矿方法具有一定的针对性。

总体来说，特殊采矿方法主要包括溶浸采矿法、海底与极地资源特殊开采、盐类矿床开采、砂矿床开采、自然硫矿床开采、煤炭地下汽化开采、地热开采及太空采矿法等。

12.2 溶浸采矿

溶浸采矿是根据某些矿物的物理化学特性，将工作剂注入矿层（堆），通过化学浸出、质量传递、热力和水动力等作用，将地下矿床或地表矿石中某些有用矿物，从固态转化为液态或气态，然后回收，以达到以低成本开采矿床的目的。

溶浸采矿彻底改革了传统的采矿工艺，特别是地下溶浸采矿，少需或无需传统的采矿工程（如开拓、剥离、采掘、搬运等），使复杂的选冶工艺更趋简单。溶浸采矿可处理的金属矿物有铜、铀、金、银、离子型稀土、锰、铂、铅、锌、镍、铬、钴、铁、汞、砷、铱等20多种。但应用得多的是铜、铀、金、银、离子型稀土。

12.2.1 溶浸采矿法的分类

按浸出机理和方法不同，溶浸采矿方法可以分为地表堆浸法、原地浸出法、原地破碎浸出法和联合浸出法4种。

（1）地表堆浸法。地表堆浸法是指将溶浸液喷淋在矿石或边界品位以下的含矿岩石（废石）堆上，在其渗滤过程中，有选择地溶解和浸出矿石或废石堆中的有用成分，使之转入产品溶液（称浸出富液）中，以便进一步提取或回收的一种方法。地表堆浸法按其工艺特点又分为非筑堆浸出法和筑堆浸出法，非筑堆浸出法主要针对露天排矸场或废石堆场，直接喷淋浸出；筑堆浸出法即对矿石先进行筑堆，然后再喷淋浸出。

（2）原地浸出法。原地浸出法是指矿石处于天然埋藏条件下，没有经过任何位移，而是通过注液钻孔将配制好的溶浸液注入含矿层中，溶浸液与矿物充分接触，发生化学反应和溶解作用，从而将固相矿物转变为含有用矿物成分的液相物质汇入含矿含水层中，经抽液钻孔抽至地表，经水冶厂处理成所需矿物产品。

（3）原地破碎浸出法。原地破碎浸出法是指在露天或井下，利用补偿空间采用爆破手段将矿体崩落、破碎至合适块度，并形成自然矿堆，再对矿堆进行布液、喷淋、浸出，浸出的含有用成分的溶液，经集液系统收集后，送到水冶厂加工处理成矿物产品。

（4）联合浸出法。对于某些矿体而言，单一的浸出采矿方法不能完全满足生产要求，此时，可能用到除堆浸法以外的两种或两种以上的浸出法（即原地浸出法和原地破碎浸出法）联合开采一个矿块，这种方法称为联合浸出法。

除了上述方法外，溶浸采矿法还包括微生物浸矿法。本章仅针对应用较为广泛的地表堆浸法、原地浸出法和微生物浸矿法进行详细介绍。

12.2.2 地表堆浸法

地表堆浸法是将溶浸液喷淋在破碎而又有孔隙的废石（围岩废石与低品位矿石的混合物）或矿石堆上，溶浸液在往下渗滤的过程中，有选择性溶解和浸出其中的有用成分，然后从浸出堆底部流出并汇集起来的浸出液中提取并回收金属的方法。

12.2.2.1 地表堆浸法的分类

根据处理的对象不同，地表堆浸法又分为废石堆浸和矿石堆浸。

（1）废石堆浸主要用于处理露天矿生产中剥离的品位在境界品位以下，但仍具有一定回收利用价值的废石，一般对废石的块度无特殊要求，不进行二次破碎处理。废石堆底板一般是按一定标准选择的自然地面，不进行特殊施工，浸出条件简陋，效率较低，浸出周期较长。

（2）矿石堆浸则主要用于处理一些品位低的贫矿，或化学成分复杂无法用常规选冶方法处理的矿石。矿石堆浸一般仍具有相当可观的经济效益，因此，为了保证矿石堆的构成成分与块度较均匀，提高矿石堆的浸出效率，对矿石堆浸原料通常还需进行破碎、分级或制团预处理。同时，为了方便溶液收集，提高溶液回收率，浸出作业底板一般需进行必要的平整施工并采取防漏措施。与废石堆浸相比，矿石堆浸的浸出效率高、浸出周期短。

12.2.2.2 适用范围

地表堆浸法的适用范围如下：

（1）处于工业品位或边界品位以下，但其所含金属量仍有回收价值的贫矿与废石。根据国内外堆浸经验，含铜0.12%以上的贫铜矿石（或废石）、含金0.7g/t以上的贫金矿石（或废石）、含铀0.05%以上的贫铀矿石（或废石），可以采用堆浸法处理。

（2）边界品位以上但氧化程度较深的难处理矿石。

（3）化学成分复杂，并含有有害伴生矿物的低品位金属矿和非金属矿。

（4）金属含量仍有利用价值的选厂尾矿、冶炼加工过程中的残渣与其他废料。

12.2.2.3 地表堆浸工艺

典型地表堆浸工艺如图12-1所示，主要包括矿（废）石筑堆、浸出作业控制、浸出液处理与金属回收等。

A 矿（废）石筑堆

地表堆浸工艺中的关键环节之一是废石或矿石的筑堆，能否科学合理地完成浸出物料的筑堆，将直接影响浸出作业的各项技术和经济指标。

（1）地表堆浸矿石的粒度要求：被浸矿石的粒度对金属的浸出率及浸出周期的影响很大，一般来说矿石粒度越小，金属的浸出速度越快。例如，用粒级25~50mm的与-5mm的金属矿石浸出12d，其浸出率分别为29.57%和97.88%。但矿石粒度又不宜太细，否则将影响溶浸液的渗透速度。国内堆浸金矿石的粒度一般控制在-50mm以内，并要求粉矿不超过20%，国外许多堆浸矿石的粒度控制在-19mm，浸出效果良好。

（2）堆场选择与处理：矿石堆场应尽量选择靠近矿山、靠近水源、地基稳固、有适合的自然坡度、供电与交通便利，且有尾矿库的地方。堆场选好后，先将堆场地面进行清理，再在其表面铺设浸垫，防止浸出液的流失。对于废石堆浸而言，浸垫一般只需稍作平整，除非岩层透水性太大经济效益允许的条件下，才对废石堆浸垫进行专门的地表修整。

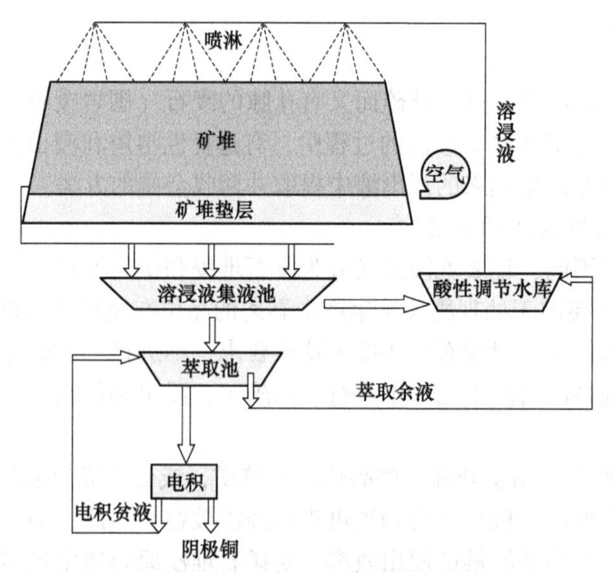

图 12-1 地表堆浸法示意图

矿石堆浸对浸垫的建造要求较高，浸垫的建造材料有热轧沥青、黏土、混凝土、PVC 薄板等。在堆场的渗液方向的下方要设置集液沟、集液池，在堆场的周边需修筑防护堤，在堤外挖掘排水、排洪沟。

(3) 矿石筑堆：矿堆高度对浸出周期及浸垫面积的利用率有直接的影响，高度大，浸出周期长，浸垫面积利用率得到提高。但从提高浸出效率、缩短浸出周期、保证矿堆有较好的渗透性来综合考虑，矿堆高度以 2~4m 为宜。常见的矿石筑堆方法包括多层筑堆法、多堆筑堆法、斜坡筑堆法及移动桥式筑堆法。

B 浸出作业控制

(1) 配制溶浸液：根据浸出元素的不同，配制合适的溶浸液，如堆浸提金普遍采用氰化物。

(2) 矿堆布液：矿堆布液方法有喷淋法、垂直管法及灌溉法。前者主要适合于矿石堆浸，后两者主要适合于废石堆浸。喷淋法是指用多孔出流管、金属或塑料喷头等各种不同的喷淋方式，将溶浸液喷到矿堆表面的方法；灌溉法是在废石堆表面挖掘沟、槽、池，然后用灌溉的方法将溶浸液灌入其中；垂直管法适合高废石堆布液，其做法是在废石堆内根据一定的网络距离，插入多孔出流管，将溶浸液注入管内，并分散注入废石堆的内部。

(3) 浸出过程控制：浸出过程控制的主要因素包括温度、酸碱度、杂质矿物等。

C 浸出液处理与金属回收

浸出液中含有需要提取的有用元素，可采取适当的方法将其中的有用元素置换出来。如从堆浸中所得的含金、银浸出液（富液）中回收贵金属的方法有锌粉置换法、活性炭吸附法等传统工艺，以及离子交换树脂法和溶剂萃取法等新工艺。

12.2.3 原地浸出法

原地浸出法又称地下浸出法，指用溶浸液从天然埋藏条件状态下的非均质矿石（根据情况矿石可能不需任何处理，也可能要求进行预先破碎处理）中，有选择性地浸出有用成分的采矿方法。原地浸出法包括地下就地破碎浸出和地下原地钻孔浸出。

12.2.3.1 地下就地破碎浸出

地下就地破碎浸出法开采金属矿床，是利用爆破法就地将矿体中的矿石破碎到预定的合理块度，使之就地产生微细裂隙发育、块度均匀、级配合理、渗透性能良好的矿堆，然后从矿堆上部布洒溶浸液，有选择性地浸出矿石中的有价金属，浸出的溶液收集后转输地面加工回收金属，浸后尾矿留采场就地封存处置。

地下就地破碎浸出主要适用于铜、铀矿山的浸出，浸出过程的控制中涉及的主要参数包括溶浸液的浓度、试剂消耗、液固比、布流度、溶浸液与浸出液的 pH、浸出周期和浸出率等。地下就地破碎浸出法的主要工艺包括矿体爆破、布液方法和系统、收集浸出液等。

（1）矿体爆破。就地破碎的方法主要有常规炸药爆破破碎、核弹破碎和自然崩落破碎，其中常规炸药爆破破碎法使用最广，高分段或阶段深孔爆破与低分段的扇形中深孔爆破效果最好。为了达到合格块度要求，推荐采用小补偿空间（补偿系数 1.15~1.25）的微差挤压爆破。爆破后形成的块度直接影响浸出过程的速度及浸出效果，一般认为就地破碎浸出的合格块度不超过 150mm。

（2）布液方法和系统。地下就地破碎浸出的另一个重要环节是选择合理的布液方法和系统。常用布液方法分为矿堆表面布液、矿堆内部预埋管网布液以及钻孔布液等。矿堆表面布液适用于急倾斜（倾角>75°）的矿体，矿岩较稳固，有表面布液的允许空间，常采用喷淋或滴淋布液方式；矿堆内部预埋管网布液适用于浅眼爆破筑堆，采用分段或分层预埋管网对矿堆布液；采用中深孔分段爆破或深孔阶段爆破筑堆时，若矿体倾角小于 75°或形态变化较大，则必须采用钻孔布液或以钻孔对矿堆进行补充布液。

（3）收集浸出液。地下就地破碎浸出法的集液方法包括巷道集液和钻孔集液两种。集液的主要工艺包括采场底部集液工程的施工与构筑，矿堆外围采准、切割等工程的封堵，集液沟、池的施工与构筑，集液中转系统的构筑与安装。除此之外，为了确保浸出液的收集率，在布液前，应对被浸采场进行注水试验，并检测渗漏。

12.2.3.2 地下原地钻孔浸出

地下原地钻孔浸出特征是矿石处于天然赋存状态下，未经任何位移，通过钻孔工程往矿层注入溶浸液，使之与非均质矿石中的有用成分接触，进行化学反应。反应生成的可溶性化合物通过扩散和对流作用离开化学反应区，进入沿矿层渗透的液流，汇集成含有一定浓度的有用成分的浸出液（母液），并向一定方向运动，再经抽液钻孔将其抽至地面水冶车间加工处理，提取浸出金属。

A 适用条件

地下原地钻孔浸出采矿方法适用条件苛刻，一般要求同时满足：

（1）矿体具有天然渗透性能，产状平缓，连续稳定，并具有一定的规模。

（2）矿体赋存于含水层中，且矿层厚度与含水层厚度之比不小于 1∶10，其底板或顶、底板围岩不透水或顶、底板围岩的渗透性能大大低于矿体的渗透性能。在溶浸矿物范围之内应无导水断层、地下溶硐、暗河等。

（3）金属矿物易溶于溶浸药剂而围岩矿物不能溶于溶浸药剂，例如：氧化铜矿石与次生六价铀易溶于稀硫酸，而其围岩矿物石英、硅酸盐矿物不溶于稀硫酸，该两种矿物则有利于浸出。

B 基本构成要素

(1) 地面工程：生产场地准备与生产服务设施建设；

(2) 注液钻孔工程：按设计的注液孔参数完成注液孔工程系统建设；

(3) 集液钻孔工程：根据设计的参数完成集液孔网建设，很多情况下，注液孔也可能同时兼作集液孔使用；

(4) 预处理工程：根据被浸对象的赋存条件及矿石、围岩的物理力学性质，为提高浸出作业效率可能要求对矿石进行预先松动破碎处理；

(5) 准备工程、空气压缩机房、储存池、泵及溶液加工处理工厂等。

C 布液与集液

地下原地钻孔浸出一般采用布置注液钻孔的方式将溶浸液导入矿层，浸出富液的回收则利用集液巷道将富液汇集到水仓，利用泵扬经抽液钻孔送至地表。无坑道可用时，则采用大口径钻孔来集液。

由于适用条件苛刻，目前国内外仅在疏松砂岩铀矿床应用地下原地钻孔浸出法开采。这种疏松砂岩铀矿床通常赋存于中新生代各种地质背景的自流盆地的层间含水层中，含矿岩性为砂岩，矿石结构疏松，且次生六价铀较易被酸、碱浸出，适合地下原地钻孔浸出法开采。

12.2.4 微生物浸矿法

某些微生物及其代谢产物，能对金属矿物产生氧化、还原、溶解、吸附、吸收等作用，使矿石中的不溶性金属矿物变为可溶性盐类，转入水溶液中，为进一步提取这些金属创造条件。利用微生物的这一生物化学特性进行溶浸采矿，是近几十年迅速发展起来的一种新的采矿方法。目前世界各国微生物浸矿成功地应用于工业化生产的主要是铀、铜和金、银等金属矿物。且正在向锰、钴、镍、钒、镓、钼、锌、铝、钛、铊和钪等金属矿物发展。浸出方式由池（槽）浸、地表堆浸逐步扩展到了地下就地破碎浸出，并有向地下原地钻孔浸出发展的趋势。一般说来，微生物浸矿主要是针对贫矿、含矿废石、复杂难选金属矿石。

12.2.4.1 微生物种类

浸矿细菌是一种能在强酸性甚至有重金属离子存在的矿坑水中生存的特殊微生物，其种类繁多，已知可用于浸矿的微生物细菌有几十种，按它们生长的最佳温度可以分为3类，即中温菌（mesophile），中等嗜热菌（moderate thermophile）与高温菌（thermophile）。硫化矿浸出常涉及的细菌如图12-2所示。

12.2.4.2 浸矿原理

研究和试验表明，细菌在浸矿过程中的生物化学作用主要表现为直接作用、间接作用及复合作用，有学者对细菌的破硫膜作用也进行了相关研究。

(1) 直接作用。所谓细菌直接浸出是指不依赖于Fe^{3+}的触媒作用，细菌的细胞和金属硫化矿固体之间直接紧密接触，通过细菌细胞内特有的铁氧化酶和硫氧化酶直接氧化金属硫化物，使金属溶解出来。

(2) 间接作用。由于氧化硫硫杆菌、氧化铁硫杆菌等浸矿细菌具有氧化低价铁和元素

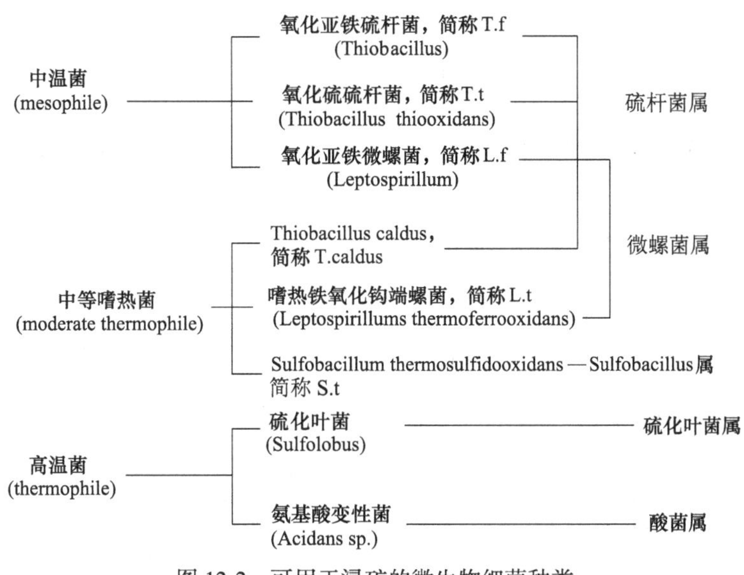

图 12-2 可用于浸矿的微生物细菌种类

硫生成高价铁和硫酸的能力，人们则利用这些细菌所生成的氧化产物硫酸高价铁和硫酸对沥青铀矿等主要铀矿物进行溶解和氧化。$Fe_2(SO_4)_3$ 能将不溶于水的四价铀氧化成溶于水的六价铀，从而达到浸出的目的。

（3）复合作用。复合作用是指在细菌浸出过程中，既有细菌直接作用，又有通过 Fe^{3+} 氧化的间接作用。有时以直接作用为主，有时则以间接作用为主，但两种作用都不可排除。

（4）破硫膜作用。有的学者认为，在浸矿过程中，矿石块表面覆盖着硫的薄膜，阻碍了溶浸液与矿石块表面的直接作用，若有细菌存在，可以将硫薄膜氧化或破坏，使金属得以继续浸出。

12.3 海洋采矿

在浩瀚辽阔的海洋中蕴藏着极其丰富的海洋生物资源、取之不尽用之不竭的海洋动力资源，以及储量巨大、可重复再生的矿产资源和种类繁多、数量惊人的海水化学资源。在21世纪的今天，人们强烈意识到陆地资源的匮乏，随着社会的进步和科学水平的提高，人类将更多依赖占地球面积3/4的海洋。海洋是人类未来重要的陆地可接替资源，开发利用海洋是解决当前人类社会面临的人口膨胀、资源短缺和环境恶化等一系列难题的极为可靠的途径。

12.3.1 海洋矿产资源的分类

海洋矿产资源按赋存形态可分为海水矿产资源、液体矿产资源和固体矿产资源。海水矿产资源指溶解在海水中的有用矿物和化学元素；液体矿产资源指海洋中的石油与天然气；固体矿产资源指洋底或洋底内部以固态形式存在的有用矿物。

海洋矿产资源按其可再生性分为海洋可再生资源与不可再生资源，按其上覆海水深度又可分为浅海矿产资源与深海矿产资源，具体分类见图 12-3。

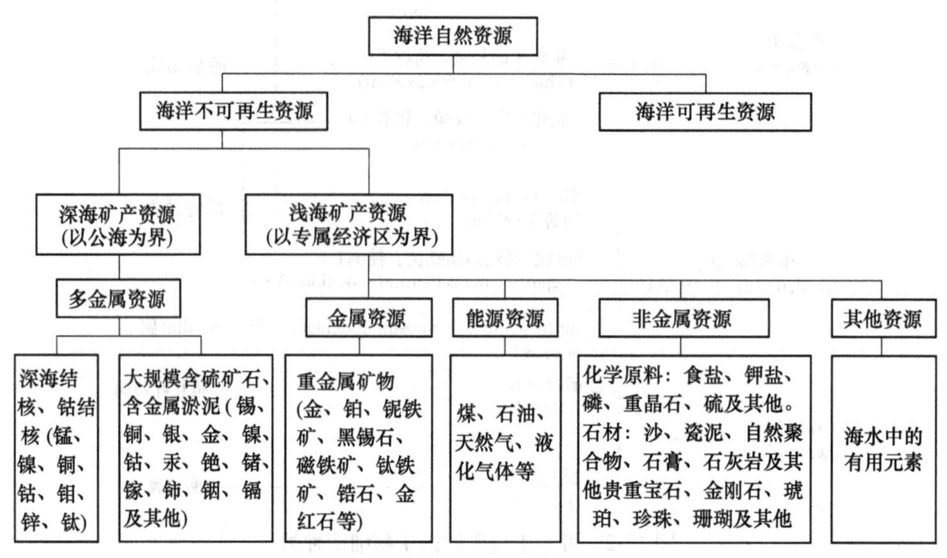

图 12-3 海洋资源分类图

12.3.2 浅海底资源开采

浅海底资源包括海水深度 0～2000m 内的大陆架、大陆坡、大陆裙内的海底资源，主要有石油与天然气、金刚石、磁铁矿、金红石、独居石、锡石等砂矿床及海底岩基矿床（如煤、铁、硫磺、石膏等矿床）。

12.3.2.1 *石油与天然气开采*

海底中储藏着丰富的石油和天然气，石油量约 1350 亿吨，天然气约 140 万亿立方米，约占世界可开采油气总量的 45%。据估计，可能含有油气资源的大陆架面积约 2000 万平方千米，可能找到油气的深海面积有 5000 万～8000 万平方千米。

我国海洋石油与天然气十分丰富，经过近三十年的勘察与研究，我国海域共发现有 16 个中新生代沉积盆地有石油与天然气，油气面积达到 130 万平方千米，海洋石油储量达到 450 亿吨，天然气储量达到 14 万亿立方米，分别占全国油气资源量的 57% 和 33%。

海上油气开采的主要设施与方法有：

（1）人工岛法：多用于近岸浅水中，较经济；

（2）固定式油气平台法：其形式有桩式平台、拉索塔平台、重力式平台；

（3）浮式油气平台法：其形式分为可迁移式平台法与不可迁移式平台法，可迁移式平台法包括座底式平台、自升式平台、半潜式平台和船式平台等；不可迁移式平台包括张力式平台、铰接式平台等；

（4）海底采油装置法：采用钻潜水井的办法，将井口安装在海底，开采出的油气用管线直接送往陆上或输入海底集油气设施。

12.3.2.2 *砂矿开采*

海滨砂矿开采的矿物种类多达 20 多种，主要有金刚石、砂金矿、砂铂、铬砂、铑砂、铁砂矿、锡石、钛铁矿、锆石、金红石、重晶石、海绿石、独居石、磷钙石、石榴石等。

我国海滨砂矿床，除绝大部分用于建筑材料外，还有许多具有工业开采价值的矿床，比较有名并具开采潜力的矿带有海南岛东岸带、广东海滨、山东半岛南部海滨、辽东半岛海滨及我国台湾西南海滨一带。

对于海滨砂矿，大多是采用采砂船进行开采。采矿船舶通常是用大型退役油轮、军舰加以改装。目前有效的开采方法仍然是一种集采矿、提升、选矿和定位为一体的采矿船开采法。海滨砂矿开采的发展方向是大型化和多功能化，即研制大功率多功能的链斗式采矿船，使链斗斗容接近或超过 $1m^3$，开采深度接近或超过 100m。此外，建立全自动具有采选功能的海底机器人也是海滨砂矿开采的发展方向之一，海滨砂矿机械人开采系统具有采选一体化、生产效率高、环境破坏少等优点。

12.3.2.3 *岩基矿床开采*

浅海岩基固体矿床资源有煤、铁、硫、盐、石膏等。海底岩基矿床有两类：一类是陆成矿床，即在陆地时形成，陆海交替变更沉入海底的矿床；另一类是海成矿床，它是由海底岩浆运动与火山爆发生成的矿床，这类矿床多为多金属热液矿床。海底岩基矿床在世界许多地方都可以找到，特别是在沿海大陆架位置，许多陆成矿床清晰可见，日本、英国的煤矿及我国的三山岛金矿都属于陆成矿床。

海底岩基矿床的开采方法与陆地金属或非金属矿床的开采方式基本相同，对于海底出露矿床，同样可采用海底露天矿的方法进行开采；对于有一定覆盖层的深埋矿床，为满足与陆地开采相同的技术要求，其开拓方法有海岸立井开拓法、人工岛竖井开拓法、密闭井筒-海底隧道开拓法等。这类海底岩基矿床开采的关键技术是以最低的成本设置满足工业开采与安全要求的行人、通风、运输通道，以及防止海水渗入矿床内部及采空区，淹没井筒与井下设施。

对于海底露天矿，可供选择的方法有潜水单斗挖掘机-管道提升开采法、潜水斗轮铲-管道提升开采法与核爆破-化学开采法等。其开采工艺与地表露天矿的开采方法基本相同，但所有设备均在水下不同深度的海底进行，需要有可靠的定位系统、监控系统、机械自行与遥控系统、防水防腐系统等，此外，还需要有能替代人操作的机器人。

对于海底陆成岩基矿的采矿方法有空场法与充填采矿法，其中最为可靠的是胶结充填采矿法，它能有效控制岩层变形与位移，防止海水渗入采空区与井巷，我国三山岛金矿就是采用上向分层充填法。

对于海底岩基矿床的开采，其发展方向是密封空间内的核爆破-化学法开采，即对海底矿床预先密闭，然后采用核爆方法进行破碎，再采用化学浸出，提取有用金属。

12.3.3 深海资源开采

12.3.3.1 *深海底资源赋存特征*

深海底资源大致上可分为三大类：锰团块、热液矿床、钴壳。

（1）锰团块。锰团块又叫锰结核、锰矿球，是以锰为主的多金属结核。它广泛分布在世界各大洋水深 2000~6000m 处的洋底表层，以太平洋蕴藏量最多，估计为 1.7 万亿吨，占全世界蕴藏量（约 3 万亿吨）的一半多。结核形态千变万化，多为球状、椭圆状、扁平状及各种连生体。结核大小不一，绝大部分为 30~70mm，平均直径为 80mm，最大的可达 1000mm。锰结核一般赋存于 0°~5°的洋底平原中。

（2）热液矿床。热液矿床含有丰富的金、银、铜、锡、铁、铅、锌等，由于它是火山性的金属硫化物，故又被称为“重金属泥”。它的形成是由于地下岩浆沿海底地壳裂缝渗到地层深处，把岩浆中的盐类和金属溶解，变成含矿溶液，然后受地层深处高温高压作用喷到海底，使得深海处泥土含有丰富的多种金属。通常深海处温度较低，由于岩浆的高温，使得这些地方温度达到50℃，故称为热液矿床。热液矿床和锰团块不一样，系堆积在2000~3000m中等深度的海底，所以开采比较容易。

（3）钴壳。钴壳是覆盖在海岭中部厚几厘米的一层壳，钴壳中含钴约为1.0%，为锰团块中的几倍。它分布在1000~2000m水深处，因此更加容易开采。据调查，仅在夏威夷各岛的经济水域内，便蕴藏着近1000万吨的钴壳。钴壳中除含钴外，还有约0.5%的镍、0.06%的铜和24.7%的锰，另外还含有大量的铁，其经济价值约为锰团块的3倍多。

12.3.3.2 深海锰结核开采方法

传统的水底采矿法已经不能适应水深超过1000m海底锰结核的开采。深海锰结核的开采方法按结核提升方式不同分为连续式采矿方法和间断式采矿方法；按集矿头与运输母体船的联系方式不同可分为有绳式采矿法与无绳式采矿法。具体开采方式众多，如图12-4所示。

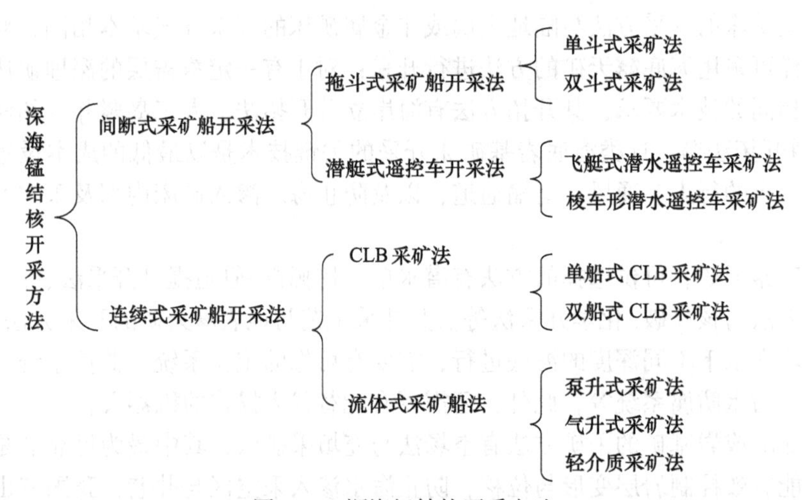

图12-4 深海锰结核开采方法

（1）单斗式采矿法。单斗式采矿法如图12-5所示。由于锰结核矿层很薄，只需从洋底刮起薄层锰结核就可以，因此可采用拖斗采集并贮运结核。

（2）双斗式采矿法。由于单斗式采矿法仅采用一只拖斗，拖斗工作周期长，从生产效率与作业成本考虑均不利于深海锰结核的开采，为此提出采用双拖斗取代单拖斗开采。双斗式采矿法其采矿系统构成与单斗式采矿法系统基本相同，由采矿船、拖缆和两只拖斗构成。

（3）飞艇式潜水遥控车采矿法。这种采矿车是利用廉价的压舱物，借助自重沉入海底采集锰结核，装满锰结核后抛弃压舱物浮出海面（图12-6）。其采矿车上附着两个浮力罐，车体下装有储矿舱，利用操纵视窗可直接观察到海底锰结核赋存与采集情况，待贮矿舱装满锰结核后，利用浮力罐内压缩空气的膨胀排出舱内压舱物而产生浮力，使采矿车浮出水面。

（4）梭车形潜水遥控车采矿法。该车靠自重下沉，靠蓄电池作动力。压舱物贮存在结

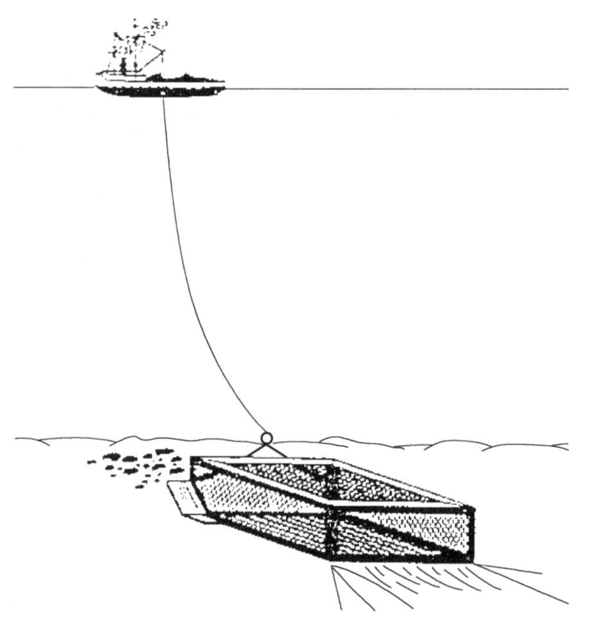

图 12-5 单斗式采矿法示意图

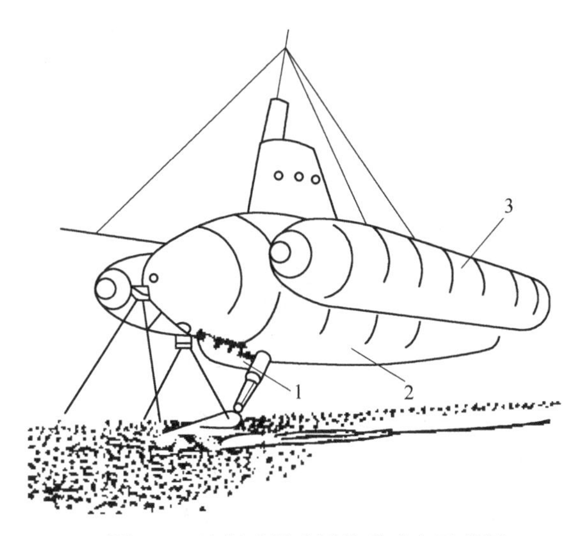

图 12-6 飞艇式潜水遥控采矿车示意图

1—浮力罐；2—操纵视窗；3—储矿舱

核仓内，当采矿车快到达海底时，放出一部分压舱物以便采矿车徐徐降落，减小落地时的振动。采矿车借助阿基米德螺旋推进器在海底行走，一边采集锰结核，一边排出等效的压舱物。因采矿车由浮性材料制成，所以采矿车在水中的视在重量接近零。当所有压舱物排出时，结核仓装满，在阿基米德螺旋推进器作用下返回海面，采矿车在锰结核采集过程中均采用遥控和程序进行控制，可潜深度在 6000m 以上，并可以从海上平台遥控多台采矿车工作（图 12-7）。

（5）单船式 CLB 采矿法。CLB 采矿法，又称连续绳斗采矿船法，是日本益田善雄于

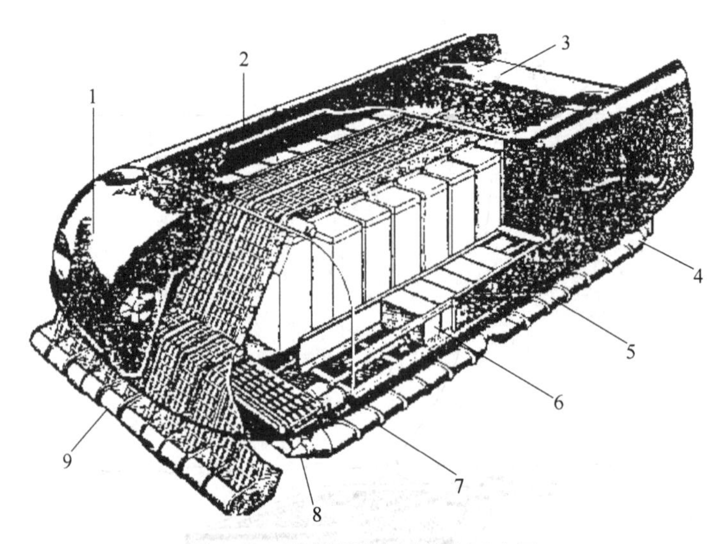

图 12-7 梭车形潜水遥控车示意图

1—前端复合泡沫材料；2—右侧复合泡沫材料；3—上/下行推进器；4—左侧复合泡沫材料；5—结核/压舱物贮仓；6—蓄电池；7—阿基米德螺旋推进器；8—集矿机构；9—前端采集器

1967 年提出的。单船式 CLB 采矿系统如图 12-8 所示，由采矿船、无极绳斗、绞车、万向支架及牵引机组成。采矿船及其船上装置与拖斗式采矿法中的采矿船相同，绳索则为一条首尾相接的无极绳缆，在绳索上每隔一定距离固结着一系列类同于拖斗的铲斗；无极绳斗是锰结核收集和提升的装置；万向架是绳索与铲斗的联结器，能有效防止铲斗与绳索的缠绕；牵引机是提升无极绳斗的驱动机械。

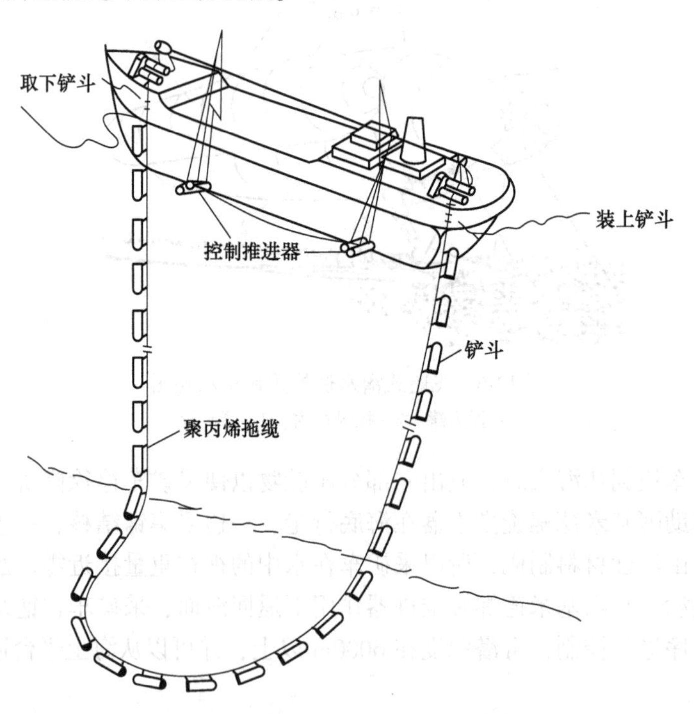

图 12-8 单船式 CLB 采矿系统示意图

开采锰结核时，采矿船前行，置于大海中无极绳斗在牵引机的拖动下做下行、采集、上行运动，无极绳的循环运动使索斗不断达到船体，实现锰结核矿的连续采集。

（6）双船式 CLB 采矿法。双船式 CLB 采矿系统构成与单船式基本相同。双船作业时，绳索间距由两船的相对位置确定，因而绳斗间距不受影响，不管多大的绳斗间距均可以通过调节船体的相对位置来确定。

（7）泵升式采矿法。水泵提升式采矿法是深海锰结核开采中较具发展前景的采矿方法，该方法用各类水泵（目前比较成功的是砂泵）将海底集矿机采集的锰结核通过管道抽取到采矿船上（图 12-9）。提升管道中的流体是锰结核固液两相流，当固液两相流流速大于锰结核在静水中的沉降速度时，锰结核就可能达到海表采矿船上，显然其水力提升问题属于垂直管道的固料水力输送问题，可借鉴固液两相流理论及其研究成果。

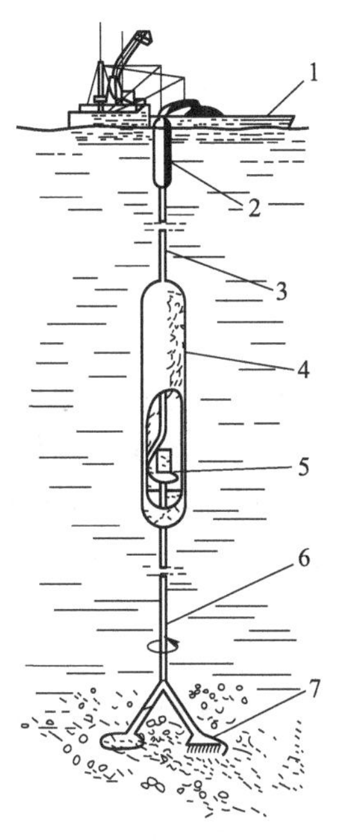

图 12-9　砂泵提升系统示意图

1—采矿船；2—稳浮标；3—提升管；4—主浮筒；5—砂泵及电动机；6—吸矿管；7—吸头（或集矿机）

（8）气升式采矿法。压气提升式采矿法（图 12-10）是流体提升式采矿法的主要方法之一。它与水力提升式采矿系统的区别是多设一条供气管道，用压力将空气注入提升管道。压气由安装在船上的压缩空气机产生，通过供气管道注入充满海水的提升管道中，在注气口以上管段形成气水混合流，当空气量比较少时，压气产生小汽泡，逐渐聚集成大气泡，最终充满管道整个断面，使海水只沿管道内壁形成一圈环状薄膜，从而使气体和流体形成断续状态，这种状态称为活塞流。

由于气水混合流的密度小于管外海水密度，从而使管内外存在静压差，其静压差随空气注入量的增加而加大，当压力差大到足以克服提升管道阻力时，管中海水便会向上流动并排出海面。若继续增大注气量，则管内海水流速增加，当流速大于锰结核沉降速度时，就可将集矿机所采集的锰结核提升到采矿船上。

由于气升式采矿法是依赖管道内三相流实现锰结核提运的，因此也可以称为三相流提

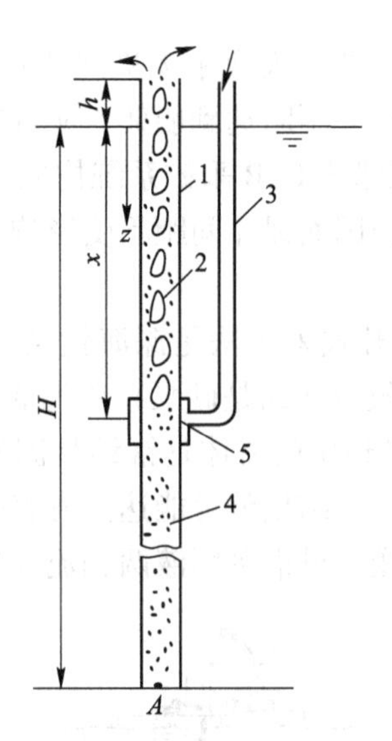

图 12-10　压气提升系统原理图

1—提升管道；2—三相流体；3—供气管道；4—两相流体；5—注气口；
H—开采深度；h—提升管道地表超高；x—注气口深度；z—垂直方向

升法。

（9）轻介质采矿法。其提升原理与气升法提升原理完全相同，不过是用煤油等密度低于海水的轻介质取代了压缩空气。在可用的密度低于海水比重的提升媒介中有煤油、塑料小球、氮气等，该类采矿船上具有轻介质与海水、锰结核的分离能力，船下有轻介质压送管及垂直运输管道，以及注入轻介质的混合管。海底集矿头利用铰链接头与管道相连，能随海底起伏进行作业。

12.4　盐类矿产开采

盐是世界上利用最普遍的非金属矿物原料，是人类生存的必需品。随着化学工业的发展和新的应用领域的开拓以及人口的逐年增加，盐的需求量越来越大，因此在国计民生中盐石有相当重要的地位。盐的消耗量是衡量一个国家工业化水平的重要标志之一。中国是世界产盐大国，以海水为原料生产的海盐居世界第 1 位；海盐、湖盐和井矿盐的总产量居世界第 2 位。

12.4.1　盐类矿床分类

根据盐类矿床的不同成因和地质特征，可划分为海盐资源、湖盐资源、岩盐资源和地下卤水矿产资源。根据矿床形成的地质时代，盐类矿床分为古代盐类矿床和现代盐类矿床两大类。根据矿床成因特点及赋存状态，盐类矿床可分为岩盐矿床、地下卤水矿床和现代盐湖矿床三类。

（1）岩盐矿床。岩盐矿床属古代盐类矿床，为第四纪以前形成的固体矿床。根据岩盐矿床形成时的沉积环境和物质来源等因素，通常分为海相沉积岩盐矿床（简称海相盐矿）和陆相沉积岩盐矿床（简称陆相盐矿）两个成因类型。

1）海相沉积岩盐矿床：此类矿床的盐类物质主要来源于海水，在封闭或半封闭的海湾、泻湖盆地中经过长时期的蒸发沉积而成。

2）陆相沉积岩盐矿床（亦称内陆湖相沉积岩盐矿床）：此类矿床为盐类物质被地表水或地下水携带，并聚集于内陆盆地后，经过长时期的蒸发沉积而成。

（2）地下卤水矿床。古代与现代均可形成地下卤水矿床，根据成因类型分为三个亚类型：沉积型卤水矿床、淋滤型卤水矿床、沉积-淋滤混合型卤水矿床。

1）沉积型卤水矿床：沉积岩在成岩过程中封存于砂粒之间的或在成岩后进入孔隙和裂隙中的古海水，经过浓缩和变质作用，成为矿化度较高的地下卤水（亦称原生封存卤水）。

2）淋滤型卤水矿床：地下水在运动过程中溶解岩层中的盐类物质或岩盐矿床，而后聚集形成的地下卤水。

3）沉积-淋滤混合型卤水矿床：由沉积型卤水和淋滤型卤水在地下运移过程中混合而成的地下卤水。

（3）现代盐湖矿床。现代盐湖矿床的成矿时代均为第四纪，按矿床的赋存状态，可分为固相湖盐矿床、液相湖盐矿床和固液相并存的湖盐矿床。

1）固相湖盐矿床：指完全干涸没有卤水的干盐湖和以固体钠盐沉积为主要开采对象的湖盐矿床。前者如青海察尔汗斯拉图湖，后者如内蒙古吉兰泰盐湖等。

2）液相湖盐矿床（亦称卤水盐湖矿床）：指没有钠盐沉积或只有不能单独开采的少量钠盐沉积的卤水湖。例如新疆艾比湖、青海柴达木盆地昆特依盐湖等。

3）固液相并存的湖盐矿床。此类矿床的开采特点是固、液兼采。例如内蒙古额仁淖尔盐湖、新疆七角井盐湖等。

12.4.2 盐类矿床开采方法分类

盐类矿床的开采工艺方法多种多样，应根据其矿床类型、地质赋存条件、矿盐物理化性质等进行合理选择确定。它既可以是传统的地下、露天或二者联合的开采方法，也可能是根据盐类矿床自身的特点专门设计的钻孔水溶开采法或水力压裂开采法，还可能是专门为盐类矿床或海盐矿床设计的特殊开采工艺和方法。上述开采方法中，现代盐湖矿床主要为露天开采，次之为地下开采以及组合式开采。现代盐湖矿床的卤水采用“垦畦浇晒”法开采；对裸露地表或近地表的固体矿采用露天开采；对深埋地下百余米的掩埋型芒硝矿床采用地下开采或组合式开采。现代盐湖矿床也可分为人工开采和机械开采。古代盐湖芒硝类固体矿床有旱采和水采两类，旱采可分为地下开采和露天开采两种；水采有钻井水溶法开采和硐室水溶法开采。地下卤水的开采有自喷法和机械法两种。

12.4.3 盐湖矿床开采方法

12.4.3.1 现代盐湖固相芒硝矿床

根据采出矿石的方式和原理，现代盐湖固相芒硝矿床开采方法可分为直接采出固相矿开采法和化学开采法。

（1）直接采出固相矿开采法。直接采出固相矿开采法以露天开采为主，通过人工或常规开采机械直接开采矿石。该方法适用于赋存条件简单、矿石品位高，采出的矿石能满足加工技术要求的矿床。按对矿床充水的处理方式，直接采出固相矿开采法可分为预先疏干开采和不预先疏干开采。根据采运机械设备类型，又可分为旱采旱运、旱采水运、水采旱运、水采水运 4 种类型。

（2）化学开采法。化学开采是将固相矿石经固相-液相转化以液相形式采出。它是基于物理-化学原理，用水或其他溶剂作为溶矿介质。该方法适用于赋存条件复杂、直接采出困难的固相矿石，或矿石品位低、矿层薄、直接采出的矿石达不到加工技术要求的矿床。

12.4.3.2　现代盐湖卤水矿床

盐湖卤水的开采方法将卤水泵入盐田，利用阳光蒸发对卤水进行滩晒，经浓缩结晶产品。一般是夏季采盐、冬季采硝，也可以直接从卤水提取产品。例如，山西运城盐湖为现代沉积、固液共存以芒硝为主的盐类矿床，既有湖水矿床，也有浅部芒硝矿床，还有深埋地下超 100m 的掩埋型芒硝矿床，该矿的盐湖卤水是采用“垦畦浇晒”法开采，在湖漫滩地区则采用露天开采，对于深埋地下的掩埋型矿体采用钻孔水溶法开采。

12.4.3.3　古代盐湖芒硝矿床

（1）旱采：按开拓方式可分为露天、露天-地下、地下开采。露天开采只宜于矿床埋藏浅的情况。在古代盐类矿床开采中大多采用地下开采。目前广泛采用的是竖井开采（少数为斜井）的房柱法。竖井对各种地质条件的盐类矿床适应性较强，对开采规模大、品位高、矿体埋藏在 1000m 内和生产能力较大的矿床较为适用。

（2）水采（化学采矿）：分为硐室水溶法和钻井水溶法。除特殊情况外，硐室水溶法一般在矿石品位低、杂质多的古代盐类矿床中采用。国外其他矿山则普遍采用钻井水溶法。钻井水溶法分为单井作业和多井作业。这种方法是从地面向地下钻井，然后在钻井中装设管道与地下矿体相通，将淡水或淡卤水通过注水管注入地下，溶蚀矿体，造成人工空穴以便建立一个足够容纳溶出矿液的区域，然后将矿液经管道抽出，残余母液经加水调节后，重新注入地下溶蚀矿体。

12.4.3.4　地下卤水

地下卤水的开采，是用钻机打卤水井，揭开赋存卤水的构造和含卤水层，下套管后进行采卤。在地压作用下，有些卤水可自动从井内喷出地面，则可以自喷取卤。如果地压小于卤水井底部液柱压力，卤水不能自喷，须在井内保持一个液面，可用采卤机械将卤水抽出地面。开采地下卤水常用的方法有气举法、抽油机-深井泵采卤法、电动潜卤泵采卤法及提捞采卤法等。

12.4.4　盐类矿床的水采技术

盐类矿床的水采技术，简单地说，就是利用某些盐和碱类矿床易溶于水的特点，通过钻井或井巷注入淡水，溶解地下矿床中的有益组分，成为溶液返出地面，进行加工的采矿方法。该方法广泛用于开采地下岩盐矿床，并逐步应用于钾盐、天然碱等矿床。与普通凿井法相比，该方法的优点是可开采埋藏较深（目前已达 3000m 左右）或品位较低的矿床；投资少、见效快；设备和工艺简单；生产费用和能耗低；劳动条件好，环境污染不严重等。该方法的缺点是回采率一般低于 40%；不易控制溶蚀范围；对埋藏浅的矿床，往往引起地表塌陷。

12.4.4.1　水采技术的分类

目前，岩盐水溶开采的矿山常用的水采技术主要有钻井水溶法和硐室水溶法。

（1）钻井水溶法。钻井水溶法起源于古代的凿井汲卤技术，与石油和天然气钻井基本相似，但生产方式和井身结构不同，常用的有单井生产和井组生产两种方式。

（2）硐室水溶法。硐室水溶法的开拓方式与房柱法相同，硐室（矿房）之间保留永久连续矿柱，淡水注入硐室的切割巷道静溶，通过井下管道水泵系统抽出浓卤。此法适用于开采含盐品位较低的岩盐矿床，劳动生产率比普通开采法高，可将不溶物遗留井下，但投资大，见效慢，开采深度有限。

12.4.4.2　井组连通方法

随着钻井技术的提高，井底动力钻具开始应用于盐矿钻井，钻井深度逐步增大，钻井和固井质量逐步提高。对于盐层层数较多、单层厚度较薄的矿床，宜采用井组连通法水溶开采。根据连通工艺的不同，可分为压裂连通法、单井对流溶蚀连通法和定向井连通法。

（1）压裂连通法。压裂连通法具有基建投资低，投产时间快，卤水产量大、浓度高、成本低，井下事故少等优点。在盐层中进行定向喷射建槽，或单井对流建槽后，再进行水力压裂，可降低破裂压力，提高连通概率。此法虽存在“压裂连通的方向和部位不能有效控制”的缺点，但仍是在两井间盐层中实施连通“最快和最成功的方法”。故压裂连通法是地质构造条件适宜的多层、薄层盐类矿床的主要开采方法之一。

（2）单井对流溶蚀连通法。单井对流溶蚀连通法，包括自然溶蚀连通法、气垫建槽连通法和油垫建槽连通法。自然溶蚀连通法是我国最早应用的井组连通法，只是限于当时的钻井水平，盐井不密封，只能用注水溶盐-提捞采卤法。现在用简易对流法开采的盐井，生产后期与邻井溶蚀连通后，改用井组连通法开采。气垫建槽连通法于20世纪60年代末在云南乔后盐矿率先应用，该矿坑道内的3井、4井用气垫对流法先后建槽，并分梯段上溶生产一段时间后溶蚀连通。油垫建槽连通法存在连通时间较长、耗油等缺点，但是其连通方向和部位可控，在盐层下部连通后，自下而上地溶采，卤水产量大、浓度高，矿石采收率高。

（3）定向井连通法。20世纪60年代初，苏联新卡尔法根盐矿钻定向斜井，使之在盐层底部与油垫对流法水采溶洞连通、然后用井组连通法开采。该矿生产实践表明，在溶解$1km^2$裸露的矿体面积时，虽然不可避免地要发生地面变形，但可获得较高的产卤量（$400m^3/h$以上）及较高的矿石采收率（40%以上）。

12.4.4.3　水采技术基本工艺

常见水采技术的基本工艺包括单井对流法、油（气）垫单井对流法、水力压裂法。

A　单井对流法

如图12-11所示，单井对流法的溶解作用分为三个阶段。

（1）水沿管状井壁向下冲刷，形成梨形溶腔；

（2）注入的溶剂与充满井管周围空间的溶液混合向上回流，溶洞发展成圆柱状；

（3）溶洞进一步扩大，溶洞内的卤水在垂直方向产生分异，上部溶解速度大，下部溶解速度小，逐步形成倒锥体状。

单井对流法的基本工艺流程包括盐井布置、中心管安装、井口装置、设备选择及盐井参数选择。

（1）盐井布置。矿床埋深较浅时，应防止过早的大面积连通。为防止地面下沉，必须计算确定各矿段之间的保安矿柱尺寸；矿床埋深大于安全深度时，盐井间距一般按最大溶

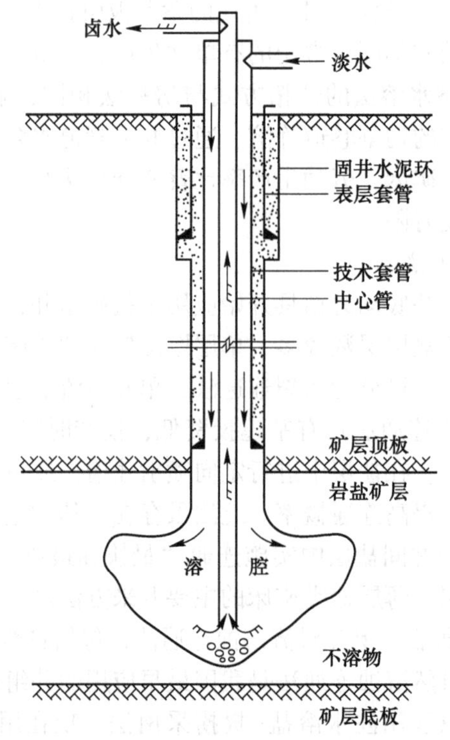

图 12-11　单井对流法示意图

腔半径的两倍布置。为提高采收率，单井可以采取在矿层下部连通的方式实现多井生产。当然，如果生产形成的溶腔将用作地下仓库、则必须保留足够大的井间距。

（2）中心管安装。中心管应下入盐矿层的下部。若盐矿层厚度为 8～10m，中心管管鞋距离盐层底部 0.2～0.5m；若盐矿层厚度为 1～2m，中心管管鞋距离盐层底部 0.2～0.3m。中心管管径的大小与钻孔中技术套管的直径有关。中心管内的容积和中心管与技术套管之间环隙容积的比值应控制在 1.12～3.79。

（3）井口装置。单井对流法井口装置主要由中心管头、闸门、法兰、三通、四通、端节和压力表等组成。井口装置的作用主要是悬挂内管柱、控制注入溶剂和排出卤水量、记录溶剂的注入压力与出卤水头压力。

（4）设备选择及盐井参数选择。盐井生产的主要设备是泵，泵的选择决定于井径、井深和产量。选择泵时，应考虑泵的功率和压力。盐井参数包括盐井井底压力、流体流动速度、进出水比值、溶解速度与产量的关系、盐井产卤能力等。

B　油（气）垫单井对流法

该方法的基本原理是利用油或气不溶解盐的特性，在开始建槽时，向井内注入油或气，使溶腔顶部水平方向形成一个很薄的圆盘形不溶盐的隔离层，然后按盐层厚度进行自下而上的溶解开采。油（气）垫单井对流法能大幅提高矿石的采收率和盐井的经济效益。

油（气）垫单井对流法的盐井生产主要分为建槽阶段和上溶生产两个阶段。

（1）建槽阶段。建槽阶段是通过油（气）垫层对盐层顶部形成的保护作用，在盐层底部先造成一扁平盐槽。盐槽直径越大，对后期的上溶生产越有利，生产效果越好。首先从中心管注入溶剂，环形管抽出卤水，持续约一个半月，盐槽直径 10m 左右；然后提升井管，从环形管注入溶剂，中心管抽出卤水，持续约三个半月，盐槽直径30~50m左右；继续提升井管，仍从环形管注入溶剂，中心管抽出卤水，持续约一年，盐槽直径100m左右。

（2）上溶生产。当建槽直径达到要求后，盐井转入上溶生产阶段。此时，排除部分油（气），露出盐槽顶面，进行自下而上的分段连续上溶。分段连续上溶是通过不断地逐次提升盐井中管柱，不断加大中心管和环形管之间的距离来开采全部盐层。盐层越厚，两管距离越大，从几米到几十米不等。油（气）垫单井对流法上溶生产的操作为反复循环作业，在上溶生产阶段的溶蚀过程中，溶洞空间可分成卤水活动带、卤水形成带、卤水保存带以及充填带。

C 水力压裂法

水力压裂法的实质是从一口盐井注入溶剂，迫使盐层形成裂隙与另一口井连通，反出卤水，达到溶解开采的目的。如图12-12所示，先将钻井用作为溶剂的水充满，然后在地面用泵加压，直至足够高的压力使钻井周围的盘层因裂隙伸张而破坏，压裂为溶剂在盐层中的流动形成了必要的通道，盐层的溶解面积随之扩大。

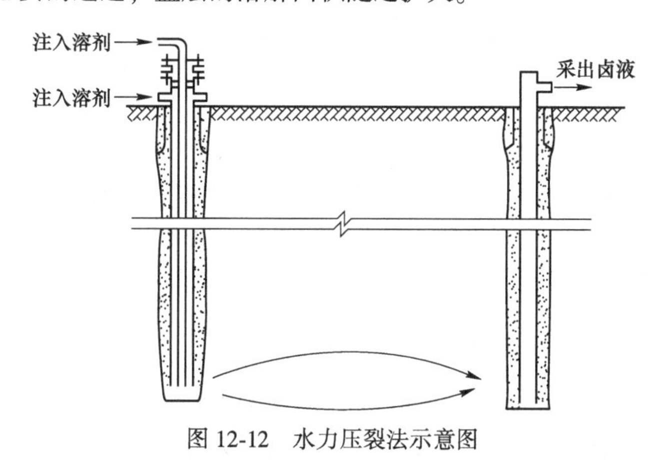

图12-12 水力压裂法示意图

水力压裂过程可分为三个不同的阶段，即压裂阶段、扩展阶段和生产阶段。

（1）压裂阶段。向井内注水，对盐层产生挤压和溶蚀作用，压力上升到一定值，盐层中开始形成压裂裂隙，继续保持一定的水压力，压裂裂隙就能不断发展，并最终在注射井和目标井之间形成贯通。当压裂裂隙在两井之间连通，出卤井开始出卤液后，压裂建井工作即转入扩展阶段。

（2）扩展阶段。扩展阶段指利用淡水的溶解作用和卤液的冲刷作用，使压裂通道扩大的过程。为保证压裂通道的迅速扩大，可采取连续注水和反向注水等方法来实现。随着注水井周围空隙的扩大，淡卤往目标井方向流动，较迅速地溶蚀、冲刷、扩展通道，最后注水压力骤降，出卤量大增，生产阶段随之而来。

（3）生产阶段。这一阶段的压裂通道明显扩大，注水量增大，注水压力明显下降。通过注入水对盐层的溶解作用，将可溶盐类携带到地面，完成矿物开采。

12.5 硫矿资源开采

硫矿是一种基本化工原料，在自然界中，硫以自然硫、硫化氢、金属硫化物及硫酸盐等多种形式存在，并形成各类硫矿床。目前，国内硫源主要以硫铁矿和伴生硫铁矿为主，国外主要来自天然气、石油和自然硫。硫矿的直接应用是生产硫黄和硫酸，二者的用途非常广泛。

12.5.1　硫矿物的分布形态

自然界中含硫矿物分布非常广泛，种类也很多，以单质硫和化合态硫两种形式出现，硫的主要工业矿物和化合物有自然硫、黄铁矿、白铁矿、磁黄铁矿、有机硫、硫化氢及有色金属硫化物中的硫。

12.5.2　硫矿床的类型

中国硫铁矿矿床成因类型有沉积矿床、热液矿床等，但最主要的是喷流沉积矿床。硫矿床分类可以从成矿物质来源出发来完成，包括物质来自地球表部和物质来自地球内部的硫矿床。

（1）物质来自地球表部的硫矿床。物质来自地球表部的硫矿床主要包括含煤地层中沉积硫铁矿矿床、非含煤地层中沉积硫铁矿矿床、蒸发岩盆地中的自然硫矿床及蒸发岩盆地中的酸性天然气。

（2）物质来自地球内部的硫矿床。物质来自地球内部的硫矿床主要包括大陆火山-气液矿床、海底火山矿床。其中，大陆火山-气液矿床又可分为近代火山型自然硫矿床、火山构造沉陷型硫铁矿矿床、火山岩盆地玢岩硫铁矿床、热液充填硫铁矿床、接触交代型硫铁矿床；海底火山矿床是一种黄铁矿床类型，矿床的形成与海底火山活动有关。

12.5.3　自然硫矿床的钻孔热熔法开采

自然硫矿床的开采在19世纪90年代以前都是采用常规的地下或露天开采。但由于硫化氢气体的危害，使传统的地下开采困难，而沿用露天开采又受到矿床赋存条件的限制。随着人类对自然界认识的深化和采矿技术的不断发展，德国人Frasch首先提出了用钻孔热熔法（弗拉施采矿法）开采自然硫矿，并获得成功。

弗拉施采矿法（Frasch method）的实质是从钻孔压入过热水，熔融地下自然硫，从同一钻孔排出地表，进行加工的采硫法，如图12-13所示。弗拉施采矿法的主要优点是生产安全、投资小、建设快、工艺简单、生产效率高、开采深度大、占农田少，无尾矿及其污染问题。缺点是回采率低（一般为40%~70%）、热效率差（一般为0.5%~5%），且耗水量大。

12.5.3.1　钻孔热熔法基本要素

（1）古典弗拉施法。古典弗拉施法用于开采盐丘型自然硫矿床，这类矿床多赋存于不透水岩层中，状如山丘，自然形成基本隔热的封闭条件。该法自地表打直径250~300mm的钻孔，钻穿矿层进入底板，作为采础井。井内套装一组同心钢管（压气管、升硫管、热水管和表层套管），用以注压气、升硫、进过热水和保护井壁。将160℃的过热水沿热水管注入矿床，熔融的自然硫与熔融的液态硫积聚在井底的溶腔中。自压气管压入压缩空气和液态硫混合，利用空气升液原理将液态硫从升硫管中举升出来。

（2）改良弗拉施法。改良弗拉施法用于开采蒸发盐型沉积自然硫矿床，这类矿床的矿

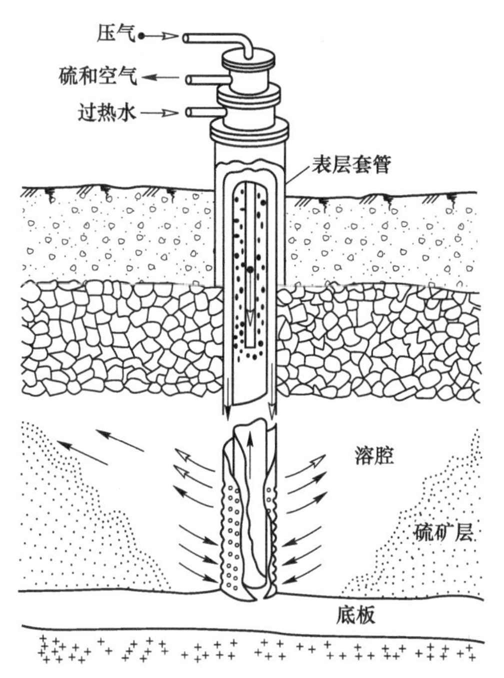

图 12-13 弗拉施采矿法示意图

→ 液态硫流动方向；→ 过热水流动方向；•→ 压气流动方向

层多而薄，呈不规则层状或透镜状，厚度从几厘米到几米，延深广阔，封闭性不好，隔热条件极差。矿层常很致密，渗透性差。开采这类矿床须采取预先爆破和充填处理措施。进行采前地下预爆破可增加开采区段的渗透性，形成垂直方向的隔离层，起截流或隔离老采空区的作用。在开采过程中，于采矿前进方向的不透水区实施爆破，可使热水流入下一个开采区段，进行矿层预热。自钻孔向矿层顶、底板岩层充填泥浆，可堵塞过热水渗漏通道，造成开采区段的封闭条件。采硫井结构与古典弗拉施法相同。

12.5.3.2 钻孔热熔法的开采系统

钻孔热熔法采硫包括三大步骤：制热、注热和抽硫。整个开采系统由地面设施和各种钻井组成。地面设施又包括生产技术设施和行政管理、生产福利设施；各种钻井是钻孔热熔法采硫的关键，一般应包括生产井、排水井、观测井、地质井和水文地质井。

（1）生产井：指直接用于注热采硫的钻井，一般设两层套管，即表层套管和技术套管；

（2）排水井：用于排除矿化水、保持矿层正常压力，以扩大生产井或井区的开采范围；

（3）观测井：用于系统地观测采硫工艺过程和评价生产井工作效果的钻井；

（4）地质井：主要用于详细确定矿层参数的钻井；

（5）水文地质井：主要用于测定矿层各部位之间的水力联系条件，以便确定采硫时热水在矿层中的流动部位及各部位的进出水量。

钻孔热熔法开采系统的布置形式主要有井群式、分区开采式和单线推进式。井网的布置形式包括等腰三角形井网、等边三角形井网、直角三角形井网和正方形或矩形井网。

12.5.3.3 钻孔热熔法的采硫工艺

钻孔热熔法的采硫生产工艺包括四个基本步骤，即：

（1）在热力站加热大量过热水；

（2）将过热水注入生产井熔融硫；

（3）靠压缩空气或自喷将熔硫升举出地面；

（4）将抽出地面的熔融硫降温凝固或加热储存待运。

为了保证和提高生产井的采硫能力，在注入过热水进行熔硫之前，一般需进行热水洗井及矿层预热工作。

12.6 砂矿床开采

砂矿中含有的非金属、金属、稀有金属及贵重金属具有重要的经济和工业应用价值。目前开采的主要砂矿床为河滩砂矿以及海滨或浅海海底砂矿，主要包括非金属砂矿、重金属砂矿和贵重金属砂矿。

12.6.1 河滩砂矿开采方法

河滩砂矿一般用采砂船进行开采，采砂船一般由船体和移行、挖掘、洗选、排尾、动力、供水、信号等设备组成。采砂船的采选设备安装在平底船上，能在一定水位的采池中漂浮，平稳地生产。采砂船开采优点是生产能力大、劳动生产率高、成本低、生产集中、便于管理；缺点是使用条件要求严格、初期设备费高。

（1）采砂船开采的适用条件。采砂船开采的适用条件具体如下：

1）砂矿储量丰富，保证开采所必要的服务年限；

2）矿床底板平坦，无深坑和突起的基岩，不含大量大块砾石和黏土夹层；

3）水源充足，水深大于吃水深度，并因为不断地排放污水，需及时向采池补充清水，一般为50~250L/s；

4）矿床宽度不小于采砂船的最小工作宽度；

5）矿床底板坡度适宜，通常应为0.010~0.025。

该方法不适于开采河流湍急和长年冻结的矿层。

（2）开采方法分类。用于河滩砂矿开采的采砂船可按移行方式或挖掘设备进行分类。

1）按移行方式分为：钢绳式、桩柱式、混合式；

2）按挖掘深度分为：浅挖（<6m）、中挖（6~18m）、深挖（18~50m）、超深挖（>50m）；

3）按挖掘设备分为：链斗式、单斗式（包括铲斗式和索斗式）、吸扬式（包括绞吸式、耙吸式和斗轮吸扬式等）。

（3）开拓方法与开采工艺。河滩砂矿开采的开拓方法有基坑开拓法、筑坝开拓法和联合开拓法。河滩砂矿采砂船的开采工艺过程如下：

1）链斗自水下挖掘出的矿砂，经装矿漏斗送到洗矿圆筒筛中；

2）筛下产品与水，经矿浆分配器，分配给各选矿设备；

3）尾砂经尾砂槽排至采砂船后方，形成尾砂堆；

4）筛上的大石块和泥团，经过砾石溜槽，用输送机排入船后的采空区，形成砾石堆。

12.6.2 海滨或浅海砂矿开采方法

对于海滨或浅海砂矿而言，开采规模较大的是建筑用砂和砾石、锡石、金刚石、铁矿砂和金矿砂等。主要的砂矿开采方法有链斗式、水力式、压气升液式和抓斗式采砂船开采，前两者较常用。

（1）链斗采砂船开采。链斗采砂船的基本构成为采砂船、能连续挖掘并提升砂矿的采砂链斗以及构建在采砂船上的洗选设备，如图12-14(a）所示。这种设备抗风浪性能差，通常用于开采水深小于50m的砂矿。

（2）水力采砂船开采。水力采砂船开采如图12-14(b）所示，利用砂泵或水射流将海底砂矿以砂浆形式通过管道吸至采砂船的洗选设备中。水浅时砂泵装在船上；水深时砂泵置于水中或与水射流联合使用。胶结砂层用高压水射流器或装有旋转刀具的挖头预先松散。泵吸式水力采砂船的作业深度一般为9~27m，与水射流联合使用时，作业深度可达68m。该方法常用于开采建筑用砂和砾石。

（3）压气升液采砂船开采。压气升液采砂船开采如图12-14(c）所示，将压气送入吸砂管下部，使气泡与管内砂浆混合，降低砂浆比重，利用管内外压差举升砂浆，对胶结砂层须预先松散。该方法不仅用于浅海，还可用于深海开采。

（4）抓斗采砂船开采。抓斗采砂船开采如图12-14(d）所示，该方法受海水深度影响小，灵活性高，可采海底不平的和粒度不匀的砂矿，但生产能力低。

为了提高砂矿开采效率及砂矿回采率，近年开始用潜艇在海底取样捞砂，观察海底情况，并用无人推土机在海底集砂，以提高采砂船生产能力和回采率。

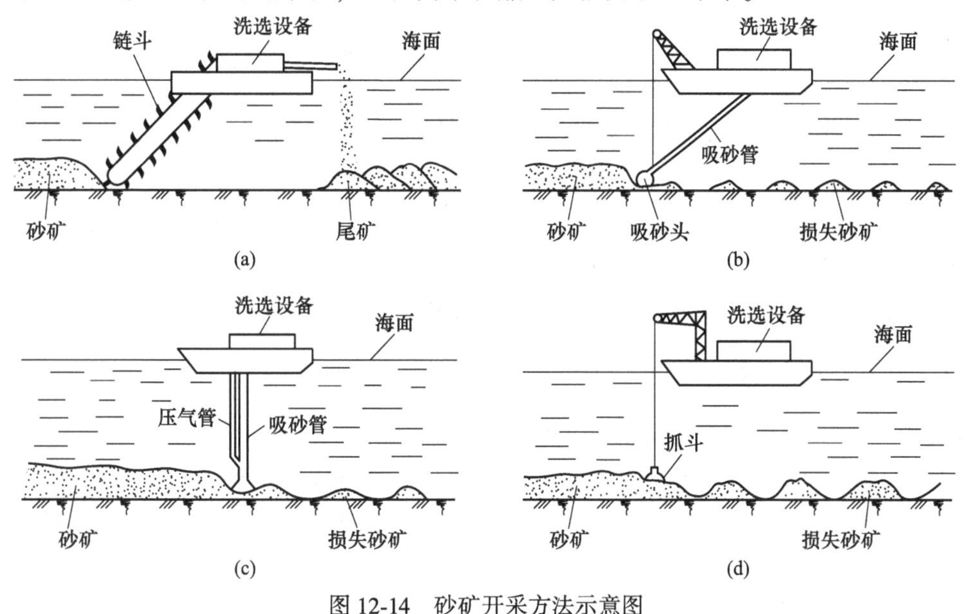

图12-14 砂矿开采方法示意图

（a）链斗采砂船开采；（b）水力采砂船开采；（c）压气升液采砂船开采；（d）抓斗采砂船开采

12.6.3 陆地砂矿露天水力开采

除了河滩、海滨或浅海砂矿床外，也存在一些陆地砂矿床。这类矿床多用水枪冲采矿，并用加压运输或自流运输的开采方法。

（1）开拓方法。砂矿露天水力开采中，矿床开拓方法主要为基坑开拓法、堑沟开拓法和平硐溜井开拓法三种。

（2）采矿工艺。砂矿露天水力开采中的采矿工艺主要是冲采，有时要进行残矿回收，在有些砂土中需预先松动和清理废石。水力冲采法又分为逆向、侧向、顺向及联合冲采法，实际应用中，以逆向冲采法较多。该法系将水枪对准工作面，用射流在台阶底部掏槽，使砂土坍陷，与水混合成矿浆，逆向流往矿浆池和冲矿沟，可充分利用射流冲击力，减少耗水量。由于部分残矿不能回收，采场底板有裂隙或溶洞时，又有部分矿石沉积，矿石损失率一般为5%~10%。

对砂矿进行预松动可提高水枪效率，降低水电消耗和采矿成本。松动方法有爆破法和水压法。前者使用较多，经济效果良好，在高山缺水地区更为显著；后者适用于具有渗透性的砂矿。

（3）运输方法。砂矿露天水力开采时，砂矿的运输方式主要分为水力运输、自流运输、倒虹管运输和加压运输几种。

1）水力运输：分自流和加压两类，前者又分沟道运输和管道运输两种方式。在地形条件限制时，往往辅以自流管和倒虹管。

2）自流运输：应充分考虑沟道断面、坡度设计、衬砌材料和泥团处理等问题。

3）倒虹管运输：通过宽阔较深的洼地，可用倒虹管自流输送砂矿。

4）加压运输：地形条件不允许自流输送时，用砂泵加压水力运输，一般采用吸入式砂泵。

12.7　地热资源开采

“地热”是地热资源的简称，常指能够经济地为人类所利用的地球内部的热资源。地球内部蕴藏有由放射性物质衰变作用等原因所产生的巨大的热，据估计，地球内部每年散发到大气中的热量达 1.089×10^{21}J。然而，热量总量虽大，但因分散，能够直接利用的地区有限。只有在地球内热相对富集地区如近代火山活动、构造活动强烈地区并达到为人类能开发利用程度的这种地热，才构成可利用的地热资源。

12.7.1　地热资源的类型

广义地说，地热资源应包括以下三种：

（1）地热过程的全部产物，主要指天然蒸汽、热水和热卤水等；

（2）由人工引入地热储的水、气或其他流体所产生的二次蒸汽和其他气体、热水、热卤水等；

（3）由上述产物带出的副产品（指价值比较高的矿物质）。

地热资源类型划分有多种方法，根据地热系统的地质环境和热量的传递方式分成对流型地热系统和传导型地热系统两大类。依据地热资源的存在形式分为水热型地热资源和干热岩型地热资源。前者是以蒸汽和液态水为主的地热资源，后者是以热岩为主的地热资源。其中，水热型地热资源是目前国内外地热开发的重点。

12.7.2　地热资源的开发利用条件

由于受当前科学技术水平、设备能力、开采方法和工艺等限制，并非所有的地热资源都能被开发利用。一般地，可开发利用的地热资源应满足下述条件：

（1）合适的热储层埋藏条件：在目前开采技术经济条件下，对于地热资源的开发，主要限于热储层埋深在2000m以浅的深度内。

（2）适宜的地热水温度：开发用于供暖和医疗洗浴或作为医疗洗浴用水的地热资源，一般不应低于35℃；作为供暖用水，则不得低于60℃，低于此温度，开发将是不经济的。

（3）地热水水量：取决于热储层的渗透率和成井的单井出水量，规定热储层的渗透率不少于0.05μm^2，单井出水量不少于300m/d。

（4）地热水水质：对地热水水质要求因用途不同而异，目前大量用于供暖、医疗、洗浴的地热水，主要是矿化度小于3.0g/L的低矿化水，少数医疗洗浴用水采用3.0~5.0g/L，高于5.0g/L的地热水，因其废水排放有环境污染问题，而很少开发利用或只是少量地间接利用。

12.7.3　地热资源开发利用技术

常见的地热资源开发利用技术可分为三种，即地热发电、地热能直接利用、地热取暖或制冷。

12.7.3.1　地热发电

地热发电技术是指将热水流转换成电能的技术，可分为干蒸汽发电技术、瞬间汽化发电技术和双循环发电技术，具体使用哪种技术取决地热流的状态（蒸汽或水）及其温度，

（1）干蒸汽发电技术。该技术利用来自钻孔的地热源的蒸汽流，直接将其导入涡轮机/发电机进行发电，如图12-15所示。

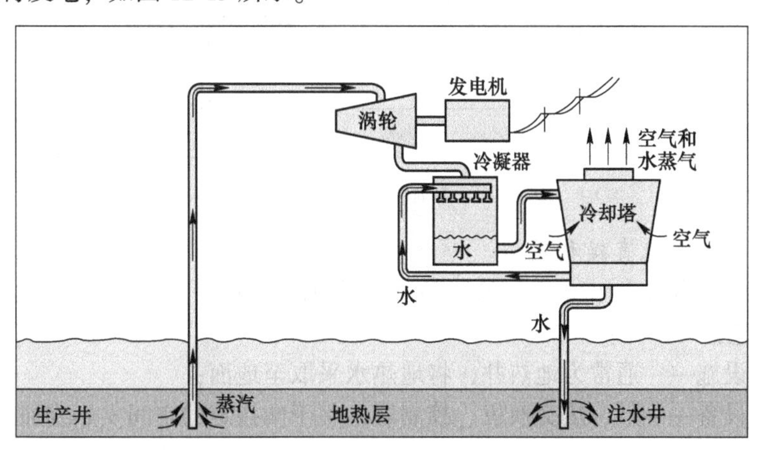

图12-15　干蒸汽发电技术示意图

（2）瞬间汽化发电技术。该技术的关键是将超过182℃的高压地热水泵送至设在地面的发电机中进行发电。基本原理是，将地热流喷入一个压力比地热流本身低得多的汽化罐中，导致部分流体迅速汽化或瞬间汽化，形成的蒸汽驱动涡轮运转，涡轮带动发电机发电，如图12-16所示。

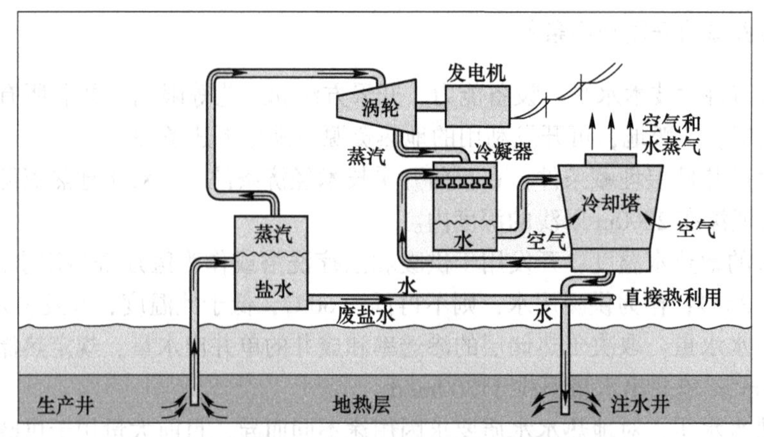

图 12-16　瞬间汽化发电技术示意图

（3）双循环发电技术。与前面两种地热发电技术不同，双循环发电技术中来自地热源的水或蒸汽不与涡轮机/发电机发生直接接触，地热流和比水的沸点低得多的另一种流体流经一个热交换器，来自地热流的能量使该流体瞬间汽化，产生的蒸汽驱动涡轮运转，涡轮带动发电机发电，如图 12-17 所示。

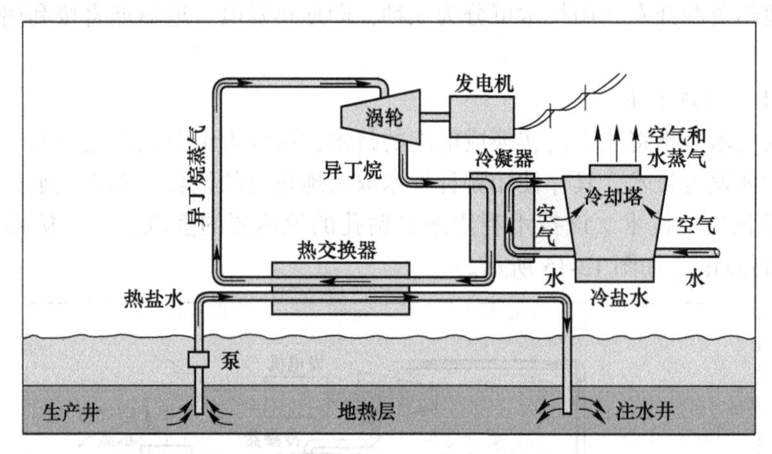

图 12-17　双循环发电技术示意图

12.7.3.2　地热能直接利用

低温至中温地热水源（20～150℃）可直接为民宅、厂房及商场等供热，地热能直接利用系统通常包括三部分：

（1）生产设施——通常为地热井，将地热水采取至地面；

（2）机械设备——泵、热交换机、控制器，用于向指定的空间供热或加工处理；

（3）废水处理系统——回灌井或储存池，用于回收被冷却的地热水。

12.7.3.3　地热取暖或制冷

该技术主要是利用地热泵技术将地热转换至建筑物中，用于室内取暖、降温以及水加热。地热泵是一种高效再生能源利用技术，该技术考虑了地表下一定深度的岩体常年能够保持相对恒定的温度，冬季将存在地下岩体或地下水中的热能转换到建筑物中，夏季则将建筑物中的热能排出送入地层中。

地热泵系统包含三大主要构件，即地层热连接子系统、地热泵子系统、地热能配送子系统。

（1）地层热连接子系统。利用地层热作为吸放热的源头，循环管道埋在需要空调的建筑物附近地下，从周围地层中吸取热能，或将热能排放至地层的流体形成回路。

（2）地热泵子系统。取暖时，地热泵通过地层连接器从地热流中提取热能并将它们集中起来，然后将它们传递到建筑物中。制冷时，流程相反。

（3）地热能配送子系统。一般情况下，利用传统的通风管实现从地热泵到整个建筑物中冷、热空气的配送问题。当地热泵系统工作时，在实现室内加热的同时还可以用来提供家庭用热水。

地热泵系统分为四种基本类型，其中水平式、垂直式和储存库式为闭路系统，第四种为开放式系统。

12.7.4 干热岩增强型地热系统

增强型地热系统（enhanced geothermal systems，EGS）是目前开发干热岩的主要手段，其实质是通过水力压裂等方法在高温地层中人工造储，形成裂缝网络联通注入井和生产井，之后循环工质取热，进行发电和综合利用，如图 12-18 所示。干热岩 EGS 已成为国际能源领域的研究热点，美国、英国、日本、法国、德国等相继实施了大规模 EGS 地热项目。我国干热岩地热资源分布广泛，近年来在藏南、滇西、川西、东南沿海等地区相继取得了重大勘探突破，并开始着手建立我国首个干热岩 EGS 示范工程。

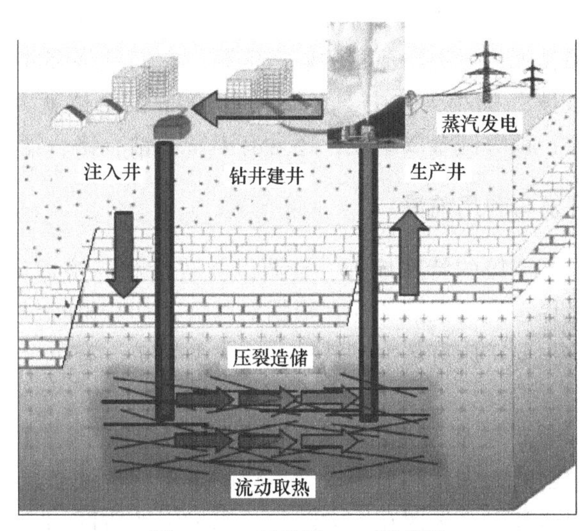

图 12-18 干热岩 EGS 示意图

12.8 极地与太空资源的开发与利用

矿产资源是人类赖以生存和发展的物质基础，地球资源的枯竭，已使我们的生存环境恶化，而且还在继续恶化并有加剧的趋势。解决人类能源短缺的主要手段不外乎两个方面：一是继续向地球本身要资源，加大开发利用南北极矿产资源；二是向太空要资源。显然，从现有的科学技术水平和经济效益出发，人类首先应立足于地球，充分利用先进的科学技术并挖掘其潜力，深化和扩展已有矿产资源的综合开发和利用，并加大对新型资源和极地资源的勘查与开发利用力度。同时，人类也应有走出地球、探索太空的勇气，加快太空资源开发利用科技的发展。

12.8.1　极地与太空矿产资源

（1）南极矿产资源。南极地区的矿产资源极为丰富，据已查明的资源分布来看，煤、铁和石油的储量为世界第一，其他的矿产资源仍在勘测中。南极大陆二叠纪煤层主要分布于南极洲的冰盖下面，储量约为 5000 亿吨；铁矿也是南极最富有的矿产资源之一，主要分布在东南极洲，据科学家们勘测，在查尔斯王子山脉南部的一条超大型富磁铁矿岩层，初步估算其蕴藏量可供全世界开发利用 200 年；南极地区的石油储存量约 500 亿~1000 亿桶，天然气储量约为 30000 亿~50000 亿立方米，南极的罗斯海、威德尔海和别林斯高晋海以及南极大陆架均是石油和天然气的主要产地。

（2）北极矿产资源。北极也有大片的海洋和陆地，除了芬诺斯堪的亚和科拉半岛的世界级大铁矿外，还有许多其他的矿产资源。例如诺里尔斯克有世界最大的铜-镍-钚复合矿基地；著名的科累马地区盛产金和金刚石；阿拉斯加蕴藏极其丰富的铅、锌和银。北极还储有铀和钚等放射性元素。与南极相比，北极的土地及其资源分属各国，所以北极的矿产资源开采不受国际法（公约）的限制，但归属于不同的国家，主要有前苏联、美国、加拿大、丹麦、冰岛、挪威、瑞典。

（3）太空矿产资源。太空矿产资源主要指除地球以外，太阳系中包括月球在内的其他小行星、彗星、行星和其他天体上所蕴藏的矿产资源。它们是许多陨石的母体，其中距地球较近的被称为“阿波罗”的小天体中，直径大于 100m 的个体就大约有 1000~2000 颗。它们中有一些几乎由铁、镍等纯金属组成，还含有丰富的钴、铬、锰、铝和金、铂等。

12.8.2　极地资源的开发与利用前景

在极地资源中，由于南极的特殊地理、资源以及政治和经济地位，南极资源的勘查、开发和利用已经受到世界各国的强烈关注。根据对南极的初步勘探结果，在不久的将来有可能被人类开发利用的主要矿床有超大型铁矿、特大型煤矿、有色金属矿产以及石油与天然气。

（1）超大型铁矿。铁矿是南极大陆所发现的储量最大的矿产，主要位于东南极洲。东南极洲前寒武纪地区包含的太古代和早至中元古代的条带状含铁岩层分布十分广泛，它们在澳大利亚、印度、南非和南美等冈瓦纳大陆的前寒武纪地质区均有发现。由于南极洲自然条件十分恶劣，在勘探和开发方面有许多不利因素，经营费用势必十分高。因此，南极洲的铁矿资源在近几十至上百年内还不具有开发价值和经济价值。

（2）特大型煤矿。南极大陆上发现的煤田很多，而且许多煤层直接露出地表。在维多利亚地中部到瑟伦山的南极横贯山脉，厚约 500m 的二叠纪砂岩中分布着多层煤层。在乔治五世地的霍恩崖、毛德地的海姆弗伦特山脉、埃尔斯沃思山脉和霍利克山脉的相同沉积地层中，也有发现煤的报道。据估算，南极大陆二叠纪煤层广泛分布于东南极洲的冰盖下的许多地方，其蕴藏量约 5000 亿吨。鉴于南极洲煤田开采和运输方面的巨大困难，在世界其他各大陆煤矿资源尚未枯竭或能找到代替能源之前，南极煤矿短期不大可能成为世界的可用能源，但有朝一日有可能被人类开发利用。

（3）有色金属矿产。除铁和煤之外，南极洲的有色金属矿产资源也极为丰富。例如南极半岛的铜、钼以及少量的金、银、铬、镍和钴；南极横贯山脉地区的铜、铅、锌、银、锡和金；东南极洲的铜、钼、锡、锰、钛和铀等有色金属。由于南极大陆面积的98%被巨厚的冰盖所覆盖，目前的地质调查仅限于无冰区和南极大陆沿岸，并已初步发现了有色金属矿产的分布规律。随着科学技术的高度发展，未来南极大陆上的有色金属矿产必将为人类带来巨大价值。

（4）石油与天然气。南极的石油和天然气主要分布在南极大陆架和西南极大陆。根据近20年在南极大陆周围海域的海洋地质和地球物理调查的资料，认为在南极大陆周围海域可能潜在油气资源的沉积盆地有7个，即威德尔海盆、罗斯海盆、普里兹湾海盆、别林斯高晋海盆、阿蒙森海盆、维多利亚地海盆、威尔克·斯地海盆。据估算，南极地区的石油储存量约500亿~1000亿桶，天然气储量约为30000亿~50000亿立方米。

当前极地地区的战略地位日益凸显，极地资源开发与利用成为国际社会关注的焦点，而极地装备是科学认知极地、合理开发利用极地资源的基础保障。极地装备主要分为极地科学装备、极地船舶装备、极地资源开发装备三大类。

（1）极地科学装备。极地科学装备指在极地地区开展相关科考活动所需的装备，主要包括极地科考船、极地科学观测、通信导航装备等。

1）在极地科考船方面，美国、俄罗斯、欧盟等极地科学优势国家和地区都维持一定数量的极地科考船。其中，美国4艘，欧盟各国共9艘，俄罗斯2艘，日本、加拿大和韩国各有1艘。2020年，我国设计建造的“雪龙2号”破冰科考船成功服役。

2）在极区冰下观测网络方面，美国立足多年积累开始研发军民两用的北极移动观测系统，未来将成为主导北极观测与监视能力的关键平台。2019年，美国开始构建北极移动观测系统（AMOS），主要发展声学探测、定位、通信系列技术以及冰基声学和卫星通信的中继技术等，该系统一旦完成部署，将完全克服北极冰层的影响，实现对北冰洋的系统观测和实时监测。

3）在极地通信导航网络上，现有通信卫星难以覆盖极地全部区域，地面通信系统受海洋和海冰阻隔难以部署，铱星通信系统的可靠性不高且带宽有限。近年来，世界各国积极发展极地卫星通信技术，如挪威计划发射2颗高纬度轨道通信卫星，实现北纬65°以上区域的24h的宽带通信；2018年，俄罗斯建成了北极综合监测系统，用于北极地区环境监视及通信。在卫星定位导航方面，俄罗斯的格洛纳斯定位系统在极区的覆盖最好，但极地地区的定位精度偏低；我国的北斗卫星导航系统也在极地地区得到应用推广。多星双频技术在减少干扰、提高极地定位精度方面有很好应用前景。

（2）极地船舶装备。

随着极地航道的开辟和极地资源的开发，各国对极地船舶的需求不断上升，极地船舶成为各国推进极地战略的重要依托。截至2017年，全球共有（含在建）94艘极地破冰船，其中俄罗斯44艘、加拿大6艘、北欧国家（丹麦、芬兰、瑞典）21艘，均有较大规模的破冰船队。俄罗斯拥有全球规模最大的破冰船队和功率最大的“北极号”核动力破冰船。我国目前拥有破冰船3艘，分别为“雪龙号”“雪龙2号”“中山大学极地号”。

在极地运输船舶方面，多用途船、油船、液化天然气（LNG）船、集装箱船将成为未来极地海域的四大主力运输船型。极地多用途船方便灵活、装卸效率高，适用于北极地区初期的多种货运需求，因此现阶段各国多采用极地多用途船来试水北极航道。

（3）极地资源开发装备。

极地油气资源开发是一项难度极高的系统工程，两极地区严酷的风、浪、流、冰气候以及复杂的冻土地质条件，给油气开发装备带来了极大考验。世界主要油气开发公司都在加大资源投入，研发兼顾抗冰性能和经济性能的新型极地油气开发装备。

俄罗斯目前唯一的极地海上油气田是距离 Pechora 海离岸 60km 的 Prirazlomnoye 油田，该油田采用抗冰钢筋混凝土重力式开发平台，集石油钻井、开采、储存、处理、卸载功能于一体，上部组块质量为 2.9×10^4t，混凝土沉箱质量为 9.7×10^4t；将设计 32 口油井，截至 2018 年底已有 16 口井投产，年原油产量约 3.2×10^6t。

2015 年，由荷兰皇家壳牌集团投资、瑞士越洋钻探公司建造的“Polar Pioneer 号”极地钻井平台投入作业，该平台上的钻机和管汇由低温碳钢建造，平台操作区域全封闭并配有主动加热装置。德尼西布美信达公司（Technip FMC）将自升式平台和混凝土技术结合，开发了新概念北极抗冰平台，可实现极地全年钻井作业。荷兰豪氏威马（Huisman）公司设计了可适应近北极钻探的半潜平台，采用锚泊定位方式，作业水深可达 1500m，抗冰结构可承受 2m 厚冰的冲击，能在近北极地区全年作业。荷兰古斯特（GustoM-SC）公司也推出了适应北极严苛气候条件的 Nanuq Q5000 钻井船，在极区的年作业天数可达 120d，能承受的最大冰厚为 4m，作业水深可达 1500m。

我国已成功研发了极地冰盖深冰芯钻、冰架热水钻、冰下地质钻、冰盖观测机器人、空间天气监测系统、大气激光雷达、海-冰-气无人冰站、巡天望远镜等一批先进装备，成功应用于极地现场的样品和数据采集；2020 年，我国设计建造的“雪龙 2 号”破冰科考船成功服役，“雪龙号”和“雪龙 2 号”破冰船合作完成了我国首次“双龙探极”，为我国未来的极地科学考察和未来资源开发提供了基础保障。

目前，极地资源的勘探程度较低且装备缺乏，提高资源勘探装备能力是未来极地资源经济可持续开发的重要方向，包括建设极地冰区资源勘探装备体系和发展适应极地恶劣环境、严苛环保要求的资源勘探配套装备与技术。

12.8.3 太空资源的开发与利用

太空蕴藏着取之不尽的宝贵资源。茫茫太空为人类提供了高远位置、微重力、高真空的环境，无污染的太阳能和其他丰富的物质资源，概括起来包括轨道资源、环境资源和天体矿物资源。这些太空资源的探测和开发利用，将带来人类文明的新进步。

从太空观测地球是太空资源开发利用的一个重要内容。在高远的太空轨道上，运行的人造卫星、空间站等航天器观测人类赖以生存的地球，可以快速地追踪地球的变化、监测和预报自然灾害；可以对大地和海洋进行高精度测量，成为气象预报、地球资源勘探、环境监测的重要信息来源。

在太空进行卫星通信和导航定位是太空资源开发利用的一个主要领域。现在通信卫星已广泛用于军用通信、移动通信、电视直播、中继通信等领域，卫星通信广播的成果，如电视、电话、传真、医疗、教育等。导航卫星在世界范围内提供了卫星导航定位信息，可以使铁路、公路、海洋、航空的运输更加高效安全，在国民经济和国防建设中有重要意义。

太空微重力、高真空环境为空间新产业发展开辟了新的途径。太空微重力的开发利用推动了流体力学、材料科学和生物技术的发展，在材料、制药、农业、电子等领域显示巨大发展潜力，在太空已生产出了一些高纯度、高质量、在地面无法制造的特种合金、半导体料和特殊药品。

在太空可充分利用清洁、低廉、无污染的太阳能资源。在各种人造卫星、探测器和载人航天器上，人类已经开发利用太阳能，为太空飞行实验提供了可靠而充足的电力能源。在太空建设太阳能电站也将指日可待。

当然，巨量太空矿产资源对人类的诱惑力是不言而喻的，问题在于我们怎样去开采利用这些富饶的太空矿产。一般可考虑两种方法：

（1）直接派机器人到拟要开采的小天体上去，并在那里进行开采，然后在太空工厂中提炼，并用于太空制造业，或者用航天飞机或天梯运输将矿产运回地球。

（2）改变原来小天体的运行轨道，使其飞向地球，给予适当的速度降落在指定的地点。让小天体改变轨道并不困难，难的是如何才能控制它的降落速度和地点，使它降落时不致碰撞蕴含丰富矿藏的星球而产生灾难。

本 章 习 题

12-1　特殊矿产资源包括哪些？

12-2　特殊采矿方法主要包括哪些？

12-3　什么是溶浸采矿？

12-4　简述石盐矿床的类型。

12-5　简述常见的地热能开发利用技术。

第 5 篇　矿山安全与法律法规

13　矿山安全与环境保护

13.1　矿山安全技术

矿产资源开采是典型的高危行业，存在各种不安全因素，如有些矿山存在着地压、地下水、地热等危害；含放射性矿物的矿山，有氡及其子体的辐射；矿岩中含自燃性矿物的矿山，存在内因火灾的危险；地震和泥石流区域内，有抗震和防泥石流的要求。为保证采矿生产过程中不受以上危害安全的因素影响，在设计、生产中应采取严格的安全技术措施。安全技术措施主要是防止自然灾害的发生，以及阻止工艺过程中即将发生的事故。有潜在安全隐患的矿山应该采取相应的设施。

13.1.1　防灾变设施与措施

13.1.1.1　*防灾变设施*

矿山防灾变设施包括：

（1）每个矿井至少应有两个相互独立、间距不小于30m、直达地面的安全出口，每个生产水平或中段至少应有两个便于行人的安全出口，并应同通往地面的安全出口相通；

（2）安全出口应始终处于良好状态，应满足工人在一定时间内从任何地点有撤出的可能性；

（3）矿山应设置避灾硐室或救生舱，在矿山井下发生灾变时，为避灾人员安全避险提供生命保障的密闭空间，避灾硐室或救生舱应具有安全防护、氧气供给、有毒有害气体处理、通信、照明等基本功能；

（4）矿山地表建构筑物及井口和井下各阶段井底车场、各硐室、各主要工作地点须设置相应的消防器材等；

（5）井下所有工作地点、巷道分岔口应设置避灾路线指示牌，各安全线路应设置照明设施；

(6) 各采空区、废弃巷道应设置禁止人员进入的隔离设施；

(7) 根据冶金部《冶金矿山安全规程》规定，矿山主扇应有使矿井风流在10min内反向的措施。

13.1.1.2 防灭火措施

井下火灾来源于内因火灾和外因火灾。内因火灾是具有自热特性的矿岩堆积在坑道、采场内，与空气中的氧气接触，从低温氧化发展到高温氧化，释放越来越多的热量，增多的热量又促进了氧化速度的加快，适当的水分更会加速其反应速度，当矿岩温度升高到一定程度达到自燃物质的燃点时，就会出现矿石自燃现象，恶化井下环境，造成矿石损失；外因火灾是由明火器材和电气设备使用不当引起的火灾。

外因火灾防灭火措施与普通工业防灭火措施相同。内因火灾预防措施包括技术措施和综合措施两方面，前者如灌注泥浆、喷洒阻化剂、加强通风、充填空区、密闭采空区等；后者要求在采矿设计、生产管理等方面加以注意，如选择合理的开拓系统，设计高效、安全的采矿方法和合理的回采工艺及参数，推行强采、强出、强充的“三强”回采，减少矿石损失，加强监测，强化生产管理等。

内因火灾灭火措施可分为积极方法、消极方法和联合方法：

(1) 积极方法：用液体、惰性物质等直接覆盖于或作用于发火矿石上；或直接挖除自燃的矿石等。这种方法是根治火灾的有效途径，但它一般适合小范围火区且人员能接近的情况下采用。

(2) 消极方法：在有空气可能进入火区的通道上修筑隔墙，减少或完全截断空气进入火区参与矿石的氧化自燃，使矿石因缺氧而不能继续燃烧，最后自行冷却窒息。采用此方法要求火区易密闭，且密闭墙质量要很好。

(3) 联合方法：联合方法是通过清除零碎发火矿石，并对高温矿石采用灌浆、浇水、喷洒含阻化剂溶液、充填空区、通风排热等综合性技术措施以降低矿石温度和减小其氧化速度，最终达到消灭矿石自燃火灾的目的。由于此类方法的适用范围可大可小，实施起来比较灵活多变，因此，对于各种不同情况的火区都是适用的。

13.1.1.3 防水措施

矿山突然发生涌水，能淹没整个矿井，甚至会引起地面大范围的陷落。涌水事故是水文地质条件复杂矿山面临的主要安全隐患之一。一般水灾由地表水或地下水引起。地表水包括降雨降雪及河、湖、塘、沟渠、水库中的水；地下水包括含水层、溶洞、老采区、旧巷道、断层、破碎带中的水。

水灾形成的条件是：

(1) 汇水区内或露天坑内的地表水通过矿区塌陷范围渗入矿井内；

(2) 地表贮水通过裂隙、断层、溶洞灌入矿井内；

(3) 地下贮水通过裂隙、断层、溶洞灌入矿井内；

(4) 采掘过程中打通地下贮水，涌入工作面，造成涌水事故。

矿井防水一般从地面和井下两个层次进行。

A 地面防水措施

(1) 井（硐）口及工业广场应高于历年最高洪水位，否则需建筑堤坝、沟渠来疏通水源或其他有效保护措施；

（2）大面积的塌陷区或露天坑内无足够的隔水层时，应根据汇水和径流情况，修筑疏水沟渠和围堤，必要时配备水泵，以便拦水和排水；

（3）将流经矿山塌陷区的河流和沟渠进行河床加固、河流改道或采取更有效的其他办法，消除地表水体对井下的安全隐患；

（4）对废旧钻孔、井筒进行充填、封闭，防止其成为透水通道；

（5）帷幕注浆，隔断水体与井下回采区域的水力联系。

B 井下防水措施

（1）建立完善的排水系统，配备足够的排水设备；

（2）临近井底车场处设置防水闸门；

（3）超前建立足够容积的水仓和水泵房，并考虑紧急时期的贮水巷道；

（4）及时处理空区；

（5）进行矿床疏干，降低地下水位；

（6）留设防水矿柱隔断水源；

（7）施工超前探水钻孔；

（8）修筑隔水闸门，隔断水体。

13.1.2 滑坡与泥石流防治

滑坡与泥石流均属于地质灾害。滑坡是斜坡上的岩体或土体，在重力的作用下，沿一定的滑动面整体下滑的现象；泥石流是山区常见的一种自然现象，是一种含有大量泥沙石块等固体物质、突然爆发、历时短暂、来势凶猛、具有强大破坏力的特殊固液两相流。

我国矿山大多数位于山区，在矿产资源开发和建设中，常受到滑坡、泥石流的严重危害，不仅直接影响了矿山的开采和建设，而且严重影响了矿山周围的农业建设和人民生活环境。以我国云南省为例，根据调查和有关资料，目前全省有 150 个大中型矿山不同程度受到滑坡泥石流的危害和威胁。造成灾害的原因有：一是矿山、矿区位于老滑坡体和泥石流堆积扇上。二是矿山的不合理开采引起的崩塌、滑坡和泥石流，例如，露天采矿场剥离的废弃土石的不合理堆放；坑采的开拓、生产探矿等工程的掘排水；坑采常用崩落法，往往进行大规模爆破，采空区围岩因受震动而失稳；采空区不均匀沉陷引起斜坡变形而发生滑坡、崩塌。此外，矿山建设中普遍加陡边坡、抬高河床、废石堵塞沟床等都是促进滑坡泥石流活动的因素。

13.1.2.1 滑坡发生的原因

（1）有利于滑坡发生的地形地貌特征。

（2）有利于滑坡发生的气象、水文地质条件，如充沛的降雨，冲刷岩体裂隙，使裂隙扩张，岩层软化为易滑动的软弱结构面；地下水位的变化、裂隙水压变化也是滑坡发生的诱发因素。

（3）地震等自然灾害活动的影响。

（4）人类工程活动的影响，如采矿活动、大爆破、各种机械振动等，加剧边坡的失稳而产生滑坡。

13.1.2.2 滑坡灾害的防治

地质地貌、水文气象条件是滑坡发生的自然因素；不合理的人类活动则是滑坡产生的重要触发条件。对于成灾的自然因素，目前尚难控制，但成灾的范围、频率和灾情轻重却与人类活动息息相关，因此，在制定滑坡灾害的防御对策时，必须把对滑坡发生的人类诱发因素放在重要的位置。根据“以防为主，防治结合”的综合治理原则，采用工程治理、生态防治和社会防御相结合的综合治理对策。

针对矿山实际，矿山滑坡的防治措施主要有：

（1）限制无证开采；处治抢占山头、山坡矿点；禁止不开工作台阶，不剥离或边剥边采的掠夺式违法开采露天小矿；严禁破坏山坡植被。

（2）严格禁止随沟就坡任意抛弃废石，保护河流、排洪沟经常畅行无阻。

（3）露天矿边缘必须设置疏导水的防洪设施。

（4）对边坡进行机械加固，设锚杆、锚桩等。

13.1.2.3 *泥石流的形成条件*

通常地，泥石流的形成一定得有三个条件：

（1）要有充足的固体碎屑物质。固体碎屑物质是泥石流发育的基础之一，通常取决于地质构造、岩性、地震、新构造运动和不良的物理地质现象。在地质构造复杂、断裂皱褶发育、新构运动强烈和地震烈度高的地区，岩体破裂严重，稳定性差，极易风化、剥蚀，为泥石流提供了固体物质。在泥岩、页岩、粉沙岩分布区，岩石容易分散和滑动；岩浆岩等坚硬岩分布区，会风化成巨砾，成为稀性泥石流的物质来源。在新构造运动活动和地震强烈区，不仅破坏山岩完整性、稳定性，形成碎屑物质，还有激发泥石流的作用。不良的物理地质作用包括崩坍（冰崩、雪崩、岩崩、土崩）、滑坡、坍方、岩屑流、面石堆等，是固体碎屑物质的直接来源，也可直接转变为泥石流。

（2）要有充足的水源。水体对松散碎屑物质起有片蚀作用，或者使松散碎屑物质沿河床产生运移和移动。松散碎屑物质一旦与水体相结合，并在河床内产生移动，则水体就搬运有松散碎屑物质，即确保了松散碎屑物质作常规流那样的运动。要是没有相当数量的水体，就只能产生一般的坡地重力现象（岩堆、崩塌和滑坡等），而不是泥石流。

（3）要有切割强烈的山地地形。山地地形一旦遭强烈切割，地形坡度、坡地坡度和河床纵坡就均很陡峻，即确保了水土质浆体作快速同步运动，因而山地地形决定着泥石流现象的规模与动力状态。为此，泥石流现象在山区最为典型。

如上所述，泥石流的形成主要取决于地质因素、水文气象因素和地貌因素。然而，除这三个因素外，还有许多因素对泥石流现象的形成也有一定的影响，有时甚至起有决定性的作用。这些因素包括植物因素、土壤土体因素、水文地质因素和人为因素（人类的经济活动）。比如，人类不合理的社会经济活动，如开矿弃渣、修路切坡、砍伐森林、陡坡开垦和过度放牧等，都能促使泥石流的形成与发展。

13.1.2.4 *泥石流的防治*

矿山泥石流的预防措施主要有：

（1）保护露天矿附近山坡的植被；

（2）严禁乱采滥挖，严禁任意丢弃废石与尾砂，对严重违法而又屡禁不止的要绳之以法；

（3）在露天矿周围或有山洪爆发危险的坑口周围设置排水沟、挡土墙栅栏、阻泥不阻水的防泥石流坝；

（4）加强露天矿的防水、防洪的预报工作及周围山体复土或风化平时位移的观察工作；

（5）泥石流流失区内的井（硐）口必须采取加固措施和防护措施。

13.1.3　尾矿库病害防治

金属矿床开采后，一般都要经过选矿工艺，提取有用的金属元素，而排弃大量的尾矿，因此，金属矿山都要修建足够容量的尾矿库，以容纳选矿后排弃的尾矿。尾矿库是矿山主要安全危险源之一，据统计，在世界上的各种重大灾害中，尾矿库灾害仅次于发生地震、霍乱、洪水和氢弹爆炸等灾害，位列第18位。

13.1.3.1　*尾矿库的病害类型*

尾矿库的病害类型，概括起来有以下几种类型：

（1）库区的渗漏、坍岸和泥石流；

（2）坝基、坝肩的稳定和渗漏；

（3）尾矿堆积坝的浸润线逸出，坝面沼泽化、坝体裂缝、滑塌、塌陷、冲刷等；

（4）土坝类的初期坝坝体浸润线高或逸出，坝面裂缝、滑塌、冲刷成沟；

（5）透水堆石类初期坝出现渗漏浑水及渗漏稳定现象；

（6）浆砌石类坝体裂缝、坝基渗漏和抗滑稳定问题；

（7）排水构筑物的断裂、渗漏、跑浑水及下游消能防冲、排水能力不够等；

（8）回水澄清距离不够，回水水质不符合要求；

（9）尾矿库的抗洪能力和调洪库容不够，干滩距离太短等；

（10）尾矿库没有足够的抗震能力；

（11）尾矿尘害及排水污染环境。

13.1.3.2　*尾矿库病害防治*

造成尾矿库诸多病害及事故的主要原因，可概括为设计不周、施工不良、管理不善和技术落后。因此要预防病害及事故，首要的措施是精心设计、精心施工、科学管理。

（1）精心设计。设计是尾矿库（坝）安全、经济运行的基础，因此，在设计过程中应做到：坚持设计程序，切实做好基础资料的收集工作。鉴于尾矿设施的特殊性，设计时必须由持有国家认定的设计执照单位设计，严格禁止无照设计，杜绝个人设计。

（2）精心施工。施工是实现设计意图的保证，是把设计图纸变成实物的实践活动。施工质量的好坏直接关系到国家财产和人民生命安全，对尾矿坝工程来说更是如此，为此必须做到选好队伍、认真会审施工图纸、明确质量标准、加强监督、严格验收。

（3）科学管理。尾矿库在运行期间的任务是十分艰巨的。坝体结构要在运行期间形成，坝的性态向不利的方向转化，需不断维修，坝的稳定性在运行期间较低，需认真监视和控制，坝要承受各种自然因素的袭击，需要认真地对待和治理。放矿、筑坝、防汛、防渗、防震、维护、修理检查、观测等工作都要在运行期间进行。必须有一套科学的管理制度，和与之相适应的组织机构和人员。只有这样，才能弥补工程质量上的疏漏和设计上未能预见到的不利因素，确保尾矿坝能安全运行。

13.1.4　采空区处理

矿山地压管理主要包括采场管理和空区处理两项工作。使用充填法或崩落法时，在回采过程中，同时进行采场管理和空区处理，采出矿石所形成的空区，逐渐为充填料或崩落岩石所填充，因此，不存在空区处理问题。用空场法回采矿房时，在回采过程中仅进行采场顶板管理，所形成的空区仅依靠矿柱和围岩本身稳固性进行维护。随着矿山开采工作的进行，空区面积和体积将不断增大。如果集中应力超过矿石或围岩的极限强度时，围岩将会出现裂缝，发生片帮、冒顶、巷道支柱变形，严重时会将矿柱压垮、矿房倒塌、巷道破坏、岩层整体移动，造成顶板大面积冒落，地表大范围开裂、下沉和塌陷，即出现大规模的地压活动，其危害是巨大的。国内大多数空场法矿山都曾发生大规模地压活动，给矿山生产造成巨大危害，甚至发生重大人身伤亡事故。为保证矿山安全和地表环境，必须对空场法形成的空区进行及时处理。

国内外处理采空区的方法主要有封闭、崩落、加固和充填4大类，实际应用过程中，该4类方法可独立使用，也可联合使用。

13.1.4.1 封闭空区

封闭法采空区处理是在通往采空的区巷道中，砌筑一定厚度的隔墙，使采空区中围岩塌落所产生的冲击波或冲击气浪遇到隔墙时能得到缓冲。它主要是密闭与运输巷道相连的矿石溜井、人行天井和通往采空区的联络巷等。

封闭法采空区处理有两种形式，即：

(1) 对那些分散、独立、不连续的小矿体和盲矿体形成的采空区，以及虽规模稍大但顶板稳固的采空区，封闭通往作业区与采空区的一切通道，以达到防止人员进入采空区，避免冲击波危及人身安全和设备安全的目的；

(2) 对那些规模较大的采空区，其上部与采空区连接的通道保持畅通或在地表开天窗，以使地压活动引起的空气冲击波尽可能地通往无人作业区或向地表排泄，在其下部则采用封闭法隔离作业区与采空区连接的一切通道。

封闭法处理采空区优点是回采工作结束后，采场空间内不作专门的处理，利用已有的矿柱支撑顶板岩石，较长时间维持采空区的存在；施工费用相对比较低。其缺点是在施工前要做好采空区资料的检查、收集工作，前期工作量比较大。

封闭法采空区处理适用条件为：

(1) 分布空间跨度小、矿床边沿相对独立的采空区，分散、孤立、不连续的小矿体和盲矿体，以及矿体的边缘部分；

(2) 顶板极稳固、围岩较稳固、规模稍大的矿体、不会诱发大面积地压活动、独立、边远的采空区；

(3) 回采速度很快，矿柱比例小于8%~12%的薄矿体。

红透山铜矿、锡铁山铅锌矿、西华山钨矿、下垅钨矿等矿山采用该方法成功处理了地下采空区。

13.1.4.2 崩落空区

崩落空区是采用爆破崩落采空区上盘围岩，使岩石充满采空区或形成缓冲岩石垫层，以改变围岩应力分布状态，达到有效控制地压的目的。其适用的先决条件是地表允许陷落或岩移，其优点是处理费用较低，但必须防止其对下部采场生产的影响。对于离地下采场较近的采空区，通常是采用爆破崩落与下部巷道隔绝封闭相结合的处理方法。另外，应根据采空区的实际情况选用合适的爆破方案，如硐室爆破、深孔爆破等。

紫金山金矿和德兴铜矿采用了硐室大爆破强制崩落法处理采空区，达到了良好的效果。

13.1.4.3　加固空区

加固法是采用锚索或锚杆对采空区进行局部加固，这是一种临时措施，通常要与其他方法联合使用。

狮子山铜矿采用加固法与充填法相结合处理大团山矿床采空区，减缓了顶板冒落时造成的冲击，有效地控制了地压。

13.1.4.4　充填空区

充填法是采用充填材料对采空区进行充填处理，使充填体与围岩共同作用，以改变围岩应力分布状态，达到有效控制地压和防止地表塌陷等目的。

其适用条件是：

(1) 地表以及地下含水层绝对不允许大面积塌落或其上部有构筑物；

(2) 地表积存有大量的尾砂或堆存尾砂有困难；

(3) 较密集或埋藏较深的矿脉，其采空区容易产生较大规模岩移和垮塌；

(4) 矿石品位较高。

充填空区是最有效、最彻底、环保效果最好的空区处理方法，但其不足之处在于充填成本高、工程量大、工艺流程复杂、效率相对较低。随着充填工艺过程的改进，其使用范围正在逐步扩大。

红透山铜矿对深部采空区采用充填法处理，分别用胶结和尾砂充填一、二期采空区，有效控制了地压和岩爆；南京铅锌银矿和平水铜矿采用该法处理采空区，防止了地表沉陷，确保了生产安全。

13.2　矿山环境保护

金属矿床开采，实际上是一种对生态平衡的破坏过程。例如，穿孔、爆破、采装、运输等过程，会产生大量的粉尘，污染周围大气环境；地下开采后的陷落区、尾矿库、露天采场和排土场，对地貌、植被和自然景象造成严重破坏；开采过程排出的矿坑酸性水、放射性污水和泥浆水，会严重污染农田和水系；随采矿活动的深入，地下水位大幅度下降，破坏地表水平衡，造成地表塌陷、农业生产条件恶化；生产过程中的噪声、无轨设备排出的尾气、振动、辐射等，也会给周围环境造成危害。可以毫不夸张地说，矿产资源开发过程每时每刻都在破坏着生态平衡，给人类和自然界带来长期的、潜在的威胁。因此，在矿产资源开发的全过程中，必须把矿山环境保护作为十分重要的内容来考虑，力求在开采过程中，对生态平衡的破坏减小到最低限度，并采取积极措施进行环境再造，以实现人类社会的可持续发展。

13.2.1　矿尘危害及其治理

矿尘是矿山生产过程中产生，并在较长时间内悬浮于空气中的尘粒。直径大于50μm的尘粒，在重力作用下，沉落在物体表面，称为落尘；直径在0.01~50μm范围内的尘粒，在空气中能较长时间处于悬浮状态，称为气溶胶颗粒。悬浮在井巷空气中的浮尘，大多数直径较小，一般在 10μm 以下，对矿井大气的污染和对人体健康的危害最大，是矿山防尘的主要对象。

矿尘的危害主要有以下几种：

（1）含 SiO_2 的矿尘，会引起矽肺病；

（2）含砷、铅、汞的矿尘，会引起人们中毒；

（3）含铀、钍的矿尘，能产生放射性危害；

（4）煤尘、硫尘在一定条件下，可能引起燃烧和爆炸。

我国金属矿山安全规程规定，矿井中游离 SiO_2 含量大于 10%的矿山，都划归有矽尘危害的矿山，在这类矿山的作业地点对空气质量有严格要求。

为保证作业地点的矿尘含量低于卫生标准，确保作业人员的身体健康，必须采取综合的防尘措施，提高防尘效果。

（1）入风质量。根据《金属非金属矿山安全规程》（GB 16423—2020）和《冶金矿山安全规程》相关规定，矿井空气质量应满足以下要求：

1）入风井巷和采掘工作面的风源中含尘量不得超过 $0.5mg/m^3$；

2）作业场所空气中粉尘（总粉尘、呼吸性粉尘）浓度不超过表 13-1 的规定；

3）箕斗井、混合井作进风井时，应采取有效的净化措施，保证空气质量；

4）矿山主回风井、尾矿库、排土场、选矿厂、充填料堆场、冶炼厂、公路等场所与入风井（硐）口之间应设置一定的卫生防护距离，并使入风井（硐）口置于主导风向的上风处。

表 13-1 作业场所空气中粉尘浓度限制

游离 SiO_2 含量/%	时间加权平均浓度限值/$mg \cdot m^{-3}$	
	总粉尘	呼吸性粉尘
<10	4	1.5
10~50	1	0.7
50~80	0.7	0.3
≥80	0.5	0.2

注：时间加权平均浓度限值是 8h/d 工作时间内接触的平均浓度限值。

（2）凿岩防尘。

1）采用湿式凿岩；

2）凿岩设备应配置捕尘和抽吸装置；

3）加强局部通风；

4）改进凿岩技术和凿岩设备，尽量采用中深孔。

（3）爆破防尘。

1）采用风水喷雾器和爆破波自动水幕等方法进行防尘；

2）采用装水塑料袋代替一部分炮泥装入炮眼进行水封爆破，爆炸时，水袋破裂，形成水雾，以达到捕尘目的。

（4）装卸矿时的防尘。

1）喷雾洒水；

2）封闭溜矿井。

13.2.2　废气危害及其治理

采用柴油机作为动力的内燃设备，是提高采、装、运生产效率的一种切实可行的方法。我国露天金属矿已大量应用以柴油机为动力的挖掘机、自卸汽车、内燃机车以及其他辅助设备；地下矿山也已广泛使用内燃凿岩、装运设备，如凿岩台车、铲运机、顶板服务台车等。与有轨运输相比，这些无轨设备具有能源独立、机动灵活、无需铺轨架线、生产能力大、工人劳动强度低等突出优点，极大改变了矿山生产面貌。但这类设备运行时，需排出大量废气污染工作面环境，特别是井下作业面，由于空间狭小、空气质量本来就差，这一危害更为突出。

柴油机废气的主要成分包括柴油的不完全燃烧产物（CO、C、裂化碳氢及其氧化物、醛类等）、氮的氧化物（NO_2 等）、矿物质氧化物（SO_2 等）及少量的润滑机油的不完全燃烧产物等。这些废气会污染大气环境，刺激人的黏膜和感觉器官，对工人健康产生危害。

为控制柴油设备等产生的废气危害，《金属非金属矿山安全规程》（GB 16423—2020）规定采掘工作面进风风流中的 O_2 体积浓度不低于20%，CO_2 不高于0.5%，有害气体浓度不超过表13-2的规定。

表13-2　采矿工作面进风风流中有害气体浓度限值　　（%）

有害气体名称	限　值
一氧化碳 CO	0.0024
氮氧化物（换算成 NO_2）	0.00025
二氧化硫 SO_2	0.0005
硫化氢 H_2S	0.00066
氨 NH_3	0.004

为了达到允许浓度，应采取如下措施：

（1）选择净化、催化效果良好的柴油设备；

（2）采用多级机站和管道通风，有效地稀释、导流产生的有毒有害气体；

（3）尽量提高设备的效率，减少井下作业人员；

（4）采用贯穿风流，减少独头通风；

（5）独头进路应采用局扇加强通风。

13.2.3　污水处理

水是一种宝贵的资源，是人类生存、动植物生长和工农业生产不可缺少的物质。水具有自净能力，当水体受到污染后，由于水本身的物理、化学性质和生物作用，可以使水体在一定时间内及一定条件下，逐渐恢复到原来的状态。但是，如果排入水体的污染物质超过了水的自净能力，使水的组成及其性质发生变化时，就会使动植物的生长条件恶化，使鱼类生存受到损害。使人类生活和健康受到威胁。矿山排放的废水，往往是含有大量悬浮物质的泥浆水、酸度很大的酸性水、毒性很大的含氰废水和放射性废水。必须加以治理才能排放，以免污染水体，造成严重的危害。

工业废水的治理原则：首先，应考虑工艺改革和技术革新，使废水少产生或不产生；其次，开展综合利用，变废为宝，化害为利；再次，应采用物理的、化学的、生物的基本方法进行处理。

统计资料表明，我国每年因采矿产生的废水、废液的排放总量约占全国工业废水排放总量的10%以上，而处理率仅为4.23%；另一方面，我国是一个淡水资源缺乏的国家，每年因缺水给工农业生产造成巨大损失，给人民的日常生活造成极大的不便。因此，工业废水治理应尽量考虑废水的循环利用。循环利用的时候应该按照因地制宜、经济方便的原则进行，先保证矿区内的用水，其次是矿外用水，充分发挥矿区内现有水利设施的情况，利用好矿区水。矿区水主要用于以下几个方面：井下消防用水、洗煤补充用水、井下充填用水、电厂循环冷却用水、绿化道路及贮煤防尘洒水、施工用水、灭火用水、农田灌溉用水及生活用水等。

13.2.3.1　分离废水中的悬浮物

分离废水中的悬浮物质，一般采用重力分离法和过滤法。

（1）重力分离法，是使废水中的悬浮物在重力作用下与水分离的方法。有自由沉淀、絮凝沉淀和重力浮选（当悬浮物密度小于水的密度时）3种。它们所需的构筑物分别是沉砂池、斜管沉淀池和斜板隔油池。重力分离法在矿山应用得非常广泛，在进行其他方法处理前，一般都先经过重力分离法去掉废水中的悬浮物质，降低COD含量。

（2）过滤法是使废水通过带孔的过滤介质，使悬浮物被阻留在过滤介质上的方法。常用过滤介质包括隔栅、筛网、石英砂、尼龙布等。

13.2.3.2　酸性废水的治理

矿山废水普遍呈酸性，尤其是含有硫化矿物的矿山，其排出的地下废水往往具有较高的酸性。酸性废水的主要危害是：腐蚀管道、设备和钢筋混凝土水工建筑，妨碍废水处理的微生物繁殖；酸性大的废水会毒死鱼类、枯死农作物、影响水生物生长；酸性废水渗入土壤，时间长了会造成土质钙化，破坏土壤层的松散状态，影响土地肥性；酸性废水如果混入生活用水，会影响人类和牲畜的健康。

金属矿山酸性水治理方法，主要是中和法，并有酸碱水中和及投药中和之分。前者是指当地同时存在着酸、碱两种废水时，将其混合，以废治废；后者是指在酸性废水中投入碱性药剂，如石灰、电石渣等，使酸性废水得到中和。

由于酸碱水中和法适用条件苛刻，而投药中和法可以治理不同性质、不同浓度的酸性废水，尤其适用于处理含金属和杂质较多的酸性废水，在实际生产中应用最为广泛。

13.2.3.3　含氰废水的治理

在金属矿山企业中，有采用氰化法提取金属的，例如用氰化法直接从脉金及其加工品（尾矿、精矿、中矿、焙烧渣等）中回收金。由于氰化物的流失、氰化废水的排放，都将污染水源而造成严重的危害。氰化物是一种剧毒物质，毒效奇快，人的口腔黏膜吸进一滴氢氰酸（约50~60mg），瞬间即会死亡，因此，国家现在已经禁止使用氰化法选金，但在一些个体企业，仍然有偷偷进行氰化物选金的情形存在。

氰化物虽然剧毒，但破坏也比较容易。采用综合回收、尾矿池净化和碱性氯化法净化等加以处理，即能收到很好的效果。

用氰化法提取金时，在废水中氰化物的赋存形式，主要是游离的氰化钠，铜、锌的络氰化物和大量的硫氢化物。通过酸化溶解、挥发逸出、碱液吸收3个阶段，从含氰废水中回收氰化钠，是积极的含氰废水治理方法。此外，用尾矿池净化含氰废水，效果也颇佳。因为贮存在尾矿池中的含氰化物的尾矿水，由于与空气的接触面积很大，停放数天后，水中的单氰化物就能与空气中的 CO_2 作用，产生 HC 进入大气中，加之尾矿对氰化物还有吸附和生化作用，因而能有效地降低废水中氰的含量，达到废水排放标准。采用碱性氯化法，即投放漂白粉或液氯，对含氰废水的净化，也能收到良好的效果。

13.2.3.4　放射性废水的治理

放射性废水的危害是射线通过水照射和内照射对人体造成伤害。放射性废水的处理，目前尚无根治的办法，大都采用贮存和稀释的方法。不同浓度的废水，其处理方法也不相同。

高水平废液，一般贮存在地下使之与外界环境隔绝。通过固化处理，把废液转化为坚固、稳定的固体也是一种有前途的放射性废液处理技术。

中低水平的废水，一般用化学沉淀、离子交换、蒸发浓缩、生物处理等，把废水中大部分放射性转移到小体积的浓缩物中。当处理后的废水放射性含量很小时，再经稀释即可排放。

13.2.4　固体废料的综合利用

金属矿床开发利用是一个伴随着大量固体废料产出的过程，露天开采需剥离大量的废石，井下掘进产出大量的围岩，选矿后需丢弃大量的尾矿。据不完全统计，我国每年工业固体废物排放量中，85%以上来自矿山开采；全国国有煤矿现有矸石山1500余座，历年堆积量达41亿吨，占地24万亩，并正以每年1亿吨的速度增长；全国共有尾矿库2762座，各矿山尾矿累计约25亿吨，并以每年3亿吨的速度增加。大量的固体废料堆放地表，不仅占用大量宝贵的土地资源，而且对土壤和水资源造成了污染，必须进行处理，以保护环境。

另一方面，固体废料是一种可以利用的资源，在考虑固体废料处理措施时，应首先研究其综合利用途径。

13.2.4.1　减少固体废料产出的途径

在金属矿床开采过程中，完全杜绝固体废料产出是不可能的，但可以采取综合技术经济措施减少固体废料产出量，例如：

（1）强化生产勘探工作、提高勘探精度，尽可能准确地圈定矿体与围岩（包括夹石）的边界、计算矿石储量和品位，避免无效开拓、采准、切割造成不必要的废石超掘；

（2）精心设计开拓、采准、切割工程，在安全条件许可情况下，尽量将工程布置在脉内，露天矿山要通过研究，尽量降低剥采比；

（3）选择高回收率、低贫化率的采矿方法；

（4）优化爆破参数与工艺，尤其是炮孔超深，避免超采和欠采，降低大块产出率和粉矿产出率；

（5）每个采场回采完毕后，要进行采空区实测，为相邻采场的设计提供准确的回采边界；

（6）通过选矿技术革新，提高选矿回收率，降低尾砂产出率。

13.2.4.2　固体废料再循环利用途径

对固体废料的再循环利用首先应确定其中含矿品位在可预见的未来市场条件下，是否可重选利用。如果能够达到可重选利用的标准，则应首先进行二次回选；如确定已不具备重选利用条件，则根据固体废料物理力学性质、矿物成分、化学组成，考虑进行二次开发；对于已无任何利用价值的固体废料，可研究进行井下回填空区或复垦造田的可能性。固体废料再循环利用模式和技术路线分别如图 13-1 和图 13-2 所示。

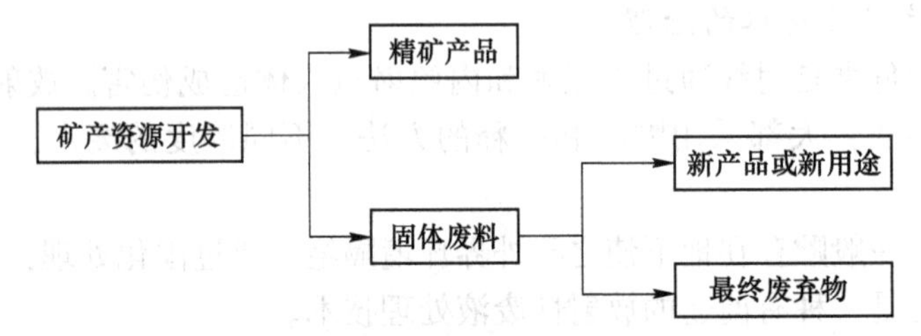

图 13-1　矿山固体废料再循环利用模式

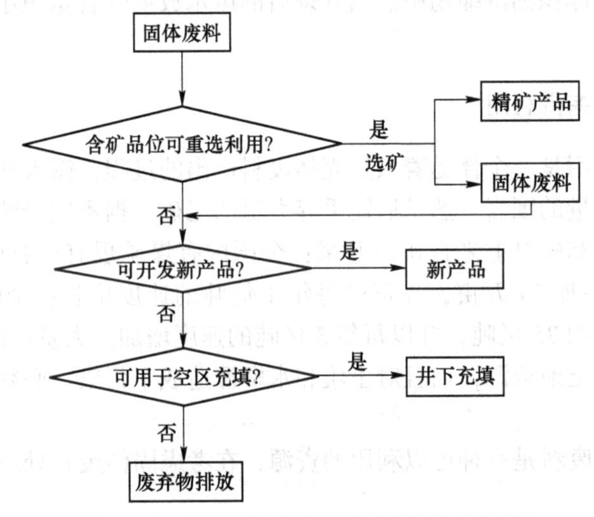

图 13-2　矿山固体废料再循环利用技术路线

（1）煤矸石。煤矸石是煤炭生产和加工过程中产生的固体废弃物，每年的排放量相当于当年煤炭产量的 10%左右，是我国排放量最大的工业废渣，约占全国工业废渣排放总量的 1/4。煤矸石综合利用是资源综合利用的重要组成部分。其主要利用方向包括：

1）燃料发电。含碳量较高（发热量大于 4180kJ/kg）的煤矸石，一般为煤巷掘进矸和洗矸，通过简易洗选，利用跳汰机或旋流器等设备可回收低热值煤，供作锅炉燃料，通过单独使用，或与煤泥、焦炉煤气、矿井瓦斯等低热值燃料混合使用发电。

2）生产建筑材料及制品。利用煤矸石全部或部分代替黏土，采用适当烧制工艺生产烧结砖的技术在我国已经成熟，这是大宗利用煤矸石的主要途径。生产烧结砖对煤矸石原料的化学组成要求：$w(SiO_2)=55\%\sim70\%$，$w(Al_2O_3)=15\%\sim25\%$，$w(Fe_2O_3)=2\%\sim8\%$，

$w(CaO)\leqslant 2\%$，$w(MgO)\leqslant 3\%$，$w(SO_2)\leqslant 1\%$。可塑性指数7~15，热值为2090~4180kJ/kg，煤矸石的放射性符合GB 9196—88标准；在烧制硅酸盐水泥熟料时，掺入一定比例的煤矸石，部分或全部代替黏土配制生料。用作水泥添加料的煤矸石主要选用洗矸，岩石类型以泥质岩石为主，砂岩含量尽量少；我国大多数煤矸石均属于优质火山灰活性材料，可掺入5%~50%作为混合材，以生产不同种类的水泥制品。以过火煤矸石等为硅铝质材料、水泥和石灰等钙质材料以及石膏为原料，按一定配比可制成加气混凝土。

3）回收有益矿产及制取化工产品。对于含硫量大于6%的煤矸石（尤其是洗矸），如果其中的硫是以黄铁矿的形式存在，且呈结核状或团块状，则可采用洗选的方法回收其中的硫精矿。对于煤矸石中的大块硫铁矿石，也可采用手选回收；利用煤矸石中含有的大量煤系高岭岩，可制取氯化铝、聚合氯化铝、氢氧化铝及硫酸铝。

4）生产农肥或改良土壤。以煤矸石和廉价的磷矿粉为原料基质，外加添加剂等，可制成煤矸石微生物肥料，这种肥料可作为主施肥应用于种植业。利用煤矸石的酸碱性及其中含有的多种微量元素和营养成分，可将其用于改良土壤，调节土壤的酸碱度和疏松度，并可增加土壤的肥效。

5）利用煤矸石充填采煤塌陷区和露天矿坑复垦造地造田。随煤炭市场的坚挺，在金属矿山广泛应用的充填采矿法进入煤矿已成为可能。将煤矸石作为充填骨料回填井下空区，可从根本上解决困扰大多数煤矿的煤矸石处理难题。

（2）尾砂。受选矿技术水平的限制，主产元素回收率不可能达到100%，因此，尾砂仍然具有一定的品位，而且尾砂中可能含有一定量的伴生有用元素。虽然在当前经济技术条件下，这些有用元素（包括其中的低品位主产元素）不能回收利用，但随着未来选矿技术进步和（或）市场价格上扬，这些有用元素存在被经济利用的可能。因此，在考虑尾砂再循环利用时，首先应分析在可预见的未来（例如，5~10年），其中的有用元素是否存在回收利用的可能。只有当确定已经不存在潜在回收利用价值时，才能考虑其他综合利用途径。

尾砂的综合利用途径取决于其所含有的矿物成分和化学元素组成，由于不同的矿山，尾砂性质千差万别，因此，尾砂的综合利用因矿而异。综合国内外尾砂综合利用实践，尾砂的再循环利用主要包括以下领域：

1）回收其中的有用成分。

2）建筑材料及制品。石英尾砂首先泥、尾砂分离，尾泥过滤成泥饼后用于陶瓷、水泥等行业；细砂利用特制的浮选药剂进行无氟浮选，以极低的成本提高其内在品质，制备无碱电子玻纤用、高级陶瓷釉料及硅微粉用、真空玻璃管用、高白料玻璃及高级泡花碱用等优质硅质原料；岩金矿山的尾矿本身已是良好的建筑材料，如土建用砂、填充用砂、筑路用砂等；用金矿尾砂生产蒸压砖、加气混凝土、空心砌块、微晶玻璃、硅酸钙板等；铅锌矿排放的尾砂可用来生产免烧砖，经过处理后作为水泥原料。

3）其他原材料产品。如钛铁矿尾砂经精选后得到锆英砂，再对锆英砂进行烧结、水解、酸化、浓缩、煅烧烘干可制成二氧化锆。

4）充填材料。尾砂胶结充填技术已在许多矿山得到广泛应用。

5）复土植被。在尾砂库上覆盖土壤，种植树木，绿化矿区。

（3）掘进或露天剥离废石。掘进或露天剥离废石的最大用途是房屋建筑和道路施工用材，对露天剥离废石进行破碎加工，粗粒部分用作铁路道碴，细粒部分则用作井下充填固料。

13.2.5 环境再造

金属矿床开采，特别是露天开采，对采场范围内的耕作物和自然景物造成严重破坏，而且要占用大片土地排弃废石和选矿尾矿；地下开采范围内，也存在着采空区陷落的威胁。它们不仅与农争地、与林争山、与鱼争水，而且破坏生态平衡，污染周围环境。为保护环境，实现社会可持续发展，在地下资源开发之前、开发过程中，以及矿山闭坑之后，都必须详尽地计划和切实地实施环境再造规划。

环境再造措施和用途包括：

（1）覆土造田。对露天采坑和塌陷区，可以用废石或尾砂充填平整后在其上覆盖一层耕植土，最后根据种植农作物的要求，布置灌溉渠道，划块成田；尾砂库堆积的是经过磨矿的细微粒尾砂，干缩后成为一片砂荒地，与普通土壤不同，其表面热度高，容易烧死作物的根，见水板结，在自然状态下发干，不适宜植物生长。因此，在这样的尾矿库造田，应考虑在其上铺一层隔水层，然后在其上覆盖耕植土造田。

（2）覆土造林。对于不宜改造为农田的露天采坑、排土场、塌陷区、尾矿库，可以改造为林业用地，根据改造后的土质情况，种植果木或树木，将废弃或破坏的土地改建成果园或林场。

（3）改造成旅游景点。如果塌陷区或露天矿坑深度和面积较大，难以全部用废石或尾砂充填时，可以考虑将其建成水库，周围栽种果木鲜花，修建亭台楼阁，将其改建成疗养胜地或旅游景点；或蓄水养鱼，改变环境，造福人民。

（4）改建为城市垃圾填埋场。如果塌陷区或露天矿坑离城市较近，可以与城市垃圾处理结合起来，在考虑了对地表水和地下水的影响之后，作为城市垃圾填埋场。待填满废料后，再在其上铺上足够的土层，作为绿化区或其他用途。

本章习题

13-1 简述矿山井下防水措施。

13-2 简述泥石流的形成条件。

13-3 简述尾矿库病害防治措施。

13-4 简述采空区处理的方法。

13-5 简述环境再造措施。

14 矿业法律法规

科学地开发矿产资源，促使资源开发管理立法化、科学化，已成为当今世界广泛关注的社会热点。我国矿产资源立法虽然起步较晚，但在法律工作者、行业主管部门和矿产资源开发利用工作者的共同努力下，我国矿产资源立法工作进入了快速发展的阶段。1986 年 3 月 19 日第六届全国人民代表大会常务委员会第 15 次会议通过，中华人民共和国主席令第三十六号公布了《中华人民共和国矿产资源法》（以下简称《矿产资源法》）；1996 年 8 月 29 日，第八届全国人大常委会第 21 次会议对《矿产资源法》作了修改；1998 年 2 月 12 日，国务院发布了《矿产资源勘查区块登记管理办法》《探矿权采矿权转让管理办法》《矿产资源开采登记管理办法》作为矿产资源法的补充；2009 年 8 月 27 日第十一届全国人民代表大会常务委员会第 10 次会议发布的《关于修改部分法律的决定》对《矿产资源法》进行了第二次修正。经过数十年的发展，当前已初步形成了具有中国特色的矿产资源法律法规体系，以科学地、系统地、有效地规范和调整矿产资源、地质勘探和矿产资源开发管理利用过程中所发生的各种社会关系。

14.1 矿产资源所有权

矿产资源所有权是指作为所有人的国家依法对属于它的矿产资源享有占有、使用、收益和处分的权利。矿产资源所有权具有所有权的一般特性。第一，它是公有制关系在法律上的体现；第二，是一种民事法律关系，即矿产资源所有人因行使对矿产资源的占有、使用、收益和处分的权利而与非所有人之间所发生的法律关系；第三，是一种对矿产资源具有直接利益并排除他人干涉的权利；第四，它是所有人——国家对属于它所有的矿产资源的占有和充分、完善的支配权利。矿产资源所有权同样是一种法律制度。这个意义上的所有权就是调整矿产资源的国家所有权关系的法律规范的总和，它是一切矿产资源法律关系的核心，并决定着这些关系的实质和基本内容。

14.1.1 矿产资源所有权法律特征

矿产资源所有权的主体（所有人）是中华人民共和国。国家是其领域及管辖海域的矿产资源所有权统一的和唯一的主体，除国家对矿产资源拥有专有权外，任何其他人都不能成为矿产资源的所有者。因此，矿产资源所有权的主体具有统一性和唯一性的特征。《宪法》第九条、《民法通则》第八十一条和《矿产资源法》第三条都规定：矿产资源属于国家所有。这是矿产资源所有权的法律依据。

矿产资源所有权的客体是矿产资源，它具有特殊的自然属性——非再生性资源和社会属性——巨大的天然财富、人类赖以生存的物质条件。因此，法律将这一所有权的客体——矿产资源作为特殊对象加以保护。

矿产资源所有权的占有、使用和处分权主要是通过国家行政主管机关的行为具体实现的。其实现的基本方式主要为国家通过其行政主管机关依法授予探矿权和采矿权实现自己对矿产资源的占有、使用和处分权。

14.1.2 矿产资源所有权的内容

矿产资源所有权的内容是指国家对其所拥有的矿产资源享有的权利，包括矿产资源占有、使用、收益和处分四项权利。

（1）占有权是国家对矿产资源的实际控制，是行使所有权的基础，也是实现使用和处分权的基础。国家对矿产资源的占有，一般是法律规定的名义上的占有，或称法律上的占有。实际上，矿产资源是由国营矿山企业、乡镇矿山企业和个体矿山企业等依法占有。上述民事主体对矿产资源的实际占有，是国家以所有者身份依法将占有权转让他们的结果。探矿权或采矿权是这些主体获得矿产资源占有权的法律根据，属于合法占有。因而受国家法律的保护，任何人都不得侵犯，即使是所有权人——国家也不得任意干涉或妨碍。非法占有，是指没有法律上的根据而占有矿产资源。这种占有是一种侵犯国家所有权的行为，应当受到法律制裁。

（2）使用权是指对矿产资源的运用，发挥其使用价值，国家对矿产资源的使用，同占有一样，一般是法律规定的名义上的使用。实际上，其他民事主体依据法律规定使用国家所有矿产资源，取得使用权，属合法使用，受国家法律保护。使用人不得滥用使用权或使用不当，要依法合理利用矿产资源，否则要承担法律责任。一般而言，探矿权或采矿权是其他民事主体取得矿产资源使用权的法律根据。

（3）收益权是国家通过矿产资源的占有、使用、处分而取得的经济收入，矿产资源所有权占有、使用和处分的目的是为了取得收益。如前所述，国家不直接占有、使用矿产资源，而是授权其他民事主体占有、使用。这些民事主体通过占有、使用国家所有的矿产资源所取得的收益，应按照法律的规定将其中一部分交纳给国家，以实现国家矿产资源的收益权。国家通过向矿产资源的占有、使用人征收矿产资源补偿费的形式，来实现其矿产资源所有权的收益权或经济权益。

（4）处分权是国家对矿产资源的处置，包括事实处分和法律处分。由于处分权涉及到矿产资源的命运和所有权的发生、变更和终止问题，因此，它是所有权中带有根本性的一项权能。采矿权人依据采矿权占有、使用矿产资源，并通过采掘矿产资源使其逐步消耗，转变成其他物质和资产，这在事实上和法律上间接地实现了矿产资源的处分权。另外，1998年2月发布实施的《探矿权采矿权转让管理办法》第三条规定，探矿权和采矿权可以依法转让，即可以作为买卖和类似民事法律行为的标的物，因此，我国对矿产资源处分，可以通过将其采矿权转让他人来实现。

14.1.3 矿产资源所有权的取得、实现与中止

（1）矿产资源所有权的取得。我国取得矿产资源所有权的方式有以下几种：

1）地质科学研究。国家开展地质科学研究是取得矿产资源所有权的基础。地质科学研究可以发现地壳物质（岩石、矿物和元素）的用途，扩大矿产资源种类范围。

2）地质矿产勘查活动。国家通过财政拨款进行地质矿产勘查活动，发现矿产资源地，

评价矿产资源储量，取得矿产资源所有权。国家财政拨款开展的地质矿产勘查活动，是取得矿产资源所有权的主要活动。

3）没收。没收国民党政府和官僚资本家的矿山，收归国有，变成社会主义全民所有制财产。

4）上报国家。群众在生产活动中发现矿产资源应当上报国家有关部门。

（2）矿产资源所有权的实现。矿产资源的占有、使用权的转让是通过法定的国家行政机关代表国家将探矿权或采矿权授予探矿权人或采矿权人。探矿权人或采矿权人依据国家转让的探矿权和采矿权来实际占有、使用矿产资源并按照国家法律规定从事地质勘查和矿业开发活动，以实现矿产资源合理开发利用的目的。国家根据法律征收探矿人和采矿人因占有、使用矿产资源所获得的经济收入的一部分，作为矿产资源的收益，以实现国家对矿产资源的收益权和财产权。

（3）矿产资源所有权的中止。国家所有权可分为整体所有权和具体所有权。矿产资源整体所有权以国家权力为后盾。只要国家权力存在，矿产资源所有权就不会终止。矿产资源具体所有权以实际行使为基础，可以通过某种法律事实而终止。国家矿产资源所有权的终止有所有权的转让和所有权客体的灭失两种方式。所有权转让的方式有三种：协议转让、招标转让、拍卖。矿产资源灭失有以下三种情形：

1）矿产资源开采消耗和正常损失；

2）自然灾害造成矿产资源损失或矿山报废造成矿产资源灭失；

3）因需求下降、价格下跌等稀缺性变化因素造成矿产资源储量耗减。

14.1.4　矿产资源所有权的保护

矿产资源所有权的保护是指法律保证国家能够实现对矿产资源的各项权能。包括对采矿权和探矿权（统称为矿产资源使用权）保护，因为它们派生于所有权，只有保护矿产资源使用权，才能保障资源使用的稳定性和有效性，才有可能使矿产资源得到合理有效的开发利用。对矿产资源使用权的保护，同时也是对国家所有权的保护，因为使用权是独立于所有权的独立权能，其能否正常行使，直接影响到所有权的权能能否实现。因此，保护探矿权人和采矿权人的权利不受侵害的同时，也就保护了已经形成或正在建立的以矿产资源国家所有权为基础的矿产资源的使用秩序，从而实现所有权的权能。

对矿产资源所有权的侵权行为主要是指对法律所保护的国家矿产资源所有权及其设定的探矿权或采矿权的侵犯与损害的行为。这种侵权行为主要有：

（1）因对所归属的错误认识发生的侵权。尽管法律规定矿产资源归国家所有，不因其所依附的土地的所有权或者使用权的不同而改变，但一些土地使用人或所有人则误认为土地之下的矿藏归他们所有，因而发生了将矿产资源买卖和出租的违法现象。

（2）对探矿权和采矿权的侵犯。主要表现为对已取得探矿权和采矿权的权利人的各项权利的侵犯和对采矿权取得程序的破坏。包括违反法律规定，未取得采矿许可证和探矿许可证，擅自进入他人矿区和勘探区采矿、探矿，侵犯他人采矿权或探矿权；超越批准的勘查区或采矿区范围探矿或采矿的行为；无权或超越批准权限发放勘查许可证或采矿许可证，这种行为是对国家作为所有权者行使所有权权能的破坏。

（3）对所有权客体的侵害。对客体的侵害是指对矿产资源的破坏、浪费，主要情况包括：因未综合勘探和综合开发利用矿产资源而造成的矿产资源的浪费和破坏；因采矿方法不当或违反开采程序造成的资源的损失、浪费；因采富弃贫、采厚弃薄、采易弃难和乱采滥挖，造成的资源破坏和浪费；因选、冶、炼工艺技术落后，矿产资源利用率低，造成资源浪费。

14.2　矿 业 权

14.2.1　矿业权基本概念

14.2.1.1　矿业权及其属性

矿业权是指赋予矿业权人对矿产资源进行勘查、开发和采矿等的一系列活动的权利，包括探矿权和采矿权。

矿业权是资产，是一种经济资源。所谓资产，会计上定义为企业拥有或控制的，能以货币计量，并能为企业提供未来经济利益的经济资源。资产按存在的形态分为有形资产和无形资产。有形资产是指那些具有实体形态的资产，包括固定资产、流动资产、长期投资、其他资产等；无形资产是指那些特定主体控制的不具有独立实体，而对生产经营较长期持续发挥作用并具有获利能力的资产，包括专利权、商标权、非专利技术、土地使用权、商誉等。

无形资产的特点表现在以下几个方面：

（1）无形资产具有非流动性，并且有效期较长；

（2）无形资产没有物质实体，但未来收益较大；

（3）无形资产单独不能获得收益，它必须附着于有形资产。

矿业权从本质上说应属无形资产的范畴，因为它具备了无形资产的特征：

（1）矿业权无独立实体，必须依托于矿产资源；

（2）矿业权在地勘单位或企业中能够较长期持续地发挥作用，具有获利能力，并由一定主体排他性地占有。

矿业权归根结底是矿产资源的使用权，转让的也仅仅是使用权，而不是矿产资源的所有权。这种他物权的行使不妨碍国家作为矿产资源的所有权人，对矿产资源处置享有的终极决定权。

14.2.1.2　矿业权的法律特征

根据1996年《矿产资源法》，矿业权的法律特征主要体现在：

（1）矿业权是矿产资源所有权派生出来的一种物权，是矿产资源使用权；

（2）矿业权的主体是矿业权人，客体是被权利所限定的矿产资源；

（3）矿业权的权能内容仅指对矿产资源的占有、使用、收益的权利；

（4）矿业权具有排他性和主体唯一性，任何单位和个人都不得妨碍矿业权人行使合法权利；

（5）矿业权的取得和转移必须履行严格的法律、行政程序，遵循以登记为要件的不动产变动原则。

14.2.1.3 矿业权市场

矿业权市场体系结构，按矿业权所有者的不同分为一级（出让）和二级（转让）市场。

一级（出让）市场是指矿业权登记管理机关以批准申请或竞争方式（招标、拍卖、挂牌）作出行政许可决定，颁布勘查许可证、采矿许可证的行为和因此而形成的经济关系。矿业权登记管理机关向申请人、投标人、竞得人出让矿业权即构成矿业权一级市场。

转让是指矿业权人将矿业权转移的行为，包括出售、作价出资、分立、合并、合资、合作、重组改制等方式。矿业权在一般民事主体之间构成矿业权二级（转让）市场。

14.2.1.4 矿业权市场有关法律制度和规定

（1）勘查开采矿产资源的登记制度。《中华人民共和国矿产资源法》第三条规定“勘查、开采矿产资源，必须依法分别申请、经批准取得探矿权、采矿权，并办理登记”。

（2）矿业权出让、转让制度。《矿产资源法》第六条和《探矿权、采矿权转让管理办法》对矿业权的转让条件、批准机关、审批程序作出了明确的规定。

（3）矿产资源有偿使用制度。《矿产资源法》第五条规定“开采矿产资源，必须按照国家有关规定缴纳资源税和资源补偿费”。

（4）矿业权有偿取得制度。《矿产资源法》第五条规定“国家实行探矿权、采矿权有偿取得的制度”，矿业权有偿取得制度体现了国家的行政管理权利，而行政权利必须依法行使。

（5）对国家出资勘查探明矿产地收取矿业权价款的规定。国务院三个法规规定了申请国家出资勘查并已经探明矿产地的探矿权或采矿权，应当缴纳国家出资勘查形成的探矿权价款或采矿权价款。矿业权人转让国家出资勘查形成的探矿权、采矿权必须进行评估，并对国家出资形成的矿业权价款依照国家规定处置。

14.2.2 探矿权

探矿权是指权利人根据国家法律规定在一定范围、一定期限内享有对某地区矿产资源进行勘查并获得收益的权利。《矿产资源法》第三条规定：勘查矿产资源必须依法提出申请，经批准取得探矿权，并办理登记。探矿人依法登记，取得勘查许可证后，就可以在批准的勘查范围和期限内，进行勘查活动，并取得地质勘查资料。

探矿权的主体是依法申请登记、取得勘查许可证的独立经济核算的单位。中外合资经营企业、中外合作经营企业和外资企业也可以依法申请探矿权。目前，作为探矿主体的地质勘查单位主要是全民所有制企业。

探矿权的客体是权利人依探矿权进行地质勘查的矿产资源及与其有关的其他地质体。客体的范围、种类等都是由探矿权规定的。探矿权的内容包括探矿权主体所享有的权利和应承担的义务两个方面。

（1）探矿权人的权利。矿产资源法规定国家保护探矿权不受侵犯，保障勘查工作区的生产秩序、工作秩序不受干扰和破坏。探矿权人享有法律规定的矿产资源勘查权利，主要包括：

1）按照勘查许可证规定的区域、期限、工作对象进行勘查；

2）在勘查作业区及相邻区域架设供电、供水、通信管线，但是不得影响或者损害原有的供电、供水设施和通信管线；

3）在勘查作业区及相邻区域通行；

4）根据工程需要临时使用土地；

5）优先取得勘查作业区内新发现矿种的探矿权；

6）优先取得勘查作业区内矿产资源的采矿权；

7）自行销售勘查中按照批准的工程设计施工回收的矿产品，但是国务院规定由指定单位统一收购的矿产品除外。

探矿权人行使前款所列权利时，有关法律、法规规定应当经过批准或者履行其他手续的，应当遵守有关法律、法规的规定。

（2）探矿权人的义务。矿产资源法规定了探矿权人必须履行的义务，具体包括：

1）在规定的期限内开始施工，并在勘查许可证规定的期限内完成勘查工作；

2）向勘查登记管理机关报告开工等情况；

3）按照探矿工程设计施工，不得擅自进行采矿活动；

4）在查明主要矿种的同时，对共生、伴生矿产资源进行综合勘查、综合评价；

5）编写矿产资源勘查报告，提交有关部门审批；

6）按照国务院有关规定汇交矿产资源勘查成果档案资料；

7）遵守有关法律、法规关于劳动安全、土地复垦和环境保护的规定；

8）勘查作业完毕，及时封、填探矿作业遗留的井、硐或者采取其他措施，消除安全隐患。

14.2.3 采矿权

采矿权是权利人依法律规定，经国家授权机关批准，在一定范围和一定的时间内，享有开采已经登记注册的矿种及伴生的其他矿产的权利。取得采矿许可证的法人、组织和公民称为采矿权人。采矿权人依法申请登记，取得采矿许可证，就可以在批准的开采范围和期限内开采矿产资源，并获得采出的矿产品。

（1）采矿权人的权利。采矿权人依法享有以下权利：

1）按照采矿许可证规定的开采范围和期限从事开采活动；

2）自行销售矿产品，但是国务院规定由指定的单位统一收购的矿产品除外；

3）在矿区范围内建设采矿所需的生产和生活设施；

4）根据生产建设的需要依法取得土地使用权；

5）法律、法规规定的其他权利。

采矿权人行使前款所列权利时，法律、法规规定应当经过批准或者履行其他手续的，依照有关法律、法规的规定办理。

（2）采矿权人的义务。

1）在批准的期限内进行矿山建设或者开采；

2）有效保护、合理开采、综合利用矿产资源；

3）依法缴纳资源税和矿产资源补偿费；

4）遵守国家有关劳动安全、水土保持、土地复垦和环境保护的法律、法规；

5）接受地质矿产主管部门和有关主管部门的监督管理，按照规定填报矿产储量表和矿产资源开发利用情况统计报告。

（3）采矿许可证的发放。国家对开办国有矿山企业、集体矿山企业、私营矿山企业和个体采矿实行审查批准、颁发采矿许可证制度。国家对提出的采矿申请，通过审批、发证的法定程序，将国家所有的矿产资源交给具体矿山企业经营管理。

14.3 办矿审批与关闭

14.3.1 办矿审批

国家对矿产资源的所有权是国家通过对探矿权、采矿权的授予和对勘查、开采矿产资源的监督管理来实现的。因此，任何组织和个人要开采矿产资源，都必须依法登记，依照国家和法律有关规定进行审查、批准，取得采矿许可证后才能取得采矿权。这是矿山企业从国家获得采矿权所必须履行的法律手续。

14.3.1.1 审查内容

开办矿山企业的审查内容主要包括：

（1）矿区范围；

（2）矿山设计；

（3）生产技术条件。

14.3.1.2 审批程序

我国开办矿山企业实行先审批后登记的原则。

（1）审批机构。全民所有制企业兴办的矿山建设项目的审批机构按矿山规模分级划分权限。对全国国民经济有重大影响的矿山建设项目由国务院及其计划部门、矿产工业主管部门审批，对省级地方国民经济有重大影响的地方矿山建设项目，按照国家规定的审批权限，由省、自治区、直辖市人民政府批准。

（2）审批内容。全民所有制企业办矿审批的内容主要是矿山建设项目建议书、矿山建设项目可行性研究报告和矿山建设项目设计任务书。

（3）审批程序。全民所有制企业办矿必须按照一定的审批程序，有计划、有步骤地进行。除国家另有规定者外，不得边勘探，边设计，边施工，边采矿。审批程序包括：

1）矿山建设项目建议书的审批。国务院规定，凡列入长期计划或建设前期工作计划的全民所有制矿山建设项目，应当具备批准的项目建议书。

2）矿山建设项目可行性研究报告的审批。拟新建或改扩建矿山的企业或主管部门必须按照批准的矿山建设项目建议书组织建设项目的可行性研究，并经负责审批工作的部门审核批准。

3）矿山建设项目复核。在设计任务书形成以前，申请办矿的全民所有制企业或有关主管部门，应当按照矿产资源法规定的采矿登记管理权限，向相应的采矿登记管理机关投送复核文件，即矿产储量审批机构对矿产地质勘查报告的正式审批文件、矿山建设可行性研究报告和审批部门的审查意见书。采矿登记管理机关在收到办矿企业或主管部门投送的文件之日起 30 日内提出复核意见，并将复核意见转送矿山建设项目设计任务书编制部门和审批部门。编制和审批设计任务书的机关应当采纳采矿登记管理机关的复核意见。在规定期限内，审批机关在没有收到采矿登记管理机关的复核意见之前，不得批准矿山建设项目设计任务书。

4）矿山建设项目设计任务书的审批。被批准的矿山建设项目可行性研究报告和采矿登记管理机关的复核意见是编制和审批矿山建设项目设计任务书的依据。办矿企业或主管部门应向国务院授权的有关主管部门办理批准手续。矿山建设项目设计任务书由办矿企业主管部门编制，按基本建设规模划分审批权限。对国民经济有重大影响的矿山建设项目设计任务书由国务院批准；大中型矿山建设项目设计任务书，由国务院计划部门或其授权的部门审批；小型矿山建设项目设计任务书由省、自治区、直辖市人民政府计划部门审批。

14.3.2　关闭矿山

关闭矿山是指矿山（包括露天采场）经过长期生产，因开采矿产资源已达到设计任务书的要求，或者因采矿过程中遇到意外的原因而终止一切采矿活动并关闭矿山生产系统。关闭矿山应具备以下条件：

（1）矿产资源已经地质勘探和生产勘探查清，其地质结论或地质勘探报告已经储量委员会审查批准；

（2）所探明的一切可供开采利用、并应当开采利用的矿产资源已经全部开采利用；

（3）因技术、经济或安全等正常原因而损失的储量，经有关主管部门批准核销；

（4）矿山永久保留的地质、测量、采矿等档案资料收集、整理及归档工作已全部结束；

（5）对采矿破坏的土地、植被等已采取复垦利用、治理污染等措施。

关闭矿山要向有关主管部门提出申请，在矿山闭坑批准书下达之前，矿山企业不得擅自拆除生产设施或毁坏生产系统。

《矿产资源法》第二十一条规定：“关闭矿山，必须提出矿山闭坑报告及有关采掘工程、不安全隐患、土地复垦利用、环境保护的资料，并按照国家规定报请审查批准。”

（1）矿山闭坑报告及有关资料。矿山闭坑报告是终止矿山生产和关闭矿山生产系统的申请报告，也是矿山建设、矿山生产发展简史和经验、教训的总结。该报告应由矿山总工程师或技术负责人组织专门人员编写，并在计划开采结束一年前提出。闭坑报告应包括如下内容：

1）储量历年变动情况；

2）采掘工程资料；

3）不安全隐患资料；

4）土地复垦利用资料；

5）环境保护资料。

（2）关闭矿山审批规定。关闭矿山实行审批制度是保护矿产资源的合理开发利用、防止国家人、财、物力的浪费和矿区的环境保护的法律程序，起到加强闭坑的管理和依法监督、防止造成资源的浪费和环境污染的作用。因此，关闭矿山时，除提出闭坑报告和有关资料外，还要履行国家规定报请审查批准的法律手续。具体程序如下：

1）开采活动结束前一年，向原批准开办矿山的主管部门提出关闭矿山申请，并提交闭坑地质报告。

2）闭坑地质报告经原批准开办矿山的主管部门审核同意后，报地质矿产主管部门会同矿产储量审批机构批准。

3）闭坑地质报告批准后，采矿权人应当编写关闭矿山报告，报请原批准开办矿山的主管部门会同同级地质矿产主管部门和有关主管部门按照有关行业规定批准。

（3）关闭矿山报告批准后的工作。

1）按照国家有关规定将地质、测量、采矿资料整理归档，并汇交闭坑地质报告、关闭矿山报告及其他有关资料。

2）按照批准的关闭矿山报告，完成有关劳动安全、水土保持、土地复垦和环境保护工作，或者缴清土地复垦和环境保护的有关费用。

3）矿山企业凭关闭矿山报告批准文件和有关部门对完成上述工作提供的证明，报请原颁发采矿许可证的机关办理采矿许可证注销手续。

14.4 税费管理

14.4.1 资源税

资源税是以资源为征税对象的税种。作为征税对象的资源必须是具有商品属性的资源，即具有使用价值和价值的资源，我国资源税目前主要是就矿产资源进行征税。目前，各国对矿产资源征收税费的名称各异，如地产税、开采税、采矿税、矿区税、矿业税、自然资源租赁税等，除以税的形式命名外，也有的叫地租缴款、权利金、红利或矿区使用费等。

（1）征收原则。资源税是既体现资源有偿使用，又体现调节资源级差收入，发挥两种调节分配作用的税种。在实际实施中，其主要征收原则为：普遍征收，级差调节。普遍征收就是对在我国境内开发的纳入资源税征收范围的一切资源征收资源税；级差调节就是运用资源税对因资源条件上客观存在的差别（如自然资源的好坏、贫富、赋存状况、开采条件及分布的地理位置等）而产生的资源级差收入进行调节。

（2）征税范围。资源税的征收范围应当包括一切开发和利用的国有资源。但考虑到我国开征资源税还缺乏经验，所以，《中华人民共和国资源税暂行条例》第一条规定的资源税征税范围，只包括具有商品属性（也即具有使用价值和价值）的矿产品（原油、天然气、煤炭、金属矿产品和其他非金属矿产品）、盐（海盐原盐、湖盐原盐、井矿盐）等。

（3）税额。资源税应纳税额的计算公式为：应纳税额=课税数量×单位税额，即资源税的应纳税额等于资源税应税产品的课税数量乘以规定的单位税额标准。

纳税人开采或者生产应税产品销售的，以销售数量为课税数量；纳税人开采或者生产应税产品自用的，以自用数量为课税数量。

资源税实施细则所附《资源税税目税额明细表》和《几个主要品种的矿山资源等级表》，对各品种各等级矿山的单位税额作了明确规定。对《资源税税目税额明细表》未列举名单的纳税人适用的单位税额，由各省、自治区、直辖市人民政府根据纳税人的资源状况，参照《资源税税目税额明细表》中确定的邻近矿山的税额标准，在上下浮动30%的幅度内核定。

（4）纳税时间与地点。纳税人销售应税产品，其纳税义务发生时间为收讫销售款或者索取销售款凭据的当天；自产自用纳税产品，其纳税义务发生时间为移送使用的当天。

纳税人应纳的资源税，应当向应税产品的开采或者生产所在地税务机关缴纳。纳税人在本省、自治区、直辖市范围内开采或者生产应税产品，其纳税地点需要调整的，由省、自治区、直辖市人民政府确定。

14.4.2 资源补偿费

在中华人民共和国领域和其他管辖海域开采矿产资源，应当依照《矿产资源补偿费征收管理规定》征收矿产资源补偿费。

矿产资源补偿费按照矿产品销售收入的一定比例计征。企业交纳的矿产资源补偿费列入管理费用。采矿权人对矿产品自行加工的，按照国家规定价格计算销售收入；国家没有规定价格的，按照矿产品的当地市场平均价格计算销售收入。

征收矿产资源补偿费金额=矿产品销售收入×补偿费率×回采率系数

其中：回采率系数=核定开采回采率/实际开采回采率；补偿费率1%~4%。

征收矿产资源补偿费的部门为地质矿产部门会同同级财政部门。

矿产资源补偿费纳入国家预算，实行专项管理，主要用于矿产资源勘查。

采矿权人有下列情形之一的，经省级人民政府地质矿产主管部门会同财政部门批准，可以免缴矿产资源补偿费：

（1）从废石（矸石）中回收矿产品的；

（2）按照国家有关规定经批准开采已关闭矿山的非保安残留矿体的；

（3）国务院地质矿产主管部门会同国务院财政部门认定免缴的其他情形。

采矿权人有下列情形之一的，经省级人民政府地质矿产主管部门会同财政部门批准，可以减缴矿产资源补偿费：

（1）从尾矿中回收矿产品的；

（2）开采未达到工业品位或者未计算储量的低品位矿产资源的；

（3）依法开采水体下、建筑物下、交通要道下的矿产资源的；

（4）由于执行国家定价而形成政策性亏损的；

（5）国务院地质矿产主管部门会同国务院财政部门认定减缴的其他情形。

本章习题

14-1 简述矿产资源所有权的概念。

14-2 什么是探矿权？

14-3 什么是采矿权？

14-4 简述关闭矿山应具备的条件。

参考文献

[1]《采矿手册》编辑委员会．采矿手册［M］．北京：冶金工业出版社，1988.

[2] 戴俊．爆破工程［M］．北京：机械工业出版社，2009.

[3] 丁绪荣，等．普通物探教程—电法及放射性［M］．北京：地质出版社，1984.

[4] 蔡美峰，薛鼎龙，任奋华．金属矿深部开采现状与发展战略［J］．北京科技大学学报，2019，41(4)：417~426.

[5] 赵兴东．井巷工程［M］．2版．北京：冶金工业出版社，2014.

[6] 张钦礼，等．金属矿床地下开采技术［M］．长沙：中南大学出版社，2016.

[7] 高永涛，吴顺川．露天采矿学［M］．长沙：中南大学出版社，2010.

[8] 刘爱华，李夕兵，赵国彦．特殊矿产资源开采方法与技术［M］．长沙：中南大学出版社，2009.

[9] 古德生，李夕兵，等．现代技术矿床开采科学技术［M］．北京：冶金工业出版社，2006.

[10] 杨言辰，等．矿山地质学［M］．北京：地质出版社，2006.

[11] 朱青山，陈秋松．姑山矿区大水软破多变铁矿床开采技术［M］．北京：冶金工业出版社，2020.

[12] 黄润秋，等．地质灾害过程模拟和过程控制研究［M］．北京：科学出版社，2002.

[13] 李鸿业，等．矿山地质学通论［M］．北京：冶金工业出版社，1980.

[14] 李守义，叶松青．矿床勘查学［M］．北京：地质出版社，2003.

[15] 李夕兵．凿岩爆破工程［M］．长沙：中南大学出版社，2011.

[16] Stanistaw Depowski，Ryszard Kotlinski，Edward Ruhle，Krzysztof Szamalek(波兰)．海洋矿物资源［M］．北京：海洋出版社，2001.

[17] 王海锋，等．原地浸出采铀井场工艺［M］．北京：冶金工业出版社，2002.

[18] 王昌汉，等．矿业微生物与铀铜金等细菌浸出［M］．长沙：中南大学出版社，2003.

[19] 王新民，等．深井矿山充填理论与技术［M］．长沙：中南大学出版社，2005.

[20] 杨士教．原地破碎浸铀理论与实践［M］．长沙：中南大学出版社，2003.

[21] 杨显万，等．微生物湿法冶金［M］．北京：冶金工业出版社，2003.

[22] 张钦礼，王新民，刘保卫．矿产资源评估学［M］．长沙：中南大学出版社，2007.

[23] 张幼蒂，申闫春，才庆祥，等．露天矿区分类及生态重建结构设计［J］．化工矿物与加工，2002，8：22~24.

[24] 郑炳旭，王永庆，李萍丰．建设工程台阶爆破［M］．北京：冶金工业出版社，2005.

[25] 古德生，周科平．现代金属矿业的发展主题［J］．金属矿山，2012(7)：1~8.

[26] 于立伟，王俊荣，王树青，等．我国极地装备技术发展战略研究［J］．中国工程科学，2020，22(6)：84~93.

[27] 李根生，武晓光，宋先知，等．干热岩地热资源开采技术现状与挑战［J］．石油科学通报，2022，7(3)：343~364.